STUDIES ON VOLTAIRE AND
THE EIGHTEENTH CENTURY

316

Manuscripts (two copies with a brief summary) should be submitted to: The Voltaire Foundation, 99 Banbury Road, Oxford OX2 7RB, England

CHARLES-GEORGES LE ROY

Lettres sur les animaux

éditées par

ELIZABETH ANDERSON

THE VOLTAIRE FOUNDATION
AT THE TAYLOR INSTITUTION, OXFORD

1994

ISSN 0435-2866
ISBN 0 7294 0472 2

Voltaire Foundation
99 Banbury Road
Oxford OX2 7RB

A catalogue record for this book is
available from the British Library

Printed and bound by CPI Group (UK) Ltd, Croydon, CR0 4YY

A tous ceux, archivistes, bibliothécaires, collègues et amis, sans qui cette édition n'aurait jamais vu le jour

Table des matières

Abréviations

AN	Archives nationales
BI	Bibliothèque de l'Institut
EM	*Encyclopédie méthodique. Philosophie ancienne et moderne* (Paris 1791-1794)
GLE	*Gazette littéraire de l'Europe* (Paris 1764-1766)
HGV	Prévost, *Histoire générale des voyages*
HN	Buffon, *Histoire naturelle, générale et particulière* (Paris 1749-1767)
JE	*Journal étranger* (Paris 1754-1762)
JS	*Journal des savants*
VL	Arnaud et Suard, *Variétés littéraires* (Paris 1768)

Introduction

De nos jours les lecteurs de la correspondance de Diderot, les spécialistes de l'*Encyclopédie* de Diderot et de d'Alembert, quelques historiens des idées et des sciences sont à peu près seuls à avoir entendu parler de Le Roy. D'autre part, la vie d'un écrivain influe généralement sur son œuvre et Le Roy n'échappe pas à la règle. Il n'est donc pas inutile d'indiquer, en tête d'une réédition de ses *Lettres sur les animaux*, quelques faits biographiques susceptibles de les situer dans la carrière de Le Roy, d'éclairer la genèse, les idées, la publication, les états successifs du texte.

Charles-Georges Le Roy naquit le 22 janvier 1723[1] dans une famille déjà enracinée dans le service des rois de France à Versailles. Lorsqu'il vit le jour, son père, Charles Le Roy (1684-1753),[2] était lieutenant des chasses des Parcs de Versailles, Marly et dépendances, et quelques mois plus tard, en juin 1723, il devint également garde-marteau du domaine royal de Versailles.[3] Un oncle paternel de Charles-Georges, Adrien Le Roy Descarreaux, lui aussi officier des chasses à Versailles, servait le domaine royal depuis trente-cinq ans au moment de sa mort en 1742.[4] Un des fils d'Adrien, Charles-Adam Le Roy Descarreaux (1734-1793),[5] devint garde-chasse comme son père et en 1769 fut promu garde général.[6] A l'instar des siens Charles-Georges s'engagea dans les chasses à Versailles et en décembre 1747 son père obtint pour lui la survivance – comme on disait à l'époque – de sa place de lieutenant des chasses et de garde-marteau.[7] Après la mort de son père en juillet 1753 Charles-Georges lui succéda dans cette place pour en exercer à son tour les fonctions jusqu'à sa mort, survenue à Versailles le 11 novembre 1789.[8]

Les documents relatifs au domaine royal de Versailles conservés aux Archives nationales permettent de se faire une idée de la vie quotidienne des officiers des chasses que Le Roy connut tout enfant chez son père. Sous les ordres du

1. Hôtel de ville de Versailles, Baptêmes, paroisse Notre-Dame de Versailles, 1723.

2. Baptêmes, sépultures et mariages, paroisse de Versailles, 1684-1685; Sépultures, paroisse Notre-Dame de Versailles, 1753.

3. Archives nationales [ci-après AN], o[1] 67, f.370. Littré donne la définition suivante du garde-marteau: 'officier de la maîtrise des eaux et forêts, qui était dépositaire du marteau, avec lequel on marquait le bois désigné pour être coupé et vendu, dans les forêts du roi'.

4. AN, o[1] 288, pièce 1.

5. Hôtel de ville de Versailles, Décès, ville de Versailles, 1793.

6. AN, o[1] 285, pièce 255.

7. AN, o[1] 202, f.149*v*.

8. Hôtel de ville de Versailles, Sépultures, paroisse Notre-Dame de Versailles, 1789.

lieutenant, les gardes-chasses assuraient évidemment la tranquillité des Grand et Petit Parcs de Versailles – leurs patrouilles aboutissaient parfois à la capture de braconniers[9] – et ils se chargeaient de la destruction des animaux nuisibles.[10] Le lieutenant des chasses et les gardes ne veillaient pas seulement à la conservation du gibier, mais à sa multiplication. Il est assez souvent question, dans les documents conservés aux Archives nationales, des faisanderies de la Ménagerie et de Moulineaux, pour lesquelles Le Roy demandait des réparations et des aménagements.[11] L'entretien des faisanderies[12] ainsi que les fournitures de grains pour la nourriture du gibier,[13] font également l'objet de mémoires de dépenses visés par Le Roy. Il ressort des documents cités dans certaines des notes que nous avons rattachées au texte des *Lettres sur les animaux*[14] qu'un employé des chasses dans les Parcs de Versailles était bien placé pour observer les bêtes décrites par Le Roy dans son ouvrage, le gibier à poil et les prédateurs aussi bien que le gibier à plume et certains animaux domestiques.

Les gardes des Parcs s'occupaient non seulement du gibier, mais des bois, témoin une requête présentée à Louis XV en 1760, proposant que la survivance du sous-lieutenant des chasses fût accordée à un jeune homme 'capable de le remplacer tant pour l'article des chasses, que pour celui des bois qui n'est pas de moindre conséquence'.[15] D'autres documents relatifs aux chasses confirment

9. AN, o^1 807, pièces 136, 150; o^1 808, pièces 182, 183.

10. AN, o^1 808, pièces 5, 7; o^1 3912^7, 'certificats pour les bêtes puantes et oiseaux de proie', années 1759 et 1768.

11. AN, o^1 284, pièce 321; o^1 1803, pièces 290, 428, 468, 473, 474; o^1 1804, pièces 60, 280, 310; o^1 1805, pièce 219.

12. AN, o^1 807, pièces 150, 151, 161, 259, 260-64, 352, 353; o^1 808, pièces 176, 197, 203, 218, 220, 221, 224-27; o^1 1809, pièces 116, 118, 119, 120, 122.

13. AN, o^1 807, pièces 135, 150, 164, 165, 190, 383-87, 391, 393, 397, 399, 402, 403, 408-14, 418, 420-23, 425; o^1 808, pièces 146, 147, 153, 154, 156, 159, 160, 161, 163, 166, 208; o^1 1809, pièces 10, 13, 15, 27, 28, 32, 44.

14. Lettre II (lettre 2), notes 15, 17; lettre III (lettre 3), notes 3, 13, 14, 18; lettre IV (lettre 4), note 5; lettre V (lettre 5), notes 5, 6; lettre VI (lettre 6), notes 4, 9; lettre VII (lettre 7), notes 4, 7, 10, 11; lettre IV à Madame *** (lettre 12), notes 8, 10. Afin de nous y référer plus commodément dans nos notes, nous avons numéroté les lettres de 8 à 15 à partir de la Lettre I sur l'homme. Il est clair que les fonctions du lieutenant des chasses des Parcs de Versailles n'avaient pas grand'chose en commun avec celles du Grand Veneur, du Grand Louvetier, du Grand Fauconnier, etc., qui étaient de sang noble et commensaux du roi. Tout en vaquant à d'humbles besognes, le lieutenant avait cependant la possibilité de voir à l'œuvre la chasse du vol (p.117, l.144-149, et lettre 6, note 9) et les équipages du cerf, du chevreuil, du lièvre, du loup, du daim, que les rois de France entretenaient au dix-huitième siècle (voir Françoise Vidron, *La Vénerie royale au XVIIIe siècle*, Paris 1953, p.28-29).

15. AN, o^1 285, pièce 147. Nous conservons la ponctuation et la graphie des manuscrits cités. La double attribution du personnel des chasses est également soulignée par une observation du receveur du domaine de Versailles portée sur le 'Tableau général des recettes et dépenses, année 1788'. Les employés des chasses, fait remarquer le receveur, sont chargés non seulement de la conservation du gibier, mais aussi de 'celle des bois, dont Versailles possède au delà de 10,000 arpens' (AN, o^1 3974^2).

qu'en plus de la garde des bois de Versailles[16] la plantation d'arbres[17] et leur entretien[18] incombaient au lieutenant et à son personnel. La compétence de Le Roy en matière de sylviculture était telle qu'en 1776 le comte d'Angiviller, directeur général des Bâtiments du roi, lui demanda conseil avant de faire procéder à la replantation des jardins de Versailles.[19]

Comme tout, dans les Parcs de Versailles, concourait au même but, la commodité et l'agrément des chasses du roi, les fermes enclavées dans les Grand et Petit Parcs étaient exploitées dans des conditions assez particulières. Les mémoires de dépenses des chasses comprennent des indemnités versées à des fermiers pour des terres qui leur avaient été retirées pour les besoins des chasses.[20] Le Roy vérifiait en pareil cas la superficie des terres cédées et évaluait le montant de l'indemnité à verser pour non-jouissance.[21] Il lui arrivait aussi de recommander une diminution du bail si une ferme était surchargée de gibier.[22] Ses contacts avec les fermiers des Parcs de Versailles laissèrent des traces dans les *Lettres sur les animaux*.[23]

Le Roy devait d'autant mieux comprendre les difficultés des fermiers que son 'goût le plus vif' était 'celui de cultiver lui-même', nous apprend une requête de 1758 suppliant Louis XV de lui venir en aide pour l'acquisition d'une ferme aux Loges dans le Grand Parc.[24] L'intérêt que Le Roy portait à l'agriculture s'était déjà manifesté dans une lettre datée de Versailles, le 2 août 1756, publiée dans le *Mercure de France* en octobre 1756, lettre dans laquelle il assure avoir vu pleinement confirmer, par des expériences faites à Trianon, les idées relatives à la nielle des blés développées par Du Tillet dans son *Essai sur la cause qui corrompt et noircit les grains dans les épis*.[25] Ses connaissances en

16. AN, o^1 284, pièce 323; o^1 285, pièce 234; o^1 807, pièces 215, 367, 467, 468.

17. AN, o^1 807, pièces 149, 150, 157, 247, 273; o^1 808, pièces 4, 148, 191, 209; o^1 1075, pièce 234; o^1 1804, pièce 345.

18. AN, o^1 290, pièce 263; o^1 807, pièces 133, 137, 140, 141, 149, 150, 155, 158, 162; o^1 808, pièces 4, 180, 186, 208, 234; o^1 1075, pièce 234; o^1 1804, pièces 95, 135, 137, 362, 368; o^1 1861^{13}, lettre autographe de Le Roy datée 'à Versailles ce mardy'.

19. AN, o^1 1790^7, minute de lettre de d'Angiviller à Le Roy, datée de Fontainebleau, le 15 octobre 1775, citée ci-dessous, p.25.

20. AN, o^1 807, pièces 247, 401, 406; o^1 808, pièces 29, 144, 164.

21. AN, o^1 3912^1, lettre du 9 avril 1759 concernant la ferme du moulin de Rennemoulin et mémoire relatif aux terres du fermier Hédouin; o^1 3912^5, mémoires relatifs aux terres des fermiers Hédouin, Pluchet, Reverend, Landrin; o^1 3882^5, lettres autographes de Le Roy du 23 janvier 1772 et du 15 mars 1772 et mémoire relatif aux terres du fermier Mithouard.

22. AN, o^1 284, pièce 218; o^1 3912^1, lettre du 9 avril 1759 concernant la ferme du moulin de Rennemoulin.

23. p.160, l.320-328; p.195, l.24-28, et lettre 9, note 27; lettre 14, note 1.

24. AN, o^1 284, pièce 58.

25. *Mercure de France*, octobre 1756, i.155-57; cf. *Correspondance* de Diderot, éd. G. Roth et J. Varloot (Paris 1955-1970), v.13-15.

matière d'agriculture allaient d'ailleurs valoir à Le Roy de devenir membre de la Société royale d'agriculture de la Généralité de Paris dès son établissement en mars 1761.[26] La séance du 4 juin 1761 du bureau de Paris de la Société fut 'terminée par la lecture d'un mémoire de M. Le Roy sur divers objets importants, qui méritent l'attention de la Société' (p.33). Notre historien des bêtes avait plus d'une corde à son arc.

Il ne suffisait évidemment pas, pour écrire ses *Lettres sur les animaux*, que Le Roy fût à même d'observer les bêtes dans l'exercice journalier de ses fonctions à Versailles. Il fallait encore qu'il s'intéressât aux problèmes philosophiques, ce qui nous amène à considérer sa formation intellectuelle, ses fréquentations, les influences qu'il subit. Nous sommes renseignés sur ces questions par l''Avis de l'éditeur' placé en tête de l'édition des *Lettres sur les animaux* publiée en 1802 par Roux-Fazillac[27] et par les mémoires et la correspondance d'autres personnes qui connaissaient Le Roy, en particulier par l'abondante correspondance de Pierre-Michel Hennin conservée à la Bibliothèque de l'Institut. Cette correspondance est d'autant plus précieuse qu'elle comporte non seulement les lettres reçues par Hennin, mais aussi les brouillons de celles qu'il envoyait aux nombreuses personnes avec qui il entretenait des rapports épistolaires.

Pierre-Michel Hennin, qui fit carrière dans les Affaires étrangères et passa le plus clair de son temps hors de France entre 1752 et 1778,[28] tenait à Le Roy

26. *Recueil contenant les délibérations de la Société royale d'agriculture de la généralité de Paris, au bureau de Paris, depuis le 12 mars jusqu'au 10 septembre 1761* (Paris 1761), p.8. 'M. Le Roy, Lieutenant des Chasses à Versailles' est le dix-septième nom de la liste des personnes composant le bureau de Paris de la Société.

27. Etant donné l'importance de cette notice, la seule consacrée à Le Roy par un des ses contemporains qui l'avaient connu personnellement (voir p.30-32), nous la reproduisons en tête du texte (p.75-76).

28. Après des études de droit à Paris Pierre-Michel Hennin fut reçu avocat à vingt ans et en octobre 1749 commença de travailler au dépôt des Affaires étrangères à Paris, où il resta dix-huit mois. Rappelé à Versailles, il entra comme élève dans un des bureaux des Affaires étrangères. En août 1752 il suivit le comte de Broglie, nommé ambassadeur de France en Pologne, en qualité de second secrétaire d'ambassade et passa les années 1752 à 1755 à Varsovie et à Dresde. Entre mars 1755 et août 1756 il visita Berlin, le nord de l'Allemagne, le Danemark et la Suède. En novembre 1756 le comte de Broglie, rappelé à Versailles, laissa Hennin chargé des affaires du roi près la reine de Pologne, mais, expulsé de Dresde en mars 1757 par le roi de Prusse, Hennin rentra en France. Entre mars 1758 et avril 1759 il voyagea aux Pays Bas, en Suisse et en Italie, puis en 1760 il retourna en Pologne en qualité de secrétaire d'ambassade. Après un voyage d'affaires à Versailles en 1762, il fut nommé en 1763 résident de France près la république de Pologne, poste qu'il occupa jusqu'en juillet 1764. Nommé ensuite résident de France près la république de Genève, il se rendit à cette ville en décembre 1765. Pendant les douze ans qu'il y exerça les fonctions de résident il entretint d'excellents rapports avec Voltaire à Ferney et fit de nombreux amis à Genève. En mars 1778, Vergennes, devenu ministre des Affaires étrangères, appela Hennin à Versailles pour y remplir une des deux places de premier commis des Affaires étrangères. En 1779 Louis XVI lui conféra le titre de secrétaire de son conseil d'état et en 1787 il fut nommé premier secrétaire-greffier de l'Assemblée des notables (voir p.29 et note 175).

par les liens du sang. La tante paternelle de Le Roy, Marie-Anne-Nicole Le Roy (1676-1759),[29] avait épousé Pierre Léger, fermier à Gally dans le Petit Parc de Versailles, et leur fille, Angélique Léger, épousa à son tour Jean-Michel Hennin (*c.*1700-1781),[30] qui, procureur du roi au bailliage de Versailles, devint en 1739 inspecteur et contrôleur des domaines de Versailles, Marly et dépendances.[31] De ce mariage naquirent plusieurs enfants, dont Pierre-Michel Hennin (1728-1807) et Augustin-Henri Hennin de Beaupré (1734-1809),[32] qui en 1771 succéda à son père dans les fonctions de procureur du roi au bailliage de Versailles et inspecteur et contrôleur du domaine de Versailles.[33] Les frères Hennin étaient donc cousins de Le Roy issus de germain.

Les liens de parenté entre Le Roy et Pierre-Michel Hennin se doublaient de ceux d'une vive amitié, dont est empreinte, d'un bout à l'autre, leur correspondance, qui se poursuivit pendant plus de trente ans, de 1745 à 1778. Outre leur affection réciproque, une conformité de vues, qui fit appeler Le Roy 'mon cher maître' par Hennin dans trois de ses lettres,[34] ne laisse guère de doutes sur la sincérité des confidences de Le Roy. La correspondance de P.-M. Hennin non seulement avec Le Roy lui-même, mais avec d'autres personnes, fournit également, on le verra, des renseignements utiles sur notre auteur.

D'après l''Avis de l'éditeur' en tête de l'édition des *Lettres sur les animaux* procurée en 1802 par Roux-Fazillac, qui avait connu Le Roy personnellement (voir p.30-32), ce dernier 'fit au collège d'Harcourt ce qu'on appelait alors *de bonnes études*' (p.75, l.28-29). Nous n'avons pu établir que Le Roy fréquenta effectivement le collège d'Harcourt, mais il semble avoir obtenu le grade de maître ès arts à l'Université de Paris en 1745.[35] De toute manière les allusions

29. Hôtel de ville de Versailles, Sépultures, paroisse Notre-Dame de Versailles, 1759.

30. Sépultures, paroisse Notre-Dame de Versailles, 1781.

31. AN, P 2438, f.132.

32. Hôtel de ville de Versailles, Décès, ville de Versailles, 1809.

33. AN, P 2479, f.152; Jean-Michel Hennin à Pierre-Michel Hennin, Versailles le 1er juillet 1771, Bibliothèque de l'Institut [ci-après BI], ms.1262, f.391.

34. Brouillons de lettres de Pierre-Michel Hennin à Le Roy, datés de Varsovie, le 23 décembre 1752 (BI ms.1268, f.109), de Freiberg, le 7 mai 1754 (f.145 et 154), de Varsovie, le 21 février 1763 (f.281*v*). Le Roy réagit à la première de ces lettres de la façon suivante: 'Vous m'appellés votre maître; je le suis dans la foy. Conservés toujours le souvenir des bons enseignements que je vous ay transmis, quoyque je ne les eusse pas reçûs de mes peres, parce que je les avois inventés moy même dans le secret de ma raison' (Le Roy à P.-M. Hennin, le 7 janvier [1753], BI ms.1268, f.118*v*).

35. Un registre de l'ancienne Université de Paris nous apprend que le 30 avril 1745 le grade de maître ès arts fut décerné à 'Carolus Le Roy, Parisinus' (BN ms. latin 9159, f.63). Le second prénom de Le Roy, Georges, manque, il est vrai, et notre philosophe était Versaillais, non Parisien, mais dans les actes de l'ancienne Université de Paris les noms des villes mentionnés à la suite des noms de personnes indiquent, non le lieu, mais le diocèse d'origine, selon l'usage

à l'antiquité gréco-latine dans les *Lettres sur les animaux*,[36] les ouvrages de sa bibliothèque (voir appendice, p.281-90), les citations latines dont s'émaille sa correspondance avec P.-M. Hennin[37] sont d'un homme qui avait fait ses classes.

Ses études terminées, le jeune Le Roy paraît s'être intéressé avant tout à la littérature. A en croire Roux-Fazillac, 'il fit dans sa jeunesse une pièce dramatique' (p.76, l.53-54). D'autre part, dans les lettres les plus anciennes de leur correspondance, celles écrites entre 1745 et 1752, Le Roy et Hennin échangent des vers de leur cru,[38] leurs impressions des pièces de théâtre de l'heure, des romans, des poésies qu'ils lisaient.[39] Il est toutefois question à deux reprises de 'philosophie' dans ces lettres de jeunesse. Dans le premier de ces passages Le Roy utilise le mot dans un sens très large[40] mais le second suggère, de sa part, des connaissances précises. Dans sa réponse à une lettre du 19 décembre 1747, où Hennin lui apprend qu'il est devenu 'non seulement studieux mais encore Philosophe', que 'mes amusemens a present sont Loke Mallebranche etc.',[41] Le Roy complimente son cousin sur le 'goût que vous prenés pour l'étude, et en particulier pour la philosophie [...] il n'est rien qui soit plus propre à donner à l'esprit toute l'étendüe qu'il est capable d'avoir [...] Vous avés raison cependant de chercher à joindre les agréments que donne le commerce des femmes à la force que peuvent inspirer Loke et Malebranche.'[42] On dirait que Le Roy avait pratiqué ces deux philosophes. Il

ecclésiastique. Il y a donc des chances pour qu'il s'agisse, dans ce certificat de graduation, du futur auteur des *Lettres sur les animaux*.

36. p.86, l.120; p.130, l.182-183; p.150, l.252-253; p.161, l.286-287; p.162, l.430; p.180, l.254-255; p.198, l.141; p.204, l.363-364; l.370-372; p.208, l.136-139.

37. Le Roy à Pierre-Michel Hennin, s.d., BI ms.1268, f.22*v*; [février 1751], f.98; 24 décembre [1752], f.112*r-v*; 11 janvier 1754, f.138; 28 décembre [1754], f.168; 1er novembre [1756], f.303*v*; 28 juin [1760], f.309; 3 juillet [1762], f.379; 17 décembre [1763], f.360*v*; 18 mai [1764], f.299; 4 décembre [1770], f.344.

38. Le Roy à P.-M. Hennin, s.d., BI ms.1268, f.18*v*, 19; Le Roy à Hennin, s.d., f.24, 24*v*; Hennin à Le Roy, Magny, le 9 octobre 1748, f.39*v*; Hennin à Le Roy, Versailles, le 1er janvier 1749, f.41; Le Roy à Hennin [janvier 1749], f.42; Hennin à Le Roy, 13 juillet 1750, f.81; Hennin à le Roy, Varsovie, 17 septembre 1752, f.103*r-v*; Le Roy à Hennin, 24 décembre [1752], f.112*v*, 114-16*v*.

39. Le Roy à Hennin, s.d., BI ms.1268, f.20*r-v*; Hennin à Le Roy, 21 février 1747, f.43-53; Hennin à Le Roy, 13 mars [1747], f.53-55*v*; Hennin à Le Roy, 27 mars [1747], f.55*v*-60*v*; Hennin à Le Roy, 22 mai [1747], f.61-62*v*; Le Roy à Hennin [juillet 1747], f.30; Hennin à Le Roy, 19 décembre 1747, f.64; Le Roy à Hennin [décembre 1747], f.33; Hennin à Le Roy, Paris, 7 décembre 1749, f.40; Hennin à Le Roy, [janvier 1750], f.66; Le Roy à Hennin, [février 1750], f.14*v*-15; Hennin à Le Roy, Paris, 9 septembre 1750, f.83*r-v*.

40. Lorsqu'on joint au talent pour la poésie, dit Le Roy à son cousin, 'le gout des choses solides, et cette tournure de philosophie qui fait apprétier les hommes à leur juste prix; comptés, mon cher, que l'on ne manque pas de réflexions propres à rendre heureux' (BI ms.1268, s.d., f.18*v*).

41. BI ms.1268, f.63.

42. BI ms.1268, f.32.

allait bientôt lire d'autres penseurs, on le verra, qui exercèrent sur lui une très forte influence, mais quelques idées caractéristiques de la *Recherche de la vérité* surnagent dans les *Lettres sur les animaux* (lettre 8, note 4; lettre 9, note 18; lettre 11, note 6).

P.-M. Hennin fournit une indication beaucoup plus nette, en ce qui concerne la formation philosophique de Le Roy, dans la relation de l'affaire de l'*Esprit* qu'il laissa parmi ses papiers. Il nous apprend au début de cette relation que '*Le Roy* mon Parent et mon ami avoit été lié dès l'enfance a ·ec *Helvetius*, une conformité de sentiments et un degré de chaleur a peu prez pareil dans l'imagination avoit fortifié cette liaison, ils se voyoient souvent a Paris, et surtout a Marly chez la M!ise de Vassé femme singuliere, mais qui devoit avoir quelque merite puisqu'il lui restoit des amis.'[43] Nous n'avons trouvé confirmation nulle part de l'amitié qui, d'après Hennin, aurait lié Le Roy à Helvétius 'dès l'enfance'. La première mention de Le Roy dans la correspondance d'Helvétius se trouve dans une lettre du philosophe à sa femme datant d'août 1755,[44] époque où Le Roy avait dépassé la trentaine. Quant au commerce de Le Roy avec Mme de Vassé, dans les premières lettres d'Helvétius où il est question d'elle Le Roy n'est pas nommé[45] et il n'apparaîtra enfin comme appartenant à sa société que dans une lettre de 1758.[46] Malgré l'absence de textes à l'appui, il nous semble toutefois qu'étant donné l'étroite amitié qui liait Le Roy à son cousin, le témoignage de Hennin a de fortes chances d'être exact.

Celui d'une autre personne qui assista, elle aussi, au début de l'affaire de l'*Esprit*, le comte d'Angiviller, y apporte un complément d'information intéressant. Dans les *Episodes de ma vie* d'Angiviller, qui décrit le Roy comme 'un de ses amis [d'Helvétius] et des miens',[47] se souvient aussi d'une femme remarquable, 'qui m'appelait son enfant et que j'aimais comme ma mère, une Comtesse de Vassé qui m'avait lié avec les deux frères Mably et Condillac, ses amis intimes et brouillés l'un avec l'autre, mais qu'elle et moi réunîmes;

43. BI ms.1223, f.82. Les deux noms propres sont soulignés dans le manuscrit, qui est reproduit dans la *Correspondance* d'Helvétius (Toronto, Oxford 1981-1991), vol.ii, app.15. Le passage que nous citons se trouve à la p.423. Antoinette-Louise-Gabrielle Des Gentils Du Bessay (vers 1710-1768) avait épousé en 1724 Henri-Joseph, comte de Vassé, mort en 1733. C'est donc à tort que P.-M. Hennin lui donne le titre de marquise.

44. *Correspondance*, i.342.

45. A Mme Helvétius, entre le 9 octobre 1751 et la mi-mai 1755 (*Correspondance*, i.291); à Mme Helvétius, fin juin ou juillet 1754 (i.312).

46. 'J'irai ce soir voir un moment M^de^ de Vassé avec M^r^ Le Roy', à Mme Helvétius, 21 mai 1758 (*Correspondance*, ii.33).

47. Charles-Claude Flahaut de La Billarderie, comte d'Angiviller, *Episodes de ma vie* (Copenhague 1906), p.189.

également amie du fanatique et insensé Helvétius' (p.186-87). L'amitié entre Condillac et Mme de Vassé, dont parlent les *Episodes de ma vie*, est confirmée par le 'Dessein de cet ouvrage' en tête du *Traité des sensations* (1754), que Condillac dédia à Mme de Vassé en tant qu'amie de la demoiselle Ferrand qui avait tenu un rôle si important dans l'élaboration du livre.[48] Il est donc à retenir que dans son jeune âge Le Roy connaissait non seulement Helvétius, mais selon toute probabilité Condillac aussi, puisque tous trois fréquentaient Mme de Vassé.

Si dans sa relation de l'affaire de l'*Esprit* Hennin n'indique pas la date précise à laquelle Le Roy se lia d'amitié avec Helvétius, Le Roy lui-même dira en 1771 que d'Angiviller 'est mon ami depuis vingt ans',[49] ce qui fait remonter leur connaissance à 1751. Il y a donc des chances pour que Le Roy ait connu Condillac à peu près à la même époque.

Le Roy nous fixe avec exactitude la date d'autres contacts importants en écrivant à Hennin le 15 juillet [1755]: 'Je vais une fois la semaine à Paris. Là je dîne avec les Buffon, les Diderot, les Helvétius, toute la fleur de la nation en esprit et en talents.'[50] Voilà qui changeait Le Roy de ses habitudes de deux ans plus tôt. Il avait dit, en effet, dans une lettre à Hennin datée du 7 janvier [1753]: 'Je ne vais gueres à Paris.'[51] Comme il paraît, dans sa lettre du 15 juillet 1755, apprendre à son cousin un état de choses que ce dernier ignorait et qui avait donc des chances d'être relativement récent, il semblerait que Le Roy, sans relâcher les liens d'amitié noués 'dès l'enfance' avec Helvétius, eût commencé à fréquenter Buffon et Diderot en 1754 ou pendant les six premiers mois de 1755.

48. *Traité des sensations*, dans *Œuvres philosophiques*, éd. Georges Le Roy (Paris 1947-1951) [ci-après *O.p.*], i.219, 221-22.

49. Le Roy à Buffon, 'A Versailles, ce dimanche' [1771], *Correspondance inédite de Buffon* (Paris 1860), i.404. Il est tout à fait possible que Le Roy ait connu d'Angiviller vers 1750, car Charles-Claude Flahaut de La Billarderie (1730-1809), que Louis XV éleva au rang de comte sous le titre d'Angiviller, vécut à Versailles tout jeune encore, étant devenu en avril 1744, dès l'âge de quatorze ans, page de la Petite Ecurie. En mars 1746, après avoir été deux ans page, il entra aux Gardes du corps avec commission de capitaine de la cavalerie légère. L'année suivante il fit campagne dans les Flandres, mais en 1748, à la paix d'Aix-la-Chapelle, il reprit son service à Versailles. En septembre 1759 le dauphin fit remettre à d'Angiviller les provisions de gentilhomme de la manche de son fils aîné, le duc de Bourgogne. En mai 1760, à la demande du dauphin, d'Angiviller quitta les Gardes du corps pour se consacrer entièrement au duc de Berry, au comte de Provence et au comte d'Artois. En 1766 il donna sa démission de gentilhomme de la manche. Le future Louis XVI ne l'oublia pas cependant et après son accession au trône en 1774 d'Angiviller obtint la direction des Bâtiments du roi. Obligé de démissionner en 1791, il émigra et passa les dernières années de sa vie en Allemagne, où il mourut en décembre 1809. Voir Jacques Silvestre de Sacy, *Le Comte d'Angiviller, dernier directeur général des Bâtiments du roi* (Paris 1953).

50. BI ms.1268, f.177.

51. BI ms.1268, f.118*v*.

Son commerce avec deux des esprits les plus brillants du siècle ne tarda pas à se révéler fécond. En ce qui concerne Buffon d'abord, non seulement Buffon lui-même, mais son collaborateur Daubenton, reconnaissent tous deux avoir utilisé, dans les tomes vi (1756), vii (1758) et viii (1760) de l'*Histoire naturelle*, des matériaux fournis par Le Roy. Une note de Daubenton au tome vi et une autre au tome vii signalent, la première que Le Roy lui avait communiqué une observation relative au lièvre, la seconde qu'il avait donné un campagnol au Cabinet du roi.[52] Quant à Buffon, il cite au tome vii une observation de Le Roy sur le furet et reproduit au tome viii des remarques de Le Roy concernant le surmulot.[53] Ces quatre passages ne représentent cependant pas la somme des observations de Le Roy utilisées dans les tomes vi, vii et viii de l'*Histoire naturelle*, car dans sa note du tome vi Daubenton nous apprend que Le Roy 'contribue *souvent* à notre ouvrage'[54] et Buffon, pour sa part, après avoir cité Le Roy au tome vii, ajoute: '*Ce n'est pas la première fois* que M. le Roi, qui joint à beaucoup d'esprit un grand amour pour les sciences, nous a donné des faits plus ou moins importants et dont nous avons fait usage.'[55] Il est clair que les tomes vi, vii et viii de l'*Histoire naturelle* doivent à Le Roy plus que ne le donneraient à entendre les quatre mentions de son nom.

Mais Le Roy ne se contenta pas de laisser incorporer ses observations dans des textes de l'*Histoire naturelle* rédigés par Buffon et Daubenton. Il se fit lui-même auteur. Après avoir dit, dans sa lettre du 15 juillet 1755, qu'il dîne une fois par semaine à Paris 'avec les Buffon, les Diderot, les Helvétius', Le Roy poursuit quelques lignes plus bas: 'Je ne fais plus de vers [...] Un peu de métaphisique, un peu de litterature, beaucoup d'articles d'Enciclopedie, voila ce qui m'occupe.'[56] Diderot dut vite comprendre que les connaissances de Le Roy en plus d'un domaine pouvaient être utiles à l'*Encyclopédie*, car le tome v de cet ouvrage, distribué en octobre 1755, contient déjà un article portant à la fin le nom de Le Roy, l'article 'Engrais (*Œcon. rustique*)'. L'*Encyclopédie* doit également à Le Roy agronome 'Ferme (*Economie rustiq.*)' et 'Fermier (*Econom. rust.*)', publiés dans le tome vi (1756), 'Froment (*Economie rustiq.*)' et 'Fumier (*Econom. rustiq.*)', qui parurent dans le tome vii (1757).

La 'Notice abrégée des différents écrits modernes qui ont concouru en France à former la science de l'économie politique', que fit paraître Dupont de Nemours dans les *Ephémérides du citoyen* en 1769, comprend pour l'année 1756 non seulement l'article 'Fermiers (*Econ. polit.*)' de Quesnay, publié dans

52. *Histoire naturelle* (Paris 1749-1767) [ci-après *HN*], vi.268; vii.377.
53. vii.213, viii.206-207.
54. vi.268. Souligné par nous.
55. vii.213. Souligné par nous.
56. BI ms.1268, f.177*v*.

le tome vi de l'*Encyclopédie*, mais aussi 'Ferme (*Economie rustiq.*)' et 'Fermier (*Economie rustiq.*)' de Le Roy, 'connu', d'après Dupont de Nemours, 'par ses liaisons intimes avec M. Quesnay'.[57] La correspondance de Le Roy avec P.-M. Hennin confirme que Le Roy fréquentait Quesnay et donnait aussi dans ses idées. Le 18 juin [1758] il pose de la part de Quesnay à Hennin, qui se trouvait alors en Hollande, des questions relatives à l'économie politique et à l'agriculture de ce pays[58] et le 18 avril [1761] il dit à son cousin qu'il s'amuse à 'cultiver mon champ dont je cherche à augmenter le *produit net* pour faire ma cour à notre ami Quesnay'.[59] Les connaissances de Le Roy en matière d'économie politique étaient des plus sérieuses, à en croire une lettre adressée à Damilaville en 1767 par Diderot qui, après avoir résumé le contenu de l'*Ordre naturel et essentiel des sociétés politiques* de Le Mercier de La Rivière, conclut ainsi: 'Enfin, je ne pense de cet ouvrage que ce qu'en pense M. Le Roi de Versailles, lui qui s'est occupé toute sa vie de ces choses et qui en a entendu parler pendant vingt ans de suite les hommes les plus instruits.'[60] Un passage de la lettre II sur l'homme fait écho aux physiocrates en ce qui concerne l'état social et 'la meilleure forme de gouvernement possible'.[61]

Si Le Roy agronome donna à l'*Encyclopédie* des articles sur l'agriculture où se perçoivent des échos des idées des physiocrates, le garde-marteau la fit également bénéficier de sa compétence en sylviculture dans les articles 'Forêt (*Botan. & Econom.*)' et 'Futaie (*Econ. rustiq.*)' (tome vii).

Le lieutenant des chasses, enfin, écrivait 'Faisanderie', 'Fauconnerie (*Ordre encyclop. Science, Art, Economie rustiq. Chasse, Faucon.*)' (tome vi), 'Fureter (*Chasse*)', 'Garde-chasse (*Vénerie*)', 'Garenne (*Chasse*)', 'Gibier (*Chasse*)' (tome vii), et s'éleva à des considérations plus générales dans 'Homme (*Morale*)' et 'Instinct (*Métaph. & Hist. nat*)' (tome viii). Le seul de ces articles à ne pas porter le nom de Le Roy à la fin, 'Instinct', est sans nul doute de lui, car il deviendra la 'Lettre VII. Sur l'instinct des animaux' dans les *Lettres sur les animaux* publiées en 1768 (voir p.15-16).

Mais le tome viii n'était pas encore sorti des presses que la publication de l'*Encyclopédie* fut suspendue.[62] C'est Le Roy qui portait en dernier ressort la responsabilité de ce malheur, puisque l'*Encyclopédie* fut entraînée dans le

57. *Ephémérides du citoyen* (1769), i.XVII-XXI. L'ouvrage classique de G. Weulersse, *Le Mouvement physiocratique en France de 1756 à 1770* (Paris 1910), présente également Le Roy comme un des premiers disciples de Quesnay (i.50-51, 333, 340, 359, 363, 381-82, 403, 453).

58. BI ms.1268, f.216*v*-17.

59. BI ms.1268, f.346*v*. Souligné par Le Roy.

60. *Correspondance*, vii.79.

61. p.156, l.194-p.157, l.206, et lettre 9, note 15.

62. Diderot à Grimm, le 1er mai 1759, *Correspondance*, ii.121.

désastre de *De l'esprit* et qu'à en croire son cousin et ami intime, P.-M. Hennin, sans Le Roy il n'y aurait pas eu d'affaire de l'*Esprit*.[63] Dans le récit des événements qu'il laissa parmi ses papiers Hennin nous apprend, en effet, que Le Roy fut 'enthousiasmé' de *De l'esprit*:

et tant pour la gloire de son ami que pour le triomphe de la vérité, il pressa fortement Helvétius de le faire imprimer. Il y avoit deja quelque tems que le mot Encyclopediste etoit devenu l'objet de la haine des Jésuites et des sots [...] Le Roy qui n'avoit donné que quelques articles d'œconomie, se croyait obligé de faire cause commune avec ses amis, il imagina qu'un des plus surs moyens d'en imposer à leurs adversaires etoit de faire imprimer avec privilege un sisteme complet de morale par un Encyclopediste et le plaisant de cette idée lui en derobant les dangers, il s'offrit à en faciliter les moyens.[64]

Vainquant la résistance d'Helvétius, raconte Hennin, Le Roy choisit comme censeur Jean-Paul Tercier (1704-1767), premier commis des Affaires étrangères, fit en sorte qu'il se chargea de l'examen de *De l'esprit*[65] et, pour qu'il ne se rendît pas bien compte du caractère subversif de l'ouvrage, le lui soumit 'par morceaux detachez et la première partie, la dernière'.[66] Grâce à ce manège, *De l'esprit* parut en juillet 1758 avec approbation et privilège, mais loin d'aboutir au 'triomphe de la vérité', comme l'avait espéré Le Roy, il déchaîna les clameurs du parti dévot et fut condamné successivement par diverses autorités ecclésiastiques et civiles. En particulier, le 23 janvier 1759, devant les chambres assemblées du Parlement, l'avocat général prononça contre *De l'esprit* un réquisitoire dans lequel il engloba sept autres ouvrages irréligieux, y compris les sept volumes déjà parus de l'*Encyclopédie*. Le 6 février 1759 le Parlement ordonna que sept des ouvrages incriminés, dont *De l'esprit*, seraient lacérés et

63. Pour le détail de l'affaire voir Didier Ozanam, 'Disgrâce d'un premier commis: Tercier et l'affaire de l'*Esprit*', *Bibliothèque de l'Ecole des chartes* 113 (1955), p.140-70; D. W. Smith, *Helvétius: a study in persecution* (Oxford 1965); E. R. Anderson, 'Apropos of the *affaire de* l'Esprit', *Trivium* 1 (1966), p.5-23; Helvétius, *Correspondance*, vol.ii.

64. BI ms.1223, f.82*v*-83; Helvétius, *Correspondance*, ii.423. Helvétius ne procura jamais d'articles à l'*Encyclopédie*, ni avant ni après l'affaire de l'*Esprit*. P.-M. Hennin prête au mot 'Encyclopédiste' le sens très large de philosophe éclairé, anti-traditionaliste.

65. BI ms.1223, f.83*r*-*v*; Helvétius, *Correspondance*, ii.423-24.

66. Nous empruntons cette formule brève et commode à une lettre adressée par Jean-Michel Hennin à son fils, Pierre-Michel, le 22 août 1758 (BI ms.1262, f.55*v*; Helvétius, *Correspondance*, ii.94), mais tous les témoignages concordent sur la manière dont Le Roy s'y prit pour berner Tercier, non seulement cette lettre de Jean-Michel Hennin et le récit de Pierre-Michel (BI ms.1223, f.84*r*-*v*; Helvétius, *Correspondance*, ii.424), mais un brouillon de lettre de Tercier à Louis XV (Archives des affaires étrangères, Personnel, 1e série, lxv.323-24, cf. Ozanam, p.146-47; Helvétius, *Correspondance*, ii.227) et les *Episodes de ma vie* du comte d'Angiviller. Dans ces souvenirs couchés sur le papier dans l'émigration (voir note 49) d'Angiviller déplore la manière dont le 'fanatique et insensé Helvétius qui avec une âme généreuse en argent, aurait été persécuteur plus cruel que tous les Jésuites ensemble' (p.187), s'arrangea pour 'tromper' le censeur Tercier, 'ne lui donner son ouvrage que par lambeaux détachés et sans suite, les lui faire parvenir par un de ses amis et des miens, aussi fanatique que lui, nommé M^r le Roy' (p.188-89).

brûlés par la main du bourreau et nomma des commissaires pour donner leur avis sur l'*Encyclopédie*. Peu de temps après, le 8 mars 1759, un arrêt du Conseil en révoqua le privilège. Cette crise, la plus grave qu'eut à traverser l'*Encyclopédie*, mit la solidarité des contributeurs à rude épreuve et faillit aboutir au naufrage de l'entreprise.[67]

Malgré la tempête Le Roy ne perdit pas courage. Le livre intitulé *De l'esprit*, 'qui m'a fait tant de plaisir à lire', dit-il dans sa lettre du 8 octobre [1758] à P.-M. Hennin, 'a causé des chagrins sans nombre à son autheur que j'aime comme moi-même [...] vous ne doutés pas qu'ardent comme je suis pour les intérêts de la vérité, et pour ceux de l'amitié je n'aye deffendu le pauvre persécuté, des pieds, des mains etc.'[68] Le Roy fait probablement allusion ici à une *Lettre au R. P.* *** [Berthier] *journaliste de Trévoux*, où il répond, sous le voile de l'anonymat, aux critiques de *De l'esprit* publiées dans le *Journal de Trévoux* en septembre 1758.[69] Le père Berthier répliqua à cette lettre en février 1759[70] et les trois textes furent reproduits dans un ouvrage, anonyme encore, où Le Roy reprend plus longuement les critiques du père Berthier, son *Examen des critiques du livre intitulé 'De l'esprit'*.[71]

Peu des thèmes de l'*Examen* se retrouvent dans les *Lettres sur les animaux* (lettre 6, note 22; lettre 14, note 3) et son apologie d'Helvétius renseigne peu sur les lectures de Le Roy en 1759 (lettre 6, note 12), mais elle comporte une 'Analyse du livre intitulé *De l'esprit*' (p.39-70), qui atteste que Le Roy en avait bien saisi les thèmes (lettre 7, note 1; lettre 8, note 16; lettre 9, note 3). Il est significatif également que Le Roy non seulement vola à la défense d'Helvétius, mais 'ne pense pas que *le livre de l'Esprit* enseigne le matérialisme ni le mépris de la religion sainte'.[72] A moins d'être d'une naïveté peu commune, Le Roy était de mauvaise foi, ce qui suggère que dans l'*Examen* un matérialiste en défend un autre.[73]

Non seulement Le Roy n'abandonna pas son cher ami Helvétius, mais à l'encontre d'autres contributeurs nantis de charges officielles (Quesnay, Turgot), il ne se retira pas de l'*Encyclopédie* après la révocation du privilège en mars 1759. Plusieurs articles signés Le Roy figurent dans les dix derniers tomes de l'*Encyclopédie*, qui furent distribués à la fin de 1765 ou en 1766. Ce

67. Voir Jacques Proust, *Diderot et l'Encyclopédie* (Paris 1967).

68. BI ms.1268, f.221*r-v*; Helvétius, *Correspondance*, ii.124. Dans sa lettre à sa femme du 30 octobre 1758 Helvétius dira 'combien je suis touché de l'amitié de Madame la comtesse [de Vassé] et de M^r^ Le Roy; ce sont là réellement de vrais amis' (ii.135).

69. Article XCVI, p.2297-302.

70. Article XXIII, p.535, 559.

71. (Londres 1760), p.75-116.

72. 'Avertissement' de l'*Examen*, p.31.

73. Voir aussi p.125, l.16-21, et lettre sur une critique, note 1.

sont, outre 'Homme (*Morale*)' (tome viii), 'Piège (*Chasse*)' (tome xii), 'Sanglier (*Chasse du*)' (tome xiv), 'Vénerie' (tome xvi), et 'Vol, *chasse du vol*' (tome xvii).[74]

Bien que Le Roy ne laissât tomber ni Helvétius ni l'*Encyclopédie*, le sort réservé aux deux autres acteurs principaux dans le drame de *De l'esprit*, Helvétius lui-même et le censeur Tercier, avait cependant souligné de manière frappante les dangers auxquels s'exposait quiconque publiait en France, sur des thèmes prêtant à controverse, des idées qui pouvaient paraître suspects aux autorités. Helvétius, d'une part, fut obligé de signer trois rétractations, dut se démettre de sa place de premier maître d'hôtel de la reine et n'évita pire que grâce à des protections puissantes.[75] Tercier, d'autre part, fut congédié de son poste de premier commis des Affaires étrangères.[76] A en croire P.-M. Hennin, Le Roy eut lui-même à craindre pour sa place:

> Plusieurs de ces honetes gens de la Cour qui sont si habiles a perdre un galant homme pour profiter de ses depouilles aigrirent l'esprit de M. le Dauphin de la Reine contre lui, et allerent meme jusqu'au Roy on craignit que le C. de Noailles ne fut forcé de luy oter sa place de Lieutenant des chasses, mais je scais que le Roy se contenta de marquer par une plaisanterie qu'il ne vouloit pas qu'on lui parlat de cette affaire, quelqu'un ayant saisi une occasion de proferer le nom du Lieutenant des chasses, le Roy dit en riant il est allé faire de *l'esprit* aux Loges, il n'en fut plus question, et S. M. n'a pas cessé depuis de lui temoigner les mêmes bontés.[77]

Les mésaventures d'Helvétius et de Tercier, l'inquiétude qu'il avait eue pour lui-même incitèrent sans nul doute Le Roy à publier dorénavant sous un pseudonyme. Il paraît d'ailleurs s'être fait, dans la coterie holbachique, une réputation d'homme circonspect, à en juger par la conversation suivante rapportée par Diderot dans sa lettre à Sophie Volland datée du Grandval, le 12 octobre 1760. A Diderot qui lui demande: 'Vous n'entendez pas qu'il y a des choses sacrées dans ce monde?' la baronne d'Holbach répond: '*Eh! oui, et dont il est bien de se tenir à quelque distance.*' Et Diderot de commenter: 'Voilà de ces mots qu'elle a appris de M^r le Roy.'[78]

74. Les derniers volumes de l'*Encyclopédie* contiennent également des articles non signés – tel 'Instinct' (t.viii) – dus, directement ou indirectement, à Le Roy, mais ce n'est pas ici le lieu d'examiner la question, ni d'aborder celle du rôle joué par les textes de Le Roy dans la préparation des planches. Dans une lettre du 4 mars 1769 (ix.32) Diderot rappelle au libraire Le Breton, entre autres choses, qu'il avait enfermé chez lui pendant trois mois l'artiste Louis-Jacques Goussier 'pour lui faire dépouiller les M.S. de Mr Trudaine sur les salines, et les M.S. du Roi sur les pêches'.

75. D. W. Smith, *Helvétius*, ch.2-4.

76. Ozanam, p.159-67; D. W. Smith, p.45-47; Helvétius, *Correspondance*, ii.226-36.

77. BI ms.1223, f.85*v*-86; Helvétius, *Correspondance*, ii.425. Le comte de Noailles était gouverneur de Versailles. Le Roy venait d'acquérir en 1758, grâce à Louis XV, une ferme aux Loges dans le Grand Parc de Versailles; voir p.3.

78. *Correspondance*, iii.128. Souligné dans le texte.

La correspondance de Diderot nous apprend non seulement que Le Roy passa plusieurs jours au Grandval en octobre 1760[79] – séjour qui ne fut peut-être pas sans laisser de légères traces dans les *Lettres sur les animaux* (lettre 15, note 29) – mais qu'en juillet 1762 Le Roy et Suard fréquentaient en même temps le baron d'Holbach et s'éprirent tous deux de la baronne.[80] Cette rivalité en amour ne les brouilla pas l'un avec l'autre toutefois, car une lettre de Le Roy datée de Nuremberg, le 4 septembre 1762, parut sans nom d'auteur dans le numéro d'août 1762 du *Journal étranger*, que dirigeaient Suard et l'abbé Arnaud.[81] Le numéro de septembre 1762 contient une 'Deuxième lettre sur les animaux' de Le Roy, sans nom d'auteur encore, et cette fois sans date.[82] Dans la 'Table des matières par ordre des langues' à la fin des volumes les deux lettres figurent sous la rubrique 'Allemagne'.

Après que la *Gazette littéraire de l'Europe*, sous la direction d'Arnaud et de Suard encore, eut remplacé le *Journal étranger*, une troisième lettre de Le Roy, intitulée cette fois 'Lettre sur les animaux par un physicien de Nuremberg', parut dans le supplément du 2 mai 1764.[83] Une note précise que 'cette *lettre* est la suite de deux autres qui ont été insérées dans le *Journal Etranger, août et septembre 1762*'.[84] Le supplément du 1er août 1764 contient une 'Quatrième lettre sur les animaux; par un physicien de Nuremberg',[85] le supplément du 2 septembre 1764 une 'Cinquième lettre sur les animaux; par un physicien de Nuremberg'[86] et le supplément du 31 mars 1765 une 'Lettre du physicien de Nuremberg aux auteurs de la Gazette littéraire', datée à la fin 'A Nuremberg, ce 2 mars 1765'.[87] Dans cette lettre Le Roy répond à une 'Lettre de M. le C*** à messieurs les auteurs du *Journal des savants*' parue dans ce périodique en janvier 1765 et qui critique longuement la 'Quatrième lettre sur les animaux du physicien de Nuremberg'.[88] Les quatre lettres de Le Roy publiées dans la *Gazette littéraire de l'Europe*, comme les deux premières parues au *Journal étranger*, sont classées sous la rubrique 'Allemagne' dans la table de leurs

79. A Sophie Volland, au Grandval, 14-15 octobre 1760, iii.146-48; à Sophie Volland, au Grandval, 20 octobre 1760, iii.164-81.

80. A Sophie Volland, 18, 22, 25 juillet, 5 août 1762, iv.51-54, 60-64, 65, 89.

81. xvi.91-100. L''Avertissement' (non paginé) en tête du numéro d'août 1762 s'excuse auprès des lecteurs du retard de ce numéro et l'approbation du censeur à la dernière page est datée du 11 février 1763 (xvi.240).

82. xvii.60-86. L'approbation du censeur date du 31 mars 1763 (xvii.239).

83. (1764-1766), i.214-32.

84. i.214. Souligné dans le texte.

85. ii.193-204.

86. ii.337-50.

87. v.65-79.

88. *Journal des savants*, janvier 1765, p.24-33. Jean Sgard, Anne-Marie Chouillet et la savante équipe qui a collaboré à la rédaction du *Dictionnaire des journalistes* n'identifient pas ce 'M. le C.'.

volumes respectifs. Le prospectus de la *Gazette littéraire de l'Europe* avait d'ailleurs précisé que le supplément mensuel serait 'uniquement consacré à la Littérature Etrangère'.[89]

Mis en garde par les déboires d'Helvétius et de Tercier, par le risque aussi qu'il avait lui-même couru de perdre sa place après l'affaire de l'*Esprit*, Le Roy dut trouver commode de faire paraître ainsi ses lettres, soit avec approbation et privilège, soit dans une publication officielle,[90] en les attribuant le plus naturellement du monde, vu le contexte, à un savant étranger. Il avait pris soin, bien entendu, de prévenir l'accusation d'irréligion et de matérialisme.[91] N'empêche que la critique de la lettre IV publiée en janvier 1765 dans le *Journal des savants* insinua à deux reprises que le physicien de Nuremberg pourrait être matérialiste,[92] ce que Le Roy s'empressa de nier dès le début de sa réponse.[93]

A la publication en mars 1765 de la 'Lettre du physicien de Nuremberg aux auteurs de la Gazette littéraire' succéda un silence assez long pour que P.-M. Hennin s'en inquiétât. 'Est ce que vous ne faites plus rien', demande-t-il à son cousin le 18 avril 1767, 'Le Philosophe de Nuremberg a t'il quitté la lice?'[94] La publication en 1768 des *Variétés littéraires* d'Arnaud et de Suard répondit à cette question par la négative. D'après l'"Avertissement du libraire' en tête de l'ouvrage, 'On désirait de voir rassemblés dans un recueil plusieurs excellents morceaux de poésie, de littérature, d'arts et de sciences, épars et confondus dans le Journal Etranger et dans la Gazette Littéraire. C'est ce qu'on a exécuté dans ces *Variétés*.'[95] Toujours d'après l'"Avertissement du libraire', 'On trouvera dans ce choix des pièces nouvelles qui n'ont pas encore été imprimées' (i.II-III). Les *Lettres sur les animaux*, qui figurent en tête du volume iii des *Variétés littéraires*, comportent de ces 'pièces nouvelles'. Non seulement une 'Sixième lettre' s'intercale entre les cinq lettres sur les animaux et la 'Lettre du physicien de Nuremberg aux auteurs de la Gazette littéraire', toutes parues de 1762 à 1765, mais une 'Septième lettre. Sur l'instinct des animaux' et deux 'Lettres du physicien de Nuremberg sur l'homme' (lettres 8 et 9)[96] viennent couronner le tout.

89. 'Prospectus', i.7.

90. Le *Journal étranger* [ci-après *JE*] paraissait avec approbation et privilège (voir notes 81, 82) et la *Gazette littéraire de l'Europe* [ci-après *GLE*] faisait pendant à la *Gazette de France*, qui était incorporée au ministère des affaires étrangères ('Prospectus', i.2-3).

91. p.79, l.17; p.79, l.27-34; p.81, l.106-110; p.92, l.371-376; p.113, l.229-232.

92. p.27b-28a, 33b.

93. *Lettres sur les animaux*, p.125, l.5-26.

94. BI ms.1268, f.322*v*.

95. (Paris 1768-1769), i.1.

96. iii.97-126, 146-73, 174-230.

De ces additions seule la lettre VI, consacrée aux animaux domestiques, est entièrement inédite. La lettre VII, 'Sur l'instinct des animaux', reproduit en gros l'article 'Instinct' de l'*Encyclopédie*, mais en en supprimant quelques passages, dont certains éléments avaient déjà été repris d'ailleurs dans les lettres II, III et IV. Est omise notamment de la lettre VII toute la fin de l'article,[97] déjà passée en grande partie dans les premières pages de la lettre V.[98] Quant aux deux lettres sur l'homme, elles reprennent et développent avec plus d'ampleur les thèmes de l'article 'Homme (*Morale*)' de l'*Encyclopédie*. Le début de la lettre I sur l'homme correspond en gros au début de l'article,[99] mais les considérations qui suivent, sur la distinction entre les besoins naturels et factices et l'origine de la société,[100] manquent dans l'article 'Homme'. La lettre II sur l'homme reproduit dans ses grandes lignes la seconde partie de l'article 'Homme'[101] de l'*Encyclopédie* moins la fin.[102]

En même temps que les *Variétés littéraires*, publiées à Paris avec approbation et privilège, parut une édition à part des *Lettres sur les animaux*, la même que celle des *Variétés littéraires*, mais imprimée sous la fausse localisation de Nuremberg et, par conséquent, sans approbation ni privilège. Remis sans doute sur ses gardes par l'insinuation de matérialisme présente à deux endroits de la critique de ses *Lettres sur les animaux* publiée en janvier 1765 dans le *Journal des savants*, Le Roy tenait évidemment à son pseudonyme, qui le mettait à l'abri des complications éventuelles. Une modification apportée au texte de la lettre VII par rapport à l'article 'Instinct' de l'*Encyclopédie* est également à mettre sur le compte de la prudence. 'Pourquoi ceux même à qui l'être suprême s'est manifesté par la voix de son fils, sont-ils occupés à se déchirer entre eux, au lieu de s'aider l'un l'autre à jouir en paix des fruits de la terre et de la rosée du ciel?' demande l'article.[103] Si indirect, si rapide qu'il soit, ce reproche quasi voltairien adressé aux chrétiens est remplacé dans la lettre VII par une question relativement anodine: 'Pourquoi les sciences qui lui [à l'homme] sont les plus nécessaires, celles d'où dépend le bonheur de l'espèce entière, sont-elles encore dans l'enfance?'[104]

Quatre ans après les *Variétés littéraires* parut un autre ouvrage de Le Roy,

97. *Encyclopédie*, viii.799a-b.
98. *Lettres sur les animaux*, p.108, l.3-p.111, l.124.
99. p.144, l.19-p.147, l.121; cf. *Encyclopédie*, viii.274b-75a.
100. p.147, l.126-p.149, l.212.
101. viii.275b-78a.
102. viii.278a-b.
103. p.797b.
104. p.140, l.260-262. Le Roy exprime ici le point de vue du dix-huitième siècle éclairé, qui situe le bonheur sur terre, non au ciel, et se donne pour but d'améliorer le sort de l'homme ici-bas (cf. lettre 6, note 22).

non sous un pseudonyme, mais anonymement. C'est qu'il ne s'agissait pas cette fois d'un livre d'idées, mais d'un libelle intitulé *Réflexions sur la jalousie, pour servir de commentaire aux derniers ouvrages de M. de Voltaire*. Dans ce libelle, malgré tout le plaisir que lui avaient donné, dit-il, les œuvres de Voltaire,[105] Le Roy, indigné par les attaques du patriarche contre des auteurs célèbres, les attribue à une jalousie née de la diminution sénile de ses forces (p.7-8), réfute ses critiques de Buffon, de Montesquieu, des économistes, d'Helvétius (p.9-23), affirme, comparaison détaillée à l'appui, que Voltaire n'est que le second dans tous les genres qu'il a pratiqués (p.24-25) et déplore qu'il n'ait pas appris d'Helvétius à 'chérir et respecter le mérite d'autrui' (p.28). Voilà qui renseigne incidemment sur la culture livresque de Le Roy à l'approche de la cinquantaine (voir lettre 8, note 15; lettre 9, notes 2, 26).

Dans une lettre datée de Versailles, le 26 mai [1772], Le Roy explique à son cousin et confident, Pierre-Michel Hennin, ce qui l'avait poussé à écrire cette satire aussi violente que courte (qui ne comporte que vingt-cinq pages de texte). D'après cette lettre son mobile profond, sur lequel il insiste à plusieurs reprises, était la peine et l'indignation qu'il avait ressenties à voir Voltaire décrier depuis 'très longtemps' les grands écrivains de son époque.[106] Deux circonstances exacerbaient ces sentiments, que partageaient, dit-il, d'autres personnes autour de lui.[107] D'une part, 'Je suis amy de Mr de Buffon', affirme Le Roy, 'et je n'ay pas pû voir sans beaucoup de chagrin Mr de V. s'efforcer d'attenter à sa réputation'.[108] D'autre part, Le Roy éprouvait une grande admiration pour Voltaire et avait donc 'la peine amère' de 'voir mon Idole ternir elle-même l'éclat de sa gloire'.[109] Tel était son état d'esprit lorsque, peu de temps après la mort d'Helvétius en décembre 1771, Voltaire, qui avait été son ami,

> fit imprimer un article[110] où, sous prétexte de le plaindre, il paroît se joüer de sa réputation par le ton léger et méprisant avec lequel il parle de son ouvrage. Les amis les plus ardents de Mr de V. en ont été indignés. Je l'ay été d'autant plus que j'avois l'ame encore flétrie par la douleur de la perte de mon amy. J'ay vu sa femme et ses

105. (Amsterdam 1772), p.6.

106. BI ms.1279, f.265*r-v*, 267*v*, 268; E. R. Anderson, 'Voltaire under fire: an episode in *la guerre civile philosophique*', *Trivium* 2 (1967), p.80, 82; Voltaire, *Correspondence and related documents*, éd. Th. Besterman, *Complete works of Voltaire* 85-135 (Genève, Banbury, Oxford 1968-1977) [ci-après Best.D], Best.D17756; Helvétius, *Correspondance*, iii.405, 407.

107. BI ms.1279, f.265*v*, 267, 267*v*-68; *Trivium* 2, p.80-82; Best.D17756; Helvétius, *Correspondance*, iii.405, 407.

108. BI ms.1279, f.265*v*; *Trivium* 2, p.80; Best.D17756; Helvétius, *Correspondance*, iii.406.

109. BI ms.1279, f.265*v*; *Trivium* 2, p.80; Best.D17756; Helvétius, *Correspondance*, iii.406.

110. L'article intitulé 'Du mot *quisquis* de Ramus, ou de La Ramée', dans *Questions sur l'Encyclopédie*, ix.206-209.

enfans nâvrés[111] de voir dégrader la réputation de celuy qu'elles pleuroient, et de la bouche duquel ils avoient mille fois entendu l'éloge de Mr de V. pour lequel il avoit de vrais sentiments d'amitié. J'en avois été souvent témoin, mon indignation s'en est accrûe, et *c'est ce qui m'a fait écrire.*[112]

Roux-Fazillac, qui avait connu Le Roy personnellement (voir p.30-32), dit, de même, que les *Réflexions sur la jalousie* 'ne peuvent avoir été inspirées à l'auteur que par l'affection qu'il portait à la gloire offensée de son ami, et par les vifs regrets de l'avoir perdu' (p.76, l.45-47). Voltaire, enfin, décrit les *Réflexions sur la jalousie* comme 'un petit libelle composé par un ancien associé d'Helvétius'.[113] En parlant à P.-M. Hennin en octobre 1758 de l'auteur de l'*Esprit* 'que j'aime comme moi-même',[114] Le Roy n'avait donc guère exagéré: non seulement, à l'encontre des autres philosophes, il fit son possible pour le défendre pendant l'affaire de l'*Esprit*, mais il se déchaîna aussi plus tard contre Voltaire, coupable à ses yeux d'avoir porté atteinte à la réputation d'Helvétius après sa mort.

Après les *Réflexions sur la jalousie* Le Roy ne publia plus rien pendant une dizaine d'années. Un passage de sa lettre du 26 mai 1772 à P.-M. Hennin éclaire ce silence: 'Je n'ay ni pretentions ni talents. Mon bonheur est de joüir de ceux d'autrui, de cultiver les lettres en paix, lorsque j'en ay le temps, de chercher toujours l'instruction, sans avoir la volonté ni le pouvoir de rien produire.'[115] Le Roy exagérait en affirmant – probablement sous le coup, on va le voir, d'un découragement passager – qu'il n'avait ni 'la volonté ni le pouvoir de rien produire', mais il est à retenir qu'il aimait mieux lire les ouvrages d'autrui qu'en écrire lui-même.

Son 'lorsque j'en ai le temps' nous rappelle aussi que ses obligations professionnelles ne lui laissaient pas la libre disposition de ses journées. Dès janvier 1754, quelques mois seulement après avoir succédé à son père comme

111. Le Roy devait bien connaître la famille d'Helvétius, car il avait fait plusieurs séjours dans les châteaux de son ami à Lumigny et à Voré. 'J'étois en Brie chez Helvétius lorsque votre dernière lettre est arrivée', écrit-il à P.-M. Hennin le 25 mai [1761], 'Mon voyage a duré quinze jours' (BI ms.1268, f.254). 'J'ay été jusqu'en Normandie, et même dans le Perche', apprend-il à son cousin le 3 juillet [1762]. 'Le haras du Roy et le chateau de Voré étoient les points de vüe de mon voyage' (BI ms.1268, f.379). 'M^r Le Roy est allé passer huit jours chez Mr Helvétius', écrit Jean-Michel Hennin à son fils Pierre-Michel le 2 août 1767 (BI ms.1262, f.345).

112. BI ms.1279, f.266; *Trivium* 2, p.81; Best.D17756; Helvétius, *Correspondance*, iii.406. Souligné par nous.

113. A d'Argental, le 29 avril 1772, Best.D17717. Pour le détail de l'épisode, voir René Pomeau, *La Religion de Voltaire* (Paris 1956), p.385, 389-91; (Paris 1969), p.391, 392, note 4; *Trivium* 2, p.71-94; E. R. Anderson, 'Voltaire under fire: a reconsideration', *Trivium* 7 (1972), p.5-27.

114. BI ms.1268, f.221; lettre déjà citée, p.12.

115. BI ms.1279, f.267*v*; *Trivium* 2, p.82; Best.D17756; Helvétius, *Correspondance*, iii.407.

lieutenant des chasses, il s'excuse de la façon suivante d'avoir laissé languir sa correspondance avec Pierre-Michel Hennin:

Je n'aurois pas été silentieux à ce point là si je n'avois pas eu beaucoup d'affaires. Il m'a fallu prendre tout seul le gouvernail de ma besogne, et il n'en est point de petit quand on veut la bien faire. J'ay été contraint de prendre l'habitude d'une infinité de détails que j'avois jusques là négligés, parce qu'ils se faisoient sans moy.[116]

L'année suivante, dans sa lettre du 15 juillet [1755], juste avant d'apprendre à P.-M. Hennin qu'il dîne une fois par semaine à Paris 'avec les Buffon, les Diderot, les Helvétius', il dit, certes, qu''icy je partage mon temps entre un devoir qui me plaît, et l'usage très peu libertin d'une liberté que je chéris. Je travaille tout le matin, je monte à cheval ensuite, et le soir je soupe toujours hors de chés moy.'[117] Quelques années plus tard cependant il met l'accent moins sur la liberté que sur le devoir. 'Il y a des siècles, mon amy', débute une lettre à Hennin de mars 1762,

que je ne vous ay écrit. J'y ay tâché souvent; et je ne vous diray que la vérité en vous assurant que depuis un mois j'ay commencé quatre ou cinq lettres pour vous, mais on ne se resout pas à envoyer un billet en Pologne;[118] et ma vie errante, mes occupations coupées me laissent rarement le temps d'écrire une lettre qui mérite ce nom.[119]

Le Roy allait, certes, on l'a vu, passer huit jours et plus à la campagne chez Helvétius[120] et chez d'Holbach.[121] Il refusait cependant de rendre visite à P.-M. Hennin à Genève, où son cousin devint résident de France en 1765. 'Si je n'étois que paresseux, cher amy', lui dit-il dans une lettre du 8 août [1766], 'j'irois bientôt vous voir; [...] mais, mon amy, je suis ici occupé de petites affaires qui sont importantes pour moy. Je ne me suis jamais absenté quinze jours que je n'aye trouvé vingt sottises de faites dans mon mince détail. Ainsi je crois qu'il faut que je renonce aux voyages.'[122] Même son de cloche trois ans plus tard: 'Je vous remercie bien, mon amy', écrit-il à Hennin le 19 août [1769],

de l'invitation que vous me faites d'aller vous voir. J'en aurois surement autant de desir que vous. Mais s'il y a pour moy en general les plus grandes difficultés à

116. BI ms.1268, f.137*r-v*.

117. BI ms.1268, f.177.

118. De 1760 à 1763 P.-M. Hennin fut secrétaire d'ambassade, puis de 1763 à 1764 résident de France près la république de Pologne; voir note 28.

119. BI ms.1268, f.273. Le Roy décrit sa vie comme 'errante' parce qu'il était sans cesse en déplacement pour veiller au bon ordre des Parcs de Versailles et à la bonne marche de son service; voir sa lettre du 15 juillet 1755 que nous venons de citer, et celle de Ducis, en date du 3 août 1775, citée p.21-22.

120. Voir p.18 et note 111.

121. Voir p.14 et notes 79, 80.

122. BI ms.1268, f.323.

m'absenter, il y a impossibilité dans ce temps cy. Le Roy va revenir et tirer dans son parc, et à moins que d'être mort je ne peux pas me dispenser de le conduire.[123]

L'exercice de ses fonctions n'avait cependant pas empêché Le Roy jusque-là de poursuivre une modeste carrière d'écrivain. Pour que sa production ralentît sensiblement après 1772, il fallut qu'à ses occupations professionnelles vînt se joindre une crise affective grave. Vers la fin de l'année précédente deux deuils l'avaient frappé coup sur coup. Il eut le chagrin de perdre non seulement son cher ami Helvétius en décembre 1771, mais trois mois auparavant celle que Roux-Fazillac décrit de façon très discrète comme 'la personne qui concentrait ses principales affections' (p.76, l.57). La lettre de Hennin de Beaupré à Pierre-Michel Hennin du 6 septembre 1771 nous apprend que cette personne s'appelait Mme Tourolle et que Le Roy était 'au désespoir' de sa mort. 'Cette perte va remplir sa vie de l'amertume la plus douloureuse', ajoute Beaupré.[124] Le décès de Mme Tourolle, que suivit de si près celui d'Helvétius, plongea effectivement Le Roy dans un marasme dont il fut assez longtemps à se remettre. L'indignation dont naquirent les *Réflexions sur la jalousie* retomba vite, le laissant 'toujours affecté', dit sa lettre du 27 juin [1772] à Hennin, de ce qu'il appelle 'un sentiment douloureux'. 'Je n'ay plus qu'à vivre au jour le jour', poursuit-il, 'sans pouvoir être remué par aucun intérêt vif, et désirant plutôt la fin que la prolongation de tout cela.'[125] 'Je ne vois presque personne', apprend-il le 9 septembre [1772] à Hennin. 'J'ay toujours l'ame triste, et je sens qu'elle retentira longtemps de l'ébranlement du coup qu'elle a reçû.'[126] Il est encore question de ses 'peines' dans sa lettre à Hennin du 28 octobre [1772]. 'Je me donne souvent à moy même', ajoute-t-il,

> et je suis autant que je le peux le conseil de chercher des distractions. Mais, mon amy, on ne se donne point des goûts; il en faudroit, et je n'en ay plus. Celuy de la chasse est le seul qui me reste. J'en use jusqu'à la fatigue, sans éprouver la satiété. Heureusement mon corps y fournit encor presque autant que dans ma jeunesse. C'est toujours ce temps là de passé, et cela est suivi d'un long sommeil sur la durée duquel je ne me gêne presque plus; car au fonds qu'y a-t-il de mieux à faire?[127]

123. BI ms.1268, f.330*v*-31.

124. BI ms.1263, f.406. Anne-Geneviève Mollière avait épousé le 14 septembre 1761 Dominique-Georges Tourolle, premier valet de chambre du dauphin et maréchal des logis de la dauphine (Hôtel de ville de Versailles, Mariages, paroisse Notre-Dame de Versailles, 1761). De ce mariage était né un fils, Arsène-André, le 27 juillet 1762 (Hôtel de ville de Versailles, Baptêmes, paroisse Notre-Dame de Versailles, 1762). Mme Tourolle avait perdu son mari le 1er décembre 1762 (Hôtel de ville de Versailles, Sépultures, paroisse Notre-Dame de Versailles, 1762).

125. BI ms.1268, f.344*r*-*v*

126. BI ms.1268, f.365*v*-66.

127. BI ms.1268, f.312*r*-12*v*; cf. lettre d'envoi, note 2.

Dans cette lettre point un thème qui sera repris de façon plus explicite dans celle du 6 février [1773]:

> Pour moy, mon cher ami, je me porte bien en continuant de mener la vie que vous avez vüe. On ne peut pas faire plus d'exercice ni être plus sobre. Mais j'éprouve que la santé peut aller fort bien sans le bonheur. Pour celuy là, j'y ay renoncé. J'ay cinquante ans depuis quelques jours, et quand alors l'ame se trouve profondément flétrie, il ne faut plus esperer qu'elle reprenne du ressort.[128]

De son propre aveu Le Roy vieillit, bien qu'il ne prononce enfin ce mot que dans sa lettre à son cousin du 5 juillet [1773], dans laquelle il reconnaît que le gros de la crise est passé. 'Je vois plus mes amis que je ne faisois;' dit-il,

> mais le gout de ce qui s'appelle le monde ne reviendra plus pour moy. Il faut être heureux pour voir le côté plaisant des objets. J'avois assés d'aptitude à le saisir parce que pendant vingt ans, et peut-être trente, on n'a gueres été plus heureux que moy. Mais ce temps n'existe plus, il n'existera plus. En vieillissant on perd de son activité, et alors les époques douloureuses vous laissent toujours une forte impression de la situation où elles vous ont mis.[129]

Un immense chagrin et la vieillesse proche, venant s'ajouter aux devoirs de sa place et à la priorité donnée à la lecture des ouvrages d'autrui sur la composition des siens, ne durent guère encourager Le Roy à écrire pendant quelque temps. Au contraire, son abattement fut tel qu'il brûla des manuscrits, à en croire Roux-Fazillac (p.76, l.55-57). Cette crise sentimentale que vécut Le Roy vers la cinquantaine a également l'intérêt de révéler une sensibilité dont on trouvera l'écho discret dans la lettre 1 à madame *** sur l'homme.[130]

S'il ne retrouva pas tout son dynamisme d'antan, Le Roy ne tarda cependant pas trop à sortir de sa langueur, à reprendre la vie qu'avait provisoirement suspendue la crise affective de 1771. Dans sa lettre à Pierre-Michel Hennin datée de Versailles, le 12 août 1771, Hennin de Beaupré avait parlé d'un de ses amis, officier aux Gardes, 'avec qui je me suis trouvé ici assez souvent chez M. Le Roy a nos diners de l'hyver dernier',[131] c'est-à-dire de l'hiver de 1770-71, celui qui avait précédé la mort de Mme Tourolle en septembre 1771 et celle d'Helvétius en décembre 1771. Une fois son chagrin surmonté, Le Roy recommença de réunir autour de sa table des amis avec qui il parlait littérature et idées, mais pour le repas du soir, non celui de midi. Dans une lettre datée de Versailles, le 25 juillet 1775, le poète et dramaturge versaillais Jean-François Ducis (1733-1816) apprend à son ami Alexandre Deleyre qu'il a 'prié

128. BI ms.1268, f.342*v*.
129. BI ms.1268, f.298.
130. p.191, l.290-295, et lettre 13, note 14.
131. BI ms.1263, f.403.

instamment M. Le Roy, capitaine des chasses, chez qui nous faisons des soupers délicats et philosophiques, de vous découvrir dans nos bois' un logement à la convenance de Deleyre.[132] Quelques jours plus tard une autre lettre de Ducis à Deleyre, datée de Versailles, le 3 août 1775, débute comme suit: 'Eh bien! mon mélancolique ami, le brave M. Le Roy vous a déterré un antre de sanglier que vous pourrez habiter', 'antre' qu'il a trouvé 'dans l'enceinte de ses tournées ordinaires' (p.25-26), ce qui nous rappelle que les activités professionnelles de Le Roy, en le faisant beaucoup circuler dans les Parcs de Versailles, absorbaient une partie appréciable de son temps. Quelques lignes plus bas Ducis écrit (p.26):

M. Le Roy, avec qui j'ai soupé hier, se propose d'aller vous visiter quelquefois dans votre caverne; je l'ai prévenu qu'il m'y trouverait avec Sophocle et avec vous. Il veut plus: il a un appartement considérable à Versailles, à l'hôtel de l'Ancien-Gouvernement; il entend que vous y acceptiez un logement, toutes les fois que je serai assez misérable, assez corrompu pour vous entraîner à la cour.

Voilà qui en dit long sur l'intérêt qu'au seuil de la vieillesse Le Roy continuait à porter aux lettres.

Pierre-Michel Hennin les appréciait, lui aussi, les 'soupers délicats et philosophiques' de Le Roy, puisqu'il termine de la façon suivante une lettre à son cousin datée de Genève, le 17 octobre 1777: 'Une de vos lettres m'égaye pour un mois, et toutes celles que je vous écrirois ne vaudroient pas un quart d'heure de vos soupers.'[133] Dans sa réponse, datée de Versailles, le 3 novembre [1777], Le Roy écrit qu'il passe 'en solitude, et en exercice toutes mes journées pendant le voyage de Fontainebleau;[134] mais j'ay toujours trois ou quatre amis à souper, et vous sçavés que nos soupers ne sont pas tristes'.[135] Il est clair que Le Roy avait secoué la langueur où l'avaient plongé les deuils de 1771 et retrouvé ses habitudes aussi bien que sa gaîté, car, soit dit en passant, il riait volontiers (voir lettre 9, note 21) et sa gaîté se manifeste dans certains passages des *Lettres sur les animaux* (p.78, l.53-55; p.126, l.59-62; p.130, l.181).

Non seulement il recommença d'inviter chez lui une compagnie lettrée, mais il continua, après la mort d'Helvétius, à fréquenter la veuve de son ami. Sa lettre à P.-M. Hennin du 9 juillet [1774] nous apprend qu'il avait dîné chez Mme Helvétius à Auteuil[136] et il ressort de la correspondance de Hennin de

132. *Lettres* (Paris 1879), p.24. Alexandre Deleyre (1726-1797), ami de Jean-Jacques Rousseau, traducteur du *Père de famille* et du *Véritable ami* de Goldoni pour venger Diderot de l'accusation de plagiat, avait procuré à l'*Encyclopédie* l'article 'Fanatisme'.

133. BI ms.1268, f.387.

134. Louis XV et Louis XVI allaient en automne, pour les chasses, à Fontainebleau, où les accompagnaient la cour et tout l'appareil du gouvernement.

135. BI ms.1268, f.392*r-v*.

136. BI ms.1268, f.363*v*.

Beaupré avec son frère en janvier et février 1775 que Le Roy et Beaupré rendaient habituellement visite à Mme Helvétius le samedi.[137] D'après Roux-Fazillac d'ailleurs, 'Tant qu'il [Le Roy] vécut, il rendit des devoirs assidus à la digne et respectable épouse de ce philosophe' (p.76, l.47-48). Etant donné sa fidélité au souvenir d'Helvétius, on comprend qu'une 'Lettre sur l'égalité des esprits' soit venue grossir la réimpression de l'*Examen des critiques du livre intitulé 'De l'esprit'* dans l'édition des *Œuvres complètes* d'Helvétius publiée à Londres en 1781.[138]

En 1781 parut également une nouvelle édition des *Lettres sur les animaux*, adressée, dit Roux-Fazillac, à Mme d'Angiviller par 'l'auteur, son ami' (p.76, l.69-72). Roux-Fazillac donne à cette dame le nom qu'elle porta après son remariage en 1781. Lorsque Le Roy avait fait sa connaissance plus de vingt ans auparavant, Elisabeth-Josèphe de Laborde (1731-1808) s'appelait Mme de Marchais, ayant épousé en 1747 le baron Binet de Marchais, premier valet de chambre du roi. A Versailles elle dut au charme de son esprit, et surtout de sa voix, la faveur d'être admise sur le théâtre des Petits Appartements, où dès 1748 sa parente, la marquise de Pompadour, faisait jouer la comédie pour amuser Louis XV.[139] 'Sa société [de Mme de Marchais] était composée de tout ce que la cour avait de plus aimable, et de ce qu'il y avait parmi les gens de lettres de plus estimable du côté des mœurs, de plus distingué du côté des talents', dit Marmontel dans ses *Mémoires*.[140] Le Roy figurait parmi les personnes que Mme de Marchais réunissait chez elle, comme l'atteste une lettre du 18 juin [1758], où il écrit à P.-M. Hennin, qui, lui aussi, avait été reçu chez elle: 'Pendant que vous m'oubliés, je songe moy à faire votre cour à M^{de} de Marchais chez laquelle je

137. Versailles, le 16 janvier 1775; Versailles, le 15 février 1775 (BI ms.1263, f.93, 98*v*).

138. ii.623-90; la 'Lettre' se trouve aux pages 685-90. Le souvenir d'Helvétius paraît n'avoir quitté Le Roy qu'avec le souffle, à en juger par l'inventaire de ses biens après décès. Cette longue énumération comprend, d'une part, 'deux bustes de terre cuite bronzés représentant l'un Buffon et l'autre Helvétius', d'autre part, 'une tabatière de forme ovale émaillée en vert avec garniture et doublures d'or avec un médaillon au dessus representant M. Helvétius prisée deux cents livres' (AD d'Yvelines, actes notariés provenant de l'étude Menard à Versailles, '16 novembre et jours suivans 1789. Inventaire après le décès de M^{r} Le Roy Lieutenant des Chasses de Sa Majesté', f.2*v*, 11). Cette tabatière, sur laquelle était monté le portrait d'Helvétius, était de loin la plus magnifique de celles que possédait Le Roy – la plus belle des autres ne fut prisée que vingt-quatre livres (f.11) – ce qui suppose de sa part des sentiments encore vivaces à l'égard de son ami décédé. Il estimait, en outre, que ce qu'il possédait de plus digne d'être légué à son exécuteur testamentaire, Hennin de Beaupré, c'était cette tabatière. Dans son testament, daté du 23 septembre 1788, il prie, en effet, son cousin, procureur du roi, 'de vouloir bien accepter comme une marque de mon amitié pour luy ma boëte émaillée sur laquelle est le portrait de Mr Helvétius' (testament olographe de Le Roy, f.1).

139. Michaud, *Biographie universelle ancienne et moderne*, *Supplément* (Paris 1834), lvi.320b.

140. (Clermont-Ferrand 1972), i.139.

passe presque toutes mes soirées.'[141] Il ressort d'autres lettres échangées par Le Roy et Hennin que Le Roy continua de fréquenter Mme de Marchais entre 1758 et 1773.[142] Il dut se sentir d'autant plus à l'aise dans son salon qu'ils étaient tous deux partisans des idées des physiocrates.[143]

Il retrouvait chez elle son futur mari, le comte d'Angiviller, dont il paraît avoir fait la connaissance tout jeune chez Mme de Vassé et qui avait assisté en témoin désapprobateur à la naissance de l'affaire de l'*Esprit*.[144] Selon les *Mémoires* de Marmontel, en effet, d'Angiviller joua les amoureux transis auprès de Mme de Marchais pendant de longues années, en attendant de pouvoir l'épouser en 1781, après la mort du baron de Marchais.[145] Si d'Angiviller tint rigueur à Le Roy pendant quelque temps de sa conduite dans l'affaire de l'*Esprit*, il finit par la lui pardonner, car dans sa lettre du 2 mai [1763] Le Roy transmet à P.-M. Hennin les compliments non seulement de Mme de Marchais, mais aussi 'de d'Angivillers avec lequel je suis à present le mieux du monde'.[146] Les rapports de Mme de Marchais et de d'Angiviller avec Le Roy et son cousin semblent avoir été des plus cordiaux, à en juger par une lettre datée de Ferney, le 23 janvier 1766, dans laquelle Hennin charge Le Roy de dire 'à Mad.^e de Marchais les choses les plus tendrement honêtes de la part de son ancien serviteur devenu Suisse pour n'être pas rien. Embrassez pour moi M. de Marchais, M. d'Angevilé et le Docteur.'[147] Quelques années plus tard les relations restaient toujours aussi amicales, puisque dans sa lettre du 27 juin [1772] Le Roy écrit à Hennin: 'M.^de de Marchais et d'Angivillers m'ont chargé de vous dire mille choses tendres lorsque je vous écrirois.'[148] Si Le Roy et Hennin sympathisaient avec Mme de Marchais et d'Angiviller, c'est que tous

141. BI ms.1268, f.217*r-v*.

142. Pierre-Michel Hennin à Le Roy, Soleure, le 13 août 1758 (BI ms.1268, f.212); Hennin à Le Roy, Turin, le 22 septembre 1758 (f.220); Le Roy à Hennin, Versailles, le 8 octobre [1758] (f.222*v*); Le Roy à Hennin, Versailles, le 12 décembre [1760] (f.245); Le Roy à Hennin, Versailles, le 3 février [1761] (BI ms.1279, f.263); Hennin à Le Roy, Varsovie, le 17 mars 1761 (BI ms.1268, f.250); Hennin à Le Roy, Varsovie, le 15 avril 1761 (f.252*v*); Le Roy à Hennin, Versailles, le 25 mai [1761] (f.254); Hennin à Le Roy, Varsovie, le 26 avril 1762 (f.278*v*); Le Roy à Hennin, le 2 mai [1763] (f.314); Hennin à Le Roy, Varsovie, le 3 juillet 1763 (f.286*v*); Hennin à Le Roy, Ferney, le 23 janvier 1766 (f.317); Le Roy à Hennin, Versailles, le 27 juin [1772] (f.344*v*-45); Le Roy à Hennin, le 5 juillet [1773] (f.297*v*).

143. Voir p.9-10, et G. Weulersse, i.84, 216.

144. Voir p.7-8 et note 66.

145. i.140. En 1753 Marmontel devint secrétaire des Bâtiments du roi et habita Versailles jusqu'en 1758, date à laquelle il obtint le privilège du *Mercure de France*.

146. BI ms.1268, f.314.

147. BI ms.1268, f.317. 'Le Docteur' est Quesnay et P.-M. Hennin était 'devenu Suisse' depuis son départ pour Genève en décembre 1765 comme résident de France dans cette ville; voir note 28.

148. BI ms.1268, f.344*v*-45.

les quatre s'intéressaient aux lettres, aux idées, témoin non seulement le salon, gagné aux idées des physiocrates, de Mme de Marchais, mais une lettre du 21 octobre 1767, dans laquelle Hennin de Beaupré écrit à P.-M. Hennin: 'Je me suis engagé vis avis de la société Enciclopedique d'ici, c'est a dire M. d'Angivillé grand partisan de Rousseau et zelé Representant, de Mme de Marchais indirectement, de M. LeR. de leur donner une liste exacte des ouvrages de M. de Voltaire.' Et Beaupré de prier son frère, très bien placé à Genève pour l'établir, de lui procurer 'la meilleure de toutes'.[149]

La dernière mention de Mme de Marchais dans la correspondance entre P.-M. Hennin et Le Roy remonte à 1773, la dernière de d'Angiviller à 1772, mais les lettres d'affaires échangées par Le Roy et d'Angiviller entre 1774, date à laquelle ce dernier fut nommé directeur général des Bâtiments du roi, et la publication de la seconde édition des *Lettres sur les animaux* en 1781, attestent que la nouvelle dignité de d'Angiviller ne refroidit nullement les relations entre eux. Ses fonctions de directeur des Bâtiments mettaient d'Angiviller en rapport avec Le Roy au sujet des logements du personnel, des ouvrages d'art, de l'entretien des Parcs de Versailles. Dans leur correspondance relative à ces questions, conservée aux Archives nationales, les deux hommes sont assez souvent l'un pour l'autre 'mon cher ami'.[150] D'après une minute de lettre à Le Roy datée de Fontainebleau, le 15 octobre 1775, la plantation des jardins de Versailles fournit à d'Angiviller 'quelques objets d'examen qui m'embarrasseroient dans ce momen ou je me trouve éloigné', dit-il, 'si je n'avois la ressource et de *votre amitié pour moy*, et de vos connaissances en ce genre: Je on'ai pas besoin de vous dire avec quelle confiance je réclame vos bons offices.'

149. BI ms.1263, f.262*v*. Ce témoignage de Hennin de Beaupré paraît digne de foi. En ce qui concerne d'Angiviller membre, avec Le Roy, de 'la société Enciclopedique d'ici', lui-même reconnaît, dans les *Episodes de ma vie*, que 'je passais pour Philosophe aussi moi' (p.193), bien que ces souvenirs rédigés après la Révolution de 1789 par un émigré (voir note 49) dénoncent le vide des doctrines des philosophes en général (p.209), ainsi que la turpitude morale de plusieurs d'entre eux en particulier (p.175, 187-89), et estiment que 'les Philosophes de ce siècle ont été plus Jésuites dans le sens du fanatisme et de la persécution que les Jésuites mêmes' (p.194). Quant à d'Angiviller 'grand partisan de Rousseau', si les *Episodes de ma vie* traitent le citoyen de Genève de 'fou' (p.175), ses *Notes sur les mémoires de Marmontel* (Copenhague 1933) prennent la défense de 'ce respectable insenseé' (p.29) contre les accusations de Diderot, reprises par Marmontel. Les 'représentants' étaient les bourgeois de Genève opposés aux magistrats de leur ville (les 'négatifs'), qui estimaient que l'état devrait être servi par tous, mais dirigé par une seule catégorie de la population.

150. Le Roy à d'Angiviller, entre le 15 et le 19 octobre 1775 (AN, o^1 1790^7); Le Roy à d'Angiviller, entre le 2 et le 5 février 1777 (AN, o^1 1803, pièce 495); Le Roy à d'Angiviller, 'A Versailles ce mardy' [1776 ou 1777] (AN, o^1 1861^{13}); Le Roy à d'Angiviller [vers le 17 avril 1779] (AN, o^1 1804, pièce 75); Le Roy à d'Angiviller, novembre 1780 (AN, o^1 1863^3); minute de lettre de d'Angiviller à Le Roy, le 15 novembre 1780 (AN, o^1 1863^3); Le Roy à d'Angiviller, fin mai 1781 (AN, o^1 1804, pièce 165).

'J'ay à vous reprocher', dit Le Roy dans la deuxième phrase de sa réponse, reçue dans les bureaux des Bâtiments le 19 octobre 1775, 'de me demander pardon. Vous devés sçavoir que je suis et seray toute ma vie à vous.' A la fin de cette même lettre il écrit: 'Il est bien doux de vous dire que je vous aime: mais je ne sçaurois vous dire combien je trouve de plaisir à le sentir.'[151] Le Roy termine d'autres lettres à d'Angiviller de façon tout aussi affectueuse. 'Je m'ennuye bien de ne vous point voir; car je vous aime de toute mon ame,' écrit-il entre le 2 et le 5 février 1777 à d'Angiviller, qui lui avait fait signe de Paris.[152] 'Je vous embrasse de toute mon ame, comme je vous aime,' écrit-il aussi à deux reprises.[153] A la fin de ses lettres – lettres officielles dont la minute restait dans les bureaux des Bâtiments – d'Angiviller, pour sa part, assure Le Roy de son 'tendre et inviolable attachement',[154] de son 'plus tendre attachement'.[155] Dans une de ces lettres d'affaires Le Roy fait même allusion à Mme de Marchais: 'On dit que M^{de} Brissart [sœur de Mme de Marchais] va de mal en pis. Je suis désolé que vous et M^{de} de Marchais soyiés condamnés à ce spectacle.'[156] Il ressort clairement de toutes ces lettres que Le Roy était resté intimement lié avec d'Angiviller et celle qui allait devenir sa femme.

Il n'est donc pas étonnant qu'il ait dédié à Mme de Marchais la seconde édition de ses *Lettres sur les animaux*. Il paraît vraisemblable également qu'elle lui ait demandé, comme l'affirme le début de la lettre d'envoi en tête du volume (p.77, l.1-3), les lettres du physicien de Nuremberg, devenues rares, et qu'à son instigation Le Roy ait écrit les nouvelles lettres dont s'enrichit l'édition de 1781 (p.164-92), trois sur les animaux et une sur l'homme (lettres 10-13). Mme de Marchais avait toutes les chances, en effet, de s'intéresser au problème de l'instinct des bêtes, étant donné qu'elle lisait Buffon avec Le Roy, comme l'indique le début de la lettre IV à madame *** (p.174, l.1-2), qu'elle possédait une chienne, la 'charmante Zémire', et élevait des oiseaux, comme nous l'apprend la fin de la même lettre (p.183, l.361-386). Ces détails indiquent d'ailleurs combien les rapports entre Le Roy et le ménage d'Angiviller étaient étroits.

Si dans l'édition de 1781 des *Lettres sur les animaux* Le Roy maintient, pour des raisons de commodité sans doute, la fiction du physicien de Nuremberg, il prend à son compte les lettres inédites qui viennent se joindre à celles

151. AN, o^{1} 1790^{7}; souligné par nous.
152. AN, o^{1} 1803, pièce 495.
153. Le Roy à d'Angiviller, 'A Versailles ce mardy' [1776 ou 1777] (AN, o^{1} 1861^{13}); Le Roy à d'Angiviller [vers le 17 avril 1779] (AN, o^{1} 1804, pièce 75).
154. Minute de lettre de d'Angiviller à Le Roy, Fontainebleau, le 15 octobre 1775 (AN, o^{1} 1790^{7}).
155. Minute de lettre de d'Angiviller à Le Roy, Paris, le 2 février 1777 (AN, o^{1} 1803, pièce 497); minute de lettre de d'Angiviller à Le Roy, Paris, le 7 février 1777 (AN, o^{1} 1790^{9}).
156. Le Roy à d'Angiviller, 'A Versailles ce mardy' [1776 ou 1777] (AN, o^{1} 1861^{13}).

attribuées au physicien (p.77, l.4-8). Le livre ne porte certes pas son nom, mais l'identité de l'auteur devait être le secret de Polichinelle dans les milieux cultivés de Versailles et de Paris. Si Le Roy ne s'abrite plus derrière son pseudonyme, c'est qu'il avait obtenu une permission tacite,[157] c'est-à-dire une permission accordée par un censeur, qui signait l'approbation et parafait le manuscrit ou un exemplaire imprimé. Comme l'auteur et le libraire n'avaient rien à craindre, la nouvelle édition augmentée de 1781 ne fut pas éditée, comme celle de 1768, sous la fausse localisation de Nuremberg, mais sous la suivante, qui marie fiction et réalité: 'A Nuremberg, et se trouve à Paris chez Saugrain jeune'. Le Roy mit évidemment autant de soin que sous l'anonymat complet à prévenir l'accusation de matérialisme.[158]

Entre-temps il n'avait cessé de contribuer à l'*Histoire naturelle* de Buffon, dont les tomes vi, vii et viii, publiés de 1756 à 1760, contiennent, on l'a vu plus haut (p.9), des observations qu'il avait fournies à Buffon et à Daubenton. Il n'est pas question de Le Roy dans les tomes suivants, consacrés à des animaux qu'il n'était pas à même d'étudier, mais son nom reparaît dans les deux premiers tomes de l'*Histoire des oiseaux*, publiés en 1770 et 1771. Dans son 'Discours sur la nature des oiseaux' en tête du tome i (1770) Buffon cite à deux reprises des remarques de Le Roy[159] et dans le chapitre sur le faucon il reproduit aussi trois passages de l'article 'Fauconnerie (*Ordre encyclop. Science, Art, Economie rustiq. Chasse, Fauconn.*)' de l'*Encyclopédie*, un dans le corps du texte et deux en note.[160] Dans le tome ii (1771) Buffon cite encore Le Roy dans les pages consacrées à la perdrix grise, au ramier et à la tourterelle,[161] tandis que son collaborateur, Gueneau de Montbeillard, renvoie à Le Roy une fois dans l'article de la perdrix grise-blanche,[162] une fois dans celui du faisan doré,[163] quatre fois dans celui du faisan.[164] Dans une de ses notes il affirme même, à propos de Le Roy, qu'"il est peu d'hommes qui ait si bien observé les animaux qui sont à sa disposition, et qui ait communiqué ses observations avec plus de zèle'.[165] Buffon appréciait beaucoup, lui aussi, ses qualités d'observateur, comme l'atteste la 'Suite des chiens métis', publiée au tome vii

157. BN ms. fr. 21983, Registre des permissions tacites commencé le 1er novembre 1772-30 avril 1782, f.331. Les *Lettres sur les animaux* furent distribuées à un censeur du nom de Guyot, qui rendit un jugement favorable le 7 décembre 1780.

158. p.172, l.160-171; p.173, l.185-188; p.175, l.74-p.176, l.82; p.183, l.386-391.

159. i.45, note d; i.52, note f.

160. i.266; i.250, note c; i.251, note d.

161. ii.411, note l; ii.534, note c; ii.550, note h.

162. ii.416, note e.

163. ii.358.

164. ii.332; ii.337; ii.347, note p; ii.350.

165. ii.332, note c.

du *Supplément* de l'*Histoire naturelle* (1789). Il ressort de ce texte que Buffon avait confié à Le Roy deux chiens-loups nés de l'union d'un chien avec une louve.[166] Il reproduit *in extenso* une lettre du 13 juillet 1778, où Le Roy lui communiquait les observations qu'il avait faites sur la configuration et le comportement de la progéniture de ces animaux.[167] Une partie de ces observations se retrouve dans une note rattachée à la lettre III à madame *** dans l'édition des *Lettres sur les animaux* de 1781 (p.170).

Entre 1781 et sa mort en 1789 Le Roy ne publia plus rien, en partie sans doute parce qu'il se ressentait du poids des années, comme paraît le suggérer une lettre adressée à Pierre-Michel Hennin le 27 décembre 1788 par un ami et correspondant de Le Roy, un diplomate du nom de Bertrand. Après s'être inquiété de ne pas avoir reçu de nouvelles de Le Roy depuis longtemps, Bertrand essaie de se rassurer: 'Je sais que l'hyver est la saison ou il écrit le moins,' dit-il,[168] comme s'il en était ainsi depuis quelque temps déjà. Que Le Roy vieillissant ait restreint ses activités d'antan nous est confirmé par une lettre qu'il adressa à Daubenton de Versailles, le 23 février [1788]. 'Quoyque j'aye absolument renoncé à aller à Paris', dit-il, 'je continüe à mener une vie active, et je monte à cheval tous les jours, comme a 40 ans, quoyque j'en aye 65.'[169]

Mais si les dernières années de Le Roy virent une certaine baisse de vitalité, il ne renonça pas pour autant aux repas 'délicats et philosophiques' dont avait parlé Ducis. Dans une lettre datée de Versailles, le 15 novembre 1787 P.-M. Hennin assure Bertrand, en effet, qu'"il est souvent mention de vous, M, dans les agapes de M. le R, [...] Le maitre de la maison est toujours tel que vous l'avez connu; sa société est un peu diminuée, mais il y regne toujours la même gaieté et la même franchise, qui vous la faisoient rechercher.'[170]

Après 1781, Le Roy eut également les mêmes contacts professionnels qu'auparavant avec d'Angiviller,[171] qui resta pour lui 'mon cher ami'.[172] Une

166. *Supplément*, vii.206.

167. *Supplément*, vii.206-208.

168. BI ms.1254, f.55*v*. Consul de France à Trieste, puis à Naples, Antoine Bertrand semble avoir fait la connaissance de P.-M. Hennin chez Le Roy (Bertrand à Hennin, Vienne, le 18 avril 1781, f.11*v*). Dans leur correspondance Hennin et Bertrand font allusion aux lettres que Bertrand échangeait avec Le Roy (Bertrand à Hennin, Vienne, le 24 mai 1781, f.12*v*; Bertrand à Hennin, Naples, le 29 septembre 1787, f.44; Hennin à Bertrand, Versailles, le 29 novembre 1787, f.52*v*), mais ces lettres ne nous sont malheureusement pas parvenues.

169. Muséum d'histoire naturelle, ms.219.

170. BI ms.1254, f.46*v*.

171. Lettre autographe de Le Roy à d'Angiviller, reçue dans les bureaux des Bâtiments le 9 juin 1783 (AN, o[1] 1804, pièce 258); minutes de lettres de d'Angiviller s.d. (AN o[1] 1075, pièces 279 et 342).

172. Lettre autographe de Le Roy à d'Angiviller, reçue dans les bureaux des Bâtiments le 8 juillet 1786 (AN, o[1] 1804, pièce 414).

lettre de Le Roy, visée dans les bureaux des Bâtiments le 5 septembre 1783, débute même comme suit: 'Mon cher amy. Je vous prie de me donner un billet pour que moy, et ma compagnie puissions voir le salon avant l'heure où le public y entre. J'ay fait la partie d'y aller avec M.de Helvétius, et quelques personnes.'[173] Pour demander une telle faveur il fallait que Le Roy – dont la requête confirme encore l'assiduité auprès de Mme Helvétius – fût en excellents termes avec d'Angiviller, ce que souligne encore plus fortement la dernière phrase de la même lettre: 'Je compte d'avoir aujourd'huy le plaisir de vous voir à diner.'

S'il est clair que Le Roy continua d'entretenir des relations cordiales avec d'Angiviller après 1781, nous n'avons trouvé qu'un seul document qui indique, et de façon indirecte encore, qu'il continua de fréquenter Mme de Marchais, devenue Mme d'Angiviller. 'Je laisse a M. le Roy a vous parler de sa société qui est a peu près telle que vous l'avez vüe,' dit P.-M. Hennin à Bertrand dans une lettre datée de Versailles, le 29 novembre 1787; '*La maison ou nous nous voyons quelquefois* est moins frequentée on y appelle les artistes le mercredy et c'est le jour que je choisis pour y aller. Depuis le mois de février nous ne pensons plus de même sur mille choses. Le mieux est d'éviter les occasions de dispute.'[174] Les détails de ce passage s'appliquent à M. et Mme d'Angiviller,[175] bien que Hennin ne les nomme pas, ce qui n'était d'ailleurs pas nécessaire, car Bertrand les connaissait tous deux, à en croire sa correspondance avec Hennin.[176]

Il paraît donc probable qu'après comme avant 1781 Le Roy fut un habitué du salon de Mme d'Angiviller, qui l'aurait incité, malgré le poids des ans, malgré ses occupations de lieutenant des chasses, malgré l'intérêt qu'il portait aux ouvrages d'autrui de préférence aux siens, à composer pour elle les deux lettres inédites publiées par Roux-Fazillac dans l'édition de 1802. Ce sont les lettres II et III à madame *** sur l'homme (lettres 14 et 15), qui font suite à la lettre I à madame *** sur l'homme déjà parue dans l'édition de 1781.

173. AN, o¹ 1804, pièce 280. L'organisation du Salon incombait à d'Angiviller en tant que directeur général des Bâtiments du roi.

174. BI ms.1254, f.52*v*. Souligné par nous.

175. Ses fonctions de directeur général des Bâtiments amenaient d'Angiviller à recevoir les artistes. D'autre part, il dut accueillir la nouveauté qu'était la convocation de l'Assemblée des notables en février 1787 avec plus de réserves que P.-M. Hennin, dont le point de vue sur la question était nettement libéral; voir Hennin à Bertrand, Versailles, le 29 novembre 1787 (BI ms.1254, f.51*v*-52*v*).

176. Hennin à Bertrand, Versailles, le 12 juillet 1781 (BI ms.1254, f.14); Bertrand à Hennin, Trieste, le 20 août 1781 (f.17); Hennin à Bertrand, Versailles, le 18 octobre 1781 (f.18*r*-*v*); Bertrand à Hennin, Trieste, le 13 novembre 1781 (f.22*v*, 24); Hennin à Bertrand, Versailles, le 13 mars 1783 (f.40*v*-41); Bertrand à Hennin, Naples, le 27 décembre 1788 (f.55*v*).

Nous ignorons à quel moment et dans quelles circonstances précises Le Roy entra en relations avec le futur éditeur des *Lettres sur les animaux*, Pierre Roux de Fazillac (1746-1833), connu avant la Révolution de 1789 sous le nom de M. de Roux. Ils auraient pu se rencontrer dès avant 1770, car, natif d'Excideuil en Périgord,[177] Roux-Fazillac entra dans les Gardes du corps du roi, compagnie écossaise, en janvier 1767 et passa donc une bonne partie de son temps à Versailles entre 1767 et mai 1777, date à laquelle il devint capitaine attaché à la cavalerie. Un an plus tard, en avril 1778, il fut attaché au corps des dragons, puis de 1778 à 1782 il servit comme aide de camp du duc d'Ayen, qu'il accompagna dans ses voyages militaires en Flandre et dans les Alpes, ainsi que dans ses inspections.[178] Malgré les déplacements de ces cinq années, deux documents de 1780 présentent Roux-Fazillac comme habitant Versailles. Dans une déclaration autographe datée de Versailles, le 6 janvier 1780, Roux-Fazillac se décrit comme 'Capitaine à la suite du corps des dragons, demeurant actuellement à Versailles au chateau d'eau'. Un autre document, daté du 12 avril 1780, concernant une terre qu'il possédait à Fazillac, le décrit, de même, comme 'capitaine de cavalerie residant à Versailles paroisse de Notre Dame'.[179] Pendant les périodes qu'il passait à Versailles depuis une quinzaine d'années Roux-Fazillac était devenu un des convives de Le Roy, témoin une lettre daté de Versailles, le 13 mars 1783, où Pierre-Michel Hennin mande à Bertrand: 'Les diners du lundy se suivent toujours. M. du Verne est allé en Ang.re M. de Roux arrive de Cadix il esperoit aller combattre sous les ordres de M. le Mis de la fayette dont il étoit aide de camp. M. Richard est toujours occuppé de sa galerie.'[180] La manière dont Hennin parle de Roux-Fazillac dans ce passage indique à n'en pas douter qu'il était, ainsi que Du Verne et Richard,[181] un habitué des dîners de Le Roy, ce que paraît confirmer la clause suivante du

177. Son père, Antoine Roux, sieur de Fazillac, était avocat en la cour et juge du marquisat d'Excideuil (*Inventaire sommaire des archives départementales antérieures à 1790*, rédigé par Ferd. Villepelet, *Dordogne, série E supplément*, Périgueux 1906, i.88b, Baptêmes, mariages et sépultures de la paroisse Saint Thomas d'Excideuil, 1733-1759).

178. Relevé des services de Roux-Fazillac, archives du ministère de la guerre, état-major de l'armée, service historique, dossier de Roux-Fazillac.

179. AD de la Dordogne, fonds Roux de Fazillac, 2E 1825(8).

180. BI ms.1254, f.41. La nouvelle de Roux-Fazillac rapportée à Bertrand par P.-M. Hennin était exacte, puisque notre militaire passa premier aide de camp de La Fayette en décembre 1782 et, breveté aide-major général d'infanterie dans l'expédition projetée de Cadix, il s'embarqua à Brest et exerça ses fonctions à Cadix. A la nouvelle de la paix, il revint en France avec La Fayette (Joseph Durieux, *Le Périgord militaire: Gardes du corps du roi au XVIIIe siècle*, Périgueux 1922, p.17).

181. Il avait déjà été question, dans la correspondance entre P.-M. Hennin et Bertrand, de Richard en tant que commensal des dîners de Le Roy (Hennin à Bertrand, Versailles, le 18 octobre 1781, BI ms.1244, f.18*v*).

testament de Le Roy, daté du 23 septembre 1788: 'Je declare que la mere de vin de chypre qui est dans ma cave appartient en commun a Mrs Hennin, Deroux, Du Verne et moi; et je leur laisse a tous trois la portion qui m'appartient.'[182]

Vers la fin de sa vie, en outre, notre philosophe logeait peut-être à la même adresse que Roux-Fazillac. Une des personnes qui, le 20 mars 1790, firent une déposition devant le tribunal chargé de l'enquête sur les événements du 6 octobre 1789 à Versailles était le 'Sieur Pierre Deroux, âgé de 43 ans [...] demeurant ordinairement à Versailles, à l'hôtel du Gouvernement, rue des Réservoirs.'[183] Or, Le Roy occupa un appartement à l'hôtel du Gouvernement de 1753 à sa mort en novembre 1789.[184] Comme, en avril 1780, on vient de le voir, Roux-Fazillac 'résid[ait] à Versailles, paroisse de Notre Dame', dans laquelle se trouvait l'hôtel du Gouvernement, il est possible qu'entre cette date et 1789 les deux hommes se soient côtoyés presque quotidiennement. Nous n'avons malheureusement pas pu confirmer cette possibilité, n'ayant pas pu établir à quel moment Roux-Fazillac emménagea à l'hôtel du Gouvernement. Les lettres échangées par P.-M. Hennin et 'Roux (P...)' en 1792 auraient peut-être fourni des indications utiles sur ce point – et sur d'autres – mais une note en tête de la correspondance de Pierre-Michel Hennin à la Bibliothèque de l'Institut nous apprend que ces lettres furent supprimées en 1814 comme étant 'sans intérêt'.[185]

Même si Le Roy et Roux-Fazillac habitaient sous le même toit, il est également significatif qu'à sa mort en 1789 Le Roy ait possédé un exemplaire d'un livre publié par Roux-Fazillac en 1784, une traduction de l'anglais de l'*Histoire de la guerre d'Allemagne en 1756* du major-général Henry Lloyd

182. Testament olographe de Le Roy, f.1*v*.

183. *Procédure criminelle sur la dénonciation des faits arrivés à Versailles dans la journée du 6 octobre 1789* (Paris 1790), p.163.

184. Quelques semaines seulement après avoir succédé à son père comme lieutenant des chasses en 1753, Le Roy demanda et obtint 'les réparations et petits changements dont il a besoin' dans son logement à l'hôtel du Gouvernement (AN, o[1] 1071, pièces 426, 427, 428). En 1775 des modifications importantes durent être effectuées à ce logement par suite de l'adjonction d'une aile à la maison voisine (AN, o[1] 1849[5], pièces 1, 3, 4, 7, 8, 9, 10, 11, 12, 13, 16). Dans sa lettre à P.-M. Hennin datée de Versailles, le 8 mars [1775], Le Roy parle de ces travaux, qui lui donneront, dit-il, 'un des appartements les plus commodes que l'on puisse avoir' (BI ms.1268, f.277*v*-78) et dans sa lettre à son cousin du 18 octobre [1775] il se déclare 'affligé que les plâtres neufs ne me permettent pas de vous offrir cette année des logements chez moy' (f.373*v*). Il ressort, enfin, de l'inventaire après décès de Le Roy que c'est à l'hôtel du Gouvernement qu'il mourut le 11 novembre 1789 (AD d'Yvelines, actes notariés provenant de l'étude Menard à Versailles, '16 novembre et jours suivans 1789. Inventaire après le décès de M^r^ Le Roy Lieutenant des Chasses de Sa Majesté', f.1*v*).

185. BI ms.1252, f.21.

(Lausanne 1784).[186] Notre philosophe ne paraît pas s'être particulièrement intéressé à l'art militaire, représenté dans sa bibliothèque par un seul autre ouvrage, les *Commentaires* de César en latin et en français,[187] qui peuvent être considérés autant comme un classique tout court que comme un classique militaire. L'ouvrage de Roux-Fazillac n'aurait donc peut-être pas figuré dans la bibliothèque de Le Roy, si ce dernier n'avait pas été assez étroitement lié avec son auteur.

D'après l'article consacré à Roux-Fazillac par Auguste Kuscinski dans son *Dictionnaire des Conventionnels*, 'Plusieurs écrivains prétendent que Roux-Fazillac était lié avec Diderot; quoique le fait paraisse probable, il n'est pas prouvé. Ce qui est certain, c'est qu'il fut l'ami de Georges Leroy, intime de Diderot, et qu'il hérita de ses papiers, qui paraissent perdus.'[188] Non seulement Kuscinski n'indique pas la source de cette dernière affirmation, relative aux papiers de Le Roy, mais il n'est point question de manuscrits dans le testament de notre philosophe et l'inventaire de ses biens après décès ne comporte que des papiers concernant ses affaires financières.[189] Bien qu'il ne s'agisse pas d'un legs officiel cependant, Roux-Fazillac, qui appartenait à l'entourage immédiat de Le Roy, était évidemment bien placé pour que lui fussent confiés les inédits qu'il publia dans l'édition des *Lettres sur les animaux* de 1802.

S'il ne fit paraître cette édition que treize ans après la mort de Le Roy, c'est que pendant toute la période révolutionnaire il fut accaparé par la politique. En 1790 il devint administrateur du département de la Dordogne, puis en septembre 1791 les électeurs de la Dordogne l'envoyèrent à l'Assemblée législative, où il joua un certain rôle.[190] Il fit partie surtout du Comité d'instruction publique – dont l'œuvre capitale fut la préparation du célèbre plan général d'organisation de l'instruction publique lu à la tribune par Condorcet les 20 et 21 avril 1792 – et participa activement à ses travaux.[191] Réélu à la Convention par la Dordogne en 1792, Roux-Fazillac siégea sur les bancs de la Montagne et dans le procès de Louis XVI en janvier 1793 il vota pour la mort et contre le sursis. Membre successivement du Comité d'instruction publique (octobre 1792-janvier 1793), du Comité des ponts et chaussées (janvier-août 1793), du Comité des travaux publics (septembre 1794-octobre 1795), il assista aux réunions avec assiduité et fut chargé de diverses

186. Appendice, no.90.
187. Appendice, nos.152 et 83.
188. (Paris 1916-1919), p.539.
189. AD d'Yvelines, Inventaire après le décès de Le Roy, f.21*v*-24*v*.
190. Pour les détails voir Joseph Durieux, p.18.
191. *Procès-verbaux du Comité d'instruction publique de l'Assemblée législative* (Paris 1889), p.2, 19, 22, 68, 79, 83-85, 131, 249, 279, 365, 371.

besognes.[192] D'avril à juin 1793 il alla en mission aux armées du Nord, puis à la fin d'août 1793 dans la Charente et la Dordogne et enfin, de janvier à août 1794, dans la Corrèze et le Puy-de-Dôme. Ayant échoué aux élections aux Cinq-Cents et aux Anciens de 1795, il fut nommé commissaire du Directoire près l'administration centrale de la Dordogne et, peu après, administrateur du département, où il demeura actif jusqu'en 1798. Nommé chef de division au ministère de l'Intérieur en juillet 1799, il abandonna la politique après le 18 brumaire et se retira dans sa propriété de Fazillac près d'Excideuil.[193]

Ce n'est qu'une fois installé dans cette paisible retraite qu'il put enfin se tourner vers les travaux d'érudition. Outre la troisième édition des *Lettres sur les animaux* de Le Roy, publiée en 1802, Roux-Fazillac fit paraître en 1801 des *Recherches historiques et critiques sur l'homme au masque de fer* et en 1803 une nouvelle édition, revue et augmentée, de l'*Histoire de la guerre d'Allemagne en 1756*.

Les activités politiques et érudites de Roux-Fazillac entre 1790 et 1803 permettent d'entrevoir ce qui l'attira vers Le Roy au point de se constituer son exécuteur littéraire. Les textes dont nous disposons établissent, en effet, que les deux hommes avaient les mêmes idées sur certaines questions.

Pour ce qui est des croyances religieuses, ils partageaient des vues devenues courantes depuis Voltaire dans les milieux éclairés. Dans l'article 'Instinct (*Métaph. & Hist. nat.*)' de l'*Encyclopédie* Le Roy, on l'a vu plus haut (p.16), reprochait discrètement aux chrétiens d'être 'occupés à se déchirer entre eux', autrement dit, de faire preuve de fanatisme. Or, une quarantaine d'années plus tard, dans l'ambiance tout autre de 1793-1794, Roux-Fazillac, en mission dans la Dordogne et la Corrèze, dénonçait sans relâche le fanatisme des catholiques romains, qui faisait obstacle aux progrès de l'esprit révolutionnaire. Dans ses lettres au Comité de salut public il parle, en effet, des 'prêtres fanatiques et intéressés',[194] des 'troubles occasionnés par le fanatisme', des 'effets du

192. *Procès-verbaux du Comité d'instruction publique de la Convention nationale* (Paris 1891), i.1, 34, 244, 299; Comité des ponts et chaussées de la Convention, Registre des délibérations, AN, AF* II, 34, p.1, 2, 7, 8, 10, 11, 13, 14, 15, 16, 17, 21, 22, 23, 24, 25, 26, 27, 28; Comité des travaux publics de la Convention, Registre des délibérations, AN, AF* II, 34, p.76, 77, 78, 79, 80, 81, 83, 84, 85, 88, 91, 93, 94, 95, 96, 104, 106, 108, 110, 112-13, 115, 116, 117, 121, 130, 138, 140, 141, 145, 152, 156, 160, 161, 166, 169, 172, 175, 176, 179, 180, 181, 184, 185, 186, 188, 191, 192, 194, 195, 207, 230, 236, 238, 242, 244, 247, 250, 252, 254, 255, 256, 257, 266, 268, 271, 275, 276, 284, 285, 291, 292, 296, 298, 300, 302, 303, 304, 308, 310, 315, 317, 320, 321, 324, 326, 331, 333, 336, 341, 346, 356, 360, 364, 367, 369, 373, 374, 375, 378, 387. AN, AF* II, 35, p.1, 5, 18, 22, 24, 27, 29, 32, 34, 36, 39, 46, 50, 54, 70, 79, 89, 90, 91.

193. Pour une biographie détaillée, voir Auguste Kuszinski, *Dictionnaire des Conventionnels*; Joseph Durieux, *Le Périgord militaire*; Henri Lacape, *Le Conventionnel Roux-Fazillac* (Bordeaux 1957).

194. Le représentant chargé de la levée en masse dans la Dordogne et la Charente [Roux-

fanatisme',[195] d'"un remède efficace pour détruire le fanatisme',[196] des habitants des campagnes 'égarés ou par des fanatiques ou par des contre-révolutionnaires'.[197] Il estime, de même, qu'en Charente 'les fanatiques auront moins de succès que partout ailleurs',[198] qu'en Corrèze 'le fanatisme est comprimé, sans doute; mais peut-être n'est-il pas éteint'.[199]

Les vues de Le Roy et de Roux-Fazillac concordaient en ce qui concerne non seulement le fanatisme, mais la superstition. Si la fin de la lettre II à madame *** sur l'homme et la lettre III à madame *** sur l'homme tout entière développent la thèse de la 'superstition naturelle aux hommes' (p.204, l.372-373) et passent en revue des opinions, des usages absurdes, qui 'répugnent à la raison perfectionnée' (p.207, l.85-86), la lutte contre la superstition des catholiques fut une des préoccupations constantes de Roux-Fazillac en mission dans la Dordogne et la Corrèze. 'A mesure que le patriotisme reprend son énergie,' écrit-il à la Convention de Périgueux, le 23 brumaire An II/13 novembre 1793, 'la superstition s'affaiblit et s'éteint dans la même proportion; et le philosophe révolutionnaire doit voir avec plaisir que, dans ces pays autrefois dominés par le fanatisme, l'empire des prêtres n'a pas survécu longtemps à celui des rois.'[200] 'Le dimanche étant consacré à la superstition, il faut le détruire par tous les moyens possibles,' écrit-il encore au Comité de salut public dans sa lettre datée de Périgueux, le 19 frimaire An II/9 décembre 1793.[201] D'autres lettres parlent, de même, des 'moyens qui doivent guérir entièrement le peuple du mal de la superstition',[202] des moyens de servir 'la cause de la philosophie et de la raison',[203] d'"éclairer le peuple'.[204] A la lumière de ces textes le point de vue auquel se place l'"Avis de l'éditeur' de 1802 n'a pas de quoi surprendre.

Fazillac] au Comité de salut public, Périgueux, 27 frimaire An II/17 décembre 1793, *Recueil des actes du Comité de salut public* (Paris 1889-1951), ix.478.

195. Roux-Fazillac au Comité de salut public, Périgueux, 14 nivôse An II/3 janvier 1794, *Recueil*, x.55; Roux-Fazillac au Comité de salut public, Périgueux, 18 nivôse An II/7 janvier 1794, x.108.

196. Roux-Fazillac au Comité de salut public, Périgueux, 18 nivôse An II/7 janvier 1794, x.108.

197. Le représentant dans la Corrèze et le Puy-de-Dôme [Roux-Fazillac] au Comité de salut public, Tulle, 22 pluviôse An II/10 février 1794, xi.60.

198. Roux-Fazillac au Comité de salut public, Périgueux, 23 nivôse An II/12 janvier 1794, x.210.

199. Roux-Fazillac au Comité de salut public, Tulle, 22 pluviôse An II/10 février 1794, xi.61.

200. Roux-Fazillac au Comité de salut public, Périgueux, le 23 brumaire An II/13 novembre 1793, viii.405.

201. ix.291.

202. Roux-Fazillac au Comité de salut public, Périgueux, 3e jour de la 1re décade du 3e mois de l'An II/23 novembre 1793, viii.662.

203. Roux-Fazillac au Comité de salut public, Périgueux, 27 frimaire An II/17 décembre 1793, ix.478.

204. Roux-Fazillac au Comité de salut public, Périgueux, 14 nivôse An II/3 janvier 1794, x.55.

Dans ces lettres adressées par Roux-Fazillac à la Convention il s'agit, certes, de la superstition des seuls chrétiens, non de celle de toute l'espèce humaine, comme dans les lettres II et III à madame *** sur l'homme. Roux-Fazillac ne laissait cependant pas d'embrasser la thèse, plus générale, de Le Roy, témoin la phrase suivante, extraite de la 'Dissertation préliminaire' en tête de ses *Recherches historiques et critiques sur l'homme au masque de fer* et mise en exergue à l'ouvrage: 'L'homme est par sa nature, curieux, crédule, ami du merveilleux; aux temps du polythéisme, l'*homme au masque* aurait été déifié, les poètes l'auraient chanté; à Rome, la superstition l'aurait mis au rang des dieux inconnus; les peuples et les siècles se succèdent au milieu des mensonges, des erreurs et des préjugés!'[205] Non seulement la généralisation de la fin de ce passage résume assez bien la thèse des lettres II et III à madame *** sur l'homme, mais, si l'allusion aux 'dieux inconnus' de Rome n'a pas d'équivalent chez Le Roy, les deux autres propositions correspondent à des thèmes qu'on trouve chez notre philosophe. L'homme 'par sa nature curieux, crédule, ami du merveilleux' présente sous une forme condensée les suites de notre besoin d'être émus, décrites dans la lettre II sur l'homme de 1768 comme 'une curiosité qui devient la passion de ceux qui n'en ont point d'autre, un goût pour le merveilleux qui produit souvent une crédulité ridicule' (p.158, l.242-244). Quant à l'affirmation qu'"aux temps du polythéisme, l'*homme au masque* aurait été déifié, les poètes l'auraient chanté', elle réunit et adapte au contexte des éléments de la lettre ii à madame *** sur l'homme (p.204, l.364-374). Etant donné ces échos, on peut se demander si dans ce passage Roux-Fazillac ne se souvient pas du texte de Le Roy, que lors de la publication de ses *Recherches sur l'homme au masque de fer* en 1801 il devait préparer pour l'impression en 1802.

Les vues de Roux-Fazillac ne correspondaient évidemment pas à celles de Le Roy jusque dans le moindre détail. Le Roy estimait, en effet, que 'la raison est et sera toujours le privilège d'un petit nombre d'individus' (p.209, l.158), tandis que Roux-Fazillac croyait possible, on vient de le voir, de 'guérir entièrement le peuple du mal de la superstition', de l'"éclairer'.[206] Ils appartenaient manifestement toutefois à la même famille d'esprits et on comprend sans mal que Roux-Fazillac ait entrepris de donner une nouvelle édition des

205. *Recherches* (Paris An IX), page du titre et p.xiii. Souligné dans le texte.

206. Dans sa lettre au Comité de salut public datée de Périgueux, 19 frimaire An II/9 décembre 1793, Roux-Fazillac va même jusqu'à représenter que 'si les Assemblées constituante et législative, et même la Convention nationale, n'eussent pas toujours différé d'organiser l'instruction publique, le peuple serait plus avancé qu'il ne l'est aujourd'hui, et la révolution des préjugés religieux serait absolument terminée' (*Recueil*, ix.292).

Lettres sur les animaux, de faire connaître au public les lettres inédites de Le Roy, qui expriment, sur la religion, un point de vue très proche du sien.

Les lettres II et III à madame *** sur l'homme ne s'en prennent pas, il est vrai, au christianisme et aux chrétiens comme Roux-Fazillac dans ses lettres au Comité de salut public. Au contraire, elles déclarent la révélation 'nécessaire pour donner aux hommes des idées raisonnables de la divinité et du culte qui lui est dû',[207] et ne blâment que les 'pratiques superstitieuses', semblables à celles des idolâtres, adoptées 'malgré la religion divine qui les condamne' par 'le peuple ignorant' (p.207, l.79-81). Mais si Le Roy paraît déférer ici à la 'religion divine', c'est qu'écrivant avant 1789, il ne se départit toujours pas de la prudence dont il faisait preuve depuis l'affaire de l'*Esprit*, c'est qu'il veut toujours 'par une sage politique, se soustraire aux persécutions du fanatisme', comme le dit Roux-Fazillac dans son 'Avis de l'éditeur' (p.75, l.9).

L'*Encyclopédie méthodique* avait déjà mis en lumière cette 'sage politique' de Le Roy une dizaine d'années avant Roux-Fazillac. L'éditeur des trois volumes de la *Philosophie ancienne et moderne*, l'ami et disciple en matérialisme de Diderot, Jacques-André Naigeon (1738-1810), attache à la fin de l'article 'Instinct' la note suivante:

> Cet excellent article est de feu M. le Roi, lieutenant des chasses du parc de Versailles. C'est à ma prière qu'il s'est occupé de ce travail qu'il m'avait promis depuis longtemps, et qu'il a enfin terminé pour céder aux vœux et aux sollicitations de l'amitié. J'ajouterai même ici que cette analyse exacte et serrée de ses *Lettres sur les animaux* est très supérieure à cet ouvrage, parce que l'auteur, renfermé strictement dans les limites de son sujet, a eu soin de retrancher tout ce que la crainte de choquer les préjugés reçus et de se commettre avec les prêtres, lui avait fait dire précédemment en faveur de leurs dogmes absurdes. On ne trouve donc dans cet extrait d'un livre rempli d'observations fines et judicieuses, aucun de ces passages qu'on peut regarder comme autant de sacrifices qu'une raison timide et circonspecte, fait au mensonge et à l'erreur: sacrifices auxquels un philosophe, un défenseur par état de la vérité se détermine toujours avec une extrême répugnance, mais que l'amour du repos, de la liberté, de la vie même, et d'autres considérations aussi impérieuses peuvent en quelque sorte justifier.[208]

L'article 'Instinct' de l'*Encyclopédie méthodique*, composé par Le Roy, à en croire cette note, pour répondre à la prière de son ami Naigeon, est décrit par ce dernier comme une 'analyse', un 'extrait' des *Lettres sur les animaux*, description exacte en ce sens que l'article ne reproduit pas la partie de l'ouvrage consacrée à l'homme, mais les seules lettres relatives aux animaux. Il ne s'agit pas toutefois d'un abrégé de celles-ci. Au contraire, l'article reprend presque

207. p.201, l.236-238; voir aussi p.209, l.171-172.

208. *Encyclopédie méthodique*, *Philosophie ancienne et moderne* (Paris 1791-1794) [ci-après *EM*], iii.47b.

en entier la lettre d'envoi à madame ***, les lettres I à VI, la lettre sur une critique, la lettre VII, les lettres I, II et III à madame ***, en les mettant bout à bout, mais en laissant tomber tout ce qui a rapport à leur forme épistolaire, pour qu'elles présentent un texte suivi, impersonnel. Les passages omis à cette fin ne sont guère considérables. Les trois derniers paragraphes de la lettre IV à madame ***, dans lesquels il est question des animaux familiers de cette dernière, en constituent le plus long de beaucoup.[209] Les plus longs des autres passages supprimés pour transformer la série des *Lettres sur les animaux* en un article d'un seul tenant sont premièrement le début et la fin de la lettre d'envoi à madame ***,[210] le début et la fin de la lettre I,[211] passages qui servent tous les quatre à établir le cadre épistolaire de l'ensemble; deuxièmement le début et la fin de la lettre sur une critique,[212] qui se rapportent, eux aussi, à la forme épistolaire de cette lettre; troisièmement les dernières lignes de la lettre VII,[213] qui ménagent la transition à la lettre I sur l'homme. Ailleurs les passages éliminés pour faire disparaître toute trace de la forme primitive de l'article ne dépassent pas quatre ou cinq lignes de texte tout au plus.[214] Il a même suffi en certains cas de laisser tomber les termes d'adresse 'Monsieur' et 'Madame', ainsi que le pronom 'vous' qui s'y réfère, quitte à employer le cas échéant des tournures impersonnelles.[215]

Si les quelques passages omis des *Lettres sur les animaux* pour en faire l'article 'Instinct' de l'*Encyclopédie méthodique* n'autorisent pas à décrire l'article comme un 'extrait' du livre, il en est de même d'autres suppressions effectuées, selon Naigeon, pour 'retrancher tout ce que la crainte de choquer les préjugés reçus et de se commettre avec les prêtres' avait fait dire dans les *Lettres* en faveur des dogmes chrétiens. Les passages ainsi retranchés tiennent moins de place encore dans le texte que les parties de l'ouvrage qui relèvent de sa forme épistolaire: une centaine de lignes contre cent cinquante environ. Une douzaine

209. p.183, l.361-392; cf. *EM*, iii.47b.
210. p.77, l.1-11; p.78, l.51-56; cf. *EM*, iii.5b, 6a.
211. p.79, l.1-5; p.82, l.128-133; cf. *EM*, iii.6a, 7a.
212. p.125, l.1-21; p.132, l.253-p.133, l.265; cf. *EM*, iii.29a, 32b.
213. p.143, l.363-367; cf. *EM*, iii.37b.
214. Les plus longs se trouvent aux pages p.77, l.14-16, cf. *EM*, iii.5b; p.78, l.45-46, cf. *EM*, iii.6a; p.124, l.410-412, cf. *EM*, iii.29a; p.168, l.15-16, cf. *EM*, iii.39b; p.178, l.186-188, cf. *EM*, iii.43a.
215. Par exemple, 'Je vous répeterai peut-être quelques-unes de celles [les idées] du Physicien' (p.78, l.48-49) devient dans l'article 'Instinct': 'peut-être même répeterai-je quelques-unes de celles du physicien déjà cité' (*EM*, iii.6a); 'tout ce que j'ai à vous offrir' (p.79, l.12) est remplacé par 'tout ce que j'ai à dire' (*EM*, iii.6a); 'Vous trouverez donc bon que j'en reprenne quelques-unes, au hasard de vous donner quelques répétitions' (p.164, l.28-29) devient 'Voici donc quelques nouvelles remarques qui me paraissent mériter quelque attention' (*EM*, iii.38a).

de passages du livre qui font allusion à Dieu[216] ont été supprimés de l'article 'Instinct' et cinq concernant l'âme immatérielle et immortelle, les anges.[217] Le plus long ne dépasse pas quinze lignes et tout le reste du texte est demeuré intact, à quelques rares détails près.

Non seulement, en effet, certaines considérations des *Lettres sur les animaux* relatives à Dieu et à l'âme immatérielle ne sont pas reproduites dans l'article 'Instinct', mais d'autres passages où il est question de Dieu ont subi des modifications qui vont dans le même sens. L'affirmation de la lettre sur une critique d'après laquelle 'l'homme n'en restera pas moins au rang que Dieu lui a assigné dans l'immensité de ses ouvrages' prend dans l'article 'Instinct' une forme tout à fait neutre: 'l'homme n'en restera pas moins ce qu'il est'.[218] Quelques lignes plus bas 'Il a plu au souverain Etre d'organiser' devient de façon plus suggestive encore 'Il a plu à la nature d'organiser',[219] et 'Il est en effet bien étonnant que Dieu, qui proportionne en tout les moyens à la fin, ait accordé cette célérité d'instruction à des êtres que la nature abandonne bientôt à eux-mêmes' devient, de même, 'Il est en effet bien étonnant que la nature ait accordé cette célérité d'instruction à des êtres qu'elle abandonne bientôt à eux-mêmes.'[220] 'Dieu a voulu qu'ils fissent ce qu'ils font' subit une modification plus suggestive encore pour donner 'l'enchaînement nécessaire des causes et des effets a déterminé qu'ils feraient ce qu'ils font'.[221] L'article 'Instinct' va même jusqu'à condamner, quoique très rapidement, l'appel systématique à Dieu dans un contexte non religieux, en introduisant après le mot 'Dieu' dans l'affirmation 'Dieu n'est point en eux [les animaux] un agent immédiat' la proposition relative 'qu'on fait intervenir partout indistinctement'.[222]

Malgré les passages omis et modifiés, il n'est cependant pas exact que '*tout* ce que la crainte de choquer les préjugés reçus' avait fait dire dans les *Lettres* sur Dieu et l'âme immatérielle ait été retranché de l'article 'Instinct'. Celui-ci modifie, il est vrai, de la manière qu'on vient de voir, pour en éliminer Dieu,

216. p.79, l.16-17, cf. *EM*, iii.6a; p.81, l.108-110, cf. *EM*, iii.7b; p.92, l.371-376, cf. *EM*, iii.13a; p.113, l.229-232, cf. *EM*, iii.23b; p.118, l.189-196, cf. *EM*, iii.26a; p.126, l.59-p.127, l.66, cf. *EM*, iii.30a; p.127, l.67-69, cf. *EM*, iii.31a; p.129, l.159-162, cf. *EM*, iii.32b; p.132, l.253-p.133, l.257, cf. *EM*, iii.36a; p.140, l.254-255, cf. *EM*, iii.42a; p.172, l.165-171, cf. *EM*, iii.42a; p.173 l.185-188, cf. *EM*, iii.42a. Les trois derniers paragraphes de la lettre IV à madame ***, supprimées dans l'article 'Instinct' (*EM*, iii.43, et ci-dessus, note 209), contiennent également une allusion à l''Artisan Suprême' (p.183, l.386-388).

217. p.79, l.28-34, cf. *EM*, iii.6a; p.125, l.14-21, cf. *EM*, iii.29a-b; p.134, l.27-29, cf. *EM*, iii.33a; p.140, l.254-257, cf. *EM*, iii.36a; p.172, l.160-165, cf. *EM*, iii.42a.

218. p.127, l.80-81, cf. *EM*, iii.30a.

219. p.127, l.97-98, cf. *EM*, iii.30b.

220. p.128, l.119-121, cf. *EM*, iii.30b.

221. p.128, l.107-109, cf. *EM*, iii.30b.

222. p.120, l.268-269, cf. *EM*, iii.27a.

plusieurs passages qui se suivent de près, mais dans un passage antérieur il est question, dans l'*Encyclopédie méthodique* comme déjà dans la lettre VI, de 'l'ordre où elle [chaque espèce] a été placée par l'Auteur de la Nature'.[223] Selon toute apparence ce membre de phrase maintenu sans changement dans l'*Encyclopédie méthodique* serait cependant à mettre sur le compte de la négligence: il aurait tout simplement échappé à l'attention de Le Roy lorsqu'il révisait les *Lettres sur les animaux* pour en faire un article d'encyclopédie. La chose paraît d'autant plus vraisemblable que plus loin un passage de la lettre III à madame *** (publiée en 1781), repris tel quel par l'article 'Instinct', trouvait déjà 'tout simple' non que Dieu, mais 'que la nature, qui proportionne en tout les moyens à la fin, ait accordé plus de facilité, plus de promptitude d'éducation aux êtres animés en raison de la durée de leur vie'.[224]

Impossible, en revanche, d'attribuer à une défaillance d'attention quatre passages des *Lettres sur les animaux* reproduits sans modification dans l'article 'Instinct'. Dans celui-ci, comme dans la lettre VI, il est assez longuement question de la preuve de l'existence de Dieu par les causes finales juste avant le passage où l'article 'Instinct' insère après le mot 'Dieu' la proposition relative 'qu'on fait intervenir partout indistinctement'.[225] L'*Encyclopédie méthodique* reprend telle quelle aussi presque toute la fin de la lettre VI, où Le Roy représente que la question de l'intelligence des bêtes n'intéresse pas la religion, puisque l'homme seul s'élève à la connaissance de Dieu, et dénonce comme 'hétérodoxes en religion et en philosophie' les partisans de l'automatisme animal, qui attribuent aux bêtes 'des sensations matérielles'.[226] L'*Encyclopédie méthodique* laisse tomber certes le début de la lettre sur une critique, où Le

223. p.114, l.10-11, cf. *EM*, iii.23b.

224. p.170, l.83-85, cf. *EM*, iii.40b. Dans deux autres passages de la lettre III à madame ***, publiée en 1781, on trouve 'la nature' dans le genre de contexte où les lettres de 1768 faisaient intervenir 'l'auteur de la nature'. La lettre II avait affirmé, en parlant de la perfectibilité strictement limitée des différentes espèces d'animaux, que 'le sage auteur de la nature a proportionné dans toutes les moyens aux besoins' (p.92, l.371-372), mais à propos de cette même perfectibilité extrêmement restreinte la lettre III à madame *** déclare 'impossible que, destinées par la nature à des fins déterminées et organisées en conséquence, elles ne soient pas retenues chacune dans les cercles affectés à son espèce en raison de leurs besoins et de leurs moyens' (p.169, l.52-54). Au 'sage auteur de la nature' de la lettre II correspond également, plus loin dans la lettre III à madame ***, 'la sagesse de la nature, qui accorde un développement plus prompt de l'intelligence à des créatures destinées à être bientôt abandonnées à elles-mêmes' (p.172, l.147-149). Bien qu'il soit encore question de Dieu à trois reprises dans les lettres à madame *** (p.172, l.165-171; p.173, l.186-188; p.183, l.386-388), les deux passages de la lettre III à madame *** où Le Roy se contente de 'la nature' au lieu de son créateur, constituent comme le premier pas circonspect sur le chemin qui aboutit aux suppressions et aux modifications de l'article 'Instinct' de l'*EM*.

225. p.120, l.259-268, cf. *EM*, iii.27a, et ci-dessus, p.38 et note 222.

226. p.123, l.378-390, cf. *EM*, iii.29a.

Roy rejette le matérialisme,[227] mais conserve la suite, qui suggère que c'est l'Observateur qui est matérialiste.[228] Dans un quatrième passage maintenu dans l'article 'Instinct' Le Roy reproche à Buffon à son tour de donner dans le matérialisme et affirme qu'il n'y a aucun rapport entre la sensation et la mémoire et les propriétés de la matière.[229] La présence de ces quatre passages dans l'article suffisait, on le voit, à prévenir l'accusation d'irréligion. S'il est vrai, comme l'affirme Naigeon, qu'avant de mourir en novembre 1789 Le Roy avait remanié ses *Lettres sur les animaux* pour en faire l'article 'Instinct', il avait donc pris le minimum de précautions indispensables sous l'ancien régime pour éviter de s'attirer des démêlés avec la censure, pour ne pas risquer, par conséquent, de compromettre sa situation professionnelle. Il n'avait pas renoncé à la prudence dont il se faisait une règle depuis trente ans; par suite peut-être de la permission tacite de 1781 (voir p.27), elle était simplement devenue moins insistante, plus discrète.

Bien que l'article 'Instinct' ait toutes les chances[230] de constituer le dernier état, revu par Le Roy à la fin de sa vie, d'une partie des *Lettres sur les animaux*, nous n'avons pas incorporé dans notre édition les modifications subies dans l'article par les lettres consacrées aux bêtes, car l'adjonction de ces lettres remaniées à celles, non remaniées, qui traitent de l'homme, aurait donné un texte composite. Nous avons donc pris comme base de notre édition celle de 1802 (voir p.71). Nous signalons toutefois dans notre appareil critique les modifications apportées au texte des *Lettres* dans l'article 'Instinct' susceptibles d'éclairer la pensée de Le Roy.

Outre la troisième édition des *Lettres sur les animaux* Roux-Fazillac publia en 1802 un autre ouvrage de Le Roy, entièrement inédit cette fois, ses *Portraits historiques de Louis XV et de madame de Pompadour*.[231] Selon l''Avis de l'éditeur' en tête de l'édition de 1802 des *Lettres sur les animaux*, ces *Portraits* furent demandés à Le Roy 'par *Rhullières*, qui voulait en faire usage dans son histoire de la révolution de Pologne' (p.76, l.58-61). Nous n'avons pas trouvé de

227. p.125, l.1-21, cf. *EM*, iii.29a-b, et ci-dessus, p.37 et note 212; p.38 et notes 216, 217.

228. p.125, l.21-28, cf. *EM*, iii.29b.

229. p.175, l.73-p.176, l.84, cf. *EM*, iii.43b.

230. Nous n'avons pas trouvé de témoignages confirmant 'l'amitié' entre Le Roy et Naigeon dont parle ce dernier dans sa note rattachée à la fin de l'article 'Instinct', et d'autre part la précision de cette note laisse, on l'a vu, à désirer. Nous n'avons cependant pas de raisons probantes de douter de la véracité de Naigeon, car les deux inexactitudes que nous avons relevées dans sa note pourraient fort bien provenir d'une lecture insuffisamment attentive du texte remanié que Le Roy lui aurait remis. Nous acceptons donc les dires de Naigeon, mais nous aimerions bien en trouver confirmation.

231. (Paris An x [1802]). Les *Lettres sur les animaux* et les *Portraits* furent annoncés tous deux dans le numéro du 25 prairial au 10 messidor du *Mercure de France*, p.477, 478.

documents qui corroborent cette affirmation de manière explicite. Il est possible que Rulhière ait connu Le Roy soit au cours de divers séjours qu'il fit à Versailles entre 1754 et 1771,[232] soit par l'entremise de Pierre-Michel Hennin.[233] De toute façon, à en juger par la lettre que Bertrand adressa à Hennin de Trieste, le 2 novembre 1781,[234] Rulhière était à cette date en rapports avec Le Roy et à même donc de lui demander, comme l'affirme Roux-Fazillac, les *Portraits historiques* pour en faire usage dans son *Histoire de l'anarchie de Pologne*. Il n'y incorpora pas les *Portraits* tels quels cependant, mais paraît avoir emprunté à Le Roy les éléments essentiels de son portrait de Louis XV, dont les courts passages consacrés par l'*Histoire* à ce monarque présentent comme un résumé des plus succincts.[235]

Les *Portraits*, qui, sans l'édition qu'en donna Roux-Fazillac en 1802, auraient été perdus pour la postérité, furent lus et appréciés par Sainte-Beuve[236] et c'est sous l'égide du grand critique que Poulet-Malassis mit la seconde édition, réimprimée sur celle de 1802, qu'il publia en 1876.[237] A la suite de cette réimpression[238] les *Portraits* furent mis à contribution par les frères Goncourt

232. En tant que gendarme de la Garde du roi, Claude-Carloman de Rulhière (1734-1791) fit le service de quartier à Versailles à plusieurs reprises entre 1754 et 1757, puis entre 1759 et 1761, et il était employé au dépôt d'archives des Affaires étrangères à Versailles, lorsqu'il travaillait à la première rédaction de son *Histoire de l'anarchie de Pologne*, entre 1769 et mai 1771. Voir Alice Chevalier, *Claude-Carloman de Rulhière premier historien de la Pologne, sa vie et œuvre historique* (Paris 1939). Descendante de Rulhière, Alice Chevalier exploita, pour écrire sa biographie, des archives de famille inédites.

233. P.-M. Hennin lia connaissance avec Rulhière à Varsovie en 1762 (Hennin à Rulhière, Varsovie, 14 avril 1762, et Rulhière à Hennin, Saint-Pétersbourg, 23 avril 1762, BI ms.1275, f.277, 278) et lui fournit des matériaux pour son *Histoire* (Rulhière à Hennin, Paris, 23 octobre 1769; Paris, 30 novembre 1769; 28 décembre 1769; Hennin à Rulhière, Genève, 18 août 1770, f.281, 282, 284, 286-87*v*). Les deux hommes étaient toujours en relations en 1784 (Rulhière à Hennin, Paris, 31 mai 1784, f.288).

234. Alarmé par la nouvelle (fausse) rapportée par la *Gazette de Venise*, de 'l'horrible accident arrivé à M. Le Roy dans le parc de Versailles', dit Bertrand, 'j'écrivis tout de suite à M. de Rulhières' (BI ms.1254, f.20, 20*v*).

235. Claude-Carloman de Rulhière, *Œuvres posthumes* (Paris 1819), i.284, 292, 293; cf. un manuscrit de l'*Histoire* conservé aux Archives nationales sous la cote KK1396, livre IV, f.75-77, 86, 88.

236. Dans son article sur la *Relation inédite de la dernière maladie de Louis XV* par le duc de Liancourt, Sainte-Beuve dit en note que ce qu'il a 'lu de plus favorable à Louis XV' est dans les *Portraits* de Le Roy. 'L'auteur', poursuit-il, 'qui avait eu l'occasion de voir continuellement Louis XV dans ses chasses, parle de ce roi d'un ton de vérité plutôt bienveillant; mais il insiste autant que personne sur sa timidité, sa défiance de lui-même, son impuissance totale de s'appliquer, et cette inertie, cette apathie incurable, qui ne fit que croître avec les années' (*Portraits littéraires*, Paris 1854-1864, iii.515).

237. *Louis XV et madame de Pompadour peints et jugés par le lieutenant des chasses du parc de Versailles* (Paris 1876). La première phrase de l'avant-propos d'A. Poulet-Malassis est ainsi conçue: 'Nous mettons l'intérêt de cette réimpression sous la garantie de Sainte-Beuve' (p.5).

238. L'édition originale de 1802 semble avoir été tirée à un fort petit nombre d'exemplaires et

dans leur *Madame de Pompadour*[239] et ont continué d'être utilisés par les historiens jusqu'en plein vingtième siècle.[240]

Les *Portraits* présentent cependant un intérêt autre qu'historique. Le lecteur des *Lettres sur les animaux* ne peut qu'être frappé par l'application au cas particulier de Louis XV que fait Le Roy, dans son portrait du monarque, de la psychologie de l'homme développée dans les lettres I et II sur l'homme. Grâce aux *Portraits* cette psychologie revêt un aspect moins sec, moins purement théorique que dans l'exposé abstrait et général des *Lettres*.[241]

Les *Portraits historiques* complétaient l'œuvre de Le Roy. Dans ce petit nombre de textes écrits pendant les heures de loisir que lui laissaient ses fonctions de lieutenant des chasses,[242] les *Lettres sur les animaux* tiennent, on le voit, le premier rang, à la fois par le nombre des pages et par l'intérêt de leur contenu. A côté d'elles, les miniatures de Louis XV et de madame de Pompadour, les opuscules à la défense d'Helvétius – l'*Examen des critiques du livre intitulé 'De l'esprit'*, les *Réflexions sur la jalousie* – ne pèsent pas lourd dans la balance. Les articles, courts pour la plupart, procurés par Le Roy à l'*Encyclopédie* sur la chasse, l'histoire naturelle, la sylviculture, l'agriculture, ont sans doute un caractère moins éphémère que ces écrits occasionnels, mais présentent un intérêt plus restreint que les articles consacrés aux thèmes plus

les *Portraits* ne furent cités nulle part par les frères Goncourt dans leurs ouvrages antérieurs à la réédition de 1876 (p.7).

239. Les Goncourt attachent au passage affirmant que 'son chant et sa danse [de Mme de Pompadour] étaient d'une chanteuse et d'une danseuse de l'Opéra', la note suivante: 'Georges Leroy applique à Madame de Pompadour la phrase de Salluste parlant de Fulvie "*Psallere, saltare elegantius quam necesse est probae*"' (cf. *Portraits*, 1802, p.22) et ils citent tout au long, également en note, 'le remarquable portrait physiologique écrit par G. Leroy, le lieutenant des chasses du parc de Versailles' (*Portraits*, 1802, p.19-21) (Edmond et Jules de Goncourt, *Madame de Pompadour*, Paris 1982, p.14, note 1, et p.15, note 3).

240. Le portrait physique de Mme de Pompadour tracé par Le Roy est reproduit, par exemple, dans l'*Histoire de France* d'Ernest Lavisse (Paris 1911), viii.220, et dans nombre de monographies consacrées à la favorite: Adrien Thierry, *La Marquise de Pompadour* (Genève, Paris 1959), p.57, note 1; Jacques Levron, *Secrète madame de Pompadour* (Paris 1961), p.44-45; le duc de Castries, *La Pompadour* (Paris 1983), p.49; Danielle Gallet, *Madame de Pompadour ou le pouvoir féminin* (Paris 1985), p.266; Nancy Mitford, *Madame de Pompadour* (New York 1984), p.31. Un autre biographe de la favorite incorpore dans son ouvrage non seulement le portrait physique de Mme de Pompadour brossé par Le Roy, mais celui de Louis XV également (Marcelle Mauriette, *La Vie privée de madame de Pompadour*, Paris 1951, p.64, 83). Dans son *Siècle de Louis XV* (Paris 1933), Pierre Gaxotte, pour sa part, ne se contente pas de reproduire *in extenso* le portrait physique de Mme de Pompadour présenté par Le Roy, mais adopte sa thèse de la timidité foncière de Louis XV et cite un passage où notre philosophe met en lumière la faiblesse du monarque et sa crainte d'être dominé (p.166-67, 179, 182; cf. *Portraits*, p.13-14).

241. Cf. p.149, l.214-p.150, l.265 et lettre 8, note 17.

242. 'Si j'ay fait quelques pas dans les sciences, ce n'est que comme un étranger qui voyage pour son plaisir, et qui ne deviendra jamais regnicole', dit Le Roy à P.-M. Hennin dans une lettre datée de Versailles, le 28 septembre 1760 (BI ms.1268, f.239*v*).

généraux de l'"Homme' et de l'"Instinct'. Ce sont avant tout les *Lettres sur les animaux*, où Le Roy reprend la substance de ces deux articles avec plus d'ampleur, qui ont retenu l'attention de ses contemporains et de la postérité.

En rééditant les *Lettres sur les animaux* nous avons cru utile d'examiner la pensée de Le Roy de près, afin d'en faire ressortir la nuance exacte. Nous cherchons donc, dans les notes que nous avons rattachées au texte, à identifier les sources où il avait puisé pour établir s'il fit preuve d'originalité ou non. Dans certaines notes nous rapprochons également ses idées de celles d'autres auteurs dont il ne subit pas directement l'influence, mais il n'est évidemment pas question de signaler tous les penseurs du dix-huitième siècle qui étudièrent les mêmes thèmes que Le Roy. Pour ce qui est d'ailleurs du thème de l'animal en particulier, d'autres avant nous ont rendu compte du débat qui, tout au long du dix-huitième siècle, opposa les uns aux autres les tenants de différents points de vue d'origine scolastique, cartésienne, lockiste, etc. Pour situer Le Roy dans le cadre général de son époque, on consultera avant tout Hester Hastings, *Man and beast in French thought of the eighteenth century* (Baltimore 1936); Leonora Cohen Rosenfield, *From beast-machine to man-machine* (New York 1941); Werner Krauss, *Zur Tierseelentheorie im 18. Jahrhundert* (Berlin 1978); Maria Teresa Marcialis, *Filosofia e psicologia animale. De Rorario a Leroy* (Cagliari 1982).

Les *Lettres sur les animaux*, dont le noyau primitif – les articles 'Homme (*Morale*)' et 'Instinct (*Métaph. & Hist. nat.*)' de l'*Encyclopédie* – date d'avant 1759 et continua à se développer jusque dans la vieillesse de Le Roy, se ressentent évidemment de l'expérience de toute une vie. S'il est assez facile de distinguer ce dont elles sont redevables aux activités professionnelles du lieutenant des chasses, la part du livre qui revient aux ouvrages que Le Roy avait lus, aux personnes qu'il avait fréquentées, pose des problèmes plus délicats.

En ce qui concerne ses fréquentations mondaines, certains thèmes sont communs aux *Lettres sur les animaux* et à l'œuvre des auteurs que Le Roy rencontrait dans les salons de Paris et de Versailles. Nous nous gardons bien cependant d'en conclure que les auteurs en question avaient communiqué leurs idées à Le Roy au cours des conversations qui animaient ces réunions brillantes. Nous ne faisons état que des très rares cas rapportés dans les correspondances de l'époque (lettre 13, note 4; lettre 15, notes 6, 29).

Quant aux lectures de Le Roy, l'inventaire de ses biens après décès comprend une liste (nous la reproduisons en appendice) des livres qu'il possédait au moment de sa mort. Dressée en 1789, cette liste fournit certes des indications utiles sur les lectures de Le Roy à la fin de sa vie, mais ne nous renseigne malheureusement pas sur les ouvrages qu'il avait lus à l'époque où il rédigeait la majeure partie de ses *Lettres sur les animaux* vingt ou trente ans plus tôt. Nous ne pouvons savoir si Le Roy avait acheté et lu à la date de leur publication les ouvrages de sa bibliothèque parus entre 1750 environ[243] et 1770. Quant aux livres plus anciens, il est possible qu'il les ait acquis d'occasion dès ses jeunes années ou peu de temps avant de mourir. De telles incertitudes imposent une grande prudence. Seuls ne posent pas de problèmes les ouvrages auxquels il renvoie nommément, soit dans ses *Lettres sur les animaux*, soit dans ses autres ouvrages, soit dans sa correspondance.

Ce qui distingue avant tout Le Roy de la plupart des penseurs qui traitèrent avant lui de la psychologie des bêtes, ce sont les descriptions précises du comportement de chaque espèce sur lesquelles il fonda sa théorie de l'animalité. Si bien placé qu'il fût cependant, par suite de ses occupations de lieutenant des chasses, pour connaître les mœurs des bêtes étudiées dans les *Lettres sur les animaux*, Le Roy possédait également deux ouvrages qui les avait décrites longtemps avant lui: la *Vénerie* de Jacques Du Fouilloux – accompagnée probablement de textes du roi Phébus et de Jean de Clamorgan (lettre 2, notes 3, 6) – et *La Vénerie royale* de Robert de Salnove (inventaire de 1789, nos. 61 et 62). Il les avait lues attentivement, puisqu'il en parle avec estime dans l'article 'Vénerie' de l'*Encyclopédie* (lettre 2, note 3). Les faits relatifs au comportement des bêtes présentés dans les *Lettres sur les animaux* ont beau concorder cependant, en bon nombre de cas, avec ceux présentés par Du Fouilloux et Salnove,[244] Le Roy a beau tenir compte, selon toute apparence, de deux critiques adressées à Du Fouilloux par Salnove (lettre 2, note 13; lettre 3, note 4), les passages qui n'ont pas d'équivalent dans la *Vénerie* et la *Vénerie royale*[245] ou qui en diffèrent par certains détails[246] indiquent que Le Roy puisait moins dans les ouvrages de ses prédécesseurs que dans le riche fond de ses observations personnelles. Si ces dernières sont assez souvent les mêmes que celles de Du Fouilloux et de Salnove, ce n'est pas parce que Le Roy les leur empruntait servilement, mais parce que les siennes confirmaient les leurs. Dans deux cas même, où les faits avancés sont *grosso modo* les mêmes, Le Roy, qui d'ailleurs tend plutôt au résumé sec,[247] les exprime de façon trop

243. 'Je vais m'occuper du soin de me former une bibliothèque dans laquelle je trouveray toute ma vie des secours contre l'ennuy', dit Le Roy à P.-M. Hennin dans une lettre datant de la fin de 1753 (BI ms.1268, f.134).

244. Lettre 2, notes 4, 5, 6, 8, 9, 11, 12; lettre 3, notes 5, 7, 9, 11, 14; lettre 4, note 5; lettre 6, note 6; lettre 7, note 8.

245. Lettre 2, note 16; lettre 3, notes 13, 16, 18.

246. Lettre 2, note 7; lettre 3, notes 6, 10, 12; lettre 7, note 7.

247. Lettre 2, notes 8, 12; lettre 3, note 10; lettre 4, note 5; lettre 6, note 3.

détaillée, trop vivante pour qu'il ne s'agisse pas de choses vues (lettre 6, note 7; lettre 7, note 9).

Si les connaissances des mœurs des bêtes que Le Roy met en œuvre dans ses *Lettres sur les animaux* sont de première main, il n'en est pas de même de l'interprétation qu'il en propose. Au contraire, l'armature théorique du livre est empruntée en majeure partie à son ami Condillac, qu'il avait connu dès sa jeunesse (voir p.7-8) chez Mme de Vassé. Nous savons que Le Roy lut le *Traité des sensations* peu de temps après sa publication, car il donne son opinion de l'ouvrage à Pierre-Michel Hennin dans une lettre en date du 28 décembre [1754] (lettre 1, note 9). Il est certain également que Le Roy étudia d'assez près le *Traité des animaux* (publié en 1755), car il en cite deux passages dans sa lettre VI (p.121, l.316-p.122, l.329) et y renvoie à deux reprises dans deux lettres postérieures (p.168, l.31-35; p.196, l.41-45). Il n'est donc pas étonnant que sa dette envers Condillac soit grande.

Comme Condillac, Le Roy préconise la méthode d'observation (lettre d'envoi, note 1) et il fait sienne aussi la théorie de la connaissance présentée dans le *Traité des sensations* et le *Traité des animaux*. Dans les *Lettres sur les animaux* les étapes de la genèse des idées sont les mêmes que chez Condillac (lettre 1, note 9), le besoin et l'habitude y jouent le même rôle (lettre 1, note 9), le désir et l'inquiétude également (lettre 1, note 13), et dans la plus ancienne des lettres consacrées aux animaux, la septième, Le Roy se souvient d'autres éléments de la théorie condillacienne: l'imagination et la 'chaîne' des habitudes (lettre 7, note 5). Pour lui comme pour Condillac ce sont, en outre, nos mains 'qui nous apprennent à distinguer les formes, et nos pieds qui nous mettent dans le cas de juger à l'œil des distances' (lettre 3, note 23).

En ce qui concerne plus particulièrement les bêtes, pour Le Roy comme pour Condillac l'étude des animaux éclaire celle de l'homme (lettre 1, note 7), 'l'analogie' entre l'homme et la bête n'est pas 'faible' (lettre 6, note 11), les animaux 'sentent comme nous' (lettre 1, note 8), et leurs actions s'expliquent par la sensibilité 'modifiée dans chaque espèce par les différences de l'organisation' (lettre 1, note 3). Le Roy accorde aussi aux bêtes le 'langage de l'action' déjà décrit par Condillac (lettre 5, note 11), adopte, sans le nommer, les idées de son ami sur la durée (lettre 11, note 2) et va même jusqu'à citer des passages du *Traité des animaux* où Condillac rend compte de l'uniformité des actions des bêtes, de la sûreté de leurs actions dites instinctives (p.121, l.136-p.122, l.329). Dans les *Lettres sur les animaux* comme dans le *Traité des animaux* les bêtes sont plongées dans 'un état de demi-sommeil' (Le Roy), une 'espèce de léthargie' (Condillac), dès que la satisfaction de leurs besoins ne tient plus leur attention en éveil (lettre 3, note 27), mais les hommes connaissent, au contraire, 'une curiosité stimulante' (lettre 9, note 19), et si leur comportement est moins uniforme que celui des bêtes, c'est parce qu'ils imitent ceux qui les entourent (lettre 6, note 19). Quant à la liberté, Le Roy commence par faire simplement écho au *Traité des animaux*, mais plus tard il étend à la bête une conception de la liberté développée par Condillac à propos de l'homme (lettre 6, note 10; lettre 7, note 3).

Mais bien qu'il suive en général Condillac, Le Roy ne se contente pas toujours d'adopter ses idées telles quelles. Dans les *Lettres sur les animaux* l'instinct n'est pas cette 'habitude privée de réflexion' dont parle le *Traité des animaux*, mais 'une impulsion aveugle et sans réflexion' qui 'dépend entièrement de l'organisation' (lettre 3, note 8). C'est là la différence la plus frappante entre les deux théories, mais il y en a d'autres.

Dans le cadre d'une doctrine de la connaissance empruntée à Condillac Le Roy privilégie le rôle joué dans le développement des idées par les obstacles (lettre 1, note 11). Par conséquent, il fait tantôt du nombre de 'rapports avec les objets qui les environnent', tantôt de 'la vivacité des besoins', 'la mesure de l'intelligence dont chaque espèce est douée', alors que Condillac s'en tient au nombre des sens et des besoins (lettre 2, note 1; lettre 7, note 6). Quant à l'intelligence individuelle des bêtes d'une même espèce, Condillac se contente d'en constater l'existence, mais Le Roy la fait dépendre encore du nombre plus ou moins grand d'obstacles auxquels l'animal se heurte (lettre 2, note 2; lettre 7, note 6). Par suite toujours de l'importance qu'il attache à l'obstacle, Le Roy affirme aussi, plus nettement encore que Condillac, la perfectibilité des bêtes (lettre 2, note 18).

Il n'est pas d'accord avec lui, en revanche, sur les 'conditions' qui 'servent la perfectibilité' (lettre 4, note 3), ni sur l'abstraction chez les animaux (lettre sur une critique, note 7). A l'encontre de Condillac aussi, il accorde aux bêtes une langue articulée, rudimentaire certes, mais elle n'en existe pas moins (lettre 5, note 8).

S'il est certain que Le Roy emprunte à Condillac sa théorie de la connaissance et d'autres idées connexes, bien qu'en en modifiant certains éléments, il lui fait probablement écho en ce qui concerne d'autres thèmes, en premier lieu le reproche, adressé aux 'philosophes', de mal observer les faits (lettre d'envoi, note 1), d'utiliser des mots dont le sens est mal défini (lettre 7, note 1), de méconnaître l'intelligence des bêtes de peur de les trop rapprocher de l'homme (lettre 5, note 9). Non seulement, pour Le Roy comme pour Condillac, les 'sensations matérielles', la 'mémoire matérielle' des partisans de l'automatisme animal sont incompréhensibles (lettre 6, note 21; lettre 12, note 1), mais on dirait que c'est dans le *Traité des animaux* que Le Roy puisa certaines idées destinées à établir son orthodoxie religieuse.[248]

248. Lettre 6, note 23; lettre sur une critique, notes 1, 7; lettre 7, note 3.

Si les lettres publiées par Le Roy jusqu'en 1768 se ressentent fortement de sa lecture du *Traité des sensations* et du *Traité des animaux*, celles publiées dans l'édition de 1781 et les deux lettres posthumes sur l'homme semblent mettre à contribution non seulement ces deux ouvrages, mais le *Cours d'étude* (1775) de Condillac, dont sa bibliothèque comportait un exemplaire (inventaire de 1789, no.133). Il a l'air d'y avoir emprunté quelques thèmes relatifs à l'intelligence,[249] en particulier l'idée maîtresse des deux lettres posthumes sur l'homme qu'est l'uniformité des idées des peuples primitifs (lettre 14, note 4). Le *Cours d'étude* paraît avoir été également pour quelque chose dans l'explication proposée par Le Roy de l'origine des religions (lettre 14, note 21), ainsi que des premiers gouvernements (lettre 14, note 6).

Si Condillac exerça sur Le Roy une influence capitale, il en est de même d'Helvétius. Non seulement Le Roy avait connu Helvétius 'dès l'enfance' (voir p.7), mais il lut *De l'esprit* en manuscrit, en fut 'enthousiasmé' au point de presser 'fortement Helvétius de le faire imprimer' et en récita même quelques pages de mémoire à Pierre-Michel Hennin (lettre 1, note 13). Il ne s'était évidemment pas contenté de feuilleter hâtivement le livre de son ami.

On n'est donc guère étonné de rencontrer dans les *Lettres sur les animaux* quelques-unes des idées maîtresses d'Helvétius, dont certaines se trouvaient déjà chez Condillac d'ailleurs: la définition de la passion (lettre 8, note 6), le rôle déterminant joué dans nos connaissances et nos actions par le plaisir et la douleur (lettre 8, note 5), l'amour de soi naturel à tout être sensible (lettre 3, note 19). Dans ce dernier cas Le Roy préfère même l'expression utilisée par Helvétius, 'l'amour de soi', à celle employée par Condillac, 'l'amour propre'. Comme Condillac encore, Helvétius souligne l'importance en philosophie d'une terminologie exacte (lettre 7, note 1).

Pour ce qui est des 'conditions qui servent la perfectibilité', Le Roy fait la même distinction qu'Helvétius entre les passions naturelles et factices (lettre 8, note 9). Chez Le Roy comme chez Helvétius, la paresse, le besoin d'exister vivement et l'ennui jouent un rôle capital dans les progrès des connaissances humaines (lettre 8, notes 16, 17) et entraînent les mêmes conséquences: l'homme civilisé veut être heureux sans peine (lettre 9, note 5), il désire donc commander aux autres (lettre 9, note 6), et il aime non seulement le pouvoir, mais les richesses (lettre 9, note 13). Pour Le Roy comme pour Helvétius l'ambitieux est incapable de se reposer une fois son but atteint (lettre 9, note 14), l'habitude facilite le travail intellectuel (lettre 9, note 29) et notre besoin d'être émus aboutit à la 'décadence du goût' (lettre 9, note 25).

On retrouve aussi chez Le Roy une des thèses centrales de la pensée

249. Lettre 10, note 2; lettre 11, note 1; lettre 12, note 3.

d'Helvétius avec tout ce qui s'ensuit: l'homme, avide d'estime (lettre 9, note 16), est au moral 'le produit' de son éducation (lettre 9, note 36), comme de l'exemple et de l'opinion de son milieu. Il est donc possible de lui 'donner la forme qu'on veut' (lettre 9, note 40) et l'on devrait, par conséquent, faire preuve d'indulgence envers l'espèce humaine entière (lettre 9, note 43).

Le Roy subit l'influence d'Helvétius non seulement dans la conception générale qu'il se faisait de l'homme, mais jusque dans certaines questions particulières: l'amitié considérée comme un besoin (lettre 9, note 3), la langue de certains sauvages (lettre 7, note 12), les dames romaines aux jeux du cirque (lettre 9, note 17), l'inutilité de l'enseignement traditionnel (lettre 9, note 35). Des détails de *De l'esprit* revinrent même à la mémoire de Le Roy de longues années après les premières lettres, lorsqu'il rédigeait la lettre 1 à madame *** sur l'homme (lettre 13, notes 7, 11).

Si Le Roy emprunta beaucoup à Helvétius pour ce qui est de l'homme, il ne le suit pas en tout. Leur désaccord est tout à fait évident en ce qui concerne la pitié naturelle à l'homme (lettre 8, note 21). A l'encontre d'Helvétius Le Roy attribue aussi, très discrètement, à 'l'organisation', par opposition aux circonstances extérieures, un rôle dans le comportement des individus (lettre 9, note 32).

Si *De l'esprit* étudie longuement l'homme, il ne consacre à la question de la perfectibilité, ou plutôt de l'infériorité animale, que quelques lignes en passant. Pour grande que soit la dette de Le Roy envers Helvétius en ce qui concerne l'homme, sa thèse sur l'animal diffère nettement de celle d'Helvétius. Ce qui pour Helvétius distingue avant tout les animaux de l'homme, c'est leur seule conformation physique. Pour Le Roy, au contraire, c'est plutôt l'absence d'une 'société proprement dite', qui fait qu'ils ignorent le loisir, les passions factices et l'ennui, dont résultent les progrès de l'esprit humain (lettre 4, note 7). Malgré ce désaccord Helvétius a l'air d'avoir influé sur la pensée de Le Roy concernant la bête en attachant un rôle important à l'attention dans la connaissance humaine, rôle que Le Roy lui fait jouer dans la connaissance animale également (lettre 1, note 13).

Si *De l'esprit* compte parmi les sources les plus importantes des idées de Le Roy sur l'homme, l'ouvrage posthume d'Helvétius, *De l'homme*, mérite une mention comme source d'appoint des lettres sur l'homme publiées à partir de 1781. Le Roy semble avoir emprunté à *De l'homme* deux thèmes secondaires (lettre 15, notes 5, 15), mais surtout avoir persisté dans sa thèse de la compassion naturelle à l'homme malgré les pages où Helvétius s'élève contre elle avec énergie (lettre 13, notes 2, 3, 10).

Etant donné la très forte influence exercée par Condillac sur les *Lettres sur les animaux*, celles-ci ne pouvaient guère devoir grand'chose, sur le plan des principes du moins, à une autre personne avec qui Le Roy dînait 'une fois la semaine à Paris' en 1755, c'est-à-dire Buffon (voir p.8). La psychologie animale développée par Condillac et reprise en majeure partie par Le Roy différait sensiblement, en effet, de celle de l'*Histoire naturelle*, dont Le Roy possédait – le fait est digne de remarque – un exemplaire (inventaire de 1789, no.45). Les chapitres 2 à 5 de la première partie du *Traité des animaux* de Condillac, intitulée 'Du système de Descartes et de l'hypothèse de M. de Buffon', sont même consacrés à réfuter par le menu la thèse de Buffon sur l'animal telle qu'elle est présentée dans le 'Discours sur la nature des animaux' publié en 1753. Il n'est donc pas étonnant que, dans sa lettre IV à madame ***, Le Roy s'élève à son tour contre les idées de Buffon relatives aux bêtes. Remarquons toutefois que les objections de Condillac, d'une part, celles de Le Roy, de l'autre, ne comportent qu'un seul point commun et que l'argumentation de Le Roy contre Buffon a une allure tout à fait différente de celle de Condillac: Le Roy procède à coups de faits particuliers, alors que Condillac analyse la thèse de Buffon de façon à en mettre en lumière les inconséquences (lettre 12, note 1).

Il convient de remarquer également que les critiques adressées par Le Roy à la thèse centrale du 'Discours sur la nature des animaux' n'atteignent pas l'ensemble de l'*Histoire naturelle*, à laquelle il avait, ne l'oublions pas, lui-même contribué (voir p.9, 24-28). Bien au contraire, il fait l'éloge, au début de la lettre IV à madame *** et de nouveau vers la fin, des 'histoires' données par Buffon d'un grand nombre d'animaux, de l''exactitude' et du 'charme' avec lesquels sont décrites les mœurs, les 'inclinations', 'l'industrie' des bêtes (p.174, l.1-12; p.182, l.344-346). Si Le Roy rejette les idées de Buffon concernant les animaux, c'est justement parce qu'elles ne cadrent pas, à ses yeux, avec ce que dit l'*Histoire naturelle* du comportement de chaque espèce animale en particulier (p.174, l.13-14).

Le Roy s'était d'ailleurs déjà référé avec approbation à l'*Histoire naturelle* longtemps avant de rédiger la lettre IV à madame ***, publiée en 1781. Dès la lettre I, parue en 1762, il approuve Buffon d'avoir décrit le comportement des animaux avec un soin minutieux (p.81, l.80-81, et lettre 1, note 10), et dans la lettre VI, parue en 1768, il fait siennes les observations de Buffon sur l'éléphant et une remarque relative aux animaux domestiques en général (p.114, l.24-36, l.14-17, et lettre 6, notes 3, 1). Dans l'édition de 1768, lorsque ses idées fondamentales ne concordent pas avec celles de Buffon, Le Roy s'abstient de le signaler (lettre 6, note 2), et s'arrange même avec beaucoup de tact pour camoufler autant que possible leur désaccord (lettre sur une critique, notes 2, 11). Que Le Roy ait ainsi ménagé Buffon jusqu'à l'édition de 1781 suggère que, retenu jusque-là par son 'respect' et son affection pour Buffon (p.174, l.18; p.182, l.347), il ne s'aventura à combattre ouvertement sa thèse centrale qu'à l'instigation de Mme d'Angiviller qui, idolâtre de ses animaux familiers (lettre 12, note 12), devait rejeter avec indignation les idées du 'Discours sur la nature des animaux'. Que dès la lettre VI Le Roy s'en prenne, mais sans nommer Buffon, à la théorie du grand naturaliste concernant les animaux[250] paraît confirmer le rôle d'inspiratrice joué par Mme d'Angiviller dans la genèse de la lettre IV à madame ***.

Les passages où Le Roy pense à Buffon sans mentionner son nom sont d'ailleurs beaucoup plus nombreux que ceux où il est explicitement question de lui. Aux endroits où il reprend des idées de Buffon sans le nommer Le Roy ne rejette entièrement, outre sa théorie de l'animalité, qu'une observation relative aux mœurs du loup (lettre 2, note 14). Il n'en adopte une autre que pour la retourner contre Buffon, il est vrai (lettre 5, note 10), mais il est tout à fait d'accord avec lui sur bon nombre de points.

Comme Buffon, il est fixiste et partisan de l'hérédité des qualités acquises (lettre 6, note 8). Comme Buffon encore, il ne prend pas en considération les espèces animales dont 'l'organisation' est très différente de celle de l'homme (lettre d'envoi, note 4), si différente, que leurs souffrances ne nous sont pas sensibles (lettre 13, note 9), n'éveillent pas la 'pitié naturelle' qu'avec Buffon Le Roy accorde à l'homme (lettre 8, note 21; lettre 13, note 1). L'exemple de Buffon paraît avoir contribué également à faire rejeter par Le Roy l'hypothétique état de nature décrit par d'autres auteurs à qui il emprunta des idées (lettre 8, note 2). N'oublions pas non plus que c'est en pensant à l'*Histoire naturelle* que Le Roy circonscrit le sujet dont traitent les *Lettres sur les animaux* et en fait ressortir l'originalité (lettre 1, note 2). Le Roy suit enfin Buffon – sinon l'abbé Pluche – quand il se déclare rempli d'admiration pour le créateur devant le spectacle de la nature, dont la raison humaine est impuissante à pénétrer les secrets (lettre 1, note 12).

Le Roy fait écho à Buffon en ce qui concerne non seulement des thèmes importants, mais des thèmes secondaires.[251] Quant au détail de la vie des bêtes, il est extrêmement difficile de déterminer ce dont Le Roy est redevable à Buffon et inversement. Nous nous hasardons toutefois à indiquer quelques faits que Le Roy a des chances d'avoir empruntés à l'*Histoire naturelle*[252] et réciproquement.[253]

Si l'on arrive sans trop de mal à établir ce dont Le Roy était redevable à Condillac, à Helvétius et à Buffon, il n'en est pas de même d'un autre penseur

250. Lettre 6, notes 11, 14, 15, 17.

251. Lettre 3, note 26; lettre 4, notes 1, 6; lettre 5, note 2; lettre 6, note 5; lettre 8, notes 13, 20; lettre 11, note 7; lettre 14, note 15.

252. Lettre 3, note 21; lettre 10, notes 4, 5, 6.

253. Lettre 3, notes 10, 13, 15; lettre 7, note 10.

avec qui Le Roy dînait 'une fois la semaine à Paris' en 1755, c'est-à-dire Diderot. Tout ce qu'on peut affirmer de certain, c'est que Le Roy lut la *Lettre sur les sourds et muets*, à laquelle il emprunte une idée (lettre sur une critique, note 6), qu'à la fin de sa vie il possédait, outre l'*Encyclopédie*, des œuvres de Diderot (lettre 13, note 6) et qu'il rencontrait Diderot chez le baron d'Holbach. Il était donc à même d'absorber les idées échangées au cours des conversations qui avaient lieu tant au Grandval que sur la butte Saint Roch et dont quelques échos sont parvenus jusqu'à nous dans les lettres de Diderot à Sophie Volland. Vu la pénurie des données, nous avons trouvé plus prudent de ne signaler que les rares cas où l'existence de témoignages écrits, ouvrages imprimés ou lettres, prête un minimum de vraisemblance à ce qui serait autrement hypothèse pure. Il s'agit d'ailleurs de thèmes secondaires,[254] car Le Roy avait trop emprunté à Condillac, à Helvétius et à Buffon pour adopter ce qui chez Diderot en différait trop nettement sur le plan des principes et il lui importait aussi de ne pas se prêter à l'accusation de matérialisme.

Quant à l'influence exercée sur le Roy par d'Holbach, elle est encore plus difficile à évaluer que celle de Diderot. A en juger par l'inventaire de 1789, Le Roy ne possédait aucun des ouvrages philosophiques de d'Holbach, dont les plus importants parurent d'ailleurs à partir de 1770, alors que les deux premières lettres de Le Roy furent publiées en 1762 et la première édition des *Lettres sur les animaux* en 1768. On ne peut donc s'en remettre qu'aux rares échos dans la correspondance de Diderot des discussions qui avaient lieu chez le baron (lettre 13, note 4; lettre 15, note 29).

Si Le Roy était lié d'amitié avec Condillac, Helvétius, Buffon, Diderot et d'Holbach, il ne semble pas avoir connu personnellement Jean-Jacques Rousseau. Voilà qui ne l'empêcha nullement de lire le *Discours sur les sciences et les arts*, auquel il fait allusion dans sa lettre sur un critique (p.131, l.221-223), et surtout le *Discours sur l'inégalité*, dont il releva quelques erreurs concernant l'histoire naturelle, que Condillac communiqua à Rousseau (lettre 1, note 11). C'est peut-être par suite, en partie du moins, de sa lecture non seulement de Condillac, mais du second *Discours*, que Le Roy privilégie le rôle de l'obstacle dans sa théorie de la connaissance animale. Le second *Discours* contenait aussi de quoi confirmer certains thèmes présentés par Condillac et Helvétius également (lettre 3, note 19; lettre 8, note 5); mais Rousseau s'y fit surtout champion d'une idée capitale, celle de la pitié naturelle à l'homme. Pour Helvétius le seul mobile des actions humaines est l'amour de soi, mais Le Roy y joint, comme Rousseau – comme Buffon et Dubos aussi (lettre 8, note 21) –

254. Lettre sur une critique, note 4; lettre 14, note 2; lettre 15, notes 6, 35.

la compassion innée avec d'autres idées connexes (lettre 8, note 22; lettre 9, note 31).

Le Roy est selon toute probabilité également redevable au second *Discours* du rôle joué par l'idée de distinction dans la société une fois constituée (lettre 9, note 8). Bien qu'il refuse de remonter, avec Rousseau et Helvétius, à un hypothétique état de nature (lettre 8, note 2), Le Roy emprunte, en outre, au *Discours sur l'inégalité* certaines idées relatives aux 'besoins naturels' de l'homme (lettre 8, notes 10, 11, 12), le rôle joué parmi les hommes par l'envie (lettre 9, note 11), et le méchant 'enfant robuste' de Hobbes (lettre 8, note 8).

Si c'est avant tout du *Discours sur l'inégalité* que Le Roy subit l'influence, il lut également avec enthousiasme *La Nouvelle Héloïse*, ouvrage auquel il renvoie nommément dans la lettre I à madame *** sur l'homme (lettre 13, note 12), et qui lui avait vraisemblablement inspiré un passage presque lyrique de la lettre II sur l'homme (lettre 9, note 34). Il connaissait, enfin, l'*Emile*, auquel il a l'air d'avoir emprunté certains thèmes secondaires (lettre 5, note 7; lettre 9, note 33).

Parmi les ouvrages auxquels Le Roy emprunta quelques idées relatives à l'homme il convient de ranger l'*Esprit des lois*, dont il prend la défense contre Voltaire dans ses *Réflexions sur la jalousie* publiées en 1772 (voir p.17). Il est cependant probable qu'il avait lu l'*Esprit des lois* dès avant la rédaction de l'article 'Homme (*Morale*)' de l'*Encyclopédie*, sous presse en 1759 (voir p.10), car on relève dans cet article, comme dans la lettre II sur l'homme, des thèmes aussi caractéristiques de Montesquieu que 'l'essence' de la république (lettre 9, note 41), un trait fondamental du despotisme (lettre 9, note 23), la mentalité de l'esclave (lettre 9, note 37), et l'altération graduelle des gouvernements (lettre 9, note 23), peut-être aussi celle des mœurs (lettre 9, note 24), et l'importance relativement les uns aux autres des exemples domestiques et des mœurs publiques (lettre 9, note 39). Le Roy a également l'air de se souvenir de l'*Esprit des lois* dans un passage de la lettre I sur l'homme (lettre 8, note 15) et dans deux passages de la lettre II à madame *** sur l'homme (lettre 14, notes 11, 16).

Le Roy lut avec intérêt non seulement Rousseau et Montesquieu, mais Voltaire, qu'il appréciait au point de s'être offert deux exemplaires de ses œuvres (inventaire de 1789, nos.97, 253). Il n'y a malheureusement pas moyen de les identifier (lettre 9, note 26), mais Le Roy possédait des exemplaires à part de la *Bible enfin expliquée* et de la *Pucelle* (inventaire de 1789, nos.136, 170) et il ressort des *Réflexions sur la jalousie* qu'il avait lu avant 1772 l'*Essai sur les mœurs* (lettre 9, note 26) et les *Questions sur l'Encyclopédie* (lettre 11, note 5). Par suite de la date de publication de ces quatre ouvrages de Voltaire seul l'*Essai sur les mœurs* est susceptible d'avoir exercé quelque influence sur les lettres de Le Roy réunies en volume en 1768 (lettre 9, note 26).

Quant aux lettres publiées en 1781 et en 1802, le seul thème proprement philosophique dont Le Roy semble redevable au seul Voltaire est notre ignorance de la manière dont se produit en nous la sensation (lettre 12, note 2). En ce qui concerne l'homme en général l'*Essai sur les mœurs* contenait de quoi attirer l'attention de Le Roy sur une bien sombre conception de l'histoire (lettre 13, note 4), dont il propose cependant une interprétation moins pessimiste (p.187, l.139-145), tout comme il ne considère pas le sultan sanguinaire de *Scarmentado* comme un despote oriental typique (p.187, l.145-152, et lettre 13, note 5). On peut se demander aussi si Voltaire ne contribua pas à faire adopter par Le Roy l'idée d'une petite minorité de gens instruits entourée d'une majorité plongée dans les préjugés et les superstitions (lettre 15, note 30). Autrement, Le Roy paraît avoir surtout emprunté à Voltaire des idées relatives à l'origine (lettre 14, note 21; lettre 15, note 6) et à l'histoire des religions.[255]

Si dans ses *Lettres sur les animaux* Le Roy s'inspira avant tout des penseurs marquants que nous venons de passer en revue, il emprunta tantôt un fait, tantôt une idée à d'autres auteurs, dont on trouvera le détail dans nos notes, par exemple l'abbé Dubos,[256] le père Buffier,[257] Bayle (lettre 6, notes 16, 20; lettre 7, note 2), et Fontenelle (lettre 15, notes 23, 27, 31). Les sources des lettres posthumes sur l'homme méritent cependant une mention particulière, puisqu'en écrivant ces deux lettres, Le Roy puisa, non dans le fonds de ses observations personnelles, comme dans les lettres consacrées aux animaux, mais dans divers ouvrages imprimés, que nous signalons dans nos notes. De loin les plus importantes de ces sources livresques sont *Du culte des dieux fétiches* du président de Brosses et l'*Histoire générale des voyages*, de l'abbé Prévost *et al.*, auxquels Le Roy reconnaît explicitement sa dette (p.204, l.380-381; p.200, note 1; p.206, note 1).

Si Le Roy emprunta à l'*Histoire générale des voyages* des faits précis, qu'il n'hésita pas à adapter quelquefois à ses thèses (lettre 9, note 20; lettre 15, note 8), *Du culte des dieux fétiches* lui fournit non seulement de nombreux faits,[258] mais des idées, en particulier celle de l'uniformité des croyances religieuses dans le monde entier (lettre 14, note 19). En attribuant 'la même mécanique d'idées' aux hommes 'partout' dans le monde (p.204, l.387-388), de Brosses encourageait aussi Le Roy à étendre au domaine religieux les 'impulsions purement machinales' (p.209, l.170) dont il constatait l'existence dans d'autres domaines de l'activité humaine (lettre 14, note 46).

255. Lettre 14, notes 23, 27; lettre 15, notes 9, 10, 20.
256. Lettre 8, notes 16, 21; lettre 9, notes 17, 29; lettre 13, note 7; lettre 15, note 31.
257. Lettre 6, note 12; lettre 8, note 4; lettre 10, note 3.
258. Lettre 14, notes 28, 29, 30, 31, 32, 33, 34, 35, 36, 37, 38, 39, 44.

C'est sans doute de Brosses, autant que Voltaire (lettre 15, note 30), qui fit adopter à Le Roy un autre thème, présenté dès le début de la lettre II à madame *** sur l'homme (p.195, l.13-19) et repris à propos des pratiques superstitieuses vers la fin de la lettre III à madame *** sur l'homme: 'la raison est et sera toujours le privilège d'un petit nombre d'individus' (p.209, l.158). De toute façon ce thème s'accorde parfaitement avec un autre qui paraît s'inspirer avant tout de de Brosses: la nécessité de la révélation chrétienne pour donner à 'la plus grande partie de l'espèce' (p.209, l.169-170), livrée à des cultes 'absurdes' (lettre 14, note 40), des idées de la divinité conformes à la raison (lettre 14, note 20).

Comme de Brosses encore, Le Roy distingue trois formes de croyances religieuses païennes: fétichisme, sabéisme, idolâtrie des 'hommes déifiés' ou évhémérisme (lettre 14, notes 22, 44) et paraît suivre de Brosses également en ce qui concerne l'extension du polythéisme provoquée par le contact entre l'idolâtrie des 'hommes déifiés' et les divinités locales fétichistes (p.204, l.364-374 et lettre 14, note 45). Le Roy est d'avis toutefois que le culte des astres 'n'a été établi que postérieurement [au fétichisme] chez des peuples déjà policés' (p.201, l.245-249, et lettre 14, note 22), alors que de Brosses ne soulève pas la question.

Il va de soi enfin qu'en ce qui concerne l'homme, Le Roy met à contribution dans certains cas non des sources livresques, mais ce qu'il avait pu lui-même observer, soit en regardant autour de lui à Versailles,[259] soit par introspection.[260]

Ayant situé les *Lettres sur les animaux* par rapport à la pensée de leur époque, nous en arrivons à l'accueil que leur ont réservé les contemporains et la postérité. Un coup d'œil rapide jeté sur les témoignages parvenus jusqu'à nous, permet de constater d'abord que l'ouvrage remporta un modeste succès d'estime auprès de quelques-uns des esprits les plus raffinés du dix-huitième siècle.

Nous apprenons d'une lettre à Voltaire en date du 8 février 1769 qu'"une nouvelle brochure qui a pour titre: *Lettres sur les animaux*, à Nuremberg' avait 'paru très bonne' à Mme Du Deffand. 'Si vous l'avez lue', poursuit-elle, 'dites-m'en votre avis, et si vous ne l'avez pas lue, lisez-la, je vous supplie.'[261] Ce à quoi Voltaire répond le 22 février 1769:

> Vous me demandez, madame, si j'ai lu les *Lettres sur les animaux*, écrites de Nuremberg: oui j'en ai lu deux ou trois, il y a plus d'un an. Vous jugez bien qu'elles m'ont fait

259. Lettre 9, notes 12, 27; lettre 14, notes 1, 2.
260. Lettre 8, note 17; lettre 9, note 9; lettre 13, notes 13, 14, 15, 16.
261. Best.D15471.

plaisir, puisque l'auteur pense comme moi. Il faudrait qu'une montre à répétition fût bien insolente pour croire qu'elle est d'une nature absolument différente de celle d'un tournebroche.[262]

Réaction favorable de la part de Grimm également, qui dans la *Correspondance littéraire* du 15 janvier 1769 présente les *Lettres sur les animaux*, parues dans les *Variétés littéraires* en 1768, comme

une lecture aussi agréable qu'instructive. Ces lettres sont de M. Le Roy, lieutenant des chasses du parc de Versailles. Je ne sais si tout ce qu'il dit sur les mœurs des animaux dont il parle est vrai, je n'en voudrais pas être garant; mais je pense que son style correct, naturel et facile, a fait de ces lettres un modèle dans leur genre.[263]

Un autre rédacteur de correspondance littéraire, La Harpe, en signalant l'édition des *Lettres sur les animaux* de 1781, les décrit pour sa part comme 'un recueil d'observations très sérieuses et très philosophiques sur les mœurs des animaux'.[264]

Plus tard D.-J. Garat, en faisant ressortir, dans ses *Mémoires historiques sur Suard et sur le XVIIIe siècle*, l'intérêt des deux journaux dirigés par Suard et Arnaud, le *Journal étranger* et la *Gazette littéraire de l'Europe*, signale que

ce fut là qu'un philosophe qu'on crut de Nuremberg, et qui était de Versailles, fit imprimer ces lettres sur les animaux et sur l'homme, où l'instinct des animaux fut mieux démêlé et mieux saisi dans tous les degrés qui l'approchent le plus de notre intelligence, et où l'on vit en même temps la raison de l'homme s'élever plus haut encore par tous les attributs de ses prérogatives royales.[265]

Plus loin dans ses *Mémoires* Garat nomme parmi les personnes qui offraient du gibier aux Suard au début de leur mariage 'M. Le Roi qui, dans la capitainerie des chasses de Versailles, était plus occupé à observer les animaux en philosophe qu'à les tuer en chasseur, et qui, en écrivant ses excellentes lettres sur les animaux, faisait servir l'amusement favori des rois à l'instruction des peuples.'[266]

Il s'agit là évidemment de l'opinion de personnages assez marquants dans le monde des lettres, mais à en juger par le nombre d'exemplaires des *Variétés littéraires* dans les bibliothèques d'émigrés confisquées à Paris à l'époque de la Révolution les *Lettres sur les animaux* avaient trouvé des lecteurs dans le grand

262. Best.D15483.
263. F.-M. Grimm, *Correspondance littéraire*, éd. Maurice Tourneux (Paris 1877-1882), viii.252.
264. Jean-François La Harpe, *Correspondance littéraire* [...] *depuis 1774 jusqu'à 1789* (Paris 1801-1807), iii.370.
265. (Paris 1820), i.155.
266. Garat, i.319; cf. Amélie Suard, *Essais de mémoires sur M. Suard* (Paris 1820), p.87.

public.[267] Le *Journal étranger*, la *Gazette littéraire de l'Europe* et les éditions des *Lettres sur les animaux* de 1768 et 1781 figurent moins souvent que les *Variétés littéraires* dans les inventaires de bibliothèques confisquées,[268] mais il est clair que l'ouvrage de Le Roy avait atteint bon nombre de lecteurs.

Le fait est confirmé par les mentions des *Lettres sur les animaux* dans des ouvrages publiés du vivant même de Le Roy. Dans son *Essai sur le bonheur* l'abbé de Gourcy cite à trois reprises les lettres I et II sur l'homme du physicien de Nuremberg, parues dans les *Variétés littéraires*. Il incorpore dans son argumentation le passage de la lettre I sur l'homme relatif au besoin 'd'avoir un sentiment vif de sa propre existence', besoin par suite duquel nous sommes 'forcés, pour être heureux, ou de changer continuellement d'objets, ou d'outrer les sensations du même genre'.[269] La suite de ce passage, dans laquelle Le Roy oppose 'la paresse ou l'amour du repos' à ce même 'besoin d'un sentiment vif de l'existence', est également mise à contribution quelques lignes plus bas.[270] Plus loin encore, en développant le thème que la bienfaisance rend heureux celui qui l'exerce, l'abbé de Gourcy cite à l'appui un passage de la lettre II sur l'homme.[271]

Si l'abbé de Gourcy emprunte des passages à Le Roy en présentant sa théorie personnelle sur le bonheur de l'homme, un autre lecteur des *Variétés littéraires*, le médecin Fabre, 'Conseiller du Comité de l'Académie Royale de Chirurgie', rejette les idées du physicien de Nuremberg concernant l'animal. Dans son *Essai sur les facultés de l'âme considérées dans leurs rapports avec l'irritabilité et la sensibilité de nos organes*, Fabre présente le point de vue à la fois d'un adversaire du matérialisme[272] et d'un disciple de Haller, qui plaçait

267. Inventaires de bibliothèques d'émigrés apportées au dépôt des Cordeliers à Paris, AN, F[17A] 1193, 1194. Sur les cent deux inventaires que contient le carton 1193 onze sont de bibliothèques où figurent les *Variétés littéraires* (nos. 1, 4, 25, 55, 65, 68 (deux exemplaires), 70, 73, 98, 125, 127). Sur les cent quarantre-quatre inventaires que compte le carton 1194 cinq comprennent les *Variétés littéraires* (nos. 18, 40, 54, 74, 128). Inventaires de bibliothèques transportées au dépôt littéraire de la rue de Lille, Paris, AN, F[17A] 1196. Sur les cent dix-sept bibliothèques inventoriées, six comprennent les *Variétés littéraires* (nos.4, 26, 63, 87, 111, 113). Inventaires de bibliothèques transportées au dépôt littéraire de la rue Saint Marc, AN, F[17A] 1198-99. Sur cent vingt-neuf inventaires, huit comportent les *Variétés littéraires* (nos. 4, 20, 22, 37, 53, 64, 85, 102).

268. Les inventaires de bibliothèques confisquées à Paris comprennent quatre exemplaires du *JE* (AN, F[17A] 1194, no. 40; 1196, nos. 39, 88, 114), deux de la *GLE* (1193, nos. 41, 75) et trois des *Lettres sur les animaux* (1196, nos. 17, 63; 1198-99, no. 102). Un inventaire de vingt-trois bibliothèques d'émigrés de Seine et Oise comporte également deux exemplaires de l'édition de 1768 des *Lettres sur les animaux* (AN, F[17] 1179[B]).

269. François-Antoine-Etienne de Gourcy, *Essai sur le bonheur* (Vienne, Paris 1777), p.126-27; cf. *Lettres sur les animaux*, p.149, l.229-p.150, l.233; p.150, l.238-240.

270. Gourcy, p.127; cf. *Lettres sur les animaux*, p.150, l.246-249; p.150, l.252-255.

271. Gourcy, p.171; cf. *Lettres sur les animaux*, p.161, l.379-381.

272. 2e édition (Paris 1787), p.vii, xlvi.

le principe de la vie organique dans l'irritabilité des fibres musculaires. Disciple infidèle de Haller cependant, Fabre ne borne pas l'irritabilité aux muscles, mais l'étend à toutes les parties molles du corps (p.xxxvi, xxxix). Comme, ennemi du matérialisme, il refuse aux animaux l'âme immatérielle qu'il attribue à l'homme, ce sont 'les lois de la sensibilité physique et de l'irritabilité, la disposition générale du système nerveux, les rapports qu'il a avec les objets extérieurs, les différentes modifications qu'il est susceptible de contracter', qui rendent compte, d'après lui, des actions prétendues intelligentes des bêtes (p.153). En présentant cette théorie, Fabre, après avoir réfuté les soi-disant preuves de l'intelligence du chien et du cheval, consacre une quinzaine de pages à rejeter à leur tour celles avancées en faveur de l'intelligence du loup par le physicien de Nuremberg dans sa lettre II.[273]

L'article 'Instinct' de l'*Encyclopédie méthodique* se compose, on l'a vu (voir p.36-40), des *Lettres sur les animaux* mises bout à bout et modifiées dans un sens matérialisant. Ce n'est cependant pas le seul article de la *Philosophie ancienne et moderne* où il est question du livre de Le Roy. Naigeon y renvoie également dans deux notes rattachées au paragraphe intitulé 'Sur l'âme des bêtes' de l'article 'Diderot, Philosophie de'. Ce paragraphe reprend mot à mot un passage de l'article 'Bête' de l'*Encyclopédie* de Diderot et de d'Alembert, lequel est de Diderot. Dans la première de ses deux notes Naigeon reproche à Diderot d'avoir accordé 'beaucoup trop d'importance' à l'argument de 'la prétendue perfection' des ouvrages des bêtes avancé par les partisans de l'automatisme animal. Naigeon se fonde sur un passage de la lettre VI de Le Roy pour qualifier cette perfection de 'pure supposition contraire à l'expérience et à l'observation'.[274] Dans la seconde de ses deux notes Naigeon cite deux passages des lettres II et III à madame *** de Le Roy, qui confirment cette fois ce qu'avait dit Diderot ailleurs dans l'article 'Bête': que les ouvrages des animaux sont moins uniformes qu'on ne le croit ordinairement.[275] Pour prendre appui ainsi sur les *Lettres sur les animaux* il fallait que Naigeon considérât sincèrement Le Roy comme 'un philosophe très instruit des mœurs des animaux' (ii.212, n.1).

Au lendemain de la Révolution de 1789, Le Roy demeura toujours un auteur estimé, dont on tenait compte. L'édition des *Lettres sur les animaux* procurée par Roux-Fazillac en 1802 semble avoir contribué à en maintenir les idées présentes aux esprits, à en juger par le *Nouveau dictionnaire d'histoire naturelle*

273. Fabre, p.141, 155. Les passages des *Lettres sur les animaux* relevés par Fabre se trouvent p.84, l.46-75; p.85, l.89-106; p.86, l.144-149.

274. *EM*, ii.212 et note 1; cf. *Lettres sur les animaux*, p.120, l.237-261.

275. *EM*, ii.213 et note 1; cf. *Lettres sur les animaux*, p.169, l.67-70; p.167, l.122-129.

publié en 1803 et 1804 par une société de naturalistes et d'agriculteurs. C'est à l'édition de 1802 que renvoie, en effet, un des auteurs, l'ancien collaborateur de Buffon, Sonnini de Manoncour, en indiquant qu'il emprunte à Le Roy certaines observations incorporées dans les articles 'Faisan', 'Lapin' et 'Renard'.[276] Des ressemblances frappantes non seulement de thème, mais de vocabulaire suggèrent que Sonnini se serait également inspiré de Le Roy, sans reconnaître sa dette, dans d'autres passages de l'article 'Renard',[277] ainsi que dans les articles 'Loup',[278] 'Sanglier'[279] et 'Vénerie'.[280] L'auteur de l'article 'Instinct' du *Nouveau dictionnaire*, le naturaliste J.-J. Virey, paraît avoir connu, lui aussi, les *Lettres sur les animaux* de Le Roy, bien qu'il n'y renvoie que de façon approximative, en reprochant à 'M. Roy, auteur de *Remarques sur l'instinct des animaux*' et à nombre d'autres auteurs d'avoir confondu 'ce qui vient de l'impulsion physique, avec ce qui est le résultat de l'éducation, de l'expérience ou de la réflexion'.[281]

Dupont de Nemours, auteur d'un mémoire *Sur l'instinct* lu à la classe des sciences physiques et mathématiques de l'Institut pendant les séances des 21 juillet, 11 et 18 août 1806, connaissait, lui aussi, les *Lettres sur les animaux*, car il résume le passage de la lettre VII selon lequel la pie compte.[282] Bien que Dupont de Nemours, qui outrait la thèse de Condillac concernant les bêtes,[283] ne renvoie de façon explicite qu'à ce seul endroit des *Lettres sur les animaux*, on peut se demander si l'auteur du compte rendu de son mémoire publié dans le *Journal de l'empire* du 4 octobre 1806 n'avait pas raison d'affirmer que 'tout ce qu'il y a de raisonnable dans le mémoire lu à l'Institut par M. Dupont de Nemours, est pris dans l'ouvrage de M. Leroy'.[284] Tout en persiflant ce qu'il appelle les 'gaietés véritablement un peu folles de M. Dupont de Nemours' (p.4), le critique parle d'ailleurs de Le Roy avec estime. Il n'est certes pas d'accord avec lui sur certains points: pour lui le loup n'a pas d'idées abstraites,

276. (Paris 1803-1804), viii.193-94; cf. *Lettres sur les animaux*, p.111, l.116-124; xii.531, cf. p.98, l.213-225; xix.300, cf. p.90, l.300-308.

277. xix.293-95; cf. *Lettres sur les animaux*, p.89, l.236-239; p.89, l.245-248; p.89, l.261-268; p.90, l.308-313.

278. xiii.335-37; cf. *Lettres sur les animaux*, p.84, l.55-58; p.85, l.103-106; p.88, l.203-211; p.88, l.225-228; p.88, l.223-225; p.110, l.93-97; p.110, l.102-103.

279. xx.86-88; cf. *Lettres sur les animaux*, p.139, l.201-204; p.110, l.93-97; p.105, l.117-122.

280. xxiii.130, 132; cf. *Lettres sur les animaux*, p.116, l.96-101; p.139, l.201-206.

281. xii.129.

282. Pierre-Samuel Dupont de Nemours, *Quelques mémoires sur différents sujets* (Paris 1807), p.206, note 5; cf. *Lettres sur les animaux*, p.139, l.220-p.140, l.240.

283. Comme devait le dire Flourens une quarantaine d'années plus tard, 'Condillac et G. Leroy avaient essayé de faire rentrer l'*instinct* dans l'*intelligence*. Dupont de Nemours veut qu'il n'y ait point d'*instinct*' (Pierre-Marie-Jean Flourens, *De l'instinct et de l'intelligence des animaux*, Paris 1845, p.139; souligné dans le texte).

284. Samedi 4 octobre 1806, p.4.

les animaux n'ont pas de langage articulé, la pie ne compte pas, l'oiseau de proie qui fonce sur une perdrix ne résout pas un problème d'algèbre,[285] mais il n'en est pas moins d'avis que 'le meilleur avocat des bêtes, c'est M. Leroy' et que son livre est 'plein de faits intéressants'.[286]

Une vingtaine d'années après la publication de l'édition de 1802 des *Lettres sur les animaux* le naturaliste Frédéric Cuvier, dans l'article 'Le renard commun' de son *Histoire naturelle des mammifères*, empruntait encore aux *Lettres* une observation de Le Roy relative à la prudence du renard.[287] Il est d'ailleurs clair que dans sa description des mœurs du renard Fr. Cuvier puise à pleines mains dans les *Lettres sur les animaux* sans reconnaître sa dette.[288] Des ressemblances de thème et de vocabulaire suggèrent qu'il en fait peut-être de même dans l'article 'Chevreuil'.[289]

Auteur également de l'article 'Instinct' du *Dictionnaire des sciences naturelles*, dont les soixante volumes parurent entre 1804 et 1830, Fr. Cuvier y renvoie à une observation de Le Roy relative au comportement des jeunes renards.[290]

Frédéric Cuvier n'était pas le seul naturaliste de la première moitié du dix-neuvième siècle à tenir compte des travaux de Le Roy. Georges Cuvier lui rend hommage également dans son *Histoire des sciences naturelles* publiée en cinq volumes de 1841 à 1845. Au volume v du livre la partie du texte intitulée 'De l'instinct et de l'intelligence des animaux' débute comme suit: 'Pendant la deuxième moitié du XVIIIe siècle il parut trois ouvrages principaux sur la nature de l'instinct des animaux. Les auteurs de ces ouvrages sont Reimarus, Leroy et Dupont de Nemours.'[291] Après avoir longuement rendu compte des idées de Reimar, Cuvier en arrive à celles de Le Roy et de Dupont de Nemours, qui, dit-il, ont 'prétendu qu'il n'y avait point d'instinct chez ces êtres [les animaux], mais seulement de l'intelligence'.[292] Il mentionne ensuite les observations de Le Roy concernant le loup, les ruses des renards, les pies qui 'ne peuvent compter que jusqu'à quatre'[293] et 'une infinité d'autres observations' que comporte 'le livre de Le Roy, qui est assez élégamment écrit', puis il répète pour finir son affirmation du début, que 'Leroy n'admet pas, comme je l'ai dit, qu'ils [les animaux] puissent accomplir des actes qui n'exigent ni

285. p.3-4; cf. *Lettres sur les animaux*, p.85, l.113; p.87, l.181; p.111, l.144-p.113, l.227; p.141, l.307-p.142, l.337; p.139, l.223-p.140, l.240; p.100, l.291-297; p.177, l.131-135.
286. p.3.
287. (Paris 1824-1842), ii.2; cf. *Lettres sur les animaux*, p.90, l.299-302.
288. Cuvier, ii.1; cf. *Lettres sur les animaux*, p.89, l.238-268.
289. Cuvier, ii.3; cf. *Lettres sur les animaux*, p.97, l.192-p.98, l.207.
290. (Paris, Strasbourg 1804-1830), xxiii.535; cf. lettre v, p.113, l.208-212.
291. (Paris 1841-1845), v.160.
292. v.215.
293. v.216; cf. lettre II, p.85, l.101-103; p.91, l.328-339; lettre VII, p.139, l.225-p.140, l.240.

expérience, ni intelligence et qui soient en conséquence le résultat d'une disposition innée et particulière' (v.217). G. Cuvier avait lu les *Lettres sur les animaux* trop hâtivement, puisqu'à l'encontre de Condillac Le Roy admettait bel et bien chez les bêtes 'une impulsion aveugle et sans réflection'.[294]

Il est de nouveau question de Le Roy dans les ouvrages d'un autre grand nom de la science du temps, le naturaliste Pierre Flourens. Le premier chapitre de son livre *De l'instinct et de l'intelligence des animaux: résumé des observations de Frédéric Cuvier sur ce sujet* débute comme suit: 'L'étude positive des instincts et de l'intelligence des animaux, commencée par Buffon et par Réaumur, a été, pour la première fois peut-être, indiquée comme une science propre par G. Leroy.'[295] Bien qu'il considère Le Roy comme le fondateur d'une science 'toute nouvelle' (p.3) – toute nouvelle parce qu'elle laisse de côté la question métaphysique de l'âme des bêtes pour s'en tenir à l'étude de leur comportement – Flourens ne partageait pas certaines de ses idées. Comme l'indique le sous-titre de son ouvrage, il embrasse la thèse de Frédéric Cuvier, d'après laquelle il faut distinguer l'instinct aveugle, nécessaire, invariable, de l'intelligence. Les animaux possèdent celle-ci, puisqu'ils conservent les impressions reçues des sens, impressions dont ils tirent des rapports et déduisent des jugements (p.45-49). Mais 'cette intelligence qu'ils ont ne se considère pas elle-même, ne se voit pas, ne se connaît pas. Ils n'ont pas la réflexion', faculté réservée à l'homme.[296] Fort de cette théorie, Flourens reproche naturellement à Le Roy, comme à Condillac, quoiqu'à un moindre degré, de confondre l'instinct avec l'intelligence et rejette, dans les *Lettres sur les animaux*, toute interprétation des faits qui, à son avis, ne fait pas la part assez large à l'instinct (p.28-30). 'Mais', poursuit-il, 'cette confusion d'un certain nombre de phénomènes de l'*instinct* avec les phénomènes de l'*intelligence* proprement dite une fois mise à part, l'ouvrage de G. Leroy reprend toute son importance. C'est l'étude la plus approfondie qu'on eût faite encore des facultés intellectuelles des animaux' (p.30; souligné dans le texte).

Flourens approuve non seulement ce que dit Le Roy du développement de ces facultés en général (p.30-32), mais les 'remarques aussi fines que curieuses' qu'il avait faites sur la société des animaux (p.68). Flourens voit, en outre, dans une observation de Le Roy concernant les jeunes renards, une confirmation de la thèse de l'hérédité des modifications acquises (p.116), à tort selon nous, car c'est à l'appui de sa thèse du langage des bêtes que Le Roy avance son

294. Voir p.46 et lettre 3, note 8.

295. Flourens, p.1.

296. Flourens, p.49-50; cf. Cuvier dans l'article 'Instinct' du *Dictionnaire des sciences naturelles*, xxiii.536-37.

observation sur les jeunes renards. On trouve bel et bien l'hérédité des modifications acquises chez Le Roy comme chez Buffon. Elle figure cependant non dans le passage indiqué par Flourens (p.113, l.206-215), mais dans d'autres signalés dans notre note 8 rattachée à la lettre VI.

On retrouve la même attitude favorable envers Le Roy, assortie des mêmes critiques, dans un autre ouvrage de Flourens, sa *Psychologie comparée*. Cette fois il fait à Le Roy l'honneur de mettre ses qualités d'observateur de plein pied avec celles de Frédéric Cuvier. 'Georges Leroy et Frédéric Cuvier', dit-il, 'nous ont donné des observations, pleines d'intérêt, sur les animaux supérieurs.'[297] Mais il affirme toujours contre Le Roy que les animaux ne réfléchissent pas, bien qu'ils comparent et jugent, et ne font donc pas d'abstractions.[298]

Si le naturaliste Flourens voyait en Le Roy le fondateur de 'l'étude positive des instincts', les travaux du lieutenant des chasses lui avaient également valu l'estime du père du positivisme, Auguste Comte. Ce dernier lui fit l'honneur, en effet, de lui accorder une place et dans le Calendrier positiviste et dans la Bibliothèque positiviste au dix-neuvième siècle. Dans le Calendrier positiviste, composé par Comte en 1847, chaque jour glorifie un grand serviteur de l'humanité et Comte prévoit aussi des adjoints qui remplacent le patron du jour dans les années bissextiles. Sous l'ère positiviste le treizième jour du onzième mois, 'Descartes', s'appellera dans les années ordinaires 'Cabanis', dans les années bissextiles 'Georges Leroy'.[299]

Comme les cent cinquante titres de la Bibliothèque positiviste du dix-neuvième siècle, indiqués à l'appendice du tome IV (1854) du *Système de politique positive*, constituent 'le complément naturel du calendrier historique' (p.406), il n'est guère étonnant de trouver les *Lettres sur les animaux* dans la quatrième catégorie d'ouvrages, intitulée 'Synthèse', où elles se placent entre le *Traité sur les fonctions du cerveau* de Gall et le *Traité sur l'irritation et la folie* de Broussais.

Dans le sillage de Comte, son médecin, le docteur André Robinet, fit paraître en 1862 une quatrième édition des *Lettres sur les animaux*, précédées d'une longue introduction, qui débute ainsi: 'La réimpression des lettres de Georges Leroy est motivée par l'importance qu'elles conserveront toujours, comme formant un degré essentiel dans l'élaboration de la théorie de la nature humaine

297. 2e édition (Paris 1864), p.ii.

298. p.57, 63-64; cf. *Lettres sur les animaux*, p.92, l.356-360; p.85, l.111-114. Pour l'influence qu'exerça Le Roy sur la pensée non seulement de Flourens, mais du physiologiste F.-J. Gall, on consultera l'étude magistrale de Georgette Legée, *Pierre Flourens physiologiste et historien des sciences* (Abbeville 1992), i.97-98, ii.426-27.

299. Auguste Comte, *Calendrier postiviste pour une année quelconque* (Paris 1863).

récemment instituée par la philosophie positive.'[300] Les pages qui suivent (p.ii-xxxiv) résument l'évolution qui aboutit finalement à la théorie positiviste de la nature humaine, en précisant la contribution qu'y aurait apporté Le Roy.[301] Robinet présente ensuite quelques faits biographiques[302] et un résumé, toujours teinté de positivisme, de la pensée de Le Roy (p.xliii-lvi).

Cette quatrième édition semble avoit trouvé des lecteurs, car une cinquième édition parut en 1896. C'est une réimpression de celle de 1862 à deux différences près. D'une part, l'introduction de Robinet est précédé de l''Avis de l'éditeur' placé par Roux-Fazillac en tête de l'édition de 1802.[303] D'autre part, l'introduction s'enrichit de quatre paragraphes consacrés aux articles 'Fermier', 'Fumier' et 'Forêt' de l'*Encyclopédie*.[304] Une note rattachée aux quatre paragraphes supplémentaires en indique la source: 'Conférence libre sur Georges Leroy, faite au Collège de France, au mois d'avril 1884, par M. Pierre Laffitte, à propos du centenaire de Diderot et de la grande école du XVIIIe siècle.' Les postivistes avaient quasiment adopté Le Roy, car Pierre Laffitte était directeur de l'école positiviste depuis la mort d'Auguste Comte.

L'édition de 1862 semble avoir fait connaître les *Lettres sur les animaux* en dehors du milieu positiviste. Si Le Roy n'avait pas figuré dans la première édition (1846) du *Dictionnaire des sciences philosophiques* d'Adolphe Franck, la deuxième édition (1875) comprend un article 'Leroy, Georges'. L'auteur de cet article, Emile Charles, recteur de l'Académie de Clermont-Ferrand, renvoie explicitement à l'édition de 1862, dont il a manifestement mis à contribution l'introduction pour les faits précis qu'il fournit concernant l'œuvre de Le Roy.[305] Emile Charles n'analyse pas les *Lettres sur les animaux* à fond, mais d'assez près pour caractériser Le Roy comme 'un disciple intelligent de Condillac' et lui reprocher 'la libéralité avec laquelle il octroie à ses protégés [les animaux] des pouvoirs qu'une induction rigoureuse leur refuse'.[306] Notre

300. Georges Leroy, *Lettres sur les animaux* (Paris 1862), p.i. A la suite d'Auguste Comte le docteur Robinet n'appelle jamais notre philosophe autrement que 'Georges Le Roy'. Nous préférons le nom exact: Charles-Georges Le Roy, entre autres raisons pour éviter toute confusion avec l'historien de la philosophie, Georges Le Roy, auteur de la *Psychologie de Condillac* de 1937.

301. Elle consista, d'après Robinet, à établir que 'toutes nos dispositions vraiment fondamentales, morales et même intellectuelles appartiennent aussi aux autres animaux supérieurs, sauf les différences de degré' (p.xiv).

302. p.xxxv-xlii. Cette esquisse biographique comporte des inexactitudes. Robinet attribue à Le Roy, par exemple, l'article 'Chasse' de l'*Encyclopédie* et il ignore l'édition des *Lettres sur les animaux* publiée en 1768.

303. Georges Leroy, *Lettres sur les animaux* (Paris 1896), p.v-viii.

304. p.xxxviii-xl. Le premier des quatre paragraphes supplémentaires attribue à tort à Le Roy l'article 'Fermiers (*Economie politique*)', alors qu'il est l'auteur de l'article 'Fermier (*Economie rustique*)'.

305. (Paris 1875), p.942a.

306. p.942a, 942b.

philosophe figure également dans l'article 'Instinct', où il est rangé dans la catégorie de ceux qui confondent l'instinct avec l'intelligence.[307]

La bibliographie à la fin de l'article 'Instinct' comprend, outre les *Lettres sur les animaux* de Le Roy et nombre d'autres ouvrages, *L'Instinct, ses rapports avec la vie et l'intelligence* de Henri Joly. Dans ce livre, couronné par l'Académie française en 1871 et dont une deuxième édition parut en 1873, Joly ne passe pas systématiquement en revue les idées relatives à l'instinct de ceux qui avaient déjà traité le même sujet. Au contraire, il dégage méthodiquement, un à un, les caractères de l'instinct et considère, à propos de chacun, les vues de divers zoologistes et philosophes des dix-huitième et dix-neuvième siècles, soit pour les adopter si elles cadrent avec les siennes, soit pour les rejeter s'il les juge erronées. C'est ainsi que dans la première partie, chapitre 14 de son livre, Joly est amené à examiner certaines thèses de Le Roy après avoir refusé aux bêtes 'le langage raisonnable de l'homme'.[308] 'Du moment que les bêtes ne parlent pas', dit-il (p.307), 'à plus forte raison ne peuvent-elles pas savoir compter, quoi qu'on en dise depuis Georges Leroy. Si peu sérieuse que soit cette assertion, il est bon de l'examiner d'un peu près.' Et Joly de s'attacher à établir, contre Le Roy, que la pie ne compte pas (p.307-10). Il ressort de ces pages que les membres de la Société d'anthropologie connaissaient le passage de Le Roy relatif à la pie (*Lettres*, p.139, l.223-p.140, l.240), bien que de façon parfois inexacte.

Que les *Lettres sur les animaux* aient encore trouvé des lecteurs parmi les savants des années 1870 est explicitement confirmé un peu plus loin. Joly fait remarquer, en effet, que 'l'ouvrage de Leroy jouit encore d'une grande et légitime réputation' (p.311). Malgré cette réputation Joly n'est cependant pas d'accord avec Le Roy, puisque ce dernier 'appartient à l'école condillacienne, pour qui la sensation et l'intelligence ne font qu'un, la première par sa seule vertu enfantant nécessairement la seconde'. Joly cite un long passage de la lettre II consacré aux loups et aux renards (p.91, l.344-p.92, l.371) et reproche à Le Roy d'y employer 'par une extension abusive les mots de jugement, d'induction, d'abstraction', afin de tout ramener à la sensation et à la mémoire. Aux yeux de Joly les actions de l'animal décrites dans ces pages de Le Roy se ramènent non au jugement, à l'abstraction, au raisonnement, mais 'aux sensations qui se répètent, aux impressions et aux images qui s'accumulent' (p.311-13). Bien qu'il rejette sans ambages la théorie condillacienne de la connaissance

307. p.801a.

308. (Paris 1873), p.304. Henri Joly était professeur de philosophie à la faculté des lettres de Dijon.

sur laquelle les *Lettres sur les animaux* se fondent, Joly n'examine pas le sens qu'a le mot 'instinct' chez Le Roy.

La 'grande et légitime réputation' dont jouissait, selon Joly, Le Roy se maintint jusqu'à la fin du dix-neuvième siècle, témoin *L'Evolution des idées générales* du psychologue Th. Ribot. D'après l'"Avant-propos' 'le but principal de cet ouvrage est d'étudier la marche de l'esprit lorsqu'il abstrait et généralise'[309] et Ribot 's'est attaché à établir que le développement progressif de ces opérations de l'esprit [l'abstraction et la généralisation] comprend trois grandes périodes', dont la première est 'celle des abstraits inférieurs, précédant l'apparition de la parole, se passant du mot (non de tout signe)' (p.2). Ribot consacre aux animaux la section I du chapitre I, lequel chapitre examine la période prélinguistique de l'abstraction et de la généralisation. Cette section I 'rappelle pour mémoire [...] les ruses, si bien décrites par G. Leroy, du renard, du lièvre, pour déjouer le chasseur, "quand ils sont vieux et instruits par l'expérience, car c'est à la science des faits qu'ils doivent leurs inductions justes et promptes."'[310]

Si dans ce passage Ribot renvoie à Le Roy avec approbation, il n'en est pas de même deux pages plus loin où, ayant posé la question 'Y a-t-il des animaux capables de compter?' Ribot poursuit: 'G. Leroy est, je crois, le premier qui ait soutenu l'affirmative dans un passage qu'il est utile de transcrire, quoiqu'il ait été souvent cité' (p.25). Et Ribot de reproduire des extraits du passage de la lettre VII relatif à la pie qui compte,[311] pour rejeter 'la prétendue "arithmétique" de la pie de G. Leroy'. 'J'y vois', dit-il, 'non une numération, mais une perception de la pluralité, ce qui est tout différent', idée qu'il développe dans les lignes qui suivent.[312] Il cite encore Le Roy à la fin de la section I du chapitre I: 'G. Leroy disait: "Les animaux raisonnent, mais autrement que nous."'[313] 'C'est là une position négative', commente-t-il. 'Nous faisons un pas de plus' (p.36). Et de présenter sa thèse à lui. Nouveau désaccord avec Le Roy au chapitre 2, intitulé 'La parole', dont les premières pages considèrent le langage des bêtes et condamnent 'les exagérations de G. Leroy', qui attribue aux animaux une langue articulée (p.68). Bien que Ribot examine les idées de Le Roy surtout pour les critiquer, notre philosophe n'en reste pas moins le seul auteur antérieur au dix-neuvième siècle dont il tient compte.

309. 2e édition (Paris 1904), p.1.

310. p.23. Malgré les guillemets il ne s'agit pas d'une citation, mais d'un résumé approximatif d'un passage de la lettre VII, cf. p.138, l.185-190.

311. p.139, l.220-225; p.139, l.226-227; p.139, l.228-232; p.140, l.235-239; p.140, l.240-242.

312. Ribot, p.27.

313. Malgré les guillemets il ne s'agit pas d'une citation encore. On peut même se demander si Ribot a bien saisi le point de vue de Le Roy, qui attribue aux bêtes une intelligence du même genre que la nôtre, quoique bornée au domaine du sensible, alors que l'homme s'élève à la considération des causes premières (voir p.123, l.382-390; p.127, l.72-81; p.143, l.358-363).

Le Roy trouva des lecteurs non seulement en France, mais en Allemagne. Une traduction des *Lettres sur les animaux* y ayant été publiée en 1807,[314] les idées de Le Roy furent connues et discutées jusqu'à la fin du dix-neuvième siècle par des philosophes[315] et des psychologues allemands.[316] L'intérêt que suscitèrent en Allemagne les idées de Le Roy fut tel qu'en 1898 une thèse intitulée *Ch.- G. Leroy und seine 'Lettres philosophiques'* fut soutenue à l'Université de Würzburg par un étudiant du nom de Moses Marx.

Dans la partie I de cette thèse,[317] consacrée à la vie et l'œuvre de Le Roy, Moses Marx, qui marche sur les brisées de Roux-Fazillac et du docteur Robinet, réunit consciencieusement les faits disponibles dans les sources imprimées de l'époque. Dans les parties II et III de sa thèse il examine les *Lettres sur les animaux* de très près. Ses analyses laissent parfois à désirer, mais il saisit parfaitement tout l'essentiel du livre. Moses Marx rejette le sensualisme de Le Roy, l'analogie que notre philosophe voit entre l'homme et l'animal et ce qu'il appelle l'"humanisation' (*Vermenschlichung*) de la bête qui en résulte (p.32-33, 42), pour se rallier aux idées de Wilhelm Wundt, sous la direction duquel se forma la majorité des professeurs de psychologie expérimentale et des directeurs de laboratoire en Allemagne dans la seconde partie du dix-neuvième siècle. Comme Wundt dans ses *Vorlesungen über die Menschen- und Tierseele* (deuxième édition, 1892), Moses Marx rend compte des actions des bêtes par de simples associations d'idées (p.64-65). Son désaccord avec Le Roy ne l'empêche cependant pas de considérer les *Lettres sur les animaux* comme le meilleur ouvrage de psychologie comparée du dix-huitième siècle (p.v, 92) et Le Roy, tout disciple de Condillac qu'il était (p.90), comme le fondateur de la psychologie animale du dix-neuvième siècle (p.92).

Si des deux côtés du Rhin des lecteurs on ne peut plus sérieux continuèrent jusqu'à la fin du dix-neuvième siècle à tenir compte des *Lettres sur les animaux*, celles-ci avaient déjà trouvé un public tout à fait différent. En 1861 parurent à Paris *Les Animaux historiques par O. Fournier, suivis des Lettres sur l'intelligence des animaux de C.-G. Leroy et de particularités curieuses extraites de Buffon, illustrés de vignettes intercalées dans le texte et de vingt gravures dans le texte par*

314. Karl G. Leroy, *Philosophische Briefe über die Verstandes- und Vervollkommnungsfähigkeit der Tiere, samt einigen Briefen über den Menschen*, tr. J. A. Müller (Nürnberg 1807).

315. Dont Schopenhauer; voir Georgette Legée, 'Schopenhauer (1788-1860) et les sciences de la nature', *Histoire et nature* 14 (1979), p.39-62, en particulier p.58-60.

316. Moses Marx (voir note suivante) renvoie à M. Perty, *Über das Seelenleben der Tiere* (Leipzig 1865); L. Büchner, *Aus dem Geistesleben der Tiere* (Berlin 1876); Romanes, *Geistige Entwicklung im Tierreich* (?Lieu? 1885); O. Flügel, *Das Seelenleben der Tiere*, 2e édition (Langensalza 1886); Groos, *Die Spiele der Tiere* (Jena 1896); Fr. Schultze, *Vergleichende Seelenkunde*, 2e édition (Leipzig 1897); Lubbock, *Die Sinne der Tiere* (Leipzig 1889).

317. (Strasbourg 1898), p.5-21.

Victor Adam. D'après l''Avertissement' les narrations d'Ortaire Fournier 'sur les animaux devenus célèbres forment une partie historique bien faite assurément pour amuser nos jeunes lecteurs' (p.i). Toujours d'après l''Avertissement', la seconde partie du livre 'contient la fleur des lettres publiées par Leroy sous le nom du Physicien de Nuremberg' (p.i-ii). Sont reproduites les sept lettres du physicien de Nuremberg sur les animaux et les lettres II, III et IV à madame ***, numérotées de huit à dix. Non seulement la lettre d'envoi et la lettre sur une critique ne trouvent pas place dans le livre, mais certains passages des dix lettres retenues sont supprimés. Le plus long de ces passages omis est toute la fin de la lettre VI (p.117, l.155-p.124, l.412), remplacée par des observations de Buffon sur l'éléphant. Comme il s'agit d'un livre pour enfants, la plupart des autres passages qui ont disparu concernent la vie sexuelle des animaux.[318] Le Roy ainsi expurgé, en compagnie des animaux historiques d'Ortaire Fournier et de particularités extraites de Buffon, semble avoir remporté un certain succès, car il y eut une seconde édition en 1884.

A l'aube du vingtième siècle les *Lettres sur les animaux* avaient beau rester disponibles grâce à la cinquième édition de 1896, les savants allaient s'en désintéresser presque complètement. Vers la fin du dix-neuvième siècle on cessa, en effet, de croire qu'on peut deviner ce que pense et sent un animal. Les fondateurs de la psychologie animale moderne refusèrent de conclure de l'analogie des conduites extérieures et des situations extérieures semblables à l'analogie des impressions vécues chez l'homme et la bête. La psychologie animale devint donc une science du comportement animal. On comprit que notre seule ressource est d'observer et de mesurer ce que font les bêtes. Un fait psychologique devint un acte observable, rapporté à des conditions également observables et, l'essor des sciences biologiques aidant, l'observation objective fit faire à la science du comportement animal des progrès rapides. Nous n'avons pas à tenir compte ici des débats qui, au cours du vingtième siècle, ont opposé les unes aux autres, tour à tour, la conception mécaniste, l'école behavioriste, l'éthologie de K. Lorenz et N. Tinbergen. Il suffit de rappeler que de nos jours les problèmes que pose l'étude du comportement animal appellent le concours de la physiologie sensorielle, en particulier de la neurophysiologie et de l'endocrinologie, de la physiologie musculaire, d'autres branches de la biologie encore, car la complexité des actes accomplis par un animal dépend de la structure de son système nerveux, de l'activité de ses glandes à sécrétion interne, de sa morphologie adaptée au milieu qu'il habite.

318. Lettre II, p.87, l.190-p.88, l.203; lettre III, p.95, l.107-p.96, l.140; lettre IV, p.106, l.183-184; lettre V, p.108, l.1-109, l.45; p.111, l.124-131; lettre VII, p.136, l.103-107, p.140, l.252-262; p.143, l.363-367; p.164, l.1-29; lettre II à madame ***, p.167, l.122-142.

Comme Le Roy non seulement se plaçait au point de vue subjectiviste rejeté par les savants modernes, mais écrivait longtemps avant l'essor des sciences biologiques sur lesquelles ils se fondent pour élaborer leur science du comportement animal, ses *Lettres sur les animaux* sont à leurs yeux irrémédiablement dépassées. Quelques coups de sonde nous ont permis de constater toutefois que les scientifiques du vingtième siècle sont encore quelques-uns à s'intéresser à l'histoire de leur discipline et y font jouer à Le Roy un rôle plus qu'honorable.

Dans son ouvrage *L'Ame des bêtes: quelques pages d'histoire* l'entomologiste belge Louis Verlaine considère l'histoire de la psychologie animale de près. Il fait remonter au dix-huitième siècle 'l'éclosion de la psychologie zoologique expérimentale, sous des apparences toutes théoriques d'abord, chez Condillac, puis, quelques années plus tard, dans sa forme définitive, bien qu'encore hésitante, chez Georges Leroy'.[319] Aux yeux de L. Verlaine, Condillac eut le grand mérite de laisser de côté le problème de la nature des bêtes, ainsi que toute idée préconçue de l'instinct, pour ne considérer que le comportement animal. Il eut également le mérite selon Verlaine de ne voir entre l'homme et la bête que des différences de degré, d'entreprendre l'étude causale de ce qu'on appelle instinct, en en retraçant l'évolution depuis l'origine (p.106-108, 114). Mais d'après Verlaine c'est Le Roy, 'disciple de Condillac', qui écrivit 'le premier ouvrage de psychologie comparée', les *Lettres sur les animaux*, grâce aux 'trésors d'observations originales de faits précis' qu'il avait amassés et qui 'viennent étayer d'une base solide les considérations toutes théoriques de Condillac' (p.121).

Transformiste, Verlaine estime, en outre, que Le Roy entrevoit le problème de l'évolution de l'instinct (p.123). Nous partageons son avis (voir lettre 6, note 8), bien que, pour y parvenir, il nous semble avoir trop sollicité le texte de Le Roy sur lequel il se fonde. Nous trouvons, en effet, abusif de conclure du passage de la lettre II relatif à la perfectibilité des animaux harcelés par l'homme (p.91, l.347-p.92, l.371) qu'il paraît 'logique d'admettre qu'elle [une innovation individuelle] puisse également se communiquer à la descendance par la voie sexuelle' (p.125), car Le Roy n'en dit pas mot.

Si Verlaine arrive à une conclusion juste par un mauvais chemin en ce qui concerne l'hérédité des qualités acquises, il trahit carrément la pensée de Le Roy en affirmant qu'il 'confond en une même faculté l'instinct et l'intelligence, ou plutôt renonce à celui-là pour n'accepter que celle-ci',[320] car Le Roy, on l'a vu (voir p.46, et lettre 3, note 8), distingue l'instinct de l'intelligence. Ces

319. (Paris 1931), p.8.

320. p.121. L. Verlaine attribue aussi (p.122) aux corneilles le pouvoir de compter jusqu'à quatre que Le Roy accorde aux pies (lettre VII, p.139, l.220-p.140, l.242).

inexactitudes ne diminuent guère toutefois l'intérêt de l'opinion très favorable des *Lettres sur les animaux* que se fait un biologiste du vingtième siècle.

D'autres biologistes francophones postérieurs à Verlaine ont consacré à l'histoire de la psychologie animale non un livre, comme lui, mais quelques pages en tête d'ouvrages généraux sur l'instinct. Dans l'introduction de son livre *Les Instincts* Gaston Viaud, à l'encontre de Verlaine, ne présente pas Le Roy comme un disciple de Condillac, mais le place tout de suite après Montaigne, dont les idées sont confirmées, dit-il, par les 'observations précieuses' de Le Roy.[321] Il n'en vient à Descartes et Condillac qu'après Le Roy. Dans le chapitre 1, intitulé 'Evolution des idées', de ses *Comportements instinctifs*, un autre biologiste, Gaston Richard, comme Verlaine, nomme encore Le Roy et Condillac côte à côte en les rattachant à la lignée de Montaigne.[322]

Dans la courte partie historique en tête d'un ouvrage destiné au grand public, *Instinct et intelligence chez les animaux*, Yves Verbreek accorde une place d'honneur, cette fois à côté de Réaumur, à Le Roy, qui avait 'entrevu la nécessité d'observer les animaux dans leur milieu naturel'. Verbreek cite un passage de la lettre 1 (p.80, l.52-57) et commente: 'Quoique le vocabulaire de ce texte nous paraisse aujourd'hui un peu simpliste ou pour le moins rudimentaire, G. Le Roy définissait ainsi une méthode que les zoopsychologues modernes ne désavoueraient pas.'[323]

Si Le Roy n'a pas été complètement oublié par les scientifiques, les historiens des idées se sont souvenus de lui également, non seulement ceux qui ont examiné le rôle joué par l'animal dans la pensée du dix-huitième siècle français (voir p.43), mais aussi ceux qui ont étudié des thèmes particuliers.[324] A l'encontre des érudits du vingtième siècle qui se sont contentés de considérer Le Roy rapidement, dans le cadre d'une étude d'ensemble, nous avons cru utile, en rééditant ses *Lettres sur les animaux*, d'examiner sa pensée de près, afin d'en faire ressortir la nuance exacte, d'en mettre en lumière l'originalité. A propos de cette dernière il reste encore quelques observations à faire pour finir.

Aux yeux de certains lecteurs, on l'a vu, notamment Flourens (voir p.60), Le Roy se distingue de la grande majorité de ceux qui s'étaient penchés avant lui sur le problème de la psychologie animale en laissant tout simplement de côté la question de l'âme des bêtes, qui depuis des siècles avait dominé, dans la France catholique, toute discussion de la vie psychique des animaux. Or, la

321. (Paris 1959), p.5.
322. (Paris 1975), p.13.
323. (Neuilly 1975), p.18.
324. Par exemple, Robert Mauzi, *L'Idée du bonheur au XVIIIe siècle* (Paris 1960); Alan Charles Kors, *D'Holbach's coterie: an Enlightenment in Paris* (Princeton 1976).

pensée de Le Roy sur cette question était moins neutre qu'elle ne le paraît dans les *Lettres sur les animaux*. Non seulement les passages omis et modifiés pour en faire l'article 'Instinct' de l'*Encyclopédie méthodique*, mais d'autres faits que nous avons pu rassembler (voir p.12, et lettre sur une critique, note 1) indiquent que Le Roy était matérialiste. Il lui était cependant impossible d'exprimer ouvertement sa pensée à cause de la censure. Le passage de la lettre 1 (p.79, l.27) où il ne s'engage pas quant à la nature de l'âme animale visait le même but que sa soumission, maintes fois réitérée au cours des *Lettres sur les animaux*, aux doctrines de l'Eglise: publier sans se compromettre (voir p.13). Attribuer à Le Roy un point de vue positif (il laissait de côté la question de l'âme des bêtes), qui représenterait un net progrès par rapport aux penseurs antérieurs, c'est donc lui faire un mérite de la nécessité où il se trouvait d'éviter des ennuis avec les autorités (voir lettre 1, note 5).

Une autre thèse des *Lettres sur les animaux*, en revanche, annonce réellement l'avenir, quoique de façon incertaine. Le Roy donne, il est vrai, dans le point de vue subjectiviste, condamné de nos jours, qui croit pouvoir deviner ce que sent et pense un animal (voir p.66). En expliquant longuement (p.102, l.25-p.103, l.63) pourquoi les hommes ne sont 'pas juges compétents des progrès des bêtes', Le Roy entoure cependant de tant de réserves l'analogie entre les bêtes et nous, qu'il en ébranle, sans s'en rendre compte, la validité. Il est certes loin de la rejeter, l'analogie traditionnelle. N'empêche qu'il fait un premier pas hésitant sur le chemin qui devait aboutir plus tard à la condamnation définitive de l'analogie entre la vie psychique de l'animal et celle de l'homme.

Il convient de remarquer, enfin, que depuis deux siècles c'est avant tout la psychologie animale de Le Roy qui a retenu l'attention des lecteurs des *Lettres sur les animaux* et l'on comprend facilement pourquoi. Non seulement les cinq lettres sur l'homme n'ont 'fait qu'effleurer une petite partie du grand sujet de l'homme', comme le dit Le Roy lui-même (p.163, l.455-456), mais elles sont de valeur inégale. D'une part, la lettre à madame *** sur l'homme publiée en 1781 est nettement moins riche que les deux lettres sur l'homme parues en 1768, car Le Roy se contente de reprendre, en l'approfondissant, le thème de la pitié naturelle à l'homme déjà traité rapidement dans les deux lettres antérieures (p.151, l.284-306; p.160, l.340-p.161, l.359). D'autre part, le lecteur le moins attentif se rend bientôt compte qu'afin de mettre en lumière, dans les deux lettres posthumes, l'uniformité des mœurs et des croyances humaines partout dans le monde, Le Roy ne se fonde pas sur ses observations personnelles, comme dans les lettres consacréss aux bêtes, mais entasse des faits empruntés à des sources livresques.

Les deux lettres sur l'homme publiées en 1768 ont beau, au contraire, faire écho à des auteurs connus, elles ne sont pas pour autant dénuées d'intérêt, car elles présentent une théorie du comportement humain qui, pour emprunter des thèmes à d'autres penseurs, n'en revêt pas moins chez Le Roy une forme particulièrement claire et complète. Personne ne comprit avec davantage de lucidité que le besoin d'exister vivement et la crainte de l'ennui aboutissent fatalement à la nécessité de multiplier et de renforcer les sensations, puisque ces dernières s'émoussent inexorablement (lettre 8, note 16). Cette constatation avait même tant frappé Le Roy qu'il retrouve la même tendance dans d'autres domaines, où tout s'use et se dégrade comme les sensations: caractères, gouvernements, mœurs, beaux arts, littérature (lettre 9, note 25). On trouverait difficilement à la fois résumé plus commode de la psychologie de l'homme sensualiste et application plus systématique d'un même principe à divers aspects de la vie humaine.

Etablissement du texte

Après la mort de Le Roy ses papiers ont l'air d'être passés dans les mains de Roux-Fazillac (voir p.30-32), qui publia des lettres inédites dans l'édition des *Lettres sur les animaux* qu'il procura en 1802. Il nous a donc semblé que, pour retrouver le manuscrit de ces lettres, sinon des lettres antérieures, il fallait nous adresser à la descendance de la famille de Roux-Fazillac. Un registre de la Direction générale de l'enregistrement et des domaines contenant une 'Table alphabétique des successions et absences' indique comme héritière de 'Pierre Roux-Sazillac, célibataire, décédé à Nanterre, le 21 février 1833 à 86 ans', 'une nièce à Excedeuil (Dordogne)' et ajoute l''observation': 'R^{e} à Excedeuil le 2 mai 1833 une malle et les effets qu'elle contient chez Saget à Nanterre' (AD des Hauts de Seine, DQ^{14} 695, f.154*v*-155). En partant de cette 'observation', nous avons pu, grâce à l'obligeance – dont nous les remercions vivement – de plusieurs personnes, simples particuliers et archivistes de profession, en Périgord et à Paris, nous mettre en rapport avec les descendants actuels de cette nièce de Roux-Fazillac, pour constater qu'aucun ne possède de manuscrits de Le Roy. Nous en concluons que, conformément à l'habitude du dix-huitième siècle, les imprimeurs détruisirent probablement la copie après composition.

Faute de manuscrits, force nous est de nous en remettre aux textes imprimés. Les lettres I à V et la lettre sur une critique parurent d'abord soit dans le *Journal étranger* (que nous abrégeons en *JE*), soit dans la *Gazette littéraire de l'Europe* (abrégée en *GLE*), avant d'être rassemblées dans les *Lettres sur les animaux* de 1768, ainsi que dans le tome iii des *Variétés littéraires* (abrégées en *VL*), avec les lettres VI et VII et les lettres I et II sur l'homme. Viennent s'y joindre dans la deuxième édition de 1781 la lettre d'envoi, les lettres II à IV à madame *** et la lettre I à madame *** sur l'homme. Dans la troisième édition, publiée par Roux-Fazillac en 1802, les deux lettres posthumes sur l'homme s'ajoutent à celles qui figuraient dans la deuxième édition de 1781. Afin de nous y référer plus commodément dans nos notes, nous avons numéroté les lettres de 8 à 15 à partir de la lettre I sur l'homme.

Nous reproduisons – en respectant l'orthographe, mais en corrigeant les rares coquilles – l'édition de 1802, non seulement parce qu'elle est la seule à contenir toutes les lettres, mais parce qu'elle est faite sur celle de 1781, la dernière parue du vivant de Le Roy, celle qui exprime le mieux sa pensée. Il ressort, en effet, de notre appareil critique que l'édition de 1768 corrige, dans les lettres précédemment publiées dans des périodiques, nombre de fautes d'impression, d'obscurités, de maladresses, et que l'édition de 1781 modifie encore le texte en quelques endroits. La ponctuation, reprise dans l'édition de 1802, devient également plus abondante et plus soignée dans l'édition de 1781.

Pour éviter d'alourdir outre mesure l'appareil critique, nous ne signalons pas les passages où les éditions ne diffèrent l'une de l'autre que par des détails de ponctuation (insertion ou omission de virgules, transformation de virgules en points virgules, etc.). Nous ne tenons compte que des passages où les termes employés ne sont pas les mêmes.

L'appel des variantes est fait au moyen de lettres supérieures italiques. Sont comprises parmi les variantes d'une part, les modifications de fond apportées au texte dans l'article 'Instinct' de l'*Encyclopédie méthodique* (voir p.36-40), abrégée en *EM*, d'autre part, les originaux des passages d'autres auteurs, que Le Roy cite ou résume, de façon plus ou moins exacte, en en réfutant ou adoptant les idées dans la lettre sur une critique, les lettres II, III, et IV à madame ***, la lettre II à madame *** sur l'homme.

Nous laissons au bas des pages les notes de Le Roy lui-même, dont l'appel est fait au moyen du chiffre arabe (1).

Pour faciliter les recherches et les références, nos propres notes sont rejetées à la fin du texte.

Lettres philosophiques

sur
l'intelligence et la perfectibilité
des animaux,
avec quelques lettres
sur l'homme.
Par Charles-Georges Le Roy
sous le nom du Phisicien de Nuremberg.

Avis de l'éditeur

PLUSIEURS écrivains célèbres ont traité, dans des opinions opposées, la question de la *perfectibilité des animaux*; mais aucun n'en a parlé avec autant de clarté et de simplicité que l'auteur de cet Ouvrage, *Charles-Georges Leroy*, qui succéda à son père dans les fonctions de lieutenant des chasses, et dans l'administration des bois, des parcs de Versailles et de Marly.

Une partie de ces lettres fut imprimée de son vivant; mais telle était alors l'intolérance civile et religieuse, qu'il crut devoir les publier comme étant l'ouvrage d'un *physicien de Nuremberg*. On lui pardonnera sans doute d'avoir voulu, par une sage politique, se soustraire aux persécutions du fanatisme, qui venait frapper nos plus célèbres écrivains, *Rousseau*, *Voltaire*, *Helvétius*, *Diderot*, *Buffon*. Que n'eût pas eu à craindre, en effet, des persécuteurs de ces grands hommes, celui qui osait prouver par les faits: *que les animaux ne sont pas de simples machines, qu'ils réunissent tous les caractères de l'intelligence; qu'une sorte de perfectibilité proportionnée à leurs organes et à leurs besoins, ne peut leur être contestée; que parmi les êtres sensibles, celui qui ne peut faire que vingt pas, n'a pas moins la faculté de marcher que celui auquel il est possible de faire vingt lieues*, etc., etc.

Vainement l'auteur se serait-il couvert de l'égide de la foi, de la religion, de la révélation; la Sorbonne n'aurait vu dans cette restriction, qu'une ironie insultante pour elle, et un motif de plus pour persécuter le philosophe. Il préféra donc de rester inconnu, pour ne pas se trouver, comme Buffon, dans l'alternative de la persécution ou d'une rétractation. Il fut lié avec ce grand interprête de la nature, dont il estimait bien plus les talens que le caractère; après avoir combattu ses opinions sur cette matière, il lui adressa un exemplaire de son premier ouvrage, et Buffon lui répondit par ces mots qui méritent d'être consacrés: *Il est bien différent de faire parler les animaux à Nuremberg, ou de les faire parler à Paris.*

Charles-Georges Leroy naquit en 1723. Il fit au collège d'Harcourt, ce qu'on appelait alors *de bonnes études*; mais ce fut après en être sorti, que, livré à lui-même, il cultiva son esprit et perfectionna sa raison. Indépendamment de l'étude de la philosophie, il acquit des connaissances relatives à l'économie politique et rurale, principalement à la nature des bois, à leur exploitation, et à leur amélioration. Il donna, dans le dictionnaire de l'Encyclopédie, les articles *Fermier*, *Forêt*, *Garenne*, dans lesquels on trouve réunies l'instruction, la précision et la clarté.

Une conformité d'opinions et de principes l'avait uni aux célèbres auteurs de cette grande entreprise, *Diderot* et *Dalembert*, et sur-tout avec *Helvétius*, qu'il défendit dans un ouvrage qui a pour titre: *Examen des Critiques du livre de l'Esprit*. Il défendit encore sa mémoire par des *Réflexions sur la Jalousie*; lorsque *Voltaire*, qui, plus d'une fois, avait loué *Helvétius* de son vivant, le critiqua après sa mort dans *ses questions sur l'Encyclopédie*. S'il est vrai que l'ambition d'être le premier dans tous les genres ait dicté à *Voltaire* les critiques qu'il fit de quelques parties des écrits de *Montesquieu*, de *Buffon*, d'*Helvétius* et de *Rousseau*, il n'est pas moins vrai que ces *Réflexions sur la Jalousie* sont écrites avec trop d'amertume, pour être toujours justes, et qu'elles ne peuvent avoir été inspirées à l'auteur que par l'affection qu'il portait à la gloire offensée de son ami, et par les vifs regrets de l'avoir perdu. Tant qu'il vécut, il rendit des devoirs assidus à la digne et respectable épouse de ce philosophe.

C'est au genre de vie qu'avait adopté *Charles-Georges Leroy*, que nous devons ses piquantes observations sur les animaux; vivant journellement avec eux, il fut à portée d'étudier leurs mœurs et de nous les faire connaître. En se livrant ainsi à des travaux philosophiques et littéraires, il n'était point mu par le desir de la célébrité; aussi a-t-il laissé très-peu d'ouvrages; il fit dans sa jeunesse une pièce dramatique, qu'il eut ensuite, disait-il lui-même, le bon esprit de brûler; doué d'une âme extrêmement sensible, il brûla aussi plusieurs autres manuscrits, dans un moment de dégoût et de douleur, où la mort lui avait enlevé la personne qui concentrait ses principales affections.

Les portraits de Louis XV et de madame de Pompadour, qu'on publie en même-tems que cet ouvrage, mais séparément, lui furent demandés par *Rhullières*, qui voulait en faire usage dans son histoire de la révolution de Pologne; en lisant ces portraits détachés, on regrettera, sans doute, que l'auteur, qui vit de près les hommes qui gouvernaient alors, n'ait pas écrit l'histoire de son tems.

Bon citoyen, fidèle ami, donnant à-la-fois l'exemple de la douceur, de la bienfaisance, et de la fermeté envers ses subordonnés; de la dignité, de l'élévation de caractère à l'égard de ses supérieurs, et de ceux qui prétendaient l'être par la naissance; méprisant la fortune qui souvent lui sourit, ce sage philosophe vécut heureux, et termina sa paisible carrière à l'âge de 66 ans.

C'est à madame d'Angivilier, également distinguée par les qualités de l'âme et de l'esprit, et connue par l'accueil qu'elle aimait à faire aux hommes célèbres de tous les rangs et de toutes les nations, que l'auteur, son ami, adressait ces intéressantes lettres.

ROUX-FAZILLAC,
ex-législateur.

[a]Lettre d'envoi a madame ***[a]

VOUS me demandez, Madame, depuis long-tems, les Lettres du Physicien de Nuremberg sur les animaux et les hommes. J'ai eu beaucoup de peine à trouver ce petit ouvrage, qui est devenu rare; mais enfin j'ai l'honneur de vous l'envoyer. Vous prétendez que j'ai fait aussi des observations et des réflexions sur l'intelligence des bêtes, et vous exigez que je vous en fasse part. Il faut bien faire tout ce que vous voulez, au hasard, peut-être, de répéter une partie de ce qui a été dit. J'ajouterai donc quelques lettres à celles du Physicien, et vous ferez de cet ensemble l'usage qu'il vous plaira. Mais je vous prie de considérer qu'il a pris toute la fleur de ce sujet, qui ne comporte pas beaucoup plus d'étendue qu'il ne lui en a donné; et qu'il est difficile d'avoir là-dessus des idées saines qu'il n'ait, au moins, indiquées. Vous savez, Madame, que [1]je soutiens qu'il n'appartient qu'aux chasseurs d'apprécier l'intelligence des bêtes. Pour les bien connaître, il faut avoir vécu en société avec elles; et la plupart des philosophes n'y entendent rien.[1] Or, je parierais que [2]ce Physicien de Nuremberg est, ou était, ainsi que moi, un chasseur déterminé,[2] et que c'est dans les bois qu'il a fait son cours de philosophie. Je pense, comme lui, que, pour faire connaître les animaux, il ne faut pas tenir compte des faits isolés. Ce qu'il est important d'examiner, c'est leur conduite journalière; c'est l'ensemble des actions modifiées par les circonstances, qui concourent au but qu'elles doivent se proposer, chacune suivant sa nature. Mais tout est dit lorsque cet examen est fait sur un petit nombre d'espèces, d'organisations, de mœurs et d'inclinations différentes. Je pense encore qu'[3]il ne faut parler que des espèces qu'on a sous les yeux, et dont on peut suivre toutes les démarches;[3] et [4]qu'il est même nécessaire, entre celles-ci, de choisir celles qui, par leur organisation ou leurs mœurs, peuvent avoir avec nous quelque analogie. Les insectes, par exemple, sont trop loin de nous,[4] pour que les détails de leur industrie n'échappent pas, en grande partie, à nos observations, et pour qu'on sache précisément quel degré d'intelligence ils mettent dans leurs ouvrages. La république des lapins, l'association des loups, les précautions, les ruses bien caractéristiques des renards, la sagacité que montrent les chiens dans leurs rapports multipliés avec nous, sont [5]plus instructives que tout ce qu'on vous dit de l'industrie des abeilles.[5]

On pourrait, sans doute, accumuler les faits qui déposent en faveur de l'intelligence des animaux. Mais les faits particuliers sont souvent mal observés et suspects; rarement ils concluent d'une manière à laquelle il n'y ait rien à répondre. Mais lorsque vous aurez suivi un grand nombre d'individus, dans des espèces différentes, que vous aurez reconnu les progrès de l'éducation dont ils sont susceptibles, en raison de leur conformation, de leurs appétits naturels, des circonstances dans lesquelles ils se trouvent: lorsque vous les aurez vus, se traînant sur les pas de l'expérience, ne devoir qu'à des méprises répétées, et à l'instruction qui en résulte, la prétendue sûreté de leur instinct, il est impossible, ce me semble, de ne pas rejeter bien loin toute idée d'automatisme. C'est ce qu'a fait, Madame, en grande partie, le Physicien de Nuremberg. Il ne me reste donc qu'à vous exposer quelques développemens, et à répondre avec plus d'étendue à quelques objections. Je le ferai, à ce que j'espère, d'une manière qui ne laissera aucun doute. [6]Mais il faut que vous me permettiez d'user de la liberté du commerce épistolaire.[6] Sans m'assujétir à aucun ordre, je vous ferai part de mes idées, à mesure que j'en serai frappé. Je vous répéterai peut-être quelques-unes de celles du Physicien. Il me suffit de les avoir adoptées pour que je m'en serve comme de mon bien. La vérité appartient à tout le monde. D'ailleurs, je vous envoie son ouvrage dans son intégrité. Je ne me suis pas permis d'y changer la moindre chose,[7] et je ne lui conteste pas son droit d'aînesse, permis à lui de se ressaisir, quand il voudra, de tout ce qu'il croira lui appartenir; nous n'aurons point de contestations là-dessus.[7]

J'ai l'honneur d'être, etc.

[a]Lettre première (lettre 1)

De Nuremberg, le 4 septembre 1762[a]

NOTRE ami M***. m'écrivit dernièrement de Paris, Monsieur, qu'il vous avait parlé de quelques essais sur l'histoire naturelle des animaux, auxquels je me suis amusé dans mes momens perdus. Il prétend même que, pour dégager sa parole, je suis dans l'obligation de vous en faire part. J'ai bien peur qu'il n'ait commis une imprudence: mes observations n'ont point été faites sur des animaux singuliers et peu connus; l'objet que je me suis toujours proposé, exigeait qu'elles se portassent sur les espèces les plus communes, et qu'on peut tous les jours avoir sous les yeux. Je ne peux point vous donner d'histoire aussi piquante que [b][1]celle des Ours marins, que M. Steller a publiée.[1][b] Point de faits extraordinaires; seulement la vie commune de plusieurs animaux, observée sous un point de vue qui peut avoir quelque nouveauté: c'est à quoi se borne tout ce que j'ai à vous offrir.

[2]Les descriptions anatomiques, les caractères extérieurs qui distinguent les espèces, les inclinations naturelles qui les différencient, sont sans doute des objets très-importans de l'histoire des bêtes;[2] mais quand tout cela est connu, il me semble qu'il y a encore beaucoup à faire pour le Philosophe. [3]Tous ces êtres organisés, [c]que le Créateur a rassemblés pour l'ornement de l'univers;[c] ont un principe commun d'action, qu'il n'est pas possible de méconnaître: il est modifié dans chaque espèce, par [d]les différences de l'organisation.[3] [e]Mais en examinant les effets[e] avec attention, on le reconnaît dans toutes ses modifications;[d] et [f]les animaux envisagés sous ce point de vue[f] me paraissent devenir beaucoup plus intéressans. [4]L'instinct, proprement dit, consiste dans les inclinations qui appartiennent à l'espèce;[4] mais toutes les espèces sont affectées d'une manière qui leur appartient à toutes. Si ces affections ne produisent pas toujours les mêmes phénomènes, il est aisé d'appercevoir que la différence n'en est due qu'à celle des moyens que l'organisation donne aux animaux. [5]Nous ne saurons jamais, sans doute, de quelle nature est l'âme des bêtes,[5] et il faut convenir que cela nous importe assez peu. [g]Nous sommes très-assurés que la nôtre est immatérielle et immortelle: la certitude que nous en avons, est [6]le fondement de nos plus chères espérances.[6] Que l'âme des bêtes soit immatérielle ou non, il est toujours certain qu'elle ne peut jamais avoir la destination glorieuse qui est réservée à la nôtre; ainsi, la religion n'est nullement intéressée dans l'examen qu'on peut faire des facultés dont les animaux sont doués.[g] Mais de même qu'en observant la structure intérieure du corps des

animaux, nous appercevons des rapports d'organes qui servent souvent à nous éclairer sur la structure et l'usage des parties de notre propre corps; ainsi, [7]en observant les actions produites par la sensibilité qu'ils ont, ainsi que nous, on peut acquérir des lumières sur le détail des opérations de notre âme, relativement aux mêmes sensations.[7]

Je dis, Monsieur, que[8] les bêtes sentent come nous; et je crois que pour penser autrement, il faudrait absolument fermer ses yeux et son cœur. Celui qui pourrait entendre, sans être ému, les cris plaintifs d'un animal, ne serait pas fort sensible à ceux d'un homme. Il est bien vrai que nous n'avons de certitude complète, que de nos propres sensations; mais les accens de la douleur, les marques visibles de la joie, qui nous assurent de la sensibilité de nos semblables, déposent avec autant de force en faveur de celle des bêtes. On n'aurait aucun moyen d'acquérir des connaissances, s'il fallait réclamer contre les impressions de notre sentiment intime, sur des faits aussi simples.[8]

Il me paraît donc impossible de ne pas admettre le sentiment dans les bêtes. Les plus obstinés partisans de l'automatisme leur accordent encore tacitement la mémoire; car ils veulent avoir des chiens sages, et les corrigent. Ces faits étant admis, le Naturaliste, après avoir bien observé la structure des parties, soit extérieures, soit intérieures, des animaux, et deviné leur usage, doit quitter le scalpel, abandonner son cabinet, s'enfoncer dans les bois pour suivre les allures de ces êtres sentans; juger des développemens et des effets de leur faculté de sentir, et voir comment, par l'action répétée de la sensation et de l'exercice de la mémoire, leur instinct s'élève jusqu'à l'intelligence.

[9]Les sensations et la mémoire ont des effets nécessaires, qui ne doivent pas échapper à l'observateur. [h]Les bêtes font un grand nombre[h] d'actions qui ne supposent que ces deux facultés; mais il en est d'autres qu'on ne pourrait jamais expliquer par ce qui appartient [i]à ces facultés seules, sans y joindre leur cortège naturel. Il faut donc[i] que le Naturaliste distingue avec beaucoup de précision, ce qui est produit par la sensation simple, par la réminiscence, par la comparaison entre un objet présent et un autre que la mémoire rappele, par le jugement qui est un résultat de la comparaison, par le choix qui est une suite du jugement, enfin par la notion de la chose jugée, qui s'établit dans la mémoire, et que la répétition des actes rend habituelle et presque machinale.[9] [j]Voilà, Monsieur, des distinctions qui doivent être toujours présentes à l'attention de l'observateur[j]. [k]La forme, tant intérieure qu'extérieure,[k] la durée de l'accroissement et de la vie, la manière de se nourrir, les inclinations dominantes, la maniere et le tems de l'accouplement, celui de la gestation, etc., ce ne sont-là [l]proprement que des objets de première vue, sur lesquels[l] il suffit d'avoir les yeux ouverts; mais suivre l'animal dans toutes ses opérations, pénétrer dans les motifs secrets de ses déterminations, voir comment les sensations, les besoins, les obsta-

cles, les impressions de toute espèce dont un être sentant est assailli, multiplient ses mouvemens, modifient ses actions, étendent ses connaissances, c'est ce qui me paraît être spécialement du domaine de la philosophie.

M. Steller, [m]dans le mémoire qu'il nous a donné[m] sur les Ours marins, a rempli cette tâche du Philosophe avec plus de soin que n'en ont apporté beaucoup de Naturalistes; et [10]M. de Buffon l'a fait encore plus abondamment dans ce qu'il a donné au public de l'histoire des animaux:[10] mais celui qui voudrait se familiariser avec eux, et prendre la peine d'étudier long-tems leurs actions pour deviner leurs intentions, y trouverait matière à des spéculations bien plus étendues, et même d'un genre différent.

Je voudrais, par exemple, Monsieur, pour que nous eussions l'histoire complète d'un animal, qu'après avoir rendu compte de son caractère essentiel, de ses appétits naturels, de sa manière de vivre, etc., on cherchât à l'observer dans [11]toutes les circonstances qui peuvent mettre des obstacles à la satisfaction de ses besoins: circonstances dont la variété rompt l'uniformité ordinaire de sa marche, et le force à inventer de nouveaux moyens.[11]

Si c'est un animal carnassier dont on écrit l'histoire, ce n'est pas assez d'indiquer en général quels animaux lui servent de proie, ni comment il s'en saisit; il faudrait voir par quels degrés l'expérience lui apprend à rendre sa chasse plus facile et plus sûre, comment la disette éveille son industrie, combien les ressources qu'il emploie supposent de faits connus, retracés par la mémoire, et combinés ensemble par la réflexion. Il faudrait encore observer tout ce que l'activité des différentes passions auxquelles l'animal est sujet, comme la crainte, l'amour, etc., apporte de modifications à ses démarches; combien la vivacité des besoins écarte les idées de la crainte, et jusqu'à quel point une défiance acquise par l'expérience, balance en lui le sentiment du besoin. Ce n'est qu'en suivant ainsi l'animal [n]dans ses différens âges et dans les évènemens de sa vie, qu'on peut parvenir à connaître[n] le développement de son instinct et la mesure de son intelligence. S'il est d'une espèce qui vive en société, ou toute l'année, ou seulement pendant un certain tems, il est nécessaire de bien remarquer tout ce que [o]l'association ajoute aux intentions et aux démarches de l'animal[o] considéré comme solitaire. [12]La connaissance approfondie de tous ces différens ordres, embellirait encore aux yeux du Philosophe le spectacle de l'univers, [p]et ne pourrait qu'exciter son admiration pour l'Etre Suprême, qui a varié à l'infini les affections ainsi que les formes, et fait tout concourir au plan éternel dont lui seul a le secret.[p][12]

Les effets de la faculté de sentir dans des sujets qui, par leurs organes, ont moins de rapports avec les objets extérieurs, doivent donner des phénomènes moins compliqués, dont l'observation, facile et sûre, servirait à développer ceux où il entre plus de combinaisons.[13] On verrait dans quelques espèces, la sensation obtuse et presque sans activité, n'enfanter qu'un petit nombre de mouvemens spontanés; dans d'autres, son intensité les multiplierait: on en verrait sortir le desir et l'inquiétude qui produisent l'attention dans les êtres sentans, et deviennent par-là les vraies sources de leurs connaissances.[13] De même que la géométrie s'élève de la considération des propriétés d'une ligne simple aux spéculations les plus sublimes, ainsi l'observation s'élèverait de la sensation la plus simple jusqu'à ses effets les plus compliqués, et les gradations observées dans le monde sentant, marcheraient de pair avec celles qui frappent dans le monde visible.

Il me semble, Monsieur, que ce coup-d'œil jeté sur l'histoire naturelle des animaux, la rendrait plus intéressante en elle-même et plus propre à occuper les gens qui aiment à réfléchir. [14]J'ai vécu pendant long-tems avec les bêtes,[14] j'en ai suivi plusieurs espèces avec beaucoup d'attention, et j'ai vu que la morale des loups pouvait éclairer sur celle des hommes. Si vous voulez, Monsieur, me promettre de l'indulgence [q]pour mon style étranger, et faire grace[q] à mes *germanismes*, je vous donnerai volontiers quelques essais faits sur le plan dont je viens de vous tracer l'esquisse. Je me ferai un vrai plaisir de dégager la parole de mon ami, et de vous donner en même tems des marques de l'estime infinie avec laquelle j'ai l'honneur d'être, etc.

Lettre II (lettre 2)

J'AI avancé, Monsieur, dans la première lettre que j'ai eu l'honneur de vous écrire, que, [a]sans nous refuser à notre sentiment intime, à ce sentiment, qui seul nous assure que nos semblables sont doués des mêmes facultés que nous reconnaissons en nous, il étoit impossible[a] de nier que les bêtes n'eussent des sensations et de la mémoire. Le détail de leurs actions prouve encore qu'elles ont les résultats naturels de ces deux facultés; ou bien il faudrait admettre des jugemens et des déterminations sans motifs, c'est-à-dire, une multitude d'effets sans cause. [1]De-là on peut pressentir que, parmi les bêtes, celles-là doivent avoir un plus grand ensemble de connaissances, qui, en vertu de leur organisation et de leurs appétits, ont un plus grand nombre de rapports avec les objets qui les environnent.[1] [2]Il doit arriver encore que, si dans chaque espèce, les connaissances sont limitées par l'organisation et la nature des appétits, les circonstances qui rendent la satisfaction des besoins plus ou moins facile pour les individus, étendent [b]plus ou moins leurs idées.[2] Que chaque espèce en ait qui lui soient particulières,[b] et qu'à quelques égards elle y soit bornée, cela est tout simple. La brebis qui se nourrit d'herbe, ne prend aucun intérêt aux ruses du renard poursuivant une proie qui cherche à l'éviter. Mais toutes les espèces doivent avoir également un exercice de sensations ou de pensées, qui s'étende à tout ce qui est [c]relatif à leurs besoins et à leur sûreté. C'est-là ce qui doit décider si les bêtes ont réellement les résultats naturels de la sensation et de la mémoire. Quoiqu'il fût difficile de concevoir l'existence de ces deux facultés [d]sans admettre leur action, ce qui me paraît impossible,[d] il faudrait bien alors consentir à cet étrange phénomène; mais ce sont les faits qui doivent nous instruire là-dessus. Nos réflexions n'ont pas droit de les prévenir.[c]

Parmi les animaux, ceux que leur appétit porte à se nourrir de chair, ont un plus grand nombre de rapports que les autres avec les objets qui les environnent: aussi marquent-ils une plus grande étendue d'intelligence dans les détails ordinaires de leur vie. La nature leur a donné des sens exquis, avec beaucoup de force et d'agilité; et cela était nécessaire, parce qu'étant, pour se nourrir, en relation de guerre avec d'autres espèces, ils périraient bientôt de faim, [e]s'ils n'avaient que des moyens inférieurs, ou même égaux.[e] Mais ce n'est pas uniquement à la finesse de leurs sens qu'ils doivent la mesure de leur intelligence. Ce sont les intérêts vifs, comme les difficultés à vaincre et les périls à éviter, qui tiennent sans cesse en exercice la faculté de sentir, et impriment dans la mémoire de l'animal des faits multipliés, [f]dont l'ensemble constitue la science qui doit présider à sa conduite. Ainsi, dans les lieux éloignés[f] de toute habitation, et où en même tems le gibier est abondant, la vie des bêtes carnassières est bornée à un petit nombre d'actes simples et assez uniformes. Elles passent successivement d'une rapine aisée au sommeil. Mais lorsque la concurrence de l'homme met des obstacles à la satisfaction de leurs appétits, lorsque cette rivalité de proie prépare des précipices sous les pas des animaux, sème leur route d'embûches de toute espèce, et les tient éveillés par une crainte continuelle; alors un intérêt puissant les force à l'attention, la mémoire se charge de tous les faits relatifs à cet objet, et les circonstances analogues ne se présentent pas sans les rappeler vivement.

Ces obstacles multipliés donnent à l'animal deux manières d'être qu'il est bon de considérer à part. L'une est purement naturelle, très-simple, bornée à un petit nombre de sensations; telle est, peut-être, à certains égards, la vie de l'homme sauvage. L'autre est factice, beaucoup plus active et pleine d'intérêts, de craintes et de mouvemens, qui représentent, en quelque sorte, les agitations de l'homme civilisé. La première est plus également la même dans toutes les espèces carnassières. L'autre varie davantage d'une espèce a l'autre, en raison de l'organisation plus ou moins heureuse. Il faut en faire la comparaison.

[3]Le loup[3] est le plus robuste des animaux carnassiers des climats tempérés de l'Europe. La nature [4]lui a donné aussi une voracité[4] et des besoins proportionnés à sa force; il a d'ailleurs des sens exquis, avec une vue perçante et une excellente ouie; [5]il a un nez[5] qui l'instruit encore plus sûrement de tout ce qui s'offre sur sa route. Il apprend par ce sens, lorsqu'il est bien exercé, une partie des relations que les objets peuvent avoir avec lui: je dis lorsqu'il est exercé, [g]car il y a une différence très-sensible[g] entre les démarches du loup jeune et ignorant, et celles du loup adulte et instruit.

Les jeunes loups, après avoir passé deux mois au liteau, où le [6]père et la mère les nourrissent,[6] [h]suivent enfin leur mère qui ne pourrait plus fournir seule à une voracité qui s'accroît tous les jours. Ils déchirent avec elle[h] des animaux vivans, s'essaient à la chasse et parviennent, par degrés, [i]à pourvoir avec elle à leurs besoins communs. L'exercice habituel de la rapine[i], sous les yeux et à l'exemple d'une mère déjà instruite, leur donne chaque jour quelques idées relatives à cet objet. Ils apprennent à reconnaître les forts où se retire le gibier: leurs sens sont ouverts à toutes les impressions; ils s'accoutument à les distinguer entre elles, et à rectifier par l'odorat les jugemens que leur font porter les autres sens. Lorsqu'ils ont huit ou neuf mois, l'amour force la louve à quitter la portée de l'année précédente, pour s'attacher à un mâle. [j]Ce besoin pressant anéantit la tendresse de mère; elle fuit, ou chasse ses enfans qui ne doivent plus avoir besoin d'elle; et les jeunes loups se trouvent abandonnés à leurs propres forces.[j] [7]La famille [k]reste encore unie[k] pendant quelque tems,[7] et cette association lui serait assez nécessaire; mais la voracité naturelle à ces animaux les sépare bientôt, parce qu'elle ne peut plus souffrir le partage de la proie. Les plus forts restent maîtres du terrein, et ceux qui sont plus faibles vont ailleurs traîner une vie souvent exposée à se terminer par la faim. D'ailleurs, le peu d'expérience qu'ils ont encore les livre à tous les périls que les hommes leur préparent. C'est alors sur-tout qu'ils vont chercher dans les campagnes les cadavres d'animaux, parce qu'ils n'ont encore ni la force, ni l'habileté qui y supplée. Lorsqu'ils résistent à ce tems de nécessité, leurs forces augmentées et l'instruction qu'ils ont acquise leur donnent plus de facilités pour vivre. [8]Ils sont en état d'attaquer de grands animaux,[8] [9]dont un seul les nourrit pendant plusieurs jours: lorsqu'ils en ont abattu un, ils le dévorent en partie et en cachent soigneusement les restes;[9] mais cette précaution ne les ralentit point sur la chasse, et ils n'ont recours à ce qu'ils ont caché que quand elle a été malheureuse. Le loup vit ainsi dans les alternatives de la chasse pendant la nuit, [l]et d'un sommeil inquiet et léger pendant le jour. Voilà ce qui regarde sa vie purement naturelle,[l] mais dans les lieux où ses besoins se trouvent en concurrence avec les desirs de l'homme, la nécessité continuelle d'éviter les pièges qu'on lui tend, et de pourvoir à sa sûreté, le contraint d'étendre la sphère de son activité et de ses idées à un bien plus grand nombre d'objets. Sa marche, naturellement libre et hardie, devient précautionnée et timide; ses appétits sont souvent suspendus par la crainte; il distingue les sensations qui lui sont rappelées par la mémoire de celles qu'il reçoit par l'usage actuel de ses sens. Ainsi, en même tems qu'il évente un troupeau enfermé dans un parc, la sensation du berger et du chien lui est rappelée par la mémoire, et balance l'impression actuelle qu'il reçoit par la présence des moutons; il mesure la hauteur du parc, il la compare avec ses forces, il juge de la difficulté [m]de le franchir lorsqu'il sera chargé de sa proie; et il[m] en conclut l'inutilité, ou le danger de la tentative. Cependant, au milieu d'un troupeau répandu dans la campagne, il saisira un mouton, à la vue même du berger, sur-tout si le voisinage du bois lui laisse l'espérance de s'y cacher avant d'être atteint. Il ne faut pas beaucoup d'expérience à un loup adulte qui vit dans le voisinage des habitations, pour [n]apprendre que l'homme est son ennemi. Dès qu'il paraît, il est poursuivi; l'attroupement et l'émeute lui annoncent combien il est craint, et tout ce que lui-même il doit craindre. Aussi, toutes les fois que l'odeur d'homme vient frapper son nez,[n] elle réveille en lui les idées du danger. La proie la plus séduisante lui est inutilement présentée, tant qu'elle a cet accessoire effrayant; et même lorsqu'elle ne l'a plus, elle lui reste long-tems suspecte. Le loup ne peut alors avoir qu'une idée abstraite du péril, puisqu'il n'a pas la connaissance particulière du piège qu'on lui tend: cependant il ne parvient à surmonter cette idée qu'en s'approchant de l'objet par degrés presque insensibles; plusieurs nuits suffisent à peine à le rassurer. Le motif de sa défiance n'existe plus, mais il est rappelé par la mémoire, et la défiance dure encore. L'idée de l'homme [o]réveille celle d'un piège qu'il ne connaît pas, et rend suspects[o] les appas les plus friands.

[10]*Timeo Danaos et dona* [p]*ferentes*.[10] C'est une science que le loup est forcé d'acquérir pour l'intérêt de sa conservation, qui ne manque jamais au loup adulte qui a quelque expérience, et qui s'étend plus ou moins selon les circonstances qui l'obligent à revenir sur lui-même et à réfléchir. Sans argumenter comme nous, il est du moins nécessaire qu'il compare entre elles les sensations qu'il a éprouvées, qu'il juge des rapports que les objets ont entre eux, et de ceux qu'ils peuvent avoir avec lui; sans quoi [q]il lui serait impossible de prévoir ce qu'il doit craindre ou espérer de ces objets[q]. Cependant le loup est le plus brut[r] de nos animaux carnassiers, parce qu'il est le plus fort: naturellement plus grossier que défiant, l'expérience le rend précautionné, et la nécessité, industrieux; mais il n'a ces qualités que par acquisition, et ce ne sont point ses moyens naturels. [11]Si on le chasse avec des chiens courans, il ne se dérobe à la poursuite que par la supériorité de sa vitesse et de son haleine; il n'a point recours aux retours et aux autres ruses des animaux plus faibles.[11] La seule précaution qu'il prenne et qu'en effet il ait à prendre, c'est de fuir toujours le nez au vent: le rapport de ce sens l'instruit fidèlement des objets dangereux qui peuvent se rencontrer sur sa route. Il a appris à comparer le degré de sensation que l'objet lui fait éprouver, avec la distance où il se trouve, et la distance avec le danger qu'il peut en craindre: il s'en détourne assez pour l'éviter, mais sans perdre le vent, qui est toujours sa boussole. Comme il est vigoureux et exercé, et que souvent la chasse l'a forcé de parcourir une grande étendue de pays, il dirige sa course vers les lieux éloignés qu'il connaît, et on ne parvient à le dévoyer, qu'en multipliant les embuscades avec beaucoup d'attirail et d'apprêt.

Tout animal qui passe successivement de la chasse au sommeil, et qui par conséquent n'est point sujet à l'ennui, ne peut avoir que trois motifs qui l'intéressent et qui deviennent les principes de ses connaissances, de ses jugemens, de ses déterminations et de ses actions: la recherche de sa nourriture, les précautions relatives à sa sûreté, et le soin de se procurer une femelle lorsqu'il est pressé du besoin de l'amour. Nous voyons que le loup emploie, quant à la recherche de sa nourriture, toute l'industrie qui convient à sa force. Il prend des mesures pour s'assurer du lieu où il trouvera sa proie; et si dans cette recherche il choisit un lieu plutôt qu'un autre, ce choix suppose des faits précédemment connus. Il observe ensuite pendant long-tems les différens genres de péril auxquels il s'expose; il les évalue, et ce calcul de probabilités le tient en suspens jusqu'à ce que l'appétit vienne mettre un poids dans la balance et le déterminer volontairement. Les précautions relatives à la sûreté exigent plus de prévoyance, c'est-à-dire, un plus grand nombre de faits gravés dans la mémoire. Il faut ensuite comparer tous ces faits avec la sensation actuelle que l'animal éprouve, juger du rapport qu'il y a entre ces faits et la sensation, enfin se déterminer d'après le jugement porté. Toutes ces opérations sont absolument nécessaires; et, par exemple, on aurait tort de croire que la crainte qu'excite un bruit soudain fût pour la plupart des animaux carnassiers une impression purement machinale. L'agitation d'une feuille n'excite dans un jeune loup qu'un mouvement de curiosité; mais le loup instruit, qui a vu le mouvement d'une feuille annoncer un homme, s'en effraie avec raison, parce qu'il juge du rapport qu'il y a entre ces deux phénomènes. Lorsque les jugemens ont été souvent répétés, et que la répétition a rendu habituelles les actions qui en sont la suite, la promptitude avec laquelle l'action suit le jugement la fait paraître machinale; mais avec un peu de réflexion, il est impossible de méconnaître la gradation qui y a conduit, et de ne pas la rappeler à son origine. Il peut arriver que l'idée de ce rapport entre le mouvement d'une feuille et la présence d'un homme, ou de tel autre objet, soit très-vive et réalisée par différentes occasions: alors elle s'établira dans la mémoire comme idée générale. Le loup se trouvera sujet à la chimère et à de faux jugemens qui seront le fruit de l'imagination: et si ces faux jugemens s'étendent [r]à un certain nombre d'objets, il deviendra le jouet d'un système illusoire qui le précipitera dans une infinité de démarches fausses, quoique conséquentes aux principes qui se seront établis dans sa mémoire. Il verra des pièges où il n'y en a point; la frayeur [s]déréglant son imagination[s], lui représentera[r] dans un autre ordre les différentes sensations qu'il [t]aura reçues; et elle en composera des formes trompeuses,[t] auxquelles il attachera l'idée abstraite du péril. C'est en effet ce qu'il est aisé de remarquer dans les animaux carnassiers, par-tout où ils sont souvent chassés et continuellement assiégés d'embûches. Leurs démarches n'ont plus l'assurance ni la liberté de la nature. Le chasseur, en suivant les pas de l'animal, ne cherche qu'à découvrir le lieu de son rembûchement; mais le Philosophe y lit l'histoire de ses pensées; il démêle ses inquiétudes, ses frayeurs, ses espérances; il voit les motifs qui ont rendu sa marche précautionnée, qui l'ont suspendue, qui l'ont accélérée; et ces motifs sont certains, ou, comme je l'ai déjà dit, il faudrait supposer des effets sans cause.

Il est difficile de savoir si l'amour fournit aux loups un grand nombre d'idées; il est certain seulement que les mâles sont plus nombreux que les femelles, qu'entre eux [12]il y a des combats sanglans pour jouir,[12] et qu'il s'établit un mariage: [13]mais on ne sait pas si la louve en chaleur reste la proie du plus fort, ou si un choix libre la livre aux empressemens du mieux aimé.[13] On sait cependant qu'il entre dans la conduite de la louve une sorte de coquetterie qui est commune à toutes les femelles de toutes les espèces: elle entre en chaleur la première, mais elle dissimule ou même refuse assez long-tems ce qu'elle desire; et il est assez vraisemblable qu'il entre du choix dans son association; car elle s'enfuit avec celui qui reste son mari, et se dérobe aux autres prétendans. Alors et pendant tout le tems de la gestation, elle demeure avec celui qu'elle a adopté ou qui l'a conquise, et ensuite ils partagent ensemble les soins de la famille. Ainsi, quel que soit le principe de cette société, elle établit des droits réciproques, et fait naître de nouvelles idées. Les loups unis chassent ensemble, et le secours qu'ils se prêtent rend leur chasse plus facile et plus sûre. S'il est question d'attaquer un troupeau, la louve va se présenter au chien, qu'elle éloigne en se faisant poursuivre, pendant que le mâle insulte le parc et emporte un mouton, que le chien n'est plus à portée de défendre. S'il faut attaquer quelque bête fauve, les rôles se partagent en raison des forces: le loup se met en quête, attaque l'animal, le poursuit et le met hors d'haleine, lorsque la louve, qui d'avance s'était placée à quelque détroit, le reprend avec des forces fraîches, et rend en peu de tems le combat trop inégal.

Il est aisé de voir combien de telles actions supposent de connaissances, de jugemens et d'inductions; il paraît même difficile que des conventions de cette nature puissent s'exécuter sans un langage articulé, et c'est ce que nous examinerons ailleurs. Cependant, comme nous l'avons dit, le loup est un des animaux carnassiers [u]qui, attendu sa force, a le moins besoin[u] d'avoir beaucoup d'idées factices, c'est-à-dire, de celles qui se forment par la réflexion qu'on fait sur les sensations qu'on a éprouvées. La nécessité de la rapine, l'habitude du meurtre, et la jouissance journalière de membres d'animaux déchirés et sanglans, ne paraissent pas devoir former au loup un caractère moral bien intéressant: cependant, [v]excepté le cas de rivalité en amour,[v] cas privilégié pour tous les animaux, on ne voit pas que les loups exercent de cruauté directe les uns contre les autres. Tant que la société subsiste entr'eux, ils se défendent mutuellement, et la tendresse maternelle est portée dans les louves jusqu'à l'excès de fureur qui méconnaît entièrement le péril. [14]On dit qu'un loup blessé est suivi au sang et enfin achevé et dévoré par ses semblables: mais c'est un fait peu constaté, qui sûrement n'est pas ordinaire, et qui peut avoir été quelquefois l'effet du dernier terme de la nécessité qui n'a plus de loi.[14] Les relations morales ne peuvent pas être fort étendues entre des animaux qui n'ont nul besoin de société: tout être qui mène une vie dure et isolée, partagée entre un travail solitaire et le sommeil, doit être très-peu sensible aux tendres mouvemens de compassion.

[15]Le renard[15] a les mêmes besoins que le loup, et la même inclination pour la rapine: il a les sens aussi fins, plus d'agilité et de souplesse; mais la force lui manque; et il est contraint de la remplacer par l'adresse, la ruse et la patience.

Un des premiers effets de l'industrie par laquelle il est supérieur au loup, c'est de se creuser un terrier qui le met à l'abri des injures de l'air et lui sert en même tems de retraite. Pour s'épargner de la peine, il s'empare ordinairement de ceux qu'habitent les lapins; il les en chasse et s'y établit. Lorsque quelque raison le détermine à changer de pays, son premier soin est d'aller visiter tous les terriers dont la position peut lui convenir, sur-tout ceux qui ont été anciennement habités par des renards. Il les nettoie successivement; et ce n'est qu'après les avoir tous parcourus, qu'il se fixe à la fin: mais s'il est troublé, même légèrement, dans celui qu'il a choisi, il en change bientôt, et il ne souffre pas que l'inquiétude approche du lieu qu'il destine à sa demeure. Le renard ainsi établi parcourt en peu de tems tous les entours de son terrier à une assez grande distance; il prend connaissance des villages, des hameaux, des maisons isolées, et il évente les volailles; il s'assure des cours où l'on entend des chiens et du mouvement, et de celles où le repos règne; il reconnaît les haies et les lieux couverts qui pourraient, en cas de péril, favoriser son évasion. Cet attirail de précautions, tant de possibilités prévues, supposent nécessairement beaucoup de faits déjà connus: toujours guidé dans sa marche par une défiance raisonnée, il se laisse rarement emporter à l'ardeur de poursuivre une proie qui fuit; il arrive près d'elle en se traînant, et s'en saisit en sautant légèrement dessus. Lorsqu'il est bien assuré que la tranquillité règne dans une basse-cour où il a éventé des volailles, il tâche d'y pénétrer, et son agilité naturelle lui en donne aisément les moyens. Alors, s'il n'est point troublé, il en profite pour multiplier les meurtres, et il emporte ce qu'il a tué, jusqu'à ce que les approches du jour lui fassent craindre moins d'assurance pour sa retraite. Il amasse ainsi des vivres pour plusieurs jours, et cache avec soin tous ses restes, pour les retrouver au besoin. Si le renard est établi dans un pays giboyeux, son industrie a d'autres formes à prendre pour suffire à sa voracité: tantôt il parcourt les campagnes, marche le nez au vent, prend connaissance ou de quelque lièvre au gîte, ou de perdrix couchées dans un sillon; il en approche en silence; ses pas, marqués à peine sur la terre molle, annoncent sa légèreté et l'intention qu'il a de surprendre: il réussit souvent. Quelquefois sa ressource est dans la patience; il se glisse le long des bois, observe le passage d'un lapin, se cache, attend, et le saisit lorsqu'il rentre d'assurance. Mais la chasse n'est pas toujours immédiatement l'objet des courses du renard: quoique déjà rassasié, sa prévoyance active le fait marcher encore, moins dans l'intention de chercher une nouvelle proie, que pour prendre des connaissances plus sûres et plus détaillées du pays qui lui fournit à vivre. Il revient souvent aux différens terriers qu'il a nettoyés d'abord, il en fait le tour avec beaucoup de précaution, il y entre et en examine avec soin les différentes gueules; il s'approche par degrés des objets qui lui sont nouveaux: toute nouveauté lui est d'abord suspecte, et chacun de ses pas vers l'objet, indique la défiance et l'examen. Cependant, avec des appâts dont les renards sont friands, on les fait aisément donner dans les pièges, lorsqu'ils ne leur sont pas encore connus; mais sitôt qu'ils sont instruits, les mêmes moyens deviennent inutiles. Il n'est point d'appât qui puisse alors faire braver au renard [w]le danger qu'il reconnaît ou qu'il soupçonne. Il évente le fer du piège;[w] et cette sensation, devenue terrible pour lui, l'emporte sur toute autre impression. S'il apperçoit que les embûches soient multipliées autour de lui, il quitte le pays pour en chercher un plus sûr. Quelquefois cependant, enhardi par des approches graduelles et réitérées, guidé par le sentiment sûr de son nez, il trouvera le moyen de dérober légèrement, et sans s'exposer, un appât de dessus un piège.

On voit que cette action suppose, avec ses circonstances, une quantité de vues fines et de combinaisons assez compliquées. On ne finirait point, si l'on voulait détailler toutes les intentions qui lui font changer ses refuites, les motifs qui balancent en lui le pouvoir de l'habitude, si puissant sur tous les animaux, et toutes les variétés que les circonstances nouvelles jettent dans sa conduite. Tout cela est nécessaire à un animal faible qui se trouve en concurrence avec l'homme, et qui nuit à ses besoins ou à ses plaisirs. Si c'est pour lui un avantage naturel d'avoir une retraite et d'être domicilié, c'est aussi un moyen de plus qu'a son ennemi pour l'attaquer: il découvre aisément sa demeure et vient l'y surprendre; mais l'homme avec ses machines, a besoin lui-même de beaucoup d'expérience, pour n'être pas mis en défaut par la prudence et les ruses du renard. Si toutes les gueules du terrier sont masquées par des pièges, l'animal les évente, les reconnaît, et plutôt que d'y donner, il s'expose à la faim la plus cruelle. J'en ai vu s'obstiner ainsi à rester jusqu'à quinze jours dans le terrier, et ne se déterminer à sortir que quand l'excès de la faim ne leur laissait plus de choix que celui du genre de mort. Cette frayeur, qui retient le renard, n'est alors ni machinale ni inactive: il n'est point de tentative qu'il ne fasse pour s'arracher au péril; tant qu'il lui reste des ongles, il travaille à se faire une nouvelle issue, par laquelle il échappe souvent aux embûches du chasseur. Si quelque lapin enfermé avec lui dans le terrier vient à se prendre à l'un des pièges, ou si quelqu'autre hasard le détend, l'animal juge que la machine a fait son effet, et il y passe hardiment et sûrement. La seule passion qui fasse oublier au renard une partie de ses précautions ordinaires, c'est la tendresse pour sa famille: la nécessité de la nourrir, lorsqu'elle est enfermée dans le terrier, rend le père et la mère, mais sur-tout celle-ci, plus hardis qu'ils ne le sont pour eux-mêmes, et cet intérêt pressant, leur fait souvent braver le péril. Les chasseurs savent bien profiter de cette tendresse du renard pour sa famille. La communauté de soins et d'intérêts suppose une sorte de morale dans l'amour, et des affections qui s'étendent au-delà des besoins physiques proprement dits.

Ces animaux, familiarisés avec les scènes de sang, n'entendent pas sans être émus les cris de leurs petits souffrans. Les poules ont sans doute le droit de ne pas les regarder comme des animaux compatissans, mais leurs femelles, leurs enfans, et même tous ceux de leur espèce, n'ont pas du moins à s'en plaindre. Cette tendre inquiétude, qui porte la renarde à s'oublier elle-même, la rend infiniment attentive à tous les dangers qui peuvent menacer ses petits. Si quelque homme approche du terrier, elle les transporte pendant la nuit suivante; et elle est souvent exposée à déloger ainsi, parce que dans ces tems les renards signalent leur voisinage par des ravages plus grands, et qu'on est plus intéressé à s'en défaire.

Outre l'intérêt qu'a l'homme de détruire le renard, il a fait encore de la chasse de cet animal un objet d'amusement. [16]On le chasse avec des bassets ou de petits chiens courans. D'abord l'animal ne s'écarte pas beaucoup de sa retraite, et il fait plusieurs randonnées; mais comme on garde ordinairement son terrier, et que souvent il y est tiré, il prend enfin le parti de s'éloigner; et pour retarder la poursuite des chiens, il passe dans les plus épais halliers dont il a la connaissance et l'habitude.[16] Si quelques chasseurs cherchent à prendre les devans pour le tirer au passage, il les évite et tente tout plutôt que de passer à côté d'un homme. [17]J'en ai vu un sauter alternativement jusqu'à trois fois un mur de neuf pieds de haut,[17] pour éviter les embuscades qu'on lui préparait. Mais enfin, comme il n'a que la fuite pour défense, et qu'il n'a qu'une vigueur moindre que celle des chiens qui le poursuivent, après avoir épuisé tout ce que la fuite peut comporter d'habileté et de variétés, la lassitude le force à se retirer dans quelque terrier où souvent il périt.[15]

On a pu remarquer que la manière de vivre habituelle du renard, et le détail de ses actions journalières, supposent un plan mieux réglé, un ensemble de réflexions plus compliquées, et de vues plus étendues et plus fines que ne le sont celles du loup. La prudence est la ressource de la faiblesse, et souvent elle la guide mieux que l'audace ne conduit la force. [18]Au reste, on remarque également dans ces animaux une aptitude à se perfectionner qui leur est commune, malgré la différence que l'organisation et les besoins mettent dans les résultats: ignorans, grossiers et presque imbéciles dans les lieux où l'on ne leur fait pas une guerre ouverte, ils deviennent habiles, pénétrans et rusés, lorsque la crainte de la douleur et de la mort, présentée sous mille formes, leur a fait éprouver des sensations multipliées; qu'elles se sont établies dans leur mémoire; qu'elles ont produit des jugemens; qu'ensuite rappelées par des circonstances intéressantes, l'attention les a combinées avec d'autres et en a tiré des inductions nouvelles. Ces jugemens, qui sont le produit de l'induction, ne sont pas toujours sûrs; mais l'expérience les rectifie; et il est aisé de reconnaître dans les différens âges de ces animaux leurs progrès dans l'art de juger. Dans la jeunesse, l'imprudence et l'étourderie leur font faire beaucoup de fausses démarches; ensuite les périls auxquels ils sont exposés leur causent une frayeur qui souvent égare leur jugement, leur fait regarder comme dangereuses toutes les formes inconnues, attache l'idée abstraite du péril à tout ce qui est nouveau, et les jette par conséquent dans la chimère. Les vieux loups et les vieux renards, que la nécessité a mis souvent dans le cas de vérifier leurs jugemens, sont moins sujets à se laisser frapper par de fausses apparences, mais plus précautionnés contre les dangers réels. Comme une crainte déplacée peut leur faire manquer leur nuit et les réduire à une diète incommode, ils ont un grand intérêt à observer. L'intérêt produit l'attention, l'attention fait démêler les circonstances qui caractérisent un objet et le distinguent d'un autre: la répétition des actes rend ensuite les jugemens aussi prompts et aussi faciles qu'ils sont sûrs. Ainsi, [19]les animaux sont perfectibles; et si la différence de l'organisation met des limites à la perfectibilité des espèces,[19] il est sûr que toutes jouissent jusqu'à un certain degré de cet avantage, qui doit nécessairement appartenir à tous les êtres qui ont des sensations et de la mémoire:[18] [x]le sage auteur de la nature a proportionné dans toutes les moyens aux besoins. En parcourant, Monsieur, quelques autres espèces dans la première lettre que j'aurai l'honneur de vous écrire, cette vérité se fera sentir de plus en plus. De quelque côté qu'on regarde les ouvrages de l'éternel Artisan, on ne peut qu'être frappé de la profondeur de ses vues, et rendre hommage à sa gloire.[x]

J'ai l'honneur d'être, etc.

Lettre III (lettre 3)

L'HISTOIRE des animaux carnassiers, dont vous avez vu, Monsieur, quelques essais dans ma dernière lettre, donne des scènes changeantes que ne peut pas offrir celle des animaux qui vivent d'herbes et de fruits. Une proie fugitive que des attaques répétées rendent elle-même très-industrieuse, la concurrence avec un rival que la supériorité de ses moyens fait regarder comme le roi de la nature, tous les intérêts qui peuvent naître de ces deux états combinés d'attaque et de défense, tiennent continuellement éveillée dans les carnassiers leur faculté de sentir, et les forcent à une attention, à une habitude de réflexion qui étend chaque jour la mesure de leur intelligence. Les frugivores n'ont aucun besoin de réfléchir ni de raisonner pour vivre; ils ont moins d'idées et plus d'innocence, des mœurs douces, une conduite uniforme qui ne présente pas beaucoup de révolutions, mais qui donne le spectacle du calme et de la paix. On dit que l'histoire d'un peuple sans passions serait une histoire sans intérêt. Celle des animaux qui se nourrissent d'herbes est presque dans ce cas; elle est aussi simple que leurs besoins: toute leur science se borne au souvenir d'un petit nombre de faits; et si quelques animaux destructeurs ne troublaient pas leurs asyles, ils sauraient encore moins; mais leur vie serait libre et heureuse autant qu'elle est naturellement uniforme. C'est sur-tout [a]l'homme, avide et cruel, qui ne laisse pas[a] jouir en paix des fruits de la terre celles des bêtes qui peuvent servir à sa nourriture ou à ses plaisirs. S'il fait la guerre aux tyrans carnassiers des forêts, ce n'est point comme bienfaiteur, c'est comme rival, et pour se réserver le droit de dévorer seul la proie commune. Le cerf, le daim, le chevreuil, le lièvre, le lapin, sont pour lui des objets de protection et de rapine: la mort de ces animaux est la fin dernière des soins qu'il en prend. Il est vrai que quelques-uns d'entre eux doivent un assez grand nombre d'idées à cette nécessité d'éviter les embûches de l'homme. Ils sont forcés de se composer un système de défense qu'ils n'auraient point, et si le savoir était un bonheur absolu, ils auraient à cet ennemi l'obligation d'avoir contribué au leur, en développant leurs facultés sensitives et intellectuelles; [1]mais le savoir a-t-il jamais valu le repos? Ce peut être un moyen de bonheur pour l'homme oisif et agité, qui a besoin d'occupation pour éviter l'ennui; c'est un remède à cette maladie de curiosité qui le tourmente: mais parmi les êtres sensibles, ceux qui n'éprouvent point habituellement le besoin d'être fortement occupés, n'ont point la maladie que guérit l'occupation forte. Dans l'homme même, ce malaise inquiet, qui le porte sans cesse à chercher du secours au-dehors, et qui par-là devient la source de la plus grande partie de ses connaissances, n'est peut-être qu'un vice acquis et un produit de l'éducation. Les peuples sauvages, qui ne connaissent que peu de besoins, ne paraissent pas moins heureux que les peuples policés qui en connaissent beaucoup qu'ils ne peuvent satisfaire. Quand on considère toutes les conditions et tout l'appareil devenus nécessaires au bonheur de l'homme oisif et civilisé, au petit nombre de ceux qui jouissent, et au nombre prodigieux de ceux qui souffrent parce qu'ils desirent, on serait tenté de croire que l'espèce entière aurait gagné à être moins [b]instruite.[1] [2]Peut-être aussi qu'une instruction plus générale et plus perfectionnée apprendrait aux hommes le vrai terme de leur bonheur, leur ferait connaître la manière d'être précise, de laquelle il doit résulter, pour le plus grand nombre des individus, et fixerait leur inquiétude et leurs desirs par le sentiment et l'évidence.[2] Quoi qu'il en soit, il est certain que ceux des animaux, dont la vie peu variée ne suppose qu'un nombre d'idées fort borné, paraissent plus voisins du bonheur[b] que ceux dont les mouvemens continuels annoncent beaucoup d'intérêts et d'activité. Ceux-ci ont une existence plus vive et des sensations plus fortes; mais cette intensité de vie n'est due souvent qu'à l'inquiétude, à la crainte, à des sentimens pénibles. Lors même qu'ils poursuivent le plaisir avec une ardeur mêlée d'espérance, on ne peut pas les regarder comme heureux. C'est le besoin de jouir qui est actif; mais la jouissance elle-même est tranquille.

[3]Le cerf[3] est un de ces animaux que leur constitution, les inclinations qui en résultent, la manière de se nourrir, et les rapports qu'ils peuvent avoir avec les autres, ne mettent pas dans le cas d'avoir beaucoup d'idées. Il n'a nulle difficulté à vaincre quant à la recherche de sa nourriture. [c]S'il souffre de la disette, il n'a d'autre ressource que de changer de lieu,[c] et il ne peut être servi par aucun genre d'industrie; ainsi, sa mémoire ne se charge à cet égard que d'un petit nombre de faits qui lui suffisent. Il apprend et sait bientôt [4]où il trouvera des chatons et des bourgeons tendres au commencement du printems, de l'herbe nouvelle et succulente pendant l'été, des grains à la fin de cette saison, et des ronces ou des pointes de bruyères lorsque l'hiver a durci les bois et flétri les herbes.[4] La répétition de ces actes si simples ne suppose ni ne donne beaucoup d'instruction. Sortir le soir de sa retraite pour aller viander, y rentrer à la pointe du jour, et s'y mettre à la reposée; relever quelquefois vers midi, ou pour manger, ou, s'il fait fort chaud, pour aller boire à quelque mare: voilà l'histoire de la journée d'un cerf; et ce serait celle de toute sa vie, si le tems du rut et les embûches de l'homme n'y jetaient quelque variété. Cependant ces actes, tout simples qu'ils sont, supposent encore dans le cerf, expérience, réflexion, et choix, puisqu'il est nécessaire qu'il change de gagnage et de retraite selon les saisons. [5]Au printems et au commencement de l'été, la nécessité de refaire sa tête et de ménager un bois encore tendre et sensible,

l'oblige à chercher les buissons écartés dans lesquels il peut espérer une tranquillité profonde. En hiver, la rigueur du froid le porte à habiter les futaies à l'abri et les fonds de forêts, voisins des gagnages convenables à la saison.[5] Mais ce choix de retraite ne suppose encore qu'une seule conséquence tirée directement d'une seule observation. [6]Lorsqu'il a été plusieurs fois inquiété dans son asyle, il met à le cacher un art qui ne peut être que le fruit de vues plus fines et de réflexions plus compliquées. Souvent il change de buisson en raison du vent, pour être à portée de sentir et d'entendre ce qui peut venir le menacer de dehors.[6] [7]Souvent au lieu de rentrer d'assurance et d'aller droit se mettre à sa reposée, il fait de faux rembûchemens; il entre dans le bois, il en sort; il va et revient sur ses voies à plusieurs reprises.[7] Sans avoir d'objet présent d'inquiétude, il fait les mêmes ruses qu'il ferait pour se dérober à la poursuite des chiens s'il se sentait chassé par eux. Cette prévoyance annonce des faits déjà connus, et une suite d'idées et de présomptions qui sont la conséquence de ces faits; car il faut nécessairement qu'une telle démarche soit le produit des raisonnemens qui suivent: 'un chien, conduit par un homme, m'a plusieurs fois forcé de fuir et m'a suivi long-tems à la trace, donc ma trace lui a été connue: ce qui est arrivé plusieurs fois peut encore arriver aujourd'hui; donc il faut qu'aujourd'hui je me précautionne contre ce qui est déjà arrivé. Sans savoir comment on fait pour connaître ma trace et la suivre, je présume qu'au moyen d'une fausse marche je pourrai dévoyer mes poursuivans; donc il faut que j'aille et revienne sur mes voies pour leur en dérober la connaissance et assurer ma tranquillité.' Quiconque réfléchira sur la nécessité [d]d'un motif pour produire une détermination aussi compliquée, et l'action qui en est la suite, verra que celle-ci ne peut pas être le produit[d] de ce qu'on appelle instinct; [8]car les actions de l'instinct ne supposent dans l'animal qu'une seule idée ou sensation actuelle. Ainsi, c'est en conséquence d'une seule sensation que le cerf broute l'herbe, que l'animal carnassier se jette sur sa proie, que l'enfant saisit le téton de sa nourrice; mais il est impossible qu'une sensation seule et immédiate fasse inventer des ruses à un animal, en conséquence d'une importunité qu'il a précédemment éprouvée, et de la manière dont il l'a éprouvée.[8]

Nous avons dit que le tems du rut rompait aussi l'uniformité de la vie naturelle des cerfs, cependant, ni l'amour, ni la société qu'ils ont ensemble pendant l'hiver, ne sont encore pour eux les sources d'un grand nombre d'idées. L'amour n'est en eux qu'un besoin momentané de jouir qui admet toutes les femelles indistinctement, qui n'établit aucun choix réciproque, aucun soin de famille. [9]Pendant l'hiver, ils ne vivent pas proprement en société; seulement ils se rapprochent les uns des autres pour se garantir du froid: ce besoin passé, ils se séparent, ou du moins ne paraissent en aucune façon attachés les uns aux autres, excepté les jeunes et les femelles, que la faiblesse et la timidité retiennent ensemble.[9] Ils sont inutiles l'un à l'autre pour les besoins ordinaires de la vie, et ils vivent à-peu-près isolés. On en pourrait conclure que toute société entre les animaux est uniquement fondée sur les secours mutuels qu'ils peuvent se donner. Mais il y a, dans quelques espèces, des exemples qui prouvent qu'il existe une société d'attrait indépendante de tout autre besoin. Comme les cerfs n'ont point d'affections sociales, leurs haines aussi ne sont que passagères. On ne voit de combats entre eux que dans le tems de l'effervescence amoureuse qui leur est commune. Alors ceux qui n'ont pas dans leur pays assez de femelles, ou qui sont maltraités par de plus forts qu'eux, changent de lieu, et vont quelquefois fort loin pour chercher fortune. [10]Lorsque les desirs sont devenus tout-à-fait pressans, les cerfs sont dans un mouvement continuel, ils n'ont ni gagnage ni reposée fixes; ils font retentir les forêts d'un bruit terrible qui a l'accent de la profonde douleur; ils courent comme ivres, regardent sans voir, et perdent en fort peu de tems toute la venaison qu'ils ont acquise pendant l'été. Parmi les femelles, on ne voit point, comme dans les espèces qui font un choix, ces refus simulés qui attachent le mâle et irritent en lui le desir de la jouissance; et les combats entre les mâles ne paraissent avoir pour objet que le besoin de jouir, sans aucun motif de préférence. Lorsqu'il y a inégalité de forces, le plus faible cède promptement au fort le champ de l'amour. Dans cette espèce, les vieux ont l'avantage singulier d'être les plus ardens; ce sont eux aussi auxquels les biches se livrent d'abord, soit par attrait, soit par crainte: cependant, lorsque des forces à-peu-près égales rendent entre deux rivaux le sort du combat douteux et long, les biches destinées à être le prix du vainqueur, deviennent souvent la proie d'un jeune audacieux qui jouit et s'échappe.[10]

On voit que le cerf, avec des sens assez fins, l'œil bon, l'ouie et l'odorat excellens, n'acquiert pas beaucoup de connaissances, parce qu'il n'a pas beaucoup de motifs qui le forcent à l'attention. Avec les animaux de son espèce, il n'a que des rapports passagers qui ne supposent que des sentimens simples, et n'exigent point de réflexion. Avec les autres et avec l'homme, il n'a de relation que celle de sa propre défense, pour laquelle il n'a de moyen que la fuite: c'est donc dans sa manière de fuir qu'il faut l'examiner, pour voir le développement de ses facultés. Etre effrayé du bruit des chiens, et tâcher d'échapper à leur poursuite, c'est dans un animal timide un pur effet de l'instinct. Mais diriger sa fuite d'après des faits connus, la raisonner, la compliquer, c'est l'effet d'un principe intelligent, et c'est ce qu'on ne peut pas méconnaître dans le cerf. [11]Lorsqu'il est encore sans expérience, sa fuite est simple et sans méthode. Comme il ne connaît que les lieux voisins de celui où il est né, il y revient souvent, ne les quitte qu'à regret et à la dernière extrémité. Mais lorsque la nécessité répétée de se dérober à la poursuite l'a forcé de réfléchir sur la manière dont il a été poursuivi, il se compose un système de défense, et il épuise tout ce que l'action de fuir peut comporter de variétés et de desseins.[11] [12]Il s'est apperçu que, dans les bois fourrés où le contact de tout son corps laisse un sentiment vif de son passage, les chiens le suivent avec ardeur et sans interruption: il quitte donc les bois fourrés, passe dans les futaies, ou longe les routes. Souvent il forlonge, c'est-à-dire, qu'il change de pays, et profite, pour s'éloigner, de l'avantage de sa vîtesse. Mais, quoiqu'il n'entende plus les chiens, il sait que bientôt il sera rapproché par eux; ainsi, loin de se livrer à une sécurité dangereuse, il profite de ce tems de répit pour imaginer des moyens de tromper ses ennemis. Il a remarqué qu'il était trahi par les traces de ses pas, et que la poursuite s'y attachait constamment: pour dérober sa marche, il court souvent en ligne droite, revient sur ses voies, et se séparant ensuite de la terre par plusieurs sauts consécutifs, il met en défaut la sagacité des chiens, trompe l'œil du chasseur et gagne au moins du tems. Quelquefois il prend le parti de forlonger aussitôt qu'il est attaqué. Quelquefois il commence par des ruses; il se jette sur le ventre, se fait relancer comme s'il était mal mené, et puis tout-à-coup il s'éloigne avec toute la vîtesse dont il est capable. S'il paraît vouloir prendre du repos, ce n'est jamais lorsque les chiens sont éloignés de lui. Mais s'il est pressé, il lui arrive de se jeter sur le ventre, dans l'espérance que l'ardeur les emportera, et qu'ils outrepasseront la voie; et quand cela est arrivé, il retourne sur ses derrières. Souvent il va chercher d'autres bêtes de son espèce pour s'accompagner. On pourrait croire que c'est l'effet de ce sentiment naturel qui porte à chercher la compagnie pour se rassurer; mais une preuve qu'il a un autre motif, c'est que son association [e]ne dure pas aussi long-tems que le danger.[e] Lorsque la harde à laquelle il s'est mêlé est assez échauffée [f]pour partager le péril avec lui[f] et que l'ardeur des chiens peut s'y méprendre, il la laisse exposée, et se dérobe par une fuite plus rapide. Le change en résulte souvent, et cette ruse est une de celles [g]dont le succès est le plus assuré.[g12]

Entre les animaux dont la manière de vivre est la même, et qui n'ont que des moyens semblables, les plus faibles doivent toujours être les plus rusés, parce que la ruse n'est nécessaire qu'où la force manque. [13]Le daim, qui est à-peu-près de même nature que le cerf, et qui a beaucoup moins de vîtesse et de force, emploie, pour se défendre, les mêmes moyens, et les emploie beaucoup plutôt.[13] [14]Le chevreuil se sert aussi des mêmes ruses, et les multiplie encore plus. Son agilité naturelle le servirait bien, s'il n'avait pas le désavantage de laisser des voies chaudes, que les chiens chassent avec beaucoup d'ardeur. [15]Le chevreuil a d'ailleurs, avec une forme extérieure assez ressemblante à celle des deux autres, des inclinations particulières qui annoncent une supériorité d'instinct. Le mâle et la femelle, ordinairement frère et sœur d'une même portée, vivent ensemble et montrent un attachement réciproque qui ne cesse que par la mort de l'un des deux. Cependant ils ne peuvent se servir de rien l'un à l'autre quant aux besoins communs de la vie, et ceux de l'amour ne durent pour eux qu'environ quinze jours par année. Ils ont donc un besoin de s'aimer indépendamment de tout autre. Ils vivent avec leur famille jusqu'à ce qu'elle-même soit en état d'en produire une nouvelle.[15] Ainsi, l'on voit toujours les chevreuils dans une union successivement fraternelle et conjugale, ou bien en famille, c'est-à-dire, le père et la mère avec deux ou trois petits.[14] [16]La tendresse maternelle est à-peu-près la même dans ces trois espèces, et se marque par les mêmes caractères. Inquiétude tendre et courageuse, qui fait courir au-devant des chiens pour les écarter de sa progéniture, fuite simulée d'abord, et retour ensuite lorsque le péril est éloigné; mais par-tout le courage est en raison des moyens et des forces, et les ruses sont en raison de la faiblesse.[16] C'est donc en effet parmi les plus faibles des animaux, organisés pour vivre de la même manière, qu'il faut chercher la plus grande intelligence. [17]Le lièvre, par exemple, auquel la nature a donné des sens moins bons qu'à beaucoup d'autres, a recours, lorsqu'il est chassé, à des ruses qui donneraient de la jalousie à un renard.[17] [18]Le lapin, plus faible encore, annonce une intelligence bien plus étendue, puisqu'il se creuse une demeure, se choisit une compagne, vit en société. Ses intérêts ne sont pas même concentrés dans sa famille, ils s'étendent à toute la république souterraine, à tous les êtres de son espèce qui ont avec lui des rapports de voisinage. Lorsque les lapins sont sortis du terrier pour repaître, ceux d'entre eux que l'expérience a accoutumés à l'inquiétude, partagent toujours leur attention entre le repas qu'ils font et les dangers qui peuvent survenir. S'ils se croient menacés de quelque surprise, ils sonnent l'alarme aux environs, en frappant la terre avec les pattes de derrière, et les terriers retentissent au loin de ces coups redoublés. Toute la peuplade se presse ordinairement de rentrer; mais si quelques lapins plus jeunes et plus imprudens ne cèdent pas aux premiers avertissemens, les vieux restent en frappant toujours, et s'exposent eux-mêmes pour la sûreté publique.[18]

Il me semble, Monsieur, qu'en rassemblant les faits simples que présente la vie commune des différens animaux dont je vous ai parlé, nous avons droit d'en conclure que toutes les espèces ont une faculté qui leur est commune, la sensibilité. Nous pouvons encore ajouter que cette faculté, plus ou moins exaltée par les besoins et les circonstances, produit les différens degrés d'intelligence que nous remarquons, soit dans les espèces, soit dans les individus. Souvent ce qu'on regarde en eux comme sagacité naturelle d'instinct n'est qu'[19]un développement de cet amour de soi qui est un produit nécessaire de la sensibilité. Tout être qui sent, connaît par cela même le plaisir ou la douleur: il desire l'un, et est importuné de l'autre:[19] ses sensations [h]lui donnent la conscience de son existence actuelle; sa mémoire lui donne celle de son existence passée; et c'est le caractère de l'affection qu'il éprouve, ou qu'il se rappelle, qui le fait jouir ou souffrir,[h] qui [i]donne l'être à ses desirs ou à ses craintes, et par-là[i] détermine ses actions. Ce qui appartient proprement à l'instinct, dépend entièrement de l'organisation: ainsi, c'est par instinct que le cerf broute l'herbe, et que le renard se nourrit de chair. Mais ce n'est pas à l'instinct, c'est à la faculté de sentir et à ses effets, qu'appartiennent les moyens que ces animaux emploient pour satisfaire les besoins de leur appétit naturel. L'instinct détermine l'objet du desir, le desir donne l'attention, l'attention fait remarquer les circonstances, et grave les faits dans la mémoire; la mémoire des faits donne l'expérience, l'expérience indique les moyens. Si les moyens ont quelque succès, ils constituent la science; s'ils n'en ont point, ils produisent la réflexion, qui combine de nouveaux faits et enfante de nouveaux moyens. Les actions qui sont communes à tous les individus d'une espèce, et qui paraissent la distinguer d'une autre, ne sont pas toujours des effets de l'instinct, c'est-à-dire, d'une inclination sourde, indépendante de l'expérience et de la réflexion. Par exemple, la disposition qui porte les lapins à se creuser un terrier n'est pas purement machinale, puisque [20]ceux qui ont été long-tems domestiques, manquent absolument de cette industrie. Ils ne s'en avisent que quand la nécessité de garantir leur faiblesse du froid et du danger, les a forcés de réfléchir sur les moyens d'y pourvoir.[20] Ce n'est donc pas toujours en vertu d'un instinct supérieur en soi, que nous voyons quelques espèces faire des choses qui annoncent plus de sagacité que n'en montrent quelques autres. Il paraît certain que, si le froid, ou d'autres inconvéniens, ne faisaient pas plus souffrir le lapin que le lièvre n'en est incommodé, cet animal, qui se creuse un terrier, n'en prendrait pas la peine. On fait peut-être honneur à son industrie de ce qui n'est dû qu'à sa faiblesse. Mais lorsque le besoin a conduit une espèce d'animaux à une découverte de cette nature, ce premier pas fait, il doit en résulter une foule d'idées successives, qui élèvent cette espèce fort au-dessus des autres. Travailler de concert à se loger et habiter ensemble, c'est un nouvel ordre de choses qui devient bien fécond pour des êtres sensibles qui erraient auparavant sans demeure. Il est impossible que l'idée de propriété ne naisse pas de la peine qu'a causé le travail joint au sentiment de son utilité, et que la cohabitation n'établisse pas des rapports de voisinage. L'idée de propriété est certaine chez les lapins. Les mêmes familles occupent les mêmes terriers sans en changer, et la demeure s'étend lorsque la famille augmente. Nous avons vu qu'ils prennent un intérêt vif et courageux à tous ceux de leur espèce. [21]La vieillesse et la paternité sont fort respectées parmi eux.[21] Par ce qu'on voit, il est vraisemblable que, si l'on pouvait juger de l'économie domestique de ce peuple souterrain, on y trouverait autant d'ordre qu'on croit en remarquer parmi les abeilles.

Quoique les animaux doivent principalement à leurs besoins la plupart de leurs inventions, il paraît cependant que ceux qui sont plus heureusement organisés doivent avoir plus d'industrie, relativement à ceux de leurs sens qui sont les meilleurs. Il est vraisemblable que l'aigle, par exemple, a, pour les idées qui dérivent du sens de la vue, beaucoup d'avantage sur le lièvre qui a les yeux assez mauvais. [22]Nos métaphysiciens paraissent s'accorder assez sur ce que les jugemens de l'œil ont besoin d'être rectifiés par le toucher.[22] [23]Ce sont nos mains, disent-ils, qui nous apprennent à distinguer les formes, et nos pieds qui nous mettent dans le cas de juger à l'œil des distances.[23] A l'égard des distances, les quadrupèdes ont autant que nous la faculté d'en juger par le toucher, puisqu'ils parcourent des intervalles. Ils ont même, pour la plupart, dans un odorat exquis, une espèce de toucher très-fin qui assure le jugement de leurs yeux: mais il me paraît que sans le toucher ils savent très-bien distinguer les formes, et que, si on leur en présente d'illusoires, l'illusion ne dure pas longtems, quoiqu'ils ne touchent point. [24]Pour ce qui est des oiseaux, ils évaluent très-sûrement les distances sans avoir besoin du toucher. Un faucon, qui du haut des airs fond sur une perdrix qui vole, a besoin d'évaluer juste, et la distance à laquelle il est de sa proie, et le tems qu'il lui faut pour la parcourir, et le chemin que fera la perdrix pendant ce tems; car, si quelqu'une de ces conditions n'était pas évaluée, il ne tomberait pas juste, et manquerait son coup.[24] Il est vraisemblable que ceux qui perdent quelque avantage sur un sens, le regagnent sur les autres, [25]comme nous voyons parmi nous les aveugles avoir l'ouie et le toucher supérieurs à ceux qui voient,[25] soit que la nature ait proportionné la finesse des sens à l'intérêt de l'animal, ou que cet intérêt lui-même rende le sens meilleur par le fréquent exercice.

Quoiqu'il en soit, lorsqu'on ne s'arrête pas à la première vue, et qu'on observe avec attention, on est tenté de croire que l'inégalité fondamentale d'intelligence, n'est pas considérable entre les animaux des différentes espèces. La faculté de sentir, qui est commune à toutes, est plus habituellement développée dans quelques-unes; mais il y en a d'autres auxquelles il paraît ne manquer que des circonstances et des besoins, pour amener ce développement. L'organisation borne sans doute, à quelques égards, l'exercice de l'intelligence naturelle aux animaux, et détermine les effets de leur faculté de sentir. C'est en conséquence des besoins et des moyens donnés par l'organisation, que l'un acquiert le génie de la fuite, l'autre celui de la rapine. Si les végétaux manquent à un animal frugivore, la conformation de ses dents et sa répugnance pour la chair, ne lui laissent point de ressource, et le plus haut degré d'intelligence ne l'empêcherait pas de mourir de faim. L'industrie est alors bornée par l'impossibilité. Pour décider cette question de l'inégalité fondamentale d'intelligence entre les différentes espèces d'animaux, question qui n'en est pas une pour ceux qui n'ont regardé que superficiellement, il faudrait savoir si la faculté de sentir peut avoir des degrés; [26]si l'huître, par exemple,[26] est, de sa nature, moins susceptible que telle autre espèce des impressions du plaisir et de la douleur. Il est impossible de prononcer là-dessus, parce que les sensations sont absolument incommunicables, et que l'action peut bien indiquer leur caractère, mais ne peut pas représenter leur intensité. Cependant nous ne pouvons pas douter [j]qu'il n'y ait de l'inégalité[j] dans la manière dont un être peut sentir en différens momens, puisque l'action des mêmes objets est différente sur nous en raison de nos dispositions. De là on peut inférer que des espèces entières n'exercent leur faculté de sentir qu'à différens degrés d'intensité. [27]Presque tous les animaux qui vivent d'herbe, passent une partie de leur vie dans un état qui paraît être [k]celui d'une torpeur habituelle[k]: la vie des carnassiers est beaucoup plus occupée et plus active; mais les uns et les autres trouvent leur bonheur dans l'exercice de leurs facultés naturelles, et il n'y a que très-peu d'espèces qui paraissent éprouver quelque besoin d'agitation et de mouvement, indépendamment de leur simple appétit.[27] [28]Cette disposition au repos est peut-être ce qui empêche, en partie, les espèces de se perfectionner autant que leur organisation pourrait le permettre.[28] Je tâcherai, Monsieur, dans un autre moment, de rassembler quelques réflexions que j'ai faites là-dessus. Elles nous conduiront à reconnaître quelles sont les circonstances et les conditions nécessaires pour que la perfectibilité naturelle aux animaux se développe.

J'ai l'honneur d'être, etc.

Lettre IV (lettre 4)

Nous avons reconnu, Monsieur, en parcourant la vie journalière de quelques animaux qu'ils sont doués de la sensibilité et de la mémoire, de la faculté de saisir des rapports et de juger, du pouvoir de réfléchir sur leurs actes, etc., nous ne pouvons pas douter que l'usage de ces facultés ne s'applique à plus ou moins d'objets, en raison des occasions et des besoins. Nous sommes forcés d'avouer qu'on ne peut pas fixer la mesure de l'intelligence des différentes espèces de bêtes, puisqu'elle dépend des circonstances, qu'elle s'étend toujours lorsqu'elle est mise en action par la nécessité, et qu'elle ne se resserre, que par le défaut d'exercice.

D'après ces faits incontestables, il semble qu'on devrait remarquer dans les bêtes quelques progrès généraux d'intelligence. La perfectibilité, attribut nécessaire de tout être qui a des sens et de la mémoire, devrait se développer lorsque les circonstances sont favorables, et par degrés élever quelques espèces à un état supérieur. On les verrait alors policées dans un lieu, plus ou moins sauvages dans un autre, montrer dans les mœurs des différences marquées: c'est ce que nous n'appercevons pas. Si l'on n'était pas forcé d'ailleurs d'admettre dans les bêtes la faculté de se perfectionner, [a]l'inutilité constante dont elle paraît, ferait presque douter[a] de son existence; mais en y réfléchissant un peu, il est aisé de sentir d'abord que nous ne sommes pas juges compétens des progrès de ces êtres, si différens de nous à beaucoup d'égards, et qu'ils [b]pourraient en avoir fait de fort étendus, sans qu'il nous fût possible de les appercevoir[b]. Nous pouvons nous assurer ensuite que le pouvoir naturel de se perfectionner, doit être aidé de tant de conditions et de moyens extérieurs que les bêtes ne réunissent point, qu'avec la qualité d'êtres perfectibles elles ne doivent pas en effet se perfectionner beaucoup. Que nous ne soyons pas juges compétens des progrès des bêtes, cela me paraît incontestable. En voyant quelques-unes de leurs actions, nous observons quel chemin leur intelligence a dû parcourir pour arriver à la détermination qui les produit. Nous distinguons ce qui appartient à la perception simple, au jugement, à la réflexion, etc. Nous pouvons démêler quelques-uns de leurs desseins, pénétrer dans les motifs qui déterminent leurs mouvemens décidés, parce que ces motifs sont les causes essentielles et nécessaires des mouvemens que nous appercevons. Mais si nous voyons clairement l'intention de l'hirondelle lorsqu'elle travaille à construire son nid, nous ne pouvons pas savoir si le tems n'a pas perfectionné son architecture, si l'expérience n'ajoute pas de l'élégance ou de la commodité à cette construction. Nous n'avons pas les moyens de juger de ce qui est grace ou commodité pour elle. En général, dans tous ces ouvrages qui ont un objet commun et qui nous sont aussi peu familiers, nous ne pouvons être frappés que d'une ressemblance grossière qui nous fait conclure l'uniformité absolue.

Il est vraisemblable que les bêtes n'apperçoivent non plus aucune différence entre nos palais et nos chaumières; que l'aigle ne distingue pas, dans les mouvemens des différens peuples sur lesquels il plane, les degrés de police auxquels [c]ils peuvent être parvenus. Une horde de sauvages errans autour de ses cabanes, et une troupe de savans dans une ville bien bâtie, doivent lui paraître également des êtres qui marchent sur leurs pieds, et qui s'agitent à-peu-près de la même manière. Il est impossible même qu'en observant[c] la plupart des espèces de bêtes, nous jugions de tous les progrès particuliers qu'ont pu faire quelques individus. Les principaux instrumens des idées qu'elles acquièrent sont précisément ceux auxquels nous devons nous-mêmes le moins d'idées. Nous ne pouvons donc pas connaître les élémens qui entrent pour elles dans la composition de toute idée complexe, parce que nous n'avons pas au même degré les sensations prédominantes dont elle est composée. De-là il doit résulter une entière différence entre le système total de leurs connaissances et celui des nôtres. Par exemple, les idées acquises par l'odorat n'influent presque en rien sur nos habitudes ni sur nos progrès. [1]Mais si nous considérons ce sens tel qu'il est pour les animaux carnassiers, c'est-à-dire comme un organe principal,[1] comme un toucher très-fin qui les instruit, à de grandes distances, des rapports que les objets peuvent avoir avec leur conservation, nous verrons qu'il nous est impossible d'atteindre à toutes les connaissances que ces animaux peuvent acquérir par le secours de leur nez. Si nous décidons de l'ensemble de celles de leurs idées dans lesquelles la sensation de l'odorat entre comme élément principal, nous tomberons dans le cas d'un aveugle qui voudrait juger des progrès de la peinture.

Il est donc certain que les bêtes pourraient avoir fait des progrès, sans que nous fussions capables de les sentir; mais il est vraisemblable qu'elles n'en ont pas fait beaucoup, et même qu'elles n'en feront jamais. Elles manquent, et d'un intérêt assez actif, et de quelques-unes des conditions sans lesquelles il paraît impossible que la perfectibilité ne reste pas inutile.

[d2]Premièrement, les animaux n'ont point[d] d'intérêt à faire des progrès. Nous avons vu, Monsieur, dans les lettres précédentes, que leur manière de vivre habituelle consiste dans la répétition d'un petit nombre d'actes fort simples qui suffisent à tous leurs besoins.[2] Ceux dont le penchant à la rapine tient l'industrie éveillée, ou que des dangers multipliés forcent à une attention presque continuelle, acquièrent à la vérité des connaissances plus étendues que les autres; mais, comme ils ne vivent point en société, cette science presque individuelle, ne

se transmet du moins qu'à un petit nombre dans l'espèce. Ils sont forcés d'ailleurs de partager leur vie entre l'agitation et le sommeil. Les animaux qui paraissent vivre en société, ou sont rassemblés par la crainte, sentiment peu fécond en progrès, ou n'ont qu'une société passagère, ou ne sont d'aucune utilité les uns aux autres pour la recherche des besoins de la vie; ou bien, mis sans cesse en péril par l'homme, ils n'ont qu'une association précaire, toujours troublée ou prête à l'être, et qui ne peut comporter de projet que celui d'agir ensemble dans l'instant, sans rien méditer pour l'avenir. De ce que nous ne voyons pas faire aux bêtes des progrès sensibles, il faut donc se garder de conclure qu'elles ne sont pas douées de la perfectibilité. Un homme qui serait né sans yeux et sans mains, aurait au-dedans de lui le pouvoir d'acquérir de nouvelles idées sans en avoir les moyens extérieurs. Même avec le secours de tous leurs sens, les hommes continuellement occupés à pourvoir à leurs besoins de première nécessité, restent dans le cercle étroit des connaissances qui y sont immédiatement relatives. Ils n'acquièrent qu'un nombre d'idées plus borné que n'en paraissent avoir quelques individus dans certaines espèces d'animaux.

[3]Il est nécessaire que beaucoup de conditions servent la perfectibilité; et sans elles, les êtres qui auraient les plus grands progrès en puissance, ne les réaliseraient jamais. La société, le loisir, les passions factices qui naissent de l'un et de l'autre, l'ennui, qui est un produit des passions et du loisir, le langage, l'écriture qui suppose l'usage des mains, sont autant de moyens nécessaires, sans lesquels on ne doit pas attendre de progrès sensibles de la part des êtres les plus intelligens.[3] [4]Or, il faut voir si les bêtes ont toutes ces conditions, et de quelle importance sont celles dont elles pourraient manquer.[4]

Il y a sans doute plusieurs espèces qui paraissent vivre en société; mais, en examinant le caractère de leur association, il est aisé de voir qu'elle ne peut pas être féconde en progrès. Tous les frugivores qui vivent ainsi, paraissent rassemblés uniquement par la frayeur qui les oblige à se tenir près les uns des autres pour se rassurer un peu. Mais le sentiment commun qui les réunit n'établit entre eux aucun rapport actif d'utilité réciproque, même relativement à son objet. S'ils craignent moins lorsqu'ils sont ensemble, ils n'en sont pas plus redoutables à leurs ennemis. Un chien seul disperse cette timide association, dont l'union ne peut pas augmenter les forces. Les autres détails de leur vie tendent à dissoudre plutôt qu'à resserrer la liaison qui pourrait se former entre eux. Ils broutent ensemble l'herbe qui leur est nécessaire à tous. Cette action simple peut produire une rivalité dans le cas de disette, et ne peut jamais amener un secours mutuel. Un cerf ne peut rien attendre de son voisin, et il peut craindre qu'il ne lui enlève la moitié de sa nourriture. Il n'y a donc pas de société proprement dite entre ces animaux. Ceux mêmes qui paraissent se tenir unis par le projet de la défense commune, et auxquels le secours mutuel de leurs forces et de leur courage fait sentir l'avantage de la société, [5]les sangliers, par exemple, sentent aussi combien pour se nourrir aisément il est désavantageux d'être en troupe. Dès que les mâles ont atteint l'âge de trois ans, et que leurs défenses ayant pris leur accroissement, les mettent dans le cas de compter sur leurs forces, ils se séparent et vivent seuls: on ne voit en troupe que les femelles, qui sont moins heureusement armées, avec les jeunes mâles.[5] Les lapins vivent en société; mais si ces animaux faibles et timides acquièrent, quant à leur sûreté, toutes les connaissances qu'ils peuvent obtenir de leur organisation, ils sont dominés par une inquiétude continuelle, trop occupante pour laisser beaucoup de tems à la réflexion. Cependant, si nous pénétrons dans l'intérieur de leurs habitations, nous pouvons remarquer l'art de la distribution dans leurs logemens, et un ensemble de précautions qui les mettent à l'abri des accidens qui les menacent. Les terriers sont ordinairement placés de manière à n'être pas exposés aux inondations: l'entrée masque en partie l'intérieur du domicile; la multiplicité des chambres qui se communiquent, et les détours des corridors, lassent et rebutent souvent le furet qui pénètre dans la demeure. Le lapin, assez instruit pour préférer de se laisser tourmenter dans son terrier, au péril qu'il courrait à en sortir, trouve un asile presque assuré dans ce labyrinthe. Mais d'ailleurs ces animaux, forcés de brouter l'herbe où elle se trouve, ne peuvent être d'aucune utilité les uns aux autres, quant à la recherche des besoins de la vie.

Les animaux carnassiers ne vivent guère en société: leur voracité naturelle et la disette de proie les obligent de s'éloigner les uns des autres. Deux louves, deux oiseaux de proie, ne s'établissent avec leur famille qu'à une certaine distance, proportionnée à l'étendue de pays qui leur est nécessaire pour subsister. Loin de vivre en société, lorsqu'il y a concurrence et rencontre, il s'en suit presque toujours un combat, à la fin duquel le plus faible est forcé de s'éloigner.

[6]Il y a quelques espèces d'animaux, que leur organisation et leur instinct portent à travailler ensemble au bien commun: tels sont les castors. Il est impossible de prévoir sûrement à quel degré s'élèverait leur intelligence, si on les laissait se multiplier tranquillement et jouir des résultats de leur association. Mais ce malheureux avantage qu'ils ont d'être utiles à l'homme fait qu'on a songé beaucoup plus à les chasser qu'à les observer. A peine leur laisse-t-on commencer quelques habitations qu'elles sont bientôt démembrées.[6] Ils n'ont point de loisir, puisqu'ils sont continuellement occupés d'une crainte qui ne laisse aucun exercice à la curiosité.

Il ne suffit pas que des animaux vivent rassemblés, pour qu'ils aient une société proprement dite et féconde en progrès. Ceux mêmes qui paraissent se réunir par une sorte d'attrait, et goûter quelque plaisir à vivre les uns près des autres, n'ont point la condition essentielle de la société, s'ils ne sont pas organisés de manière à se servir réciproquement pour les besoins journaliers de la vie. [e]C'est l'échange des secours, qui établit les rapports qui constituent la société proprement dite. Il faut que ces rapports soient fondés[e] sur différentes fonctions qui concourent au bien commun de l'association, et dont le partage rende, à chacun des individus, la vie plus facile, aille à l'épargne du tems et produise par conséquent du loisir pour tous; alors l'utilité générale des offices que les individus ont choisis, devient une mesure commune de leur mérite. [7]L'émulation s'établit par l'habitude qu'ils prennent de se comparer entre eux, et elle enfante des efforts. Ceux qui se sentent trop faibles pour être, veulent du moins paraître; et là commence le règne des passions factices, qui sont le produit de la société et du loisir.

Les bêtes n'ayant, comme nous l'avons vu, ni société proprement dite, ni loisir, n'ont point de passions factices; elles n'ont point de ces besoins de convention, qui deviennent aussi pressans que les besoins naturels, [f]sans pouvoir être satisfaits comme eux, et qui, par cela même, tiennent l'intérêt, l'attention, et l'activité des individus, dans un exercice continuel. La nécessité d'être émus[f], d'être vivement avertis de notre existence, qui se fait sentir en nous dans l'état de veille et d'inaction, est en grande partie la cause de nos malheurs, de nos crimes et de nos progrès. C'est un besoin toujours agissant, qui s'irrite par les secours même qu'on lui donne, parce que le souvenir d'une émotion forte rend insipides la plupart de celles qui n'ont pas le même degré de force. De-là cette ardeur à chercher toutes les scènes de mouvement, tous les genres de spectacles d'où peut résulter une impression attachante et vive; de-là aussi ce mal-aise de curiosité qui nous force à chercher au-dedans de nous-mêmes, par la méditation, une occupation qui nous intéresse. Les bêtes ne connaissent point cet état qui fait le tourment de l'homme oisif et policé. Elles ne sont excitées à l'attention que par les besoins de l'appétit, ceux de l'amour, et la nécessité d'éviter le péril. Ces trois objets occupent la plus grande partie de leur tems, et elles passent le reste dans un état de demi-sommeil, qui ne comporte ni l'ennui, ni la curiosité stimulante que nous éprouvons. Les moyens qu'elles ont pour se procurer leur nourriture et pour échapper au danger, sont bornés par leur organisation. Il leur serait impossible d'en inventer d'autres, parce que les moyens de fabriquer des instrumens leur sont interdits par la Nature: elles n'ont de ressource que dans leur industrie et dans leurs armes naturelles; et nous avons vu que quand elles sont excitées et instruites par les circonstances et les difficultés, l'homme du plus grand génie n'aurait rien à leur apprendre. D'ailleurs, les bêtes sont naturellement vêtues; et ce premier besoin de l'homme doit avoir été, dans l'origine, le motif intéressant qui l'a excité à beaucoup de recherches. Les peuples qui peuvent se passer d'habits, sont en général plus stupides que les autres, parce qu'ils manquent d'un besoin qui devient bientôt la source d'un grand nombre d'inventions et d'arts.[7]

Je m'arrêterai ici, et je me réserve de vous parler, dans une autre lettre, de l'influence de l'amour sur la perfectibilité des animaux.

Lettre V (lettre 5)

Quelque vive que soit la passion de l'amour, quelque agissant que soit le caractère avec lequel elle se produit dans les bêtes, elle ne saurait être pour elles le principe de progrès fort étendus. Dans les espèces où les mâles se mêlent indifféremment avec toutes les femelles, on voit une rivalité réciproque et générale dans le tems où le besoin de jouir se fait vivement sentir à tous. Mais la question doit être bientôt décidée par la force. Le faible ne peut que fuir et laisser le vainqueur en possession de sa conquête.

Dans les espèces qui s'accouplent, sur quelques motifs que se fonde le choix de deux individus, il est certain que ce choix a lieu: l'idée de propriété réciproque s'établit, le moral s'introduit dans l'amour, et la jalousie devient profonde et raisonnée. Les femelles, qui sont toujours souveraines dans les détails de cette passion, parce que ce sont elles qui accordent, acquièrent supérieurement l'art d'irriter les desirs du mâle en flattant, en caressant, en refusant, en multipliant les agaceries tantôt sourdes, tantôt ouvertes. Elles apprennent à dissimuler leurs propres dispositions, ou du moins à en masquer la vivacité. Dans le tems où elles cèdent avec emportement à leurs propres desirs, elles donnent encore à leurs faveurs l'air de la complaisance et du sacrifice. La coquetterie n'est point une invention particulière à l'espèce humaine. Elle appartient à toutes celles des bêtes qui font un choix. Mais cet art dépendant de l'amour, ne peut pas être pour elles bien fécond en progrès, puisque la passion même ne les occupe tout au plus qu'un quart de l'année. Le besoin cesse, et son anéantissement total amène bientôt l'oubli de toutes les différentes idées dont il avait été l'occasion. Ce n'est que pour l'homme, et sur-tout pour l'homme oisif et civilisé, que l'amour peut devenir un principe d'activité permanente, et par conséquent une source de progrès de toute espèce. Il en est occupé toute l'année, parce que [1]les idées de convention, se joignant au sentiment naturel,[1] lui donnent un degré de force auquel il n'atteindrait pas s'il était seul, et même y ajoutent des accessoires qui le perpétuent. Non-seulement l'attrait réciproque et le choix établissent l'idée de propriété; [2]mais la vanité vient à l'appui, et elle exagère le prix de ce qu'on regarde comme à soi. Une estime profonde pour l'objet aimé ajoute ensuite à celle qu'on a pour soi-même. Elle imprime sur ce système d'idées et de sentimens réunis un vernis d'excellence et de dignité qui les rend plus imposans pour celui même qui en est affecté; d'où résulte une foule de mouvemens, dont la force et la continuité donnent de l'énergie à l'ame et la rendent capable des plus grands efforts.[2] Les bêtes sont privées de ce ressort toujours agissant; ni leurs appétits, ni leur société, ni leurs passions naturelles, ne leur fournissent des motifs ou des moyens suffisans pour qu'elles puissent se perfectionner beaucoup. [3]A l'égard des passions factices, on voit qu'elles ne doivent pas les connaître; et en effet elles n'en ont point, si ce n'est l'avarice, qu'on remarque dans quelques espèces. Mais, comme cette passion ne peut avoir pour elles que des objets périssables, elle se borne nécessairement à l'amas et à l'épargne pendant un certain tems. Elle ne suppose qu'une prévoyance simple et sans complication. Elle ne comporte point de réflexions profondes sur les moyens d'acquérir, parce qu'il n'en est qu'un pour elles. L'avarice n'est dans les bêtes qu'une conséquence de la faim précédemment sentie. La plus légère réflexion sur les inconvéniens de ce besoin produit une prévoyance commune à tous les animaux qui sont exposés à manquer: les carnassiers cachent et enterrent les restes de leur proie, pour les retrouver dans le cas de nécessité. On pourrait honorer ce soin du nom de prudence, si ces animaux n'excédaient pas toutes les bornes des besoins possibles lorsqu'ils en trouvent l'occasion. C'est cette profusion inutile qui donne à leur prévoyance le caractère de l'avarice. Parmi les frugivores, ceux qui sont organisés de manière à emporter les graines qui leur servent de nourriture, font des provisions, qu'ils ont soin d'épargner tant qu'elles ne leur sont pas nécessaires. Tels sont [4]les rats de campagne, les mulots, etc.[4]; mais, comme leur disette ne peut durer que quelques mois de l'année, leur prévoyance ne peut avoir ce caractère de perpétuité qu'a celle de nos avares, qui, constamment occupés du même objet, s'accoutument à ne plus voir de terme dans l'avenir. S'ils attachent l'idée de propriété à l'amas qu'ils ont fait, cette idée n'est pas durable. Peu de tems après, de nouvelles richesses, qui ne leur ont coûté aucun soin, venant à s'offrir à eux, leur font oublier celles qu'ils avaient accumulées.[3]

De toutes les passions des bêtes, celle qui paraît laisser dans leur mémoire les plus profondes traces, c'est la tendresse maternelle. Cela doit être, parce qu'elle les affecte très-fortement, et que son exercice dure assez long-tems. Elles acquièrent, relativement à l'éducation de leur famille, des idées qui leur deviennent aussi familières que celles qui regardent leur propre conservation individuelle. [5]Une perdrix grise, de quelque expérience, ne choisit pas imprudemment la place de son nid. Elle le place sur un lieu élevé, pour le préserver de l'inondation. Elle a soin qu'il soit environné de ronces et d'épines qui en rendent la vue et l'accès difficiles. Elle couvre ses œufs avec des feuilles lorsqu'elle est forcé de les quitter pour aller manger. En un mot, sa tendre prévoyance se marque de toutes les manières pour une progéniture qu'elle ne connaît pas encore. Lorsque les petits sont éclos, on voit dans la mère, et même dans le père, une activité inquiète et soutenue, une assiduité pénible, et une défense courageuse si la famille est menacée. De cet intérêt si vif et si tendre résulte la connaissance des lieux où la famille doit trouver une nourriture plus abondante, et cette connaissance suppose des observations précédentes, sans lesquelles le choix du lieu ne se ferait pas.[5] [a]Cette passion, qui se marque[a] d'une manière si sensible dans toutes les mères, et que les pères éprouvent aussi dans toutes les espèces où il y a mariage, a des caractères qui méritent d'être observés. Il semble qu'elle excite dans l'animal un intérêt plus vif qu'il ne serait capable de l'éprouver pour lui-même. On voit des oiseaux, lorsque leurs petits sont menacés de périr par le froid et la pluie, les couvrir constamment de leurs ailes, au point qu'ils en oublient le besoin de se nourrir, et meurent souvent sur eux. La faim n'a point dans ces animaux des symptômes d'activité pareils aux mouvements que leur fait faire le soin de chercher ce qui convient à leurs petits. Le besoin de secours qu'ont ces êtres faibles, [b]semble doubler[b] le courage des parens, et produire ce caractère de chaleur et d'enthousiasme, qui ne calcule pas le péril, ou le méprise. Il est vrai cependant que, si dans ce cas-là toutes les espèces paraissent porter la hardiesse au-delà des moyens qu'elles ont d'échapper au danger, cette hardiesse a réellement des degrés qui sont proportionnés à ces mêmes moyens. La louve et la laie, qui sont douées de force et pourvues d'armes redoutables, deviennent terribles lorsqu'elles ont leurs petits à défendre. Elles se précipitent avec fureur pour les arracher à ceux qui les feraient fuir sans difficulté, s'ils ne leur enlevaient que leur nourriture, même dans le cas de l'extrême faim. De toutes les douleurs, la plus cuisante et la plus profonde paraît être celle d'une mère lorsqu'elle entend les cris de sa progéniture. La biche, naturellement faible et timide, vient aussi dans le même cas s'offrir courageusement au péril; mais, trahie bientôt par son impuissance, sa témérité cède à la nécessité de fuir. Malgré ces différences, il est aisé d'observer que, dans presque toutes les espèces, le courage des mères est porté au-delà du soin de leur propre conservation. On peut en conclure que les passions, parvenues au dernier degré d'activité, produisent l'excès, et que la rapidité des [c]mouvemens qu'elles excitent[c] dans les êtres sensibles les emporte au-delà de ce qui paraît devoir être la borne naturelle du sentiment. Jusqu'à un certain point elles éclairent; par exemple, la fureur impétueuse de ces mères est le meilleur moyen qu'elles aient de sauver leur famille, parce que souvent elle en impose à [d]ceux qui la menacent[d]; mais avec quelques degrés de chaleur de plus, elles s'exposent elles-mêmes sans utilité pour l'objet qu'elles se proposent. Il est certain pourtant que la sensibilité a sa mesure, et que son excès même a ses limites. Dans les espèces de bêtes où la tendresse des parens est vivement concentrée dans les intérêts de la famille, on ne voit point d'affection qui s'étende à l'espèce; on remarque même une haine décidée pour ceux de l'espèce qui ne sont pas de la famille.

[6]Dans les lieux où l'abondance du gibier rend la nourriture rare, la perdrix, qui est très-soigneuse et très-agissante pour l'intérêt de ses petits, poursuit et tue impitoyablement tous ceux qui ne lui appartiennent pas, lorsqu'ils viennent croiser ses recherches. [e]La poule faisane a beaucoup moins d'empressement pour rassembler ses enfans et les retenir près d'elle. Elle abandonne, sans beaucoup d'inquiétude[e], ceux qui s'égarent et la quittent; mais en même-tems elle est douée d'une sensibilité plus générale pour tous les petits de son espèce: il suffit de la suivre pour avoir droit à ses soins, et elle devient la mère commune de tous ceux qui ont besoin d'elle.[6] [7]Parmi nous, on ne doit pas attendre des sentimens aussi chauds, une occupation aussi constante, des détails de tendresse aussi intéressans de la part de ces ames cosmopolites, dont la vaste sensibilité embrasse l'univers. La paternité, la parenté, l'amitié, l'amour même, tous ces liens, si forts pour les hommes plus concentrés, se relâchent à mesure que les affections s'étendent.[7] Ce qu'il y a de plus avantageux est peut-être de vivre en société avec les amis du genre humain, et en intimité avec ceux pour qui le genre humain est un peu moins que leurs amis.

Quoiqu'en général les bêtes s'occupent vivement du soin de leur famille, et que les idées relatives à cet objet laissent des traces assez profondes dans leur mémoire, on voit pourtant qu'il ne doit pas en résulter des progrès bien suivis dans les espèces, parce que ces soins ne durent pas plus long-tems que le besoin, que la race nouvelle est bientôt adulte, et que l'amour dissout au bout de quelques mois cette société passagère, pour donner naissance à d'autres familles. Nous voyons que les bêtes, quoique perfectibles, n'ont pas même dans leurs passions les plus vives, des motifs assez constamment intéressans pour qu'elles puissent s'élever à de grands progrès. Elles ne peuvent tirer à cet égard presque aucun secours, ni de la nature de leur société, lorsqu'elles en ont, ni des motifs qui les rassemblent, ni du loisir qu'elles n'ont pas, ni de l'ennui, qui n'est qu'une suite du loisir. Elles manquent donc de la plus grande partie des conditions qui servent la perfectibilité. Il faut voir encore si elles ont entre elles la communication des idées, et le langage articulé qui est si nécessaire.

[8]Nous ne remarquons dans les bêtes que des cris qui nous paraissent inarticulés: nous n'entendons que la répétition assez constante des mêmes sons. D'ailleurs, nous avons quelque peine à nous représenter une conversation suivie entre des êtres qui ont un museau allongé ou un bec. De ces préjugés, on conclut assez généralement que les bêtes n'ont point de langage proprement dit, que la parole est un avantage qui nous est particulier, et que c'est l'expression privilégiée de la raison humaine. [9]Nous sommes trop supérieurs aux bêtes, pour chercher à méconnaître ou à nous déguiser ce dont elles jouissent;[9] et l'apparente uniformité des sons qui nous frappent ne doit point

nous en imposer. Lorsqu'on parle en notre présence une langue qui nous est étrangère, nous croyons n'entendre que la répétition des mêmes sons. L'habitude, et même l'intelligence du langage, nous apprennent seules à juger des différences. Celles que les organes des bêtes mettent entre elles et nous, doivent nous rendre encore bien plus étrangers à elles, et nous mettre dans l'impossibilité de reconnaître et de distinguer les accens, les expressions, les inflexions de leur langage. Les bêtes parlent-elles ou non? C'est une question qui doit se résoudre par la solution de deux autres. Ont-elles ce qui est nécessaire pour parler? Peuvent-elles, sans parler, exécuter ce qu'elles exécutent? [10]Le langage ne suppose qu'une suite d'idées[10] et la faculté d'articuler. Nous avons reconnu, Monsieur, sans pouvoir en douter, dans les lettres précédentes, que les bêtes sentent, comparent, jugent, réfléchissent, concluent, etc.; elles ont donc, en fait d'idées suivies, tout ce dont on a besoin pour parler. A l'égard de la faculté d'articuler, la plupart n'ont rien dans leur organisation qui paraisse devoir les en priver. Nous voyons même des oiseaux, d'ailleurs si différens de nous, parvenir à former des sons articulés entièrement semblables aux nôtres. Les bêtes ont donc toutes les conditions qui sont nécessaires au langage. Mais si nous suivons de près le détail de leurs actions, nous voyons de plus qu'il est impossible qu'elles ne se communiquent pas une partie de leurs idées, et qu'elles ne le fassent pas par le secours des mots. Nous sommes assurés qu'elles ne confondent pas entre elles le cri de la frayeur avec le cri qui exprime l'amour. Leurs diverses agitations ont des intonations différentes qui les caractérisent. Si une mère effrayée pour sa famille n'avait qu'un cri pour l'avertir de ce qui la menace, on verrait à ce cri la famille faire toujours les mêmes mouvemens. Mais, au contraire, ces mouvemens varient suivant les circonstances. Tantôt c'est précipiter la fuite, tantôt c'est se cacher, une autre fois ce sera de se présenter au combat. Puisqu'en conséquence de l'ordre donné par la mère, les actions sont différentes, il est impossible que le langage ne l'ait pas été. Peut-on dire que les expressions ne soient pas fort diversifiées entre un mâle et une femelle pendant la durée de leur commerce, puisqu'on remarque clairement entre eux mille mouvemens de différente nature? Empressement plus ou moins marqué de la part du mâle; réserve mêlée d'agaceries de la part de la femelle; refus simulés, emportemens, jalousies, brouilleries, raccommodement. Pourrait-on [f]croire que des sons qui accompagnent[f] tous ces mouvemens ne sont pas variés comme les situations qu'ils expriment? [11]Il est vrai que le langage d'action est d'un très-grand usage parmi les bêtes,[11] et qu'il est suffisant pour qu'elles se communiquent la plus grande partie de leurs émotions. Ce langage, familier à ceux qui sentent plus qu'ils ne pensent, fait une impression très-prompte, et produit presque dans l'instant la communication des sentimens qu'il exprime; mais il ne peut pas suffire dans toutes les actions combinées des bêtes qui supposent concert, convention, désignation de lieu, etc. Deux loups qui, pour chasser plus facilement ensemble, se sont partagé leurs rôles, dont l'un est allé attaquer la proie pendant que l'autre s'est chargé de l'attendre à un lieu donné pour la pousser avec des forces fraîches, n'ont pas pu agir ensemble avec tant de concert sans se communiquer leur projet, et il est impossible qu'ils l'aient fait sans le secours d'un langage articulé.

L'éducation des bêtes s'accomplit en grande partie par le langage d'action. C'est l'imitation qui les accoutume à [g]la plupart des mouvemens qui sont nécessaires[g] à la conservation de la vie naturelle de l'animal. Mais lorsque les soins, les objets de prévoyance et de crainte se multiplient avec les dangers, ce langage n'est plus suffisant; l'instruction devenant plus compliquée, les mots deviennent nécessaires pour la transmettre: sans une langue articulée, l'éducation d'un renard ne pourrait pas se consommer. Il est certain, par le fait, qu'avant d'avoir pu s'instruire par l'expérience personnelle, les jeunes renards, en sortant du terrier pour la première fois, sont plus défians et plus précautionnés dans les lieux où on leur fait beaucoup la guerre, que les vieux ne le sont dans ceux où l'on ne leur tend point de piéges. Cette observation, qui est incontestable, démontre absolument le besoin qu'ils ont du langage: car comment, sans cela, pourraient-ils acquérir cette science des précautions qui suppose une suite de faits connus, de comparaisons faites, de jugemens portés? Il paraît donc qu'il est absurde de douter que les bêtes aient entre elles une langue, au moyen de laquelle elles se transmettent les idées dont la communication leur est nécessaire. Mais l'invention des mots étant borné par le besoin qu'on en a, on sent que la langue doit être très-courte entre des êtres qui sont toujours dans un état d'action, de crainte, ou de sommeil. Ils n'ont à connaître qu'un nombre très-limité de rapports entre eux; et par leur manière de vivre, ils sont absolument étrangers à ces relations multipliées et subtilisées, qui sont le fruit des passions factices, de la société, du loisir et de l'ennui. Il est vraisemblable que la langue est plus étendue entre les animaux carnassiers, beaucoup moins riche entre les frugivores, etc., et que dans toutes les espèces, elle ferait des progrès aussi bien que leur intelligence, si d'ailleurs elles jouissaient des conditions extérieures qui sont nécessaires à ces progrès.[8] Mais le besoin, ce principe de toute activité dans tous les êtres sensibles, retiendra toujours chacune des espèces dans les limites qui lui sont assignées. [h]Tous ces différens ordres d'êtres intelligens et agissans servent à l'ornement de l'univers; et, en cédant chacun à ses affections particulières, ils concourent au dessein inconnu pour nous de celui qui les créa pour sa gloire.[h]

Lettre VI (lettre 6)

En parcourant, Monsieur, les actes de la vie journalière de quelques animaux sauvages, nous avons vu leurs connaissances s'étendre avec leurs besoins; et leur intelligence, lorsqu'elle est excitée par la nécessité, faire tous les progrès que leur organisation peut comporter. Nous avons remarqué que la perfectibilité, dont les animaux nous paraissent évidemment être doués, n'a guère d'effet que pour les individus; et il nous a été facile de reconnaître les conditions extérieures qui manquent, et seraient nécessaires pour que les espèces pussent faire des progrès sensibles. Ainsi nous avons vu la perfectibilité, qui par elle-même est une qualité indéfinie, resserrée par les bornes de l'organisation et du besoin, afin que chaque espèce restât dans l'ordre où elle a été placée par l'Auteur de la Nature. Si nous jetons un coup-d'œil sur quelques animaux domestiques, nous serons de plus en plus confirmés dans la même opinion. Partout nous verrons la perfectibilité se montrant à découvert, quoique toujours renfermée dans les mêmes limites. [1]M. de Buffon remarque très-bien que ces animaux acquièrent des connaissances que n'ont point ceux qui sont abandonnés à eux-mêmes; mais qu'ils les doivent aux rapports qui s'établissent entre eux et nous.[1] [2]Sur cela il y a deux observations à faire. Puisqu'ils acquièrent, ils ont donc les moyens d'acquérir. Nous ne leur communiquons pas notre intelligence; nous ne faisons que développer la leur, c'est-à-dire l'appliquer à un plus grand nombre d'objets. Mais ces progrès que nous faisons faire aux animaux domestiques restent nécessairement individuels, parce qu'en les instruisant nous les privons de leur liberté, et d'ailleurs ils sont encore bornés par la nature des relations qu'ils ont avec nous.[2]

[3]Il faut lire, Monsieur, dans l'ouvrage même de M. de Buffon, l'intéressante histoire qu'il nous a donnée de l'éléphant. Cet éloquent Naturaliste est entré dans un très-grand détail sur les mœurs de ce singulier animal, qui mérite en effet plus qu'aucun autre une attention particulière. On y voit avec plaisir l'intelligence, le discernement, l'idée même de la justice et l'apparence des vertus, portés à un haut degré. On y peut admirer la docilité à côté du courage, la douceur naturelle, avec le ressentiment des injures, la pitié, la bienfaisance, la reconnaissance. C'est ce qui a fait dire à un grand nombre d'auteurs, qu'il ne manquait à cet animal que l'adoration d'un Dieu, et ce qui en a même porté quelques-uns à lui accorder cette excellente prérogative. Il paraît que l'éléphant doit principalement sa supériorité à l'avantage de sa trompe, qui est pour lui l'organe d'un sentiment exquis, et qui s'applique facilement à un grand nombre d'usages.[3]

[5]Après l'éléphant, [4]le chien[4] paraît être celui des animaux domestiques qui soit le plus susceptible de relations avec l'homme.[5] C'est aussi celui dont les connaissances s'étendent le plus par son commerce avec nous. Cet animal est tellement connu, que son exemple seul aurait dû rejeter bien loin toute idée de l'automatisme des bêtes. Comment, en effet, pourrait-on rapporter à un instinct privé de réflexion les mouvemens variés de cet intelligent animal, que l'homme plie à un si grand nombre d'usages, et qui, conservant jusques dans son assujétissement une liberté sensible, excite dans son maître de tendres mouvemens d'intérêt et d'amitié par sa docilité volontaire? Suivant les différens usages auxquels on emploie le chien, on voit son intelligence faire des progrès de deux espèces. Les uns sont dûs à l'instruction qu'on lui donne, c'est-à-dire, aux habitudes qu'on lui fait prendre par l'alternative de la douleur et du plaisir. Les autres doivent s'attribuer à l'expérience propre de l'animal, c'est-à-dire, aux réflexions qu'il fait de lui-même sur les faits qu'il remarque et les sensations qu'il éprouve. Mais les uns et les autres de ces progrès se font toujours en proportion des besoins et de l'intérêt qui le forcent à l'attention. [4]Le chien de basse-cour,[4] presque toujours à l'attache, chargé seulement de la fonction d'aboyer les inconnus, reste dans un état de stupidité qui serait à-peu-près le même [a]dans tout autre animal dont l'intelligence[a] n'aurait pas plus d'exercice. [4]Le chien de berger,[4] continuellement occupé d'un office qui exige une activité qu'excite la voix de son maître, montre beaucoup plus d'esprit et de discernement. Tous les faits relatifs à son objet s'établissent dans sa mémoire. Il en résulte pour lui un ensemble de connaissances qui le guident dans le détail, et qui modifient ses actions et ses mouvemens. Si le troupeau passe auprès d'un bled, vous verrez le vigilant gardien rassembler sa troupe, l'écarter du grain qui doit être ménagé, avoir l'œil sur ceux qui voudraient enfreindre la défense, en imposer aux téméraires par des mouvemens qui les épouvantent, et châtier les obstinés auxquels l'avertissement ne suffit pas. Si l'on ne reconnaît pas que la réflexion seule peut être l'origine de cette variété de mouvemens faits avec discernement, c'est-à-dire, en raison des circonstances, ils deviennent absolument inexplicables. Car si le chien n'apprenait pas de son maître à distinguer le grain d'avec la pâture ordinaire du troupeau, s'il ne savait pas que ce grain ne doit pas être mangé, s'il ignorait que la vivacité de ses mouvemens doit être proportionnée à la disposition des moutons qui composent le troupeau, s'il ne reconnaissait pas cette disposition, sa conduite n'aurait point de motif, et il n'aurait point de raison suffisante pour agir.

Mais c'est à la chasse qu'il faut principalement suivre cet animal, pour voir le développement de son intelligence. La chasse est naturelle au chien, qui est un animal carnassier. Ainsi l'homme, en l'appliquant à cet exercice, ne fait que modifier et tourner à son usage une aptitude et un goût que la nature avait donnés à l'animal pour sa conservation personnelle. De-là résulte, dans les actions du chien, un mélange de la docilité acquise par les coups de fouet, et du sentiment qui lui est naturel. L'un ou l'autre de ces deux élémens se fait plus ou moins s'appercevoir, selon les circonstances qui lui donnent plus ou moins d'activité. La nature est plus abandonnée à elle-même et plus libre dans [4]le chien courant[4] que dans les autres. L'habitude de l'assujétissement le rend attentif jusqu'à un certain point à la voix et aux mouvemens de ceux qui le mènent; mais, comme il n'est pas toujours sous leur main, il faut que son intelligence agisse d'elle-même, et que son expérience personnelle rectifie souvent le jugement des chasseurs. L'attention qu'on apporte à chasser autant qu'on peut l'animal qu'on a lancé d'abord, à rompre les chiens et les châtier lorsqu'ils sont sur des voies nouvelles, les accoutume peu à peu à distinguer par l'odorat le cerf qu'ils ont devant eux d'avec tous les autres. Mais le cerf, importuné de la poursuite, cherche à s'accompagner de bêtes de son espèce, et alors un discernement plus exquis devient nécessaire au chien. [6]Dans ce cas-là, il ne faut rien attendre de ceux qui sont jeunes. Il n'appartient qu'à l'expérience consommée de porter un jugement prompt et sûr dans cet embarras. Il n'y a que les vieux chiens qui soient ce qu'on appelle *hardis dans le change*, c'est-à-dire, qui démêlent sans hésiter la voie de leur cerf à travers celles de tous les animaux dont il est accompagné.[6] [7]Ceux qui n'ont encore qu'une expérience commencée, donnent au chasseur attentif un spectacle d'incertitude, de recherche et d'activité qui mérite d'être observé. On les voit balancer et donner toutes les marques de l'hésitation. Ils mettent le nez à terre avec beaucoup d'attention, ou bien ils s'élancent aux branches où le contact du corps de l'animal laisse un sentiment plus vif de son passage, [b]et ils ne sont déterminés[b] que par la voix du chasseur, qui les appuie sur la confiance qu'il a lui-même dans les chiens plus confirmés et plus sûrs.[7] Si les chiens, emportés un moment par l'ardeur, outre-passent la voie et viennent à la perdre, les chefs de meute prennent d'eux-mêmes pour la retrouver le seul moyen que les hommes pussent employer. Ils retournent sur les derrières, ils prennent les devants pour rechercher dans l'enceinte qu'ils parcourent la trace qui leur est échappée. L'industrie du chasseur ne peut pas aller plus loin, et à cet égard le chien expérimenté paraît arriver au dernier terme du savoir, c'est-à-dire prendre tous les moyens qui peuvent le conduire au succès.

[4]Le chien couchant[4] a des relations plus intimes et plus continuelles avec l'homme. Il chasse toujours sous ses yeux, et presque sous sa main. Son maître le fait jouir; car c'est une jouissance pour lui que de prendre le gibier dans sa gueule. Il lui rapporte ce gibier; il en est caressé s'il fait bien, gourmandé ou châtié s'il fait mal; sa douleur ou sa joie éclate dans l'un ou l'autre cas, et il s'établit entre eux un commerce de services, de reconnaissance et d'attachement

réciproque. Lorsque le chien couchant est jeune encore, mais cependant que les coups de fouet l'ont déjà rendu docile, il n'écoute que la voix du maître et suit ses ordres avec précision. Mais comme il est guidé, pour la chose dont il s'agit, par un sentiment plus fin et plus sûr que l'homme; quand l'âge lui a donné une expérience suffisante, il ne montre pas toujours la même docilité, quoiqu'il en ait en général une plus grande habitude. Si, par exemple, une pièce de gibier est blessée, et que le chien vieux et expérimenté en rencontre sûrement la trace, il ne se laissera pas dévoyer par son maître, dont la voix et les menaces le rappelleront en vain. Il sait qu'il le sert en le désobéissant; et les caresses qui suivent le succès lui apprennent en effet bientôt qu'il a dû désobéir. Aussi l'usage des chasseurs intelligens est-il de conduire les jeunes chiens, et de laisser faire les vieux. Je ne parcourrai pas, Monsieur, les autres espèces de chiens: il est inutile de s'appesantir sur des faits dont quelques-uns suffisent pour conclure, et qui vont tous au même but. D'ailleurs, chacun peut faire soi-même des expériences sur cet animal, dont l'homme dispose à son gré par l'alternative du plaisir et de la douleur, qui s'attache à l'homme, qui reçoit ses leçons; mais qui, dans le cas où il sent que son expérience personnelle le guide plus sûrement, en donne lui-même à son maître, et résiste avec assurance à la crainte des coups et au pouvoir de l'habitude. [8]Il est vraisemblable que nous devons en partie l'extrême docilité du chien, et la disposition que nous lui voyons à l'assujétissement, à une sorte de dégénération très-ancienne. Du moins il est sûr par le fait que plusieurs qualités acquises se transmettent par la naissance. L'habitude de certaines manières d'être ou d'agir, modifie sans doute l'organisation même, et perpétue ainsi les dispositions, qui alors deviennent naturelles.[8] Mais il n'est guère d'animaux qu'on n'apprivoise jusqu'à un certain point, par l'alternative du plaisir et de la douleur. Ceux mêmes que la nature paraît avoir le plus éloignés de la contrainte, ceux qu'elle a doués des instrumens les plus sûrs de la liberté, comme sont [9]les oiseaux de proie, subissent le joug que le besoin impose à tout être qui sent, et même ils acquièrent en fort peu de tems une docilité qui étonne. On les voit au plus haut des airs écouter la voix du chasseur, se laisser guider par ses mouvemens, lorsqu'une expérience répétée leur a appris que la docilité les conduit sûrement à la proie.[9] Il est impossible de rapporter au pur instinct, c'est-à-dire à une impulsion aveugle et sans réflexion, ces actions des bêtes, dans lesquelles leur instinct est en quelque façon dénaturé. On ne peut assigner aucune cause de leurs mouvemens, sans supposer la réflexion sur des faits précédens. [10]L'éducation des bêtes, sans réflexion de leur part, serait aussi incompréhensible que celle des hommes sans liberté. Toute éducation, quelque simple qu'elle soit, suppose nécessairement le pouvoir de délibérer et de choisir. Voilà, Monsieur, ce dont ne conviennent pas les partisans de l'automatisme des bêtes.[10] Mais, en vérité, ce système ne paraîtrait pas devoir être traité sérieusement, s'il n'y avait pas des personnes qui le soutiennent par des motifs respectables, et qui par-là méritent d'être détrompées. Je vais donc parcourir et examiner quelques-unes de leurs plus fortes objections ou assertions; car ils assurent volontiers ce qui n'est pas, faute d'avoir suffisamment observé.

'Les faits, disent ces Messieurs, ne prouvent rien. Il est bien vrai que les bêtes ont des suites d'actions dont l'apparence indiquerait des vues très-fines et très-compliquées, si elles pouvaient raisonner; des actions que nous, qui raisonnons, ne pourrions faire sans beaucoup de comparaisons, de jugemens, etc.: mais il est clair que c'est-là une faible analogie qui nous trompe, parce qu'il y a d'autres analogies démonstratives qui détruisent celle-là.'

Non, Monsieur, [11]ce n'est point une *faible analogie* qui me porte à croire ques les bêtes comparent, jugent, etc., lorsqu'elles font les choses que je ne pourrais pas faire sans comparer et sans juger. J'en ai une certitude directe, une certitude qu'on ne peut infirmer sans détruire en même tems toute règle naturelle de vérité.[11] [12]Je sais qu'à la rigueur nous n'avons de certitude absolue que de nos propres sensations et de notre *conscience*. On fait de très-beaux argumens, auxquels il est difficile de répondre, pour démontrer que nous ne sommes assurés de rien hors de nous. Cependant, je ne pourrais pas m'empêcher de regarder comme absurde quiconque étendrait, d'après cela, son pyrronisme sur toutes les choses dont nous avons une connaissance claire, par l'exercice de nos sens et par notre sentiment même. Du nombre de ces connaissances est sans doute la certitude que nous avons de l'existence de nos semblables,[12] la certitude qu'étant pourvus des mêmes sens, ils reçoivent, par leur usage, des impressions à-peu-près pareilles à celles que nous éprouvons, la certitude qu'ils éprouvent, comme nous, de la douleur lorsqu'ils crient, de la joie lorsqu'ils en montrent le signe, etc. Or je dis, Monsieur, que la certitude que les animaux éprouvent du plaisir et de la douleur, et que leur conduite se règle d'après le souvenir qu'ils ont de ces deux sensations, est absolument du même genre que l'autre; nous n'en sommes assurés dans nos semblables que par les signes qui accompagnent et caractérisent en nous-mêmes ces affections; et nous retrouvons dans les bêtes tous ces mêmes signes. Il n'y a point d'*analogie* qui puisse détruire cette assurance-là. [c13]On voudrait donc que Dieu m'eût donné le spectacle d'une infinie variété d'affections sensibles, qu'il m'eût montré dans les animaux les signes visibles de la plupart des impressions que j'éprouve moi-même, et cela pour me tenir dans une illusion perpétuelle, et me leurrer d'une apparence d'intelligence et de sensibilité dans des êtres qui en seraient dépourvus? Je n'en crois rien, et toutes les *analogies* du monde ne m'en feront rien croire, à moins que cela ne devienne un article de foi, après quoi je n'aurai plus besoin d'*analogie*.[c13] Jusques-là j'ai le droit de conclure que les bêtes sentent, se ressouviennent, etc., parce que je vois en elles les marques sensibles de ces affections, et que ces marques sont les mêmes que celles qui m'assurent des affections de mes semblables. Lorsque je vois un homme hésiter entre deux actions à faire, délibérer et choisir, je dis qu'il a comparé, qu'il a jugé, et que son jugement a déterminé son choix; lorsque je vois une bête avoir les signes extérieurs de la même hésitation, de la même délibération, je dis aussi, et j'ai droit de dire, qu'elle a comparé, jugé et choisi. [14]'Mais, *dit-on*, si les bêtes ont cette intelligence, et sur-tout si elle est susceptible d'accroissement;' – c'est-à-dire, si à deux ou trois idées que les bêtes auront eues d'abord, l'expérience peut en ajouter une quatrième, une cinquième, etc. – 'nous devrions pouvoir les instruire de nos sciences, de nos arts, de nos jeux; et puisque nous ne pouvons leur rien enseigner là-dessus, il est démontré qu'elles n'ont point d'intelligence.'[14] En vérité de pareilles objections feraient rire, si les personnes qui les font ne montraient pas d'ailleurs beaucoup d'esprit, et ne méritaient pas personnellement des égards. Quoi! nous voyons clairement que l'expérience instruit les bêtes, c'est-à-dire, que leurs actions se modifient en raison de différentes épreuves qu'elles ont été dans le cas de subir, comme les nôtres se modifieraient; nous voyons que, relativement à tous leurs besoins, aux circonstances qui les environnent, aux dangers qu'elles ont à éviter, elles agissent comme les êtres les plus intelligens doivent agir, et nous rejetterions ce genre d'évidence, parce que nous ne pouvons pas instruire les animaux, de tout ce que nous voudrions leur apprendre? Mais pourquoi voudrions-nous qu'elles apprissent ce qu'elles n'ont aucun intérêt à savoir, ce qui est étranger à leurs besoins, et par conséquent à leur nature? D'ailleurs, que sait-on? peut-être nous y prenons-nous mal. Si nous vivions en société avec des castors, et qu'au lieu de détruire, nous protégeassions leurs travaux; si, avec cela nous mettions sous leurs yeux des modèles proportionnés à leur organisation et à leurs besoins, peut-être au bout de mille ans (car les arts se perfectionnent lentement), leur aurions-nous appris à décorer l'extérieur de leurs cabanes, et à rendre l'intérieur encore plus commode. Mais en attendant, de ce que les bêtes apprennent ce qui leur est nécessaire, nous aurions tort de conclure qu'elles doivent apprendre ce qui leur est inutile. [15]'Mais, *insiste-t-on*, les bêtes exécutent certainement sans réflexion les plus ingénieux de leurs ouvrages. C'est sans réflexion que les hirondelles construisent leurs nids; les abeilles, leurs ruches, etc. Or, si les ouvrages les plus ingénieux sont exécutés sans réflexion, il est clair que les autres actions n'en supposent pas davantage.'[15] Quand bien même le fait principe seroit vrai, c'est-à-dire, quand les bêtes feraient, machinalement et sans réflexion, certains ouvrages, on n'aurait pas le droit d'en rien conclure contre celles de leurs actions, dans lesquelles la réflexion se fait clairement appercevoir. Mais rien n'est plus faux que ce fait qu'on allègue. Une preuve certaine que les ouvrages dont on parle, ne se font pas sans réflexion, c'est que l'expérience les perfectionne sensiblement, et que la maturité de l'âge corrige l'impéritie de la jeunesse. On ne peut pas observer, avec quelque attention et quelque suite, les nids des oiseaux sans s'appercevoir que ceux des jeunes sont la plupart mal façonnés et mal placés, souvent même les jeunes femelles pondent par-tout sans avoir rien prévu. Les défauts de ces premiers ouvrages sont rectifiés dans la suite, lorsque les animaux ont été instruits par le sentiment des incommodités qu'ils ont éprouvées. Si les bêtes agissaient sans intelligence et sans réflexion, elles agiraient toujours de la même manière. L'impulsion une fois donnée à la machine, il n'arriverait point de changement dans l'exécution. Or, nous voyons qu'il en arrive sans nombre, et toujours en raison du plus ou moins d'expérience, que l'âge et les circonstances ont pu leur donner; donc la réflexion préside à la construction de ces ouvrages. Il serait plaisant que, sans mémoire, ces êtres-là conservassent, d'une année à l'autre, le souvenir de ce qui les a importunés, et que, sans réflexion, ils se conduisissent en conséquence. 'Mais comment se fait-il qu'une perdrix qui n'a jamais vu de nid, prévoie qu'elle va pondre, et qu'elle a besoin d'un nid fait d'une certaine manière pour y déposer ses œufs?' J'ai déjà dit que les partisans de l'automatisme supposent gratuitement que ces ouvrages sont portés d'abord au plus haut degré de perfection, et que le fait est notoirement faux. Mais enfin, le nid le plus mal fait, montre encore un ensemble de parties, conspirant à former un tout: or, c'est un principe généralement reçu, que tout ouvrage dont les parties sont sagement ordonnés pour concourir à un but, annonce nécessairement une intelligence. C'est même un des argumens les plus employés pour démontrer l'existence de Dieu. Les partisans de l'automatisme conviennent de l'industrie et de la sagesse, qui se font remarquer dans la plupart des ouvrages des animaux: on peut donc en conclure, que les ouvriers sont intelligens. Lorsqu'on voit d'ailleurs que cette intelligence, d'abord simple et grossière, s'endoctrine et se polit, qu'elle se corrige de ses premières fautes, qu'elle prend des précautions contre les inconvéniens précédemment éprouvés, on doit juger qu'elle est personnelle aux faibles êtres qu'elle anime, et que [d][16]Dieu n'est point en eux[d] un agent immédiat, comme l'ont pensé quelques Philosophes.[16] De savoir comment il arrive que les bêtes nous paraissent si promptement instruites à un certain degré, c'est ce qui n'est ni facile, ni nécessaire; mais, là-dessus, il est permis de hasarder des conjectures, et même de se servir des analogies, pourvu qu'on ne pretende pas les donner comme démonstratives.

Premièrement, les animaux en général ne sont pas dans le cas de manquer absolument d'expérience, sur les ouvrages qu'ils ont à faire. Rien n'est plus simple, ni plus grossièrement construit que le nid des oiseaux qui n'y restent pas long-tems après être éclos. Ceux dont le nid demande plus de recherche et d'art, y vivent long-tems avant que de le quitter, et ils peuvent s'assurer par eux-mêmes de sa forme et de sa construction. Il est certain d'ailleurs, que l'organisation transmet dans tous les animaux, et même dans l'homme, une sorte d'aptitude et d'inclination à faire certaines choses. Il n'y a pas jusqu'aux qualités acquises, qui ne se transmettent par la naissance. Lorsqu'on force, pendant un grand nombre de générations, des chiens à rapporter et à arrêter, ces dispositions et ces actions deviennent naturelles à la race, et même se perpétuent pendant quelques générations sans être entretenues. Ce que nous regardons comme absolument machinal dans les animaux, n'est peut-être qu'une habitude anciennement prise, et perpétuée ensuite de race en race. Il est certain, du moins, que cette disposition s'oblitère beaucoup, et même se perd presqu'entièrement dans plusieurs espèces, faute d'exercice. Parmi les oiseaux qu'on rend domestiques, et dont on enlève les œufs à mesure qu'ils les pondent, il en est beaucoup qui finissent par ne point faire de nids, quoiqu'ils aient tous les matériaux nécessaires. Si l'on admet cette disposition organique, qu'il me paraît difficile de rejeter, et qu'on y ajoute la révolution que doit naturellement [e]faire dans une femelle[e], l'état de gestation; si l'on réfléchit sur l'influence que ces deux causes [f]peuvent avoir sur son imagination, on se persuadera[f] peut-être qu'elles peuvent produire la sorte de prévoyance et la réflexion nécessaires pour les préparatifs que nous voyons faire aux animaux. Si deux enfans, jetés dans une île déserte, et parvenus à l'âge de puberté, cédaient enfin au vœu de la nature, il en résulterait apparemment pour la fille, la certitude de devenir mère. Or, je ne doute nullement, quoiqu'on ne puisse pas refuser l'intelligence à ces êtres-là, que des feuilles et de la mousse, préparées avec un certain art, ne pussent fournir une espèce de lit à l'enfant venant au monde. Il me paraît même vraisemblable, que si l'expérience était répétée dans plusieurs îles où l'on trouvât les mêmes matériaux, il n'y aurait pas beaucoup de différence dans la fabrique de ces différens lits.

[17]Une des choses qui paraît faire le plus de peine aux partisans de l'automatisme des bêtes, c'est l'uniformité générale qu'on apperçoit dans les ouvrages des individus de chaque espèce. Ils prétendent que si elles étaient intelligentes, leurs ouvrages devraient être variés comme les nôtres.[17] [18]J'ai déjà répondu ailleurs, que l'uniformité n'était pas telle qu'elle paraissait être au premier coup-d'œil, qu'on en jugeait mal, faute d'observer assez, et que peut-être n'avions-nous pas tout ce qui serait nécessaire pour en bien juger.[18] Ce n'est pas qu'en effet les ouvrages et les actions des bêtes n'aient beaucoup plus d'uniformité que les nôtres; et cela doit être, vu leur organisation et leur manière de vivre.

[g]'Tous les individus d'une même espèce, dit très-bien M. l'Abbé de Condil-

lac, étant mus par le même principe, obéissant aux mêmes besoins, agissant pour les mêmes fins, et employant des moyens semblables, il faut qu'ils contractent les mêmes habitudes, qu'ils fassent les mêmes choses, et qu'ils les fassent de la même manière.'[g] [19]Cet excellent Philosophe remarque encore, avec beaucoup de sagacité et de raison, que les hommes ne sont moins uniformes, que parce qu'ils se copient les uns les autres.[19] Les passions factices, qui sont le fruit de la société, proprement dite, et du loisir (manière d'être, qui appartient en propre à l'espèce humaine), varient les formes à l'infini, et offrent, à l'imitation, des modèles et des combinaisons sans nombre. Par la même raison, les bêtes doivent aller à leurs fins plus simplement et plus sûrement que nous. Elles sont moins sujettes à l'erreur, parce qu'elles ont moins de connaissances. [h]'De tous les êtres créés, dit le même Auteur, le moins fait pour se tromper, est celui qui a la plus petite portion d'intelligence.'[h]

En voilà, je crois, assez, Monsieur, sur les objections qu'on fait contre l'intelligence des bêtes. J'avoue qu'elles me paraissent très-faibles en elles-mêmes; et qu'en les comparant avec les faits, je les trouve insoutenables à l'examen. Mais peut-être qu'en mettant ces objections plus près les unes des autres, elles acquerront, par leur ensemble, une énergie qu'elles n'ont pas quand elles sont séparées. C'est ce qu'il faut essayer; car on ne doit épargner aucun moyen pour l'éclaircissement de la vérité.

'1°. Les faits ne concluent rien. Nous voyons bien à la vérité, de la part des bêtes, une suite d'actions qui semblent indiquer des vues très-fines et très compliquées, des actions que nous ne pourrions pas faire sans beaucoup de comparaisons, de jugemens, de raisonnemens; mais comme ce sont des automates, il est clair que rien ne leur est plus facile que de faire, sans raisonner, ce que nous ne pourrions pas faire sans cela.'

'2°. Ce n'est qu'en vertu d'une très-faible analogie, que nous sommes portés à croire que les bêtes sentent, se ressouviennent, comparent, jugent, etc. Lorsqu'elles font, relativement à toutes les circonstances dans lesquelles elles se trouvent, des actions que nous ne pourrions pas faire sans nous ressouvenir, comparer, juger, etc. nous n'avons aucun droit de conclure de nous à elles, à cause de la raison sus-dite. Ce qu'elles font, n'est que [20]le résultat d'une harmonie préétablie entre[20] leurs mouvements et l'impression que les objets font sur leurs sens, ce qu'il est aisé de comprendre. C'est un spectacle purement matériel, qui nous est donné par des raisons que tout le monde peut appercevoir au premier coup-d'œil.'

'3°. Une analogie démonstrative, qui détruit la première, se tire naturellement de ce que nous ne pouvons pas apprendre aux bêtes, ni les mathématiques, ni rien de nos jeux et de nos sciences. Car si les bêtes pouvaient comparer, juger, raisonner, pourquoi ne leur apprendrions-nous pas la plus grande partie de ce que nous savons?'

'4°. Les bêtes ont en effet dans leurs ouvrages, comme les nids, les ruches, etc. toutes les apparences de l'intelligence et de l'industrie; on y voit en tout les moyens proportionnés à la fin. Mais si c'était une véritable intelligence qui les guidât, elles ne seraient pas si promptement instruites, et nous saurions comment elles ont fait leur apprentissage. C'est donc toujours une harmonie préétablie qui nous fait illusion, et c'est encore là une analogie démonstrative.'

J'avoue, Monsieur, que je ne suis pas convaincu par ces instances, et que malgré moi l'ensemble des faits, me fait plus d'impression que toutes ces belles analogies, dont je ne prétends pas d'ailleurs contester le mérite. Je ne suis pas beaucoup plus satisfait de la manière d'expliquer les opérations des bêtes, en leur donnant [21]des sensations matérielles, une mémoire matérielle, qui, sans doute, produisent une intelligence matérielle aussi. Je ne doute pas que ceux qui parlent ainsi, n'entendent très-bien ce qu'ils disent; mais pour moi, je suis obligé de convenir, en conscience, que je n'y entends rien du tout,[21] et j'aimerais presqu'autant l'harmonie préétablie.

Je crois que c'est l'ignorance des faits, qui a produit ces systêmes si peu naturels sur le principe des opérations des bêtes. On les a jugées sans les avoir suffisamment connues. Les chasseurs, qui observent, parce qu'ils en ont mille occasions, n'ont pas ordinairement le tems ou l'habitude de raisonner; et les Philosophes, qui raisonnent tant qu'on veut, ne sont pas ordinairement à portée d'observer. D'ailleurs, quelques personnes ont cru la religion intéressée à cette question de l'intelligence des bêtes, et elles ont prévu là-dessus des conséquences qui les ont effrayées. [22]Mais c'est à tort qu'on a voulu lier cette question, purement philosophique, aux vérités que la religion nous enseigne, qui sont d'un ordre tout autre.[22] Que les bêtes aient une intelligence qui s'applique à tous leurs besoins; que cette intelligence fasse des progrès en raison des circonstances qui l'excitent, et qu'elle ait en elle un principe indéfini de perfectibilité relative à ces mêmes besoins, [23]cela n'empêche pas que la nôtre ne s'élève aux vérités sublimes, qui sont le fondement de nos devoirs et de nos espérances. L'intelligence des bêtes sera toujours resserrée dans les bornes des objets sensibles, avec lesquels seuls elle a des rapports. La nôtre s'élance, d'un vol hardi, jusqu'à celui même qui produit les intelligences de tous les ordres,[23] et qui a fixé à chacune la mesure qu'elle ne passera jamais.

Il est donc vrai que la religion n'est nullement intéressée aux opinions qu'on peut avoir là-dessus. On peut même dire que les assertions des partisans de l'automatisme sont moins religieuses que le sentiment qui reconnaît l'intelligence dans tous les animaux. En effet, ils soutiennent que Dieu, en nous montrant dans les bêtes l'apparence de la sensibilité, de la mémoire, etc., ne nous donne qu'un spectacle matériel et illusoire, qui nous tient dans une erreur perpétuelle. Ils soutiennent que des ouvrages, visiblement ordonnés et conduits avec sagesse, où tout paraît conspirer à un dessein et le remplir, ne supposent cependant aucune intelligence, et peuvent être produits par un aveugle mouvement de la matière. Ils soutiennent qu'il y a des sensations matérielles, une mémoire matérielle, etc. Si je ne me trompe, Monsieur, toutes ces idées peuvent être regardées comme également hétérodoxes en religion et en philosophie. Je suis cependant bien éloigné de vouloir en faire un crime à ces Messieurs. Avec les meilleures intentions et les plus grands talens, il est si facile de s'égarer dans la route de la vérité, que ceux qui se méprennent méritent encore notre reconnaissance pour en avoir entrepris la recherche. Il faudrait renoncer absolument à tous les débats philosophiques, si l'on ne conservait pas le droit de se tromper. C'est un des privilèges les plus assurés de l'espèce humaine, et l'indulgence de ceux qui le partagent doit y être inséparablement attachée. J'espère, Monsieur, que vous ne me refuserez pas la vôtre; et sans vouloir abuser de la prérogative commune, je la mérite personnellement par tous les sentimens avec lesquels j'ai l'honneur d'être, etc.

Lettre du physicien de Nuremberg,
[a]Sur une critique des Lettres précédentes, insérée dans le Journal des Savans.[a]

[bc]J'AI lu, Monsieur, dans le *Journal des Savans*[b] du mois de janvier 1765, des observations faites à propos de quelques lettres que j'ai eu l'honneur de vous adresser sur les animaux. Quel que soit le mérite de ces observations, je n'y répondrais pas s'il ne s'agissait que d'une pure question de philosophie, que je regarde comme assez indifférente en elle-même; mais il paraît que l'Auteur a dessein de jeter sur les idées que je vous ai présentées un soupçon de matérialisme, et je ne veux pas qu'une pareille tache défigure ce que vous avez bien voulu faire imprimer. J'ai même quelque lieu de craindre que le zèle ardent de l'Observateur ne l'ait égaré, et que ses idées ne favorisent beaucoup plus le matérialisme que les miennes, quoiqu'assurément ce ne soit pas son dessein; mais il n'en est pas moins de mon devoir de chercher à le ramener. La charité douce produit des lumières pures; et c'est d'elle, aidée d'un peu de raison, que je veux en emprunter pour éclairer l'Observateur.[c]

[d]Il est vrai, Monsieur, que je reconnais[d] dans les animaux la faculté de sentir, celle de se ressouvenir, et tous les produits subséquens de ces deux facultés; mais, loin de vouloir insinuer par là le matérialisme, je déclare qu'[1]il m'est impossible de concevoir que la matière soit capable du plus petit degré de sensation. La faculté de sentir répugne à toutes les idées que j'ai de la substance matérielle: j'adopte toutes les démonstrations raisonnables qu'on a faites de la nécessité d'un être simple et indivisible, pour recevoir les différentes sensations et les comparer entre elles.[c1] Si l'Observateur accorde aux bêtes la faculté de sentir, et qu'en même tems il les regarde comme des êtres purement matériels, c'est lui sans doute, et non pas moi, qui devient le matérialiste. Je veux croire cependant que ce n'est nullement son intention; et je me garderai bien de lui imputer un sentiment qu'il ne veut point avoir, quand même ses principes y conduiraient par les conséquences les plus directes. Mais voyons en détail [e]quelques-unes de ses observations,[e] et tâchons de les apprécier avec l'impartialité qui ne doit jamais abandonner ceux qui cherchent sincèrement la vérité.

L'OBSERVATEUR.

[2]M. de Buffon a parfaitement bien défini l'espèce de leur mémoire (des animaux); il a solidement prouvé qu'ils ne réagissent point sur leurs actes, etc.[2]

RÉPONSE.

[3]Je ne me rappele pas quelles sont là-dessus les idées de M. de Buffon, et je ne suis pas en peine qu'il n'ait bien dit tout ce qu'il a dit; mais ce n'est pas ce dont il s'agit ici. Je demande à l'Observateur quelle est l'*espèce* de mémoire des bêtes, et s'il en connaît de deux *espèces.*[3] Jusqu'ici, je l'avoue, j'avais pensé qu'il n'y en avait qu'une, et qu'elle consistait uniquement à se souvenir des sensations qu'on avoit éprouvées; peut-être l'Observateur en connaît-il une autre qui consiste à oublier ses sensations. Quant à la faculté de réagir sur ses actes, je ne sais pas si l'on peut donner un autre nom à l'opération très-familière aux bêtes, par laquelle elles résistent à l'impression actuelle d'un appétit vif, par le souvenir des inconvéniens qu'elles ont éprouvés dans des circonstances pareilles ou approchantes. Je ne sais pas si c'est réagir sur ses actes, que de balancer ces inconvéniens rappelés par la mémoire, avec des desirs actuellement stimulans, et, après une hésitation marquée, de se déterminer par le motif le plus pressant. Je ne sais pas si c'est réagir sur ses actes, que de s'instruire par l'expérience et de suivre en conséquence un plan de conduite réfléchi, qui est visiblement le résultat de ces différentes combinaisons. Mais il est certain que les bêtes font tout cela; et d'après les faits qu'aucun homme, instruit de leurs opérations, ne pourra me contester, je veux bien qu'elles ne *réagissent* pas sur leurs actes, car que m'importe à moi le nom qu'on y voudra donner!

L'OBSERVATEUR.

A quel propos l'Auteur de la Nature, en accordant la perfectibilité aux brutes, leur aurait-il fait un don constamment inutile?.... Concluons sans hésiter. La faculté de se perfectionner est pour les brutes d'une inutilité constante, donc elles en sont dépourvues.

RÉPONSE.

[f]A quel propos d'Auteur de la Nature, en accordant la perfectibilité aux Hurons, ou à tel autre peuple, qui reste depuis des siècles dans le même degré d'abrutissement, leur aurait-il fait un don constamment inutile? *Concluons sans hésiter, etc.* Toutes les fois qu'avec notre faible raison, nous voudrons déterminer ce que doit faire l'Auteur de la Nature, nous courrons risque de conclure d'une manière absurde. Nous pouvons observer et admirer ce qu'il a fait; mais il y a plus que de l'extravagance à vouloir juger de ses vues et pénétrer dans ses

desseins.[f] [g]Au reste, je ne prétends pas, dans cet exemple, et je n'ai prétendu nulle part, établir aucune parité entre l'homme et la bête. C'est bien à nous de saisir l'ensemble et les rapports que Dieu peut avoir mis entre ses différens ouvrages! J'ai observé l'intelligence des bêtes[g] très-indépendamment des rapports qu'elle peut avoir avec la nôtre. J'ai cherché à lire leurs intentions dans leurs actions; je les y ai lues; mais je n'ai regardé qu'elles, et je ne me suis jamais occupé d'en tirer aucune conséquence relative à nous. L'homme se dégraderait-il en reconnaissant les facultés qui existent dans les êtres inférieurs à lui, et ce qu'il a de commun avec eux lui ôte-t-il rien des avantages immortels qui le distinguent? Non, il se dégraderait beaucoup plus en affectant de méconnaître les priviléges dont jouissent ces êtres subordonnés. Si quelque chose peut réellement avilir, c'est cette crainte puérile qui ferme les yeux [h]sur ce qui est, ou nous porte à desirer[h] que les choses ne fussent pas ce qu'elles sont. Quand nous aurons reconnu dans les animaux des avantages qu'ils partagent avec nous, [i]l'homme n'en restera pas moins au rang que Dieu lui a assigné dans l'immensité de ses ouvrages. Mais revenons à notre sujet.[i] La question de la perfectibilité des bêtes se réduit à un point fort simple. Des êtres qui sentent et se ressouviennent ne peuvent-ils pas éprouver, d'une manière indéfinie, des sensations nouvelles que la mémoire conserve, et qui s'ajoutent aux connaissances qu'ils avaient déjà? Si cela est, et je doute qu'on puisse le nier, voilà déjà les individus perfectibles. Mais si de plus ces êtres peuvent se communiquer les connaissances qu'ils ont acquises, les espèces deviennent perfectibles aussi. Or j'ai prouvé, par les faits, qu'il était impossible que les bêtes exécutassent ce que nous leur voyons exécuter, sans une communication d'idées, et même sans un langage articulé. J'ai prouvé d'ailleurs que des espèces tout entières acquéraient réellement plus de lumières et de sagacité dans certains pays, en raison des circonstances qui les forçaient d'être plus clairvoyantes et plus précautionnées. Si l'on vient me demander ensuite, pourquoi donc les bêtes n'usent pas toujours de ce privilège de perfectibilité, pourquoi elles n'ont point d'intérêt à s'instruire, pourquoi elles n'ont que des besoins physiques, pourquoi, etc. Je réponds d'abord que je n'en sais rien, et qu'il ne m'appartient pas d'en rien savoir. [j]Il a plû au souverain Etre d'organiser et de faire vivre des animaux sans nombre, dont les uns sont destinés à brouter l'herbe et à n'avoir besoin que d'un petit nombre de faits pour toutes connaissances. Il a voulu que quelques autres fissent leur nourriture d'une proie fugitive, et que, poursuivis eux-mêmes, ils vécussent entre la nécessité d'attaquer et celle de se défendre. Il a décidé[j] que cette nécessité jetterait une variété infinie dans leurs démarches, que la multiplicité des obstacles et des périls forcerait à l'attention ces êtres intéressés, et que, dans toutes les espèces, de nouveaux besoins augmenteraient ainsi la somme de l'intelligence. Et vous me demandez, à moi, pourquoi ces êtres-là ne font pas de beaux tableaux et des livres de métaphysique? [k]Apparemment que Dieu a voulu qu'ils fissent ce qu'ils font[k], et ce n'est pas à nous à en savoir davantage.

L'OBSERVATEUR.

Ce qui déshonore, à mon gré, l'intelligence des animaux, c'est bien moins le défaut de perfectibilité que la sûreté et la promptitude de ce prétendu génie, qui leur apprend en un moment tout ce qu'ils doivent savoir.... Ils apprennent trop vite, ou plutôt ils savent trop promptement sans avoir appris, etc.

RÉPONSE.

Que les bêtes apprennent en un moment tout ce qu'elles doivent savoir, c'est ce qui sera démenti par tous ceux qui prendront la peine de les regarder. On apperçoit clairement leur inexpérience première, leur tâtonnement, leurs fautes et leurs progrès. Mais, dit-on, elles s'instruisent plus promptement que nous. [l]Il est en effet bien étonnant que Dieu, qui proportionne en tout les moyens à la fin, ait accordé cette célérité d'instruction à des êtres que la nature abandonne bientôt à eux-mêmes[l], et dont la durée de la vie est très-courte. Sans doute que [4]la mouche éphémère[4] doit s'instruire, et s'instruit encore plus promptement de ce qui est nécessaire à sa conservation, que ne font les animaux qui vivent quelques années.

L'OBSERVATEUR.

Je n'ai jamais bien compris ce que c'est que la différence essentielle des idées acquises par un sens ou par un autre sens.... Les sens ne donnent point les idées; ils leur donnent seulement de la prise, et, pour ainsi dire, de la parure.

RÉPONSE.

Il ne paraît cependant pas difficile de comprendre qu'[5]un être qui n'aurait de sens que l'odorat,[5] n'aurait d'idées que celles des différentes odeurs; que celui qui n'aurait de sens que le toucher, n'aurait d'idées que celles de la mollesse ou de la dureté des corps, de leur forme, etc., et que ces idées seraient essentiellement différentes. Il me semble que l'idée d'un corps dur et celle d'une odeur quelconque n'ont rien qui se ressemble essentiellement. Ces idées d'ailleurs, quoiqu'acquises uniquement par les sens, me paraissent de la plus grande simplicité et entièrement dénuées de *parure*. On a dit avant l'Observateur que [6]cinq personnes, chacune avec un sens différent, s'entendraient en géométrie. Cela peut être, et je le crois. Mais je ne vois pas comment, sur les autres objets, elles pourraient s'entendre, comment l'une pourrait faire comprendre à l'autre les résultats d'une sensation dont celle-ci ne pourrait avoir aucune idée.[6]

L'OBSERVATEUR.

Il n'est guère de paysan qui ne soit assez bon métaphysicien à sa manière. Il n'en est point qui ne fasse des abstractions, qui ne généralise ses idées, etc.

RÉPONSE.

[7]Il paraît que l'Observateur regarde la faculté d'abstraire comme un privilège exclusif de l'espèce humaine. Avec la sagacité qu'il montre, s'il eût pris la peine d'y réfléchir, il eût vu que ce n'est qu'un secours accordé à la faible intelligence des êtres imparfaits. Les bêtes sont forcées comme nous de faire des abstractions. Un chien qui cherche son maître, s'il voit une troupe d'hommes, y court d'abord en vertu d'une idée abstraite générale qui lui représente des qualités communes entre son maître et ces hommes-là. Il parcourt ensuite successivement plusieurs sensations moins générales, mais toujours abstraites, jusqu'à ce qu'il soit frappé de la sensation particulière qui est l'objet de ses recherches. [m]Les actions des bêtes qui supposent abstraction sont si communes, qu'il est inutile d'en charger le papier. Avec la plus légère attention, on peut s'en rappeler un grand nombre. Il n'appartient qu'à l'Intelligence Suprême de n'avoir point d'idées abstraites, parce que d'une seule vue elle pénètre et l'ensemble et les détails, et qu'elle a toujours actuellement présent tout ce qui existe.[m][7]

L'OBSERVATEUR

Les singes ne peuvent-ils pas s'entr'aider à-peu-près comme les hommes? Tous les animaux de même espèce peuvent se servir réciproquement.

RÉPONSE.

Je ne parlerai pas des singes, parce que je ne connais pas leurs mœurs. Je n'en ai point vu de rassemblés en société libre, et [8]je n'ai rien lu de fort instructif sur leur compte dans les voyageurs.[8] Mais l'Observateur me fera grand plaisir de me dire en quoi les animaux frugivores pourraient s'entr'aider beaucoup, et en quoi les carnassiers manquent à se servir réciproquement lorsqu'ils ont l'intérêt et les moyens de le faire. [n]Il n'est pas question ici de demander pourquoi les bêtes ne font pas certaines choses, mais comment elles peuvent faire ce qu'elles font tous les jours. L'explication des phénomènes les plus communs sera toujours le désespoir des partisans de l'automatisme.[n]

L'OBSERVATEUR.

Pourquoi les aigles n'iraient-ils pas à la chasse des hommes? Ne peuvent-ils pas, en planant dans les airs, laisser tomber sur nos têtes ces fardeaux immenses qu'ils sont capables de porter?

RÉPONSE.

Ce pourrait être un avis utile à donner aux aigles; je crois en effet qu'ils ne s'en sont jamais avisés, si ce n'est peut-être celui qui brisa [o]la tête chauve du poëte Eschile[o] avec une tortue. C'était un maître aigle que celui-là! Quant aux autres, quoiqu'ils portent des fardeaux *immenses*, comme tout le monde sait, je pense qu'il leur est plus avantageux de continuer à enlever des agneaux et des lièvres, comme ils ont toujours fait. C'est en allant à son but par le chemin le plus court, qu'on montre le plus d'esprit et de sagacité.

L'OBSERVATEUR.

Peut-on dire sérieusement que l'intelligence des animaux ne se perfectionne pas, faute des arts qui la supposent?

RÉPONSE.

Ce serait sans doute une absurdité; mais il est bien sûr qu'on ne l'a dite nulle part. On sait que c'est l'intelligence qui invente les arts, et que ce sont les mains qui les exécutent. Mais on sait aussi qu'on n'invente point ce qu'on n'a nul moyen d'exécuter. Si les hommes eussent été sans mains, avec toute leur intelligence ils n'eussent point inventé les arts. Mais les arts, une fois inventés et exécutés, par l'intelligence et par les mains, étendent la sphère de l'intelligence même, en multipliant les objets de ses connaissances. Il n'y a point là de cercle vicieux. Il n'existe que dans l'assertion de l'Observateur, qui n'est point du tout la mienne. Au reste, il est faux que, pour avoir quelques-uns des moyens, on soit obligé d'exécuter, sous peine d'être regardé comme dépourvu d'intelligence. Combien de peuples entiers n'exécutent point, quoiqu'ils aient de l'intelligence et des mains!

L'OBSERVATEUR.

Il est très-faux que les arts aient élevé les hommes au-dessus des brutes, dans le sens où l'on voudrait en tirer avantage contre nous.

RÉPONSE.

Je réclame ici la justice de l'Observateur contre lui-même. Je n'ai dit nulle part que l'homme ne dût qu'aux arts la supériorité qu'il a sur les brutes; je suis très-éloigné de le penser, et encore plus de tirer aucun avantage contre nous du degré d'intelligence que je vois clairement exister dans les animaux. [9]J'ai dit, et je crois en être sûr, qu'il y a tel homme dont actuellement la somme des idées et des connaissances acquises est inférieure à la somme des idées de tel renard dont j'ai suivi les manœuvres.[9] Mais je n'ai jamais eu dessein d'en conclure que cet homme n'eût pas en puissance, la faculté de surpasser le plus habile des renards.

L'OBSERVATEUR.

Les sciences abstraites rendent en général plus stupide et plus insensée une bonne partie du corps de la nation.

RÉPONSE.

L'Observateur prétend ajouter encore à [10]l'idée de M. Rousseau, qui dit seulement que les sciences contribuent à nous rendre plus méchans, en nous rendant plus éclairés,[10] que ce sont des armes données à des furieux. Mais [p]si elles nous rendent *stupides*, elles ont dès-lors une utilité morale, à laquelle sans doute M. Rousseau n'avait pas songé, et cet écrivain doit être moins en colère contre elles. Voilà comme dans l'espèce humaine tout va se perfectionnant par de nouvelles découvertes. Il est vrai que si la première assertion a semblé paradoxale, celle-ci pourrait peut-être élever quelques doutes.[p] Mais aussi, que les sciences nous rendent *stupides*, ce serait une belle démonstration à faire.

L'OBSERVATEUR.

La sensibilité, ce précieux attribut de l'intelligence, se montre-t-elle avec quelqu'énergie dans la plupart des brutes envers leurs semblables?

RÉPONSE.

Elle se montre avec la plus grande énergie dans toutes les espèces qui vivent ensemble, et qui ont des moyens de s'entre-secourir: celui qui en doutera, peut essayer d'aller faire crier un porc dans un bois où il y aura d'autres à la glandée. Les espèces vigoureuses et bien armées défendent avec fureur les individus de leurs troupes; les espèces faibles s'avertissent du danger; celles qui vivent en famille y concentrent leurs intérêts, et il n'est pas extraordinaire qu'elles n'en prennent aucun à d'autres individus qui n'ont aucun rapport avec elles.

L'OBSERVATEUR.

[11q]L'organisation, selon le procédé si connu de la nature, devrait marcher par des nuances insensibles.... Il devrait donc y avoir des animaux presque aussi bien organisés que nous, peut-être d'autres beaucoup mieux, etc.[q11]

RÉPONSE.

[r]Je me contente de voir ce qui est, et je ne me suis jamais inquiété de ce qui devrait être. Un des plus grands obstacles au progrès réel des connaissances, c'est cette fureur de présumer, et de décider ensuite sur des présomptions. [12]Il est plaisant qu'avec le peu que nous savons, nous prétendions déterminer les loix de la Nature![12] Qui nous a dit que l'organisation devrait marcher par des nuances insensibles? Si cela n'est pas, pourquoi cela devrait-il être? Les analogies ne sont bonnes[r] qu'à faire conjecturer lorsque les faits manquent; et toutes les analogies du monde ne valent pas un seul fait bien observé. [s12]Que Dieu ait voulu mettre, ou non, une distance plus ou moins grande entre

quelques-uns de ses ouvrages et les autres, ce n'est pas là mon affaire. Je me borne à admirer tout ce qu'il a fait pour sa gloire, et à lui rendre grace de ce qu'il a fait pour moi.[12]

[t]Voilà, Monsieur, ce que j'ai cru[t] devoir relever dans les observations qu'on a faites sur mes lettres. Si l'Observateur a pensé qu'elles pussent, en quelque manière, favoriser le matérialisme, je ne peux que lui savoir gré d'avoir pris l'alarme, et le remercier de m'avoir donné occasion de m'expliquer et de détruire les impressions qui auraient pu en résulter contre mon intention.[s]

J'ai l'honneur d'être, etc.[u]

Lettre VII (lettre 7)

Sur l'instinct des Animaux

[1]Rien n'est si ordinaire, Monsieur, parmi les hommes et même parmi les philosophes, que de se servir de mots auxquels on n'attache aucune signification précise, et cependant de les employer comme s'ils en avaient une bien déterminée. De là sont nés des raisonnemens sans fin et des disputes interminables, qu'on se serait épargnés en apportant quelque soin à bien expliquer ce qu'on entend par ces mots. Celui d'*instinct* me paraît être un de ceux dont on a le plus abusé, et qu'on a le plus souvent prononcé sans l'entendre.[1] Tout le monde veut bien désigner par-là le principe qui dirige les bêtes dans leurs actions; mais chacun, à sa manière, détermine la nature ou fixe l'étendue de ce principe. On s'accorde bien sur le mot; mais les idées qu'on y attache sont essentiellement différentes. [2]Aristote et les Péripatéticiens donnaient aux bêtes une ame sensitive, mais bornée à la sensation et à la mémoire, sans aucun pouvoir de réfléchir sur ses actes, de les comparer, etc. D'autres ont été beaucoup plus loin. Lactance dit, qu'excepté la religion, il n'est rien en quoi les bêtes ne participent aux avantages de l'espèce humaine.

D'un autre côté, tout le monde connaît la fameuse hypothèse de M. Descartes,[2] que, ni sa grande réputation, ni celle de quelques-uns de ses sectateurs n'ont pu soutenir. Les bêtes de la même espèce ont, dans leurs opérations, une uniformité qui en a imposé à ces philosophes, et leur a fait naître l'idée d'automatisme; mais cette uniformité n'est qu'apparente, et l'habitude de voir la fait disparaître aux yeux exercés. Pour un chasseur attentif, il n'est pas deux renards dont l'industrie se ressemble entièrement, ni deux loups dont la gloutonnerie soit la même.

[2]Depuis M. Descartes, plusieurs théologiens ont cru la religion intéressée au maintien de cette opinion du méchanisme des bêtes.[2] Ils n'ont point senti que la bête, [3]quoique pourvue de facultés qui lui sont communes avec l'homme, pouvait en être encore à une distance infinie. [a]Ainsi l'homme lui-même est très-distant de l'ange, quoiqu'il partage avec lui une liberté et une immortalité qui l'approchent du trône de Dieu.[a3]

L'anatomie comparée nous montre dans les bêtes des organes semblables aux nôtres, et disposés pour les mêmes fonctions relatives à l'économie animale. Le détail de leurs actions nous fait clairement appercevoir qu'elles sont douées de la faculté de sentir, c'est-à-dire, qu'elles éprouvent ce que nous éprouvons lorsque nos organes sont remués par l'action des objets extérieurs. Douter si les bêtes ont cette faculté, c'est mettre en doute si nos semblables en sont pourvus, puisque nous n'en sommes assurés que par les mêmes signes.

Celui qui voudra méconnaître la douleur à ses cris, qui se refusera aux marques sensibles de la joie, de l'impatience, du desir, ne mérite pas qu'on lui réponde. Non-seulement il est certain que les bêtes sentent, il l'est encore qu'elles se ressouviennent. Sans la mémoire, les coups de fouet ne rendraient pas nos chiens sages, et toute éducation des animaux serait impossible. L'exercice de la mémoire les met dans le cas de comparer une sensation passée avec une sensation présente. Toute comparaison entre deux objets produit nécessairement un jugement; les bêtes jugent donc. La douleur des coups de fouet, retracée par la mémoire, balance dans un chien couchant le plaisir de courir un lièvre qui part. De la comparaison qu'il fait entre ces deux sensations, naît le jugement qui détermine son action. Souvent il est entraîné par le sentiment vif du plaisir; mais l'action répétée des coups rendant plus profond le souvenir de la douleur, le plaisir perd à la comparaison; alors il réfléchit sur ce qui s'est passé, et la réflexion grave dans sa mémoire une idée de relation entre un lièvre et des coups de fouet.

Cette idée devient si dominante, qu'enfin la vue d'un lièvre lui fait serrer la queue, et regagner promptement son maître. L'habitude de porter les mêmes jugemens les rend si prompts, et leur donne l'air si naturel, qu'elle fait méconnaître la réflexion qui les a réduits en principes: c'est l'expérience, aidée de la réflexion, qui fait qu'[4]une belette juge sûrement de la proportion entre la grosseur de son corps et l'ouverture par laquelle elle veut passer. Cette idée une fois établie, devient habituelle par la répétition des actes qu'elle produit, et elle épargne à l'animal toutes les tentatives inutiles.[4] Mais les bêtes ne doivent pas seulement à la réflexion de simples idées de relation; elles tiennent encore d'elle des idées indicatives plus compliquées, sans lesquelles elles tomberaient dans mille erreurs funestes pour elles.

Un vieux loup est attiré par l'odeur d'un appât; mais lorsqu'il veut en approcher, son nez lui apprend qu'un homme a marché dans les environs. L'idée du passage d'un homme lui indique un péril et des embûches. Il hésite donc; il tourne pendant plusieurs nuits; l'appétit le ramène aux environs de cet appât dont l'éloigne la crainte du péril indiqué. Si le chasseur n'a pas pris toutes les précautions usitées pour dérober à ce loup le sentiment du piège; si la moindre odeur de fer vient frapper son nez, rien ne rassurera jamais cet animal, devenu inquiet par l'expérience.

Ces idées acquises successivement par la sensation et la réflexion, et [5]représentées dans leur ordre par l'imagination et par la mémoire, forment le système des connaissances de l'animal, et la chaîne de ses habitudes;[5] mais c'est l'attention qui grave dans sa mémoire tous les faits qui concourent à l'instruire: et l'attention est le produit de la vivacité des besoins. [6]Il doit s'ensuivre que parmi les animaux, ceux qui ont des besoins plus vifs ont plus de connaissances acquises que les autres. En effet on apperçoit, au premier coup-d'œil, que la vivacité des besoins est la mesure de l'intelligence dont chaque espèce est douée, et que les circonstances qui peuvent rendre pour chaque individu les besoins plus ou moins pressans, étendent plus ou moins le systême de ses connaissances.[6]

La nature fournit aux frugivores une nourriture qu'ils se procurent facilement, sans industrie et sans réflexion: ils savent où est l'herbe qu'ils ont à brouter, et sous quel chêne ils trouveront du gland. Leur connaissance se borne, à cet égard, à la mémoire d'un seul fait: aussi leur conduite, quant à cet objet, paraît-elle stupide et voisine de l'automatisme. Mais il n'en est pas ainsi des carnassiers: forcés de chercher une proie qui se dérobe à eux, leurs facultés, éveillées par le besoin, sont dans un exercice continuel; tous les moyens par lesquels leur proie leur est souvent échappée se représentent fréquemment à leur mémoire. De la réflexion qu'ils sont forcés de faire sur ces faits, naissent des idées de ruses et de précautions, qui se gravent encore dans la mémoire, s'y établissent en principes, et que la répétition rend habituelles. La variété et l'invention de ces idées étonnent souvent ceux auxquels ces objets sont les plus familiers. Un loup qui chasse sait, par expérience, que le vent apporte à son odorat les émanations du corps des animaux qu'il recherche, il va donc toujours le nez au vent; il apprend de plus à juger, par le sentiment du même organe, si la bête est éloignée ou prochaine, si elle est reposée ou fuyante. D'après cette connaissance il règle sa marche; il va à pas de loup pour la surprendre, ou redouble de vîtesse pour l'atteindre. Il rencontre sur sa route des mulots, des grenouilles et d'autres petits animaux, dont il s'est mille fois nourri; mais, quoique déjà pressé par la faim, il néglige cette nourriture présente et facile, parce qu'il sait qu'il trouvera dans la chair d'un cerf ou d'un daim un repas plus ample et plus exquis. Dans tous les tems ordinaires, ce loup épuisera toutes les ressources qu'on peut attendre de la vigueur et de la ruse d'un animal solitaire; mais lorsque l'amour met en société le mâle et la femelle, ils ont respectivement, quant à l'objet de la chasse, des idées qui dérivent de la facilité que l'union procure. Ces loups connaissent, par des expériences répétées, où vivent ordinairement les bêtes fauves, et la route qu'elles tiennent lorsqu'elles sont chassées. Ils savent aussi combien est utile un relais, pour hâter la défaite d'une bête déjà fatiguée. Ces faits étant connus, ils concluent de l'ordinaire au probable, et en conséquence ils partagent leurs fonctions. Le mâle se met en quête, et la femelle, comme plus faible, attend au détroit la bête haletante qu'elle est chargée de relancer. On s'assure aisément de toutes ces démarches, lorsqu'elles sont écrites sur la terre molle ou sur la neige, et on peut y lire l'histoire des pensées de l'animal.

Le renard, beaucoup plus faible que le loup, est contraint de multiplier beaucoup plus les ressources pour obtenir sa nourriture. Il a tant de moyens à prendre, tant de dangers à éviter, que sa mémoire est nécessairement chargée d'un nombre de faits qui donne à son instinct une grande étendue. Il ne peut pas abattre ces grands animaux, dont un seul le nourrirait pendant plusieurs jours; il n'est pas non plus pourvu d'une vîtesse qui puisse suppléer au défaut de vigueur: ses moyens naturels sont donc la ruse, la patience et l'adresse. Il a toujours, comme le loup, son odorat pour boussole. Le rapport fidèle de ce sens bien exercé l'instruit de l'approche de ce qu'il cherche, et de la présence de ce qu'il doit éviter. Peu fait pour chasser à force ouverte, il s'approche ordinairement en silence, ou d'une perdrix qui'il évente, ou bien du lieu par lequel il sait que doit passer un lièvre ou un lapin. La terre molle reçoit à peine la trace légère de ses pas. Partagé entre la crainte d'être surpris, et la nécessité de surprendre lui-même, sa marche, toujours précautionnée et souvent suspendue, décèle son inquiétude, ses desirs et ses moyens. Dans les pays giboyeux, où les plaines et les bois ne le laissent pas manquer de proie, il fuit les lieux habités. Il ne s'approche de la demeure des hommes que quand il est pressé par le besoin; mais alors la connaissance du danger lui fait doubler ses précautions ordinaires. A la faveur de la nuit, il se glisse le long des haies et des buissons. S'il sait que les poules sont bonnes, il se rappelle en même tems que les pièges et les chiens sont dangereux. Ces deux souvenirs guident sa marche, et la suspendent ou l'accélèrent, selon le degré de vivacité que donnent à l'un d'eux les circonstances qui surviennent. Lorsque la nuit commence, et que sa longueur offre des ressources à la prévoyance du renard, le jappement éloigné d'un chien arrêtera sur-le-champ sa course. Tous les dangers qu'il a courus en différens tems se représentent à lui; mais à l'approche du jour, cette frayeur extrême cède à la vivacité de l'appétit: l'animal alors devient courageux par nécessité. Il se hâte même de s'exposer, parce qu'il sait qu'un danger plus grand le menace au retour de la lumière.

On voit que les actions les plus ordinaires des bêtes, leurs démarches de tous les jours supposent la mémoire, la réflexion sur ce qui s'est passé, la comparaison entre en objet présent qui les attire, et des périls indiqués qui les éloignent, la distinction entre des circonstances qui se ressemblent à quelques égards, et qui diffèrent à d'autres, le jugement et le choix entre tous ces rapports. Qu-est-ce donc que l'instinct? Des effets si multipliés dans les animaux, de la recherche du plaisir et de la crainte de la douleur; les conséquences et les inductions tirées, par eux, des faits qui se sont placés dans leur mémoire; les actions qui en résultent; ce systême de connaissances auxquelles l'expérience ajoute, et que, chaque jour, la réflexion rend habituelles: tout cela ne peut pas se rapporter à l'instinct, ou bien ce mot devient synonime avec celui d'intelligence.

Ce sont les besoins vifs, qui comme nous l'avons dit, gravent dans la mémoire des bêtes des sensations fortes et intéressantes, dont la chaîne forme l'ensemble de leurs connaissances. C'est par cette raison que les animaux carnassiers sont beaucoup plus industrieux que les frugivores, quant à la recherche de la nourriture; mais chassez souvent ces mêmes frugivores, vous les verrez acquérir, relativement à leur défense, la connaissance d'un nombre de faits, et l'habitude d'une foule d'inductions qui les égalent aux carnassiers. [7]De tous les animaux qui vivent d'herbes, celui qui paraît le plus stupide est, peut-être, le lièvre. La nature lui a donné des yeux faibles et un odorat obtus: si ce n'est l'ouie qu'il a excellente, il paraît n'être pourvu d'aucun instrument d'industrie. D'ailleurs il n'a que la fuite pour moyen de défense; mais aussi semble-t-il épuiser tout ce que la fuite peut comporter d'intentions et de variétés. Je ne parle pas d'un lièvre que des lévriers forcent par l'avantage d'une vîtesse supérieure, mais de celui qui est attaqué par des chiens courants. Un vieux lièvre, ainsi chassé, commence par proportionner sa fuite à la vîtesse de la poursuite. Il sait, par expérience, qu'une fuite rapide ne le mettrait pas hors de danger, que la chasse peut être longue, et que ses forces ménagées le serviront plus long-tems. Il a remarqué que la poursuite des chiens est plus ardente et moins interrompue dans les bois fourés, où le contact de son corps leur donne un sentiment plus vif de son passage, que sur la terre, où ses pieds ne font que poser; ainsi il évite les bois et suit presque toujours les chemins (ce même lièvre, lorsqu'il est poursuivi à vue par un lévrier, s'y dérobe en cherchant les bois). Il ne peut pas douter qu'il ne soit suivi par les chiens courants, sans être vu; il entend distinctement que la poursuite s'attache, avec scrupule, à toutes les traces de ses pas. Que fait-il? après avoir couru un long espace en ligne droite, il revient exactement sur ses mêmes voies. Après cette ruse, il se jette de côté, fait plusieurs sauts consécutifs, et par là dérobe aux chiens, au moins pour un tems, le sentiment de la route qu'il a prise. Souvent il va faire partir du gîte un autre lièvre dont il prend la place. Il déroute ainsi les chasseurs et les chiens par mille moyens qu'il serait trop long de détailler.[7] Ces moyens lui sont communs avec d'autres animaux, qui, plus habiles que lui d'ailleurs, n'ont pas plus d'expérience à cet égard. Les jeunes animaux ont beaucoup moins de ces ruses. C'est à la science des faits, que les vieux doivent les inductions justes et promptes qui amènent ces actes multipliés.

Les ruses, l'invention, l'industrie, étant une suite de la connaissance des faits gravés par le besoin dans la mémoire, les animaux doués de vigueur, ou pourvus de défenses, doivent être moins industrieux que les autres. Aussi, voyons-nous que [8]le loup, qui est un des plus robustes animaux de nos climats, est un des moins rusés lorsqu'il est chassé. Son nez, qui le guide toujours, ne le rend précautionné que contre les surprises. Mais d'ailleurs il ne songe qu'à s'éloigner, et à se dérober au péril par l'avantage de sa force et de son haleine. Sa fuite n'est point compliquée comme celle des animaux timides. Il n'a point recours à ces feintes et à ces retours, qui sont une ressource nécessaire pour la faiblesse et la lassitude.

[9]Le sanglier, qui est armé de défenses, n'a point non plus recours à l'industrie.[8] S'il se sent blessé dans sa fuite, il s'arrête pour combattre. Il s'indigne et se fait redouter des chasseurs et des chiens, qu'il menace et charge avec fureur. Pour se procurer une défense plus facile et une vengeance plus assurée, il cherche les buissons épais et les halliers; il s'y place de manière à ne pouvoir être abordé qu'en face. Alors, l'œil farouche et les soies hérissées, il intimide les hommes et les chiens, les blesse et s'ouvre un passage pour une retraite nouvelle.[9]

La vivacité des besoins donne, comme on voit, plus ou moins d'étendue aux connaissances que les bêtes acquièrent. Leurs lumières s'augmentent en raison des obstacles qu'elles ont à surmonter. Cette faculté, qui rend les bêtes capables d'être perfectionnées, rejette bien loin l'idée d'automatisme, qui ne peut être née que de l'ignorance des faits. Qu'un chasseur arrive avec des pièges dans un pays où ils ne sont pas encore connus des animaux, il les prendra avec une extrême facilité, et les renards même lui paraîtront imbéciles. Mais lorsque l'expérience les aura instruits, il sentira, par les progrès de leurs connaissances, le besoin qu'il a d'en acquérir de nouvelles. Il sera contraint de multiplier les ressources, et de donner le change à ces animaux, en leur présentant ses appâts sous mille formes différentes.

Parmi les différentes idées que la nécessité fait acquérir aux animaux, on ne doit point oublier celles des nombres. Les bêtes comptent, cela est certain; et quoique jusqu'à présent leur arithmétique paraisse assez bornée, peut-être pourrait-on lui donner plus d'étendue. [10]Dans les pays où l'on conserve avec soin le gibier, on fait la guerre aux pies, parce qu'elles enlèvent les œufs et détruisent l'espérance de la ponte. On remarque donc assiduement les nids de ces oiseaux destructeurs, et, pour anéantir d'un coup la famille carnassière, on tâche de tuer la mère pendant qu'elle couve. Entre ces mères, il en est d'inquiètes, qui désertent leur nid dès qu'on approche. Alors on est contraint de faire un affût bien couvert au pied de l'arbre sur lequel est le nid, et un homme se place dans l'affût pour attendre le retour de la couveuse; mais il attend en vain, si la pie qu'il veut surprendre a quelquefois été manquée en pareil cas. Elle sait que la foudre va sortir de cet antre où elle a vu entrer un homme. Pendant que la tendresse maternelle lui tient la vue attachée sur son nid, la frayeur l'en éloigne jusqu'à ce que la nuit puisse la dérober au chasseur. Pour tromper cet oiseau inquiet, on s'est avisé d'envoyer à l'affût deux hommes, dont l'un s'y plaçait et l'autre passait; mais la pie compte et se tient toujours éloignée. Le lendemain trois y vont, et elle voit encore que deux seulement se retirent. Enfin il est nécessaire que cinq ou six hommes, en allant à l'affût, mettent son calcul en défaut. La pie, qui croit que cette collection d'hommes n'a fait que passer, ne tarde pas à revenir. Ce phénomène, renouvelé toutes les fois qu'il est tenté, doit être mis au rang des phénomènes les plus ordinaires de la sagacité des animaux.[10]

Puisque les animaux gardent la mémoire des faits qu'ils ont eu intérêt de remarquer; puisque les conséquences qu'ils en ont tirées s'établissent en principes par la réflexion, ils sont perfectibles: mais nous ne pouvons pas savoir jusqu'à quel degré. Nous sommes même presque étrangers au genre de perfection dont les bêtes sont susceptibles. Jamais, avec un odorat tel que le nôtre, nous ne pouvons atteindre à la diversité des rapports et des idées que donne au loup et au chien leur nez subtil et toujours exercé. Ils doivent à la finesse de ce sens la connaissance de quelques propriétés de plusieurs corps, et des idées de relation entre ces propriétés et l'état actuel de leur machine. Ces idées et ces rapports échappent à la stupidité de nos organes. Pourquoi donc les bêtes ne se perfectionnent-elles point? Pourquoi ne remarquons-nous point un progrès sensible dans les espèces? [b]Si Dieu n'a pas donné aux Intelligences célestes de sonder toute la profondeur de la nature de l'homme; si elles n'embrassent pas d'un coup-d'œil cet assemblage bizarre d'ignorance et de talens, d'orgueil et de bassesse, elles peuvent dire aussi: pourquoi donc cette espèce humaine, avec tant de moyens de perfectibilité,[b] est-elle si peu avancé dans les connaissances les plus essentielles? Pourquoi plus de la moitié des hommes est-elle abrutie par des superstitions ridicules? Pourquoi les sciences qui lui sont les plus nécessaires, celles d'où dépend le bonheur de l'espèce entière, sont-elles encore dans l'enfance? etc.

Il est certain que les bêtes peuvent faire des progrès: mille obstacles particuliers s'y opposent, et d'ailleurs il est apparemment un terme qu'elles ne franchiront jamais.

La mémoire ne conserve les traces des sensations et des jugemens qui en sont la suite, qu'autant que celles-ci ont eu le degré de force qui produit l'attention vive. Or les bêtes, vêtues par la Nature, ne sont guère excitées à l'attention que par les besoins de l'appétit et de l'amour. Elles n'ont pas de ces besoins de convention, qui naissent de l'oisiveté et de l'ennui. La nécessité d'être émus se fait sentir à nous dans l'état ordinaire de veille, et elle produit cette curiosité inquiète qui est la mère des connaissances. Les bêtes ne l'éprouvent point. [11]Si quelques espèces sont plus sujettes à l'ennui que les autres, la fouine, par exemple, que la souplesse et l'agilité caractérisent, ce ne peut pas être pour elle une situation ordinaire, parce que la nécessité de chercher à vivre tient presque toujours leur inquiétude en exercice. Lorsque la chasse est heureuse, et que leur faim est assouvie de bonne heure, elles se livrent, par le besoin d'être émues, à une grande profusion de meurtres inutiles;[11] mais la manière d'être la plus familière à tous ces êtres sentans est un demi-sommeil, pendant lequel l'exercice spontané de l'imagination ne présente que des tableaux vagues qui ne laissent pas de traces profondes dans la mémoire.

Parmi nous, ces hommes grossiers, qui sont occupés, pendant tout le jour, à pourvoir aux besoins de première nécessité, ne restent-ils pas dans un état de stupidité presque égal à celui des bêtes?

Il faut que le loisir, la société et le langage servent la perfectibilité, sans quoi cette disposition reste stérile. Or, premièrement le loisir manque aux bêtes, comme je l'ai déjà dit. Occupées sans cesse à pourvoir à leurs besoins, et à se défendre contre d'autres animaux ou contre l'homme, elles ne peuvent conserver d'idées acquises que relativement à ces objets. Secondement, la plupart vivent isolées et n'ont qu'une société passagère, fondée sur l'amour et sur l'éducation de la famille. Celles qui sont attroupées d'une manière plus durable, sont rassemblées uniquement par le sentiment de la crainte. Il n'y a que les espèces timides qui soient dans ce cas; et la crainte, qui approche ces individus les uns des autres, paraît être le seul sentiment qui les occupe. Telle est l'espèce du cerf, dans laquelle les biches ne s'isolent guère que pour mettre bas, et les cerfs pour refaire leurs têtes.

Dans les espèces mieux armées et plus courageuses, comme sont les sangliers, les femelles, comme plus faibles, restent attroupées avec les jeunes mâles. Mais dès que ceux-ci ont atteint l'âge de trois ans, et qu'ils sont pourvus de défenses qui les rassurent, ils quittent la troupe; la sécurité les mène à la solitude; il n'y a donc pas de société proprement dite entre les bêtes.

Le sentiment seul de la crainte, et l'intérêt de la défense réciproque, ne peuvent pas porter fort loin leurs connaissances.

Elles ne sont pas organisées de manière à multiplier les moyens, ni à rien ajouter aux armes, toujours prêtes, qu'elles doivent à la Nature.

[12]A l'égard du langage, il paraît que celui des bêtes est fort borné. Cela doit être, vu leur manière de vivre, puisqu'il y a des sauvages qui ont des arcs et des flèches, et dont cependant la langue n'a pas trois cents mots.[12] Mais quelque borné que soit le langage des bêtes, il existe: on peut assurer même qu'il est beaucoup plus étendu qu'on ne le suppose communément dans des êtres qui ont un museau allongé ou un bec.

Celles de leurs habitudes qui paraissent les plus naturelles, ne peuvent s'être formées, comme nous l'avons prouvé, que par des inductions liées ensemble par la réflexion, et qui supposent toutes les opérations de l'intelligence; mais nous ne remarquons point d'articulation sensible dans leurs cris. Cette apparente uniformité nous fait croire que réellement elles n'articulent point. Il est certain cependant que les bêtes de chaque espèce distinguent très-bien entre elles ces sons qui nous paraissent confus. Il ne leur arrive pas de s'y méprendre, ni de confondre le cri de la frayeur avec le *gannissement* de l'amour. Il n'est pas seulement nécessaire qu'elles expriment ces situations tranchées; il faut encore qu'elles en caractérisent les différentes nuances. Le parler d'une mère qui annonce à sa famille qu'il faut se cacher, se dérober à la vue de l'ennemi, ne peut pas être le même que celui qui indique qu'il faut précipiter la fuite. [c]Les circonstances établissent la nécessité[c] d'une action différente. Il faut que la différence soit exprimée dans le langage qui commande l'action. Par quel mécanisme des animaux, qui chassent ensemble, s'accordent-ils pour s'attendre, se retrouver, s'aider? Ces opérations ne se feraient pas sans des conventions dont le détail ne peut s'exécuter qu'au moyen d'une langue articulée. La monotonie nous trompe, faute d'habitude et de réflexion. Lorsque nous entendons des hommes parler ensemble une langue qui nous est étrangère, nous ne sommes point frappés d'une articulation sensible, nous croyons entendre la répétition continuelle des mêmes sons. Le langage des bêtes, quelque varié qu'il puisse être, doit nous paraître encore mille fois plus monotone, parce qu'il nous est infiniment plus étranger; mais, quel que soit ce langage des bêtes, il ne peut pas aider beaucoup la perfectibilité dont elles sont douées. La tradition ne sert presque point aux progrès des connaissances. Sans l'écriture, qui appartient à l'homme seul, chaque individu, concentré dans sa propre expérience, serait forcé de recommencer la carrière que son devancier aurait parcourue, et l'histoire des connaissances d'un homme serait presque celle de la science de l'humanité.

On peut donc présumer que les bêtes ne feront jamais de grands progrès, quoique, relativement à certains arts, [d]elles pussent en avoir fait[d], sans que nous nous en fussions apperçus. En général, les obstacles qui s'opposent aux progrès des espèces, sont fort difficiles à vaincre, et les individus n'empruntent point non plus de la force d'une passion dominante, cette activité soutenue qui fait qu'un homme s'élève, par le génie, fort au-dessus de ses égaux. Les bêtes ont cependant des passions naturelles, et d'autres qu'on peut appeler factices ou de réflexion; celles du premier genre sont l'impression de la faim, les desirs ardens de l'amour, la tendresse maternelle; les autres sont la crainte de la disette ou l'avarice, et la jalousie qui conduit à la vengeance.

Mais nous avons montré dans les lettres précédentes, que ces passions n'ont, ni la continuité, ni le caractère de celles qui servent réellement aux progrès des espèces. Elles remplissent leur objet par des moyens peu compliqués, et qui doivent être toujours les mêmes. De ce que les bêtes n'inventent point au-delà de leurs besoins, on aurait tort d'en conclure qu'elles n'inventent point du tout, et certainement la conclusion ne serait pas légitime. Je bornerai là, Monsieur, mes réflexions sur ce qu'on appelle instinct dans les bêtes. Il me paraît impossible de ne pas reconnaître que le principe qui les meut dans leurs actions est un principe intelligent qui est le produit des sensations et de la mémoire. Mais quoique cet avantage leur soit commun avec nous, il est aisé de voir à quelle distance sont encore de nous ces êtres sentans, et quel intervalle immense nous sépare. C'est, Monsieur, ce qu'on appercevra, d'un coup-d'œil, en lisant les réflexions sur l'homme moral, qui suivent cette lettre, et qui m'ont paru nécessaires pour éloigner toutes les conséquences que quelques personnes pourraient tirer de l'intelligence reconnue des bêtes.

J'ai l'honneur d'être, etc.

Lettres du physicien de Nuremberg sur l'homme

Lettre première (lettre 8)

Après avoir examiné, Monsieur, les actions des animaux; après avoir vu comment, dans les différentes espèces, la mémoire et les besoins produisent, étendent et bornent enfin l'intelligence, il peut être utile de jeter un coup-d'œil sur nous-mêmes. En considérant seulement une partie de ce qu'est l'homme, nous le vengerons aisément de l'injure qu'on lui fait, en dégradant les autres animaux, afin de l'élever. Nous reconnaîtrons la place distinguée qui lui est assignée par l'Auteur de la nature. Ses avantages réels sont assez brillans pour établir par eux-mêmes sa supériorité, sans avoir recours à des ressources contre lesquelles déposent l'expérience et le sentiment. Les vrais détracteurs de l'espèce humaine sont ceux qui croient avoir besoin de nier l'intelligence des animaux pour maintenir la dignité de l'homme, comme si cette dignité n'était pas indépendante et personnelle, comme si la portion que les autres animaux ont reçue du Créateur avait quelqu'influence sur les avantages immortels dont il nous a comblés. Je ne prétends pas, Monsieur, à beaucoup près, traiter cet immense sujet dans toute son étendue. Ce travail serait fort au-dessus de mes forces, et d'ailleurs il exigerait des volumes. Je ne veux qu'indiquer les principes généraux des actions humaines, et tâcher de les reconnaître dans quelques-unes des manières dont la société les modifie, et souvent les défigure. Ce qui rend cet examen épineux, c'est qu'on ne voit pas, au premier coup-d'œil, dans l'espèce, un caractère distinctif qui convienne à tous les individus. Il y a tant de différence entre leurs actions, qu'on serait tenté d'en supposer dans leurs motifs. Depuis l'esclave, qui flatte indignement son maître, jusqu'à [1]Thamas qui égorge des milliers de ses semblables pour n'avoir personne au-dessus de lui,[1] on voit des variétés sans nombre. On ne peut qu'être frappé d'admiration lorsqu'on regarde les travaux immenses de l'homme, qu'on examine le détail de ses arts et le progrès de ses sciences, qu'on le voit franchir les mers, mesurer les cieux, et disputer au tonnerre son bruit et ses effets. Mais comment n'être pas surpris en même tems de l'ignorance et de la stupidité de la plus grande partie de l'espèce! Comment ne pas frémir de la bassesse ou de l'atrocité des actions par lesquelles s'avilit souvent ce roi de la nature! Effrayés de cet assemblage monstrueux, quelques moralistes ont eu recours, pour expliquer l'homme, à un mélange de bons et de mauvais principes, qui lui-même a grand besoin d'être expliqué. L'orgueil, la superstition, la crainte, ont embarrassé la connaissance de l'homme de mille préjugés que l'observation doit détruire. La religion est chargée de nous conduire dans la route du bonheur qu'elle nous prépare au-delà des tems. La philosophie doit étudier les motifs naturels des actions de l'homme, pour trouver les moyens, du même genre, de le rendre meilleur et plus heureux pendant cette vie passagère. [2]Il faut convenir qu'en regardant l'homme tel qu'il est aujourd'hui dans l'état de société, on est tenté d'abord de le croire dénaturé. Tant d'idées étrangères à sa constitution primitive, tant de passions factices entrent dans sa composition actuelle, que plusieurs philosophes ont cru nécessaire, pour le connaître, de remonter à un état ancien, où l'on pût trouver plus de simplicité et moins de complications. Mais ce moyen ne paraît pas fait pour garantir de l'erreur. On commence par supposer l'état qu'on examine, et les réflexions de l'observateur ne peuvent porter que sur l'ouvrage de son imagination, qui peut être fort éloigné de celui de la nature. Ce n'est donc point dans un passé qui nous est inconnu, qu'il faut chercher à connaître l'homme; mais en le regardant tel qu'il est sous nos yeux, il est facile de distinguer à part les besoins qu'il tient de la nature, d'avec ceux que l'état de société fait naître, et qu'ensuite il rend habituels. On peut ainsi parvenir à reconnaître les élémens qui entrent dans la composition de l'homme, et les produits de ces élémens.[2]

[3]Tous les philosophes, et même la plupart des théologiens, conviennent aujourd'hui que nos sensations sont la matière première de nos idées; et cette vérité, connue depuis long-tems d'une manière générale et assez vague, ne pouvait pas échapper, avec tous ses détails, à la sagacité de nos observateurs. Ceux qui ont examiné l'entendement humain, ont très-bien marqué l'ordre dans lequel nous éprouvons les effets de cette faculté générale, à laquelle nous devons toutes nos connaissances. Mais sentir n'est pas simplement appercevoir. Dans une sensation, il y a presque toujours deux impressions à considérer; la perception de l'objet qui la cause, et la modification qu'en reçoit notre ame, c'est-à-dire, le plaisir ou la douleur qu'elle nous fait éprouver. C'est principalement de ce qu'il y a de représentatif dans nos sensations, que proviennent nos connaissances. Du genre d'affection qu'elles nous causent, naît le plaisir ou la douleur, c'est-à-dire, un sentiment qui nous fait aimer ou haïr notre existence. L'une de ces impressions nous met dans le cas de comparer, de juger, etc.; l'autre nous porte à desirer, à vouloir. Celle-ci est l'agent impérieux qui nous remue; le desir est le créateur de nos actions;[3] [4]pour nous connaître, il faut observer ce qui l'excite en nous. La faculté de sentir, qui appartient à l'ame, n'ayant d'exercice que par l'entremise des organes matériels dont l'assemblage forme notre corps, il peut en résulter une

différence naturelle entre les hommes. Si le tissu des fibres n'est pas le même dans tous, quelques-uns doivent avoir certains organes plus sensibles, et recevoir en conséquence des objets qui les ébranlent, une impression dont la force est inconnue à d'autres. Dans ce cas, nos jugemens et nos choix n'étant que le résultat d'une comparaison entre les différentes impressions que nous recevons, ils seraient aussi peu semblables d'un homme à un autre que ces impressions mêmes. De-là on pourrait conclure que la connaissance de l'homme est une chose impossible, que chaque individu a une mesure qui ne peut nullement s'appliquer à l'espèce entière, que le jugement qu'on porte de la conduite d'autrui est toujours injuste, et que les conseils qu'on lui donne sont encore plus inutiles. Ma raison doit être étrangère à celle d'un homme qui ne sent pas comme moi; et si je le prends pour un fou, il a droit de me regarder comme un imbécile.[4] Mais toutes nos sensations particulières, tous les jugemens qui en résultent, aboutissent à [5]une disposition commune et nécessaire à tous les êtres sensibles, le desir du bien-être.[5] Ce desir, sans cesse agissant, est déterminé par nos besoins vers certains objets. S'il rencontre des obstacles, il devient plus ardent, il s'irrite, et [6]le desir irrité est ce qu'on appelle passion, c'est-à-dire, un état de souffrance dans lequel l'ame tout entière se porte vers un objet comme vers le point fixe de son bonheur.[6] Pour savoir tout ce dont l'homme est capable, il faut le voir lorsqu'il est passionné. Si vous regardez un loup rassasié, vous ne soupçonnerez pas sa voracité. Les mouvemens de la passion sont toujours vrais, et trop marqués pour qu'on puisse s'y méprendre. Or, en examinant un homme agité par quelque passion, je le vois fixé sur un objet dont il poursuit la jouissance. Que le desir qu'il en a soit naturel ou factice, il écarte avec fureur tout ce qui l'en sépare; le péril disparaît à ses yeux, et il semble s'oublier soi-même. Le besoin qui le tourmente ne lui laisse voir que ce qui peut le soulager. Cette disposition, qui est frappante dans un état extrême, agit constamment, quoique d'une manière moins sensible, dans les situations plus modérées. L'homme n'a donc point de caractère particulier qui le distingue. Il est toujours ce que les besoins le font être; et comme, sur-tout dans l'état de société, les besoins varient à l'infini d'individu à individu, et dans le même, selon les tems, on doit trouver en lui des contradictions sans nombre, qui sont toutes produites par le desir commun du bien-être. [7]*C'est un être merveilleusement divers et ondoyant que l'homme!* disait Montaigne,[7] ce grand peintre de la nature humaine. En effet, il paraît être moins le produit de ses inclinations naturelles que des circonstances qui l'environnent. S'il n'est pas cruel par caractère, il ne lui faut qu'une passion et des obstacles pour l'exciter à faire couler le sang, et l'habitude ou les préjugés peuvent lui rendre ensuite la cruauté nécessaire. [8]Le méchant, dit Hobbes, n'est qu'un enfant robuste;[8] et si l'on suppose l'homme avec des desirs vifs et sans expérience, comme sont les enfans, on ne voit pas en effet ce qui pourrait l'arrêter dans la recherche de ce qu'il poursuit. C'est l'expérience qui nous fait trouver, dans notre union avec les autres, des facilités pour la satisfaction de nos besoins. Alors l'intérêt de chacun établit dans son esprit une idée de proportion entre le plaisir qu'il cherche, et le dommage qu'il souffrirait s'il aliénait les autres. De là naissent les égards, qui naturellement n'ont lieu qu'autant que les intérêts sont superficiels, mais auxquels l'habitude et le sentiment de la compassion, dont nous parlerons dans la suite, donnent beaucoup de force. Mais les passions nous ramènent à l'enfance, en nous présentant vivement un objet unique avec ce degré d'intérêt qui éclipse tout. Ce mot *passion* réveille, Monsieur, un grand nombre d'idées bien différentes entre elles, lorsque l'on considère l'homme dans l'état de société. L'état social et les différentes formes qu'il peut recevoir, produisent, entre les hommes, une complication infinie de rapports et de manières d'être, dans lesquels on trouve les passions naturelles de l'homme absolument dénaturées. [9]Il est donc nécessaire de bien distinguer les besoins que la nature donne à l'homme individuel, d'avec ces besoins qu'on peut appeler factices, et qui naissent dans l'état de société. Quoique ceux-ci doivent nécessairement dériver des premiers, ils se trouvent à la fin si dissemblables, qu'il faut la plus grande attention pour retrouver leur origine.[9]

Il entre dans la constitution de l'homme beaucoup plus de besoins naturels que dans celle de tous les autres animaux. Quand son intelligence ne serait pas essentiellement supérieure à la leur, il acquérerait nécessairement, par ses besoins et ses moyens, une grande supériorité sur toutes les autres espèces. [10]Ce n'est pas que le besoin de se nourrir, qui peut devenir un des plus pressans, doive naturellement le forcer à beaucoup d'industrie. Porté, par son goût et par sa constitution, à s'accommoder de différentes espèces de nourritures, il est moins exposé qu'un autre à en manquer. La chasse, la pêche, le lait des troupeaux et les fruits de la terre, peuvent également assouvir son appétit.[10] Ce n'est pas l'homme affamé qu'il est difficile de rassasier; c'est l'homme dégoûté, dont il est embarrassant d'exciter les desirs; et la terre fournirait, peut-être sans beaucoup de peine, à l'homme naturel, les alimens grossiers suffisans pour entretenir sa vigueur. [11]Cependant les facilités qui résultent de l'association pour la chasse ou pour la pêche, établissent bientôt une société entre les hommes chasseurs ou ichthyophages; et la multiplication de la peuplade n'est pas long-tems sans amener la nécessité de la culture des terres. Celle-ci conduit à un nouvel ordre de rapports et d'institutions, qui ne sont point de notre sujet. Toujours est-il certain que, si l'homme n'avait besoin que d'être nourri, la société lui serait beaucoup moins nécessaire, qu'elle ne serait que difficilement établie, et que peut-être nous n'admirerions pas tous les progrès que d'autres besoins ont fait faire à l'industrie humaine.

Dans la plupart des climats, l'homme est condamné à se vêtir, sous peine de la douleur et même de la mort.[11] Ce besoin doit donc être mis au rang de ceux de première nécesité, et peut-être oblige-t-il à beaucoup plus de réflexions et d'inventions que le besoin de se nourrir. Ce n'est pas que l'homme ne puisse d'abord se couvrir grossièrement avec [11]la peau des bêtes[11] qu'il aura tuées, sans leur donner aucune préparation; mais il ne pourra pas s'en servir longtems sans être forcé, par les inconvéniens, de réfléchir sur les moyens de rendre ce vêtement simple, plus propre à son usage. De ces réflexions naîtra l'art de passer ces peaux, pour les rendre plus souples et plus durables; celui de les coudre ensemble pour en être plus complètement ou plus commodément couvert. Les peuples les plus stupides, comme les Samoïedes et les Groenlandais, n'ignorent pas ces deux arts, qui sont une suite de la nécessité de se vêtir. S'ils ne savent pas, comme nous, convertir en fil l'écorce du chanvre et du lin, ils se servent assez heureusement des nerfs des animaux qu'ils ont tués, et ils donnent aux peaux de ces animaux la souplesse, sans laquelle elles ne rempliraient pas entièrement leur destination. Voilà déjà plusieurs arts dus à un besoin de première nécessité, et sans l'invention desquels, dans la plupart des climats, l'homme, dont la constitution est peu proportionnée à leur inclémence, périrait infailliblement. Mais aussi ces arts sont inventés par-tout où ils sont nécessaires. Le besoin, ce maître universel de tous les êtres sensibles, donne à cet égard de savantes leçons à ceux qui d'ailleurs sont les plus stupides et les plus grossiers. Mais, quelque bien vêtu que soit l'homme, il sera encore tellement à la merci des intempéries de l'air, qu'une habitation lui est aussi nécessaire qu'un vêtement. S'il commence par se retirer dans le tronc d'un arbre, que la Nature ou lui-même aura creusé, cette demeure resserrée lui paraîtra bientôt insuffisante, parce qu'elle l'est en effet. [12]Le besoin le conduira à rassembler des feuillages et des branches, à les lier ensemble, à les remparer avec de la terre, à les couvrir d'herbes sèches ou de gazon qui ferment le passage à la pluie; en un mot, à se construire une cabane.[12] C'est encore ce que font, et tous à-peu-près de la même manière, les peuples les plus bruts dans les climats rigoureux. C'est un art de première nécessité, que la constitution même de l'homme le force d'inventer, sous peine de la douleur et de la mort.

L'amour est sans doute aussi pour l'homme un des besoins les plus pressans. Il se fait sur-tout sentir avec un empire prédominant lorsque les autres sont satisfaits. Cette passion terrible, qui tourmente et perpétue tous les êtres animés, n'a point pour l'homme de saison particulière. Presque toujours agissante dans l'âge de la vigueur, [13]lors même que les idées morales, soit réelles, soit illusoires, n'ont rien à ajouter à sa vivacité naturelle,[13] la [14]jouissance amortit un instant les desirs, mais sans les éteindre. L'espérance du moment à venir se confond avec l'ivresse du moment présent, et donne à cette passion un caractère de permanence qui ne peut guère manquer d'établir une société durable entre le mâle et la femelle. Il me paraît, Monsieur, que les premiers desirs de l'homme adulte doivent l'attacher à une femme, et que ce lien doit être également resserré par le souvenir et par l'espérance. L'habitude, qui produit l'inconstance et le dégoût dans l'homme civilisé, dont la constitution est altérée, exerce un pouvoir tout différent sur l'homme naturel. La communauté des femmes a pu être, dans quelques sociétés, l'effet d'une institution particulière; mais elle n'a jamais été l'institution de la nature, qui tend, par toutes sortes de voies, à resserrer l'union des mariages. Outre les avantages et les secours réciproques qui résultent de l'association, ce lien acquiert bientôt une force nouvelle par la naissance des enfans, dont les besoins exigent une communauté de soins qui multiplie les rapports que le père et la mère avaient déjà l'un avec l'autre. En regardant seulement ces objets intéressans d'une tendresse naturelle, il est impossible que les parens n'y trouvent pas des motifs pour se devenir encore plus chers. Les soins mêmes qu'ils concourent à donner à ces faibles créatures, [15]en leur faisant naître l'idée d'une propriété commune,[15] excitent en eux un sentiment profond qui tend à les unir.[14] Mon dessein n'est pas d'examiner comment, la famille venant à se multiplier, la société s'étend, les intérêts se divisent, les loix s'établissent. Il nous suffit d'avoir observé que tout rend à l'homme l'association nécessaire, que sans elle l'espèce ne pourrait qu'à peine subsister, et que la sociabilité est fondée sur la constitution même de l'homme, et sur les besoins les plus pressans qui en dérivent. Mais ceux que nous venons d'indiquer ne sont pas les seuls qu'il tienne de la nature. Il est d'autres dispositions qui lui rendent la société du moins très-intéressante, et qui, peut-être plus que les premiers besoins, influent sur ses efforts, ses progrès et ses crimes. L'homme n'a pas seulement besoin d'être nourri, vêtu, défendu des injures de l'air, et même d'éprouver, pendant une partie de sa vie, les vives émotions de l'amour. Ces objets réunis pourraient suffire à l'homme isolé, parce que la nécessiité d'y pourvoir occuperait tout son tems, et lui laisserait à peine celui du sommeil. C'est ce qui arrive en effet à ces malheureux que la pauvreté dévoue à une fatigue continuelle pour soutenir leur vie. Mais l'excès du travail, l'inquiétude et la crainte, ne leur laissent qu'un sentiment pénible de l'existence; ils n'en jouissent point, ils en souffrent et n'en sont avertis que par la douleur. Lorsque l'homme a de quoi satisfaire à tous les besoins dont nous avons parlé; lorsque les bienfaits de la nature ne lui laissent, à cet égard, aucune inquiétude prochaine pour l'avenir; lorsqu'enfin il paraît n'avoir qu'à jouir d'un heureux loisir, [16]un nouveau besoin le tourmente, celui d'avoir un sentiment vif de sa propre existence. Nous ne sommes présens à nous-mêmes, que par des sensations immédiates ou des idées. Il faut qu'elles nous intéressent pour nous rendre heureux; et malheureusement les sensations qui nous ont le plus intéressés s'affaiblissent par leur continuité. Ce que nous avons regardé long-tems devient pour nous comme les objets qui s'éloignent, dont nous n'appercevons plus qu'une image confuse et mal terminée. Le besoin d'exister vivement, joint à cet affaiblissement continuel de nos sensations, nous cause une inquiétude machinale, des desirs vagues, excités par le souvenir importun d'un état précédent. Nous sommes donc forcés, pour être heureux, ou de changer continuellement d'objets, ou d'outrer les sensations du même genre. De là vient une inconstance qui ne permet pas à nos vœux de s'arrêter, et une progression de desirs qui, toujours anéantis par la jouissance, mais irrités par le souvenir, s'élancent jusques dans l'infini. Cette disposition, qui fait bientôt succéder le mal-aise de l'ennui aux émotions les plus intéressantes, est le tourment de l'homme oisif et civilisé, comme nous le verrons en examinant ses effets dans la société. Mais nous verrons aussi que ce tourment est la source d'une partie de ses efforts et de ses progrès.[16] [17]Le besoin d'un sentiment vif de l'existence est balancé dans l'homme par une autre disposition, qui lui est commune avec tous les autres êtres sensibles, la paresse ou l'amour de repos. Cette force d'inertie n'agit très-puissamment que sur la classe oisive de la société. Dans tout autre état, elle est subjuguée par des besoins plus stimulans. Mais ce qu'on aura peine à croire d'abord, c'est qu'elle est le plus grand principe d'activité parmi les hommes. [18]Le repos en perspective, qui faisait courir Pyrrhus, fatigue encore tout ambitieux qui veut s'élever,[18] tout avare qui amasse au-delà de ses besoins, tout homme passionné pour la gloire, qui craint des rivaux. L'amour du repos et le desir d'exister vivement, sont deux besoins contradictoires qui influent l'un sur l'autre et se modifient. L'homme craint la peine; toute espèce d'effort l'importune et le fatigue, à moins qu'il ne soit agité d'une passion. Sur-tout le travail de penser est insupportable à qui l'habitude ne l'a pas rendu facile.[17] Mais l'ennui devient bientôt aussi importun que le travail même. Il semble à l'homme désoccupé, qu'une partie de son existence lui échappe. Il change machinalement de lieu; il est forcé de chercher des objets extérieurs dont l'action le remue et excite en lui le sentiment de la vie. N'ayant point d'activité propre, il a besoin d'être passif. Il lui faut des spectacles extraordinaires dont la nouveauté secoue ses organes engourdis. [19]Ce mal-aise est moins connu de l'homme sauvage, parce qu'il a moins de loisir, et qu'excepté la satisfaction des besoins les plus grossiers, il n'a pas l'idée d'une manière vive d'exister. Son état habituel est donc une sorte de torpeur. Le mouvement d'un ruisseau suffit pour exciter en lui une sensation occupante lorsqu'il n'est pas en action, et l'ignorance d'une émotion plus forte lui laisse goûter cette situation paisible et voisine du sommeil.[19] [20]Mais si le sauvage a quelquefois joui du sentiment vif de l'existence; si, par exemple, des liqueurs fortes ont excité en lui ce sentiment, il en devient très-avide, et il sacrifie tout à ce besoin nouveau.[20]

Voilà, ce me semble, Monsieur, les principaux élémens qui entrent dans la composition naturelle de l'homme. C'est là le fonds que les individus apportent dans la société, et qu'elle met en œuvre par les circonstances qu'elle fait naître et les différens rapports qu'elle établit. On voit que l'association est nécessaire à l'homme pour sa conservation, ou du moins pour son bonheur. Il est cependant certain que les mêmes besoins qui l'invitent à s'approcher de ses semblables, produisent ensuite des intérêts contradictoires, qui tendent à l'en éloigner. Le besoin de nourriture n'admet pas toujours le partage; l'amour excite la jalousie, et en tout, l'intérêt de la propriété porte à la personnalité exclusive. L'homme cherche donc l'association pour se préparer les moyens de jouir, et il est ensuite isolé par la jouissance même. [21]Mais les hommes sont doués d'une disposition d'attrait qui les rend naturellement chers les uns aux autres, et qui agit constamment lorsqu'elle n'est point altérée par un intérêt personnel plus puissant, ou par des habitudes qui la défigurent et même l'anéantissent. Un homme n'est point indifférent pour un autre homme. Celui qui souffre est assuré d'exciter la compassion de ceux qui n'ont point d'intérêt à le voir souffrir, ou dont la sensibilité n'est point encore émoussée.[21] C'est ce qui est prouvé par l'impression générale que font les malheurs d'autrui sur tous les gens désintéressés, et ce que chacun retrouvera dans son propre cœur, pour peu qu'il veuille s'examiner. [22]Plusieurs moralistes ont pensé que ce sentiment n'était que l'effet d'un retour sur soi-même; que la compassion n'était pas une impression directe, mais [a]un sentiment réfléchi[a] fondé sur l'intérêt personnel. Il est bien vrai que pour compatir, il faut avoir soi-même l'idée de la douleur, parce qu'il est impossible de partager ce qu'on ne connaît point. Mais cette triste expérience ne manque à personne; et quoiqu'elle soit nécessaire à la naissance du sentiment de la pitié, il n'en est pas moins excité directement par la douleur d'autrui.[22] C'est une douleur réelle que nous fait éprouver la présence d'un homme souffrant. Il en résulte pour nous un malaise physique très-incommode, et qui nous porte, de première impulsion, à secourir le malheureux. Cette disposition précieuse et sacrée acquiert en nous de la force par l'exercice et l'habitude. Elle devient le fondement de toutes les vertus qu'on nomme généreuses, parce qu'elles n'ont d'autre récompense que le plaisir pur d'avoir fait des heureux. Nous chercherons, Monsieur, dans la lettre suivante, quel est le produit de toutes ces dispositions naturelles à l'homme, comment ces différens germes se développent dans la société, et se modifient par leur influence réciproque, pour former l'homme tel que nous le voyons.

J'ai l'honneur d'être, etc.

Lettre II (lettre 9)

L'HOMME, considéré comme solitaire, n'a, Monsieur, que des besoins simples, qui ne le porteraient qu'à des actes uniformes, dont l'histoire se bornerait à un petit nombre de faits. Mais la solitude ne peut pas être long-tems son état naturel. L'amour du repos, l'expérience des facilités que l'association procure, le besoin de doubler le sentiment de son existence par la communication des idées, une sorte d'inclination ou de tendresse sourde, approchent les hommes les uns des autres. Il semble que tous ces intérêts naturels, qui forment d'abord leurs liens réciproques, devraient concourir à les resserrer de jour en jour. Mais la société étant une fois établie, étendue, et sur-tout civilisée, il en naît pour les individus qui la composent un ordre d'intérêts nouveaux, qui tendent beaucoup plus à la division qu'à la concorde. Ce n'est pas que l'homme ne conserve toujours les dispositions essentielles à sa nature. L'état social ne les anéantit pas, mais il les éclipse; et c'est souvent en vain qu'on recherche dans l'homme civilisé, l'homme primitif et naturel. [a]C'est ce qui rend la connaissance de l'homme infiniment épineuse.[a] On ne distingue pas toujours sans peine ce qu'il tient de sa constitution propre, d'avec ce qu'il doit à l'état social. Les besoins naturels se trouvent étouffés par une foule de besoins factices, et ce sont les derniers qui lui donnent l'impulsion et le mouvement qui se font le plus remarquer. Il est aisé d'appercevoir combien et comment, dans une société nombreuse, ces besoins factices doivent se multiplier. Un des premiers effets de cette multiplication, est d'isoler les hommes, que leurs intérêts et leurs inclinations avaient rapprochés. Ainsi, l'état social devient destructeur des principes qui l'ont établi; et ces principes n'ont presque plus d'action dans le cours ordinaire et la durée de la société. La variété des jouissances, qui sont l'objet des desirs de tous, établit une rivalité réciproque et générale. Les intérêts se personnalisent et se concentrent; et quoique cette tendance à s'isoler ne soit qu'acquise, on en retrouve partout les effets. Jetez un coup-d'œil sur l'univers, vous verrez les nations séparées entre elles, [1]les sociétés particulières[1] formant des cercles plus étroits, les familles encore plus resserrées, et nos vœux, toujours circonscrits par nos intérêts, finir par n'avoir d'objet que nous-mêmes. Cette disposition est une suite du desir général du bien-être, nécessaire à tout être sensible. Il est impossible que nous ne poursuivions pas les jouissances que nous envisageons comme essentielles à notre bonheur, et que nous n'ayons pas le desir d'écarter tout ce qui peut en troubler la possession. Voilà l'impulsion de la nature, et elle s'applique à tous les besoins factices que la société fait naître. La raison, c'est-à-dire l'expérience, rectifie, à la vérité, les erreurs de jugement dans lesquelles nous pouvons tomber sur ce qui nous paraît d'abord essentiel à notre bonheur; elle nous montre aussi les desirs d'autrui armés contre les nôtres, et le danger qu'il y aurait pour nous dans la poursuite inconsidérée de ce qui nous plaît; mais si elle arrête les effets de cette disposition par la balance d'un intérêt prédominant, la disposition elle-même subsiste dans toute sa force, et c'est le desir éclairé du bonheur qui en réprime le desir aveugle. [2]Ce *moi*, que Paschal ne haïssait dans les autres, que parce qu'un grand philosophe s'aime comme un homme du peuple, n'est donc pas haïssable en soi, puisqu'il est universel et nécessaire.[2] Chacun éprouve cette personnalité de la part des autres, et la lui rend. On ne peut donc raisonnablement attendre de l'attachement de la part des hommes, qu'autant qu'on est de quelque utilité pour eux. L'attachement du chien pour le maître qui le nourrit, est une image fidèle de l'union des hommes entre eux. Si ses caresses durent encore lorsqu'il est rassasié, c'est que l'expérience des besoins passés lui en fait prévoir de nouveaux. Les liens qui unissent les hommes dans la société n'étant pas toujours formés par des besoins apparens ou de première nécessité, ils ont quelquefois un air de désintéressement et de liberté qui nous en impose. [3]On ne regarde pas comme effets du besoin les plaisirs enchanteurs de l'amitié; on croit s'oublier soi-même en aimant ses amis, et en effet on sacrifie souvent pour eux des intérêts très-chers. Mais nous ne regardons ces sacrifices comme vraiment désintéressés, que faute de connaître tout ce qui est besoin pour nous. Cet homme, dont la conversation vive fait passer dans mon ame une foule d'idées, d'images, de sentimens, m'est aussi nécessaire que la nourriture l'est à celui qui a faim. Il me délivre de l'ennui, il me procure un sentiment vif et complet de mon existence, c'est-à-dire, qu'il satisfait à l'un des besoins les plus pressans que je puisse éprouver. *Vous m'êtes devenu si nécessaire, qu'il m'est impossible de vivre heureux sans vous*; c'est ce qu'on peut dire de plus flatteur à son ami.[3] Plus nos attachemens sont vifs, plus nous sommes aisément trompés sur leur véritable motif. L'activité des passions excite et rassemble une foule d'idées dont l'union produit des chimères, comme la chaleur de la fièvre fait éclore des rêves dans le cerveau d'un malade. Cette erreur, sur le véritable but de nos passions, ne nous séduit jamais d'une manière plus marquée que dans l'amour. [4]Lorsqu'au printems de notre âge le moment est arrivé où se fait sentir le besoin qui rapproche les sexes, l'espérance, jointe à quelques rapports souvent mal examinés, fixe sur un objet particulier nos vœux d'abord errans. Bientôt cet objet, toujours présent à nos desirs, détruit en nous tout intérêt pour ce qui n'est pas lui. L'imagination active va chercher des fleurs de toute espèce pour embellir son idole. Adorateur de son propre ouvrage, un jeune homme ardent voit dans sa maîtresse le chef-d'œuvre des graces, le modèle de la perfection, l'assemblage complet des merveilles de la nature. Son attention concentrée ne s'échappe un moment sur d'autres objets, que pour les subordonner à celui-là. Si son ame vient à s'épuiser par des mouvemens aussi rapides, une langueur tendre l'appesantit encore sur la même idée. L'image chérie ne l'abandonne dans le sommeil, qu'avec le sentiment de l'existence. Les songes la lui représentent; et, plus intéressante que la lumière, c'est elle qui lui rend la vie au moment du réveil. Alors, si l'art ou la pudeur d'une femme, sans désespérer ses vœux, les irrite par une réserve adroitement ménagée, le pouvoir des vertus se joint à l'illusion des charmes; la crainte et le respect lui laissent à peine lever des yeux tremblans sur cet objet majestueux. Ses desirs sont anéantis par une vénération profonde, ou bien ils cèdent au plaisir d'obéir à ce qu'il adore. Sa vie même serait mille fois prodiguée, si l'on desirait de lui cet hommage. Enfin arrive ce moment qu'il n'osait prévoir, et qui le rend égal aux dieux. Le charme cesse avec le besoin de jouir; les guirlandes se fanent, et les fleurs desséchées lui laissent voir une femme souvent aussi flétrie qu'elles.[4]

C'est ainsi, Monsieur, que, dans la société, presque tous nos besoins se dénaturent au point de devenir méconnaissables. Les passions même les plus actives perdent de vue leur objet naturel. Les objets secondaires, qui d'abord n'étaient envisagés que comme des moyens, prennent la première place. Si vous en exceptez les classes d'hommes continuellement occupés du soin de pourvoir à leur subsistence et des inquiétudes qui y sont relatives, vous trouverez tous les autres entraînés par des passions purement factices, ou du moins par ce qu'il entre de factice dans les passions naturelles. Ce ne sont plus ces besoins primitifs de nourriture, de vêtement, de logement, qui les occupent dès qu'une fois ces choses leur sont assurées. C'est alors qu'ils éprouvent immédiatement les effets des deux dispositions dont nous avons parlé, l'amour du repos et le besoin d'exister vivement, lesquelles, quoique contradictoires, agissent toujours ensemble. On peut être surpris, au premier coup-d'œil, que ce soient la paresse et l'ennui qui donnent le mouvement à l'univers; mais, en observant avec quelque attention, il est impossible de ne pas l'avouer. [5]La haine du travail et la crainte de l'ennui combinées ensemble, produisent d'abord très-directement l'amour du pouvoir. On regarde comme un de ses privilèges, l'assurance d'être heureux sans peine.[5] On ne peut être fortement remué et intéressé sans fatigue, que par l'impression reçue des objets extérieurs; mais comme ces objets ne se présentent pas d'eux-mêmes, il faut donc que d'autres hommes soient occupés à rassembler tout ce qui peut exciter en nous des sensations qui nous agitent, sans que nous ayons la peine de l'activité. Or, rien n'est plus commode à cet égard que d'être le maître, et d'ordonner. C'est ce qui fait que les hommes ont tous [6]une disposition naturelle au despotisme,[6] et que l'exercice en est sur-tout cher à ceux qui sont désoccupés. [7]Le conte du Sultan, qui voulait qu'on lui récitât des histoires amusantes sous peine d'être étranglé,[7] est une histoire assez fidèle des dispositions secrètes de la classe oisive de la société. Mais comme il n'y a guère de vœux durables sans espérance, la tendance au despotisme qu'ont tous les hommes, est limitée dans la plupart par le sentiment de l'impuissance; et elle se borne à acquérir la supériorité dans la classe où l'on peut espérer de s'élever. Il en résulte seulement dans chaque homme un desir inquiet d'élévation qui l'éveille, le tourmente, et le tient souvent agité pendant toute sa vie, quoiqu'il ait pour premier principe l'amour du repos. [8]L'idée de distinction étant une fois établie, elle devient dominante, et cette passion subséquente anéantit celle qui lui a donné la naissance. Dès qu'un homme s'est comparé avec ceux qui l'environnent, et qu'il a attaché de l'importance à s'en faire regarder, ses véritables besoins ne sont plus l'objet de son attention ni de ses démarches. S'il ne peut pas être, il veut du moins paraître; et de là, dans la plupart, le goût de la décoration extérieure et de tout l'appareil qui peut donner aux autres l'idée du pouvoir.[8] [9]La modération, qui n'est que l'effet d'une paresse plus profonde et mieux raisonnée,[9] est devenue assez rare pour être admirée; et dès-lors elle a pu être encore un objet d'ambition, puisqu'elle était un moyen de considération. Les hommes modérés ont même été de tout tems soupçonnés de masquer des desseins, parce qu'on ne suppose dans les autres que la disposition dont on est soi-même affecté. Si l'on n'espère pas attirer sur soi les regards de l'univers ou d'une république entière, on se contente de se faire remarquer de ses voisins, de primer sur ses égaux; et l'on devient heureux par l'attention concentrée de son petit cercle. Les prétentions particularisées suivant les goûts et les moyens, donnent lieu à ces différentes classes qui divisent et circonscrivent les connaissances et les emplois. [10]Beaucoup d'individus s'agitent dans chaque tourbillon[10] pour arriver aux premiers rangs. Le faible ne pouvant s'élever, devient envieux, et fait des efforts pour abaisser ceux qui s'élèvent. [11]L'envie, exaltée et différemment modifiée, produit quelquefois de grands crimes, et toujours les petites noirceurs qui désolent la société.[11] Ce desir, par lequel chacun tend à monter au-dessus de la place qui lui est assignée, semble être en contradiction avec une pente à l'esclavage qu'on remarque dans la plupart des hommes, et qui cependant n'est encore qu'une suite de l'amour du pouvoir. Autrefois la crainte et une sorte de saisissement d'admiration, ont dû soumettre les hommes ordinaires à ceux que des passions fortes portaient à des actions utiles et hardies. Mais ce n'est pas de ce genre de soumission dont il est question ici. [12]Je parle encore de cet esclavage si commun que s'imposent, par exemple, dans les cours, des gens qui pourraient vivre indépendans sous la protection des lois. C'est l'amour du pouvoir qui conduit à celui-là. On rampe aux pieds du trône, afin d'être encore au-dessus d'une foule de têtes qu'on aime à faire courber. Il doit en résulter que les esclaves les plus bas avec leur supérieurs, sont les despotes les plus hautains avec ceux que la fortune place au-dessous d'eux; et c'est en effet ce qu'on voit toujours arriver. Le Visir, humilié en présence de son maître, est bien pressé de rendre aux Bachas les dédains du Grand-Seigneur.[12] [13]L'amour des richesses n'est encore que l'amour du pouvoir, c'est-à-dire, le desir d'éprouver sans peine des sensations nouvelles et intéressantes; car les jouissances naturelles et immédiates n'exigent pas la nécessité d'être riche. Mais dans toute société nombreuse, où la propriété est assurée par les lois, les richesses donnent en effet le plus réel des pouvoirs. Celui qui peut fournir aux besoins, soit naturels, soit factices, d'un grand nombre d'hommes, est assuré de leurs soins et de leur empressement. Le desir d'acquérir des richesses est donc un produit nécessaire de l'état social;[13] c'est une conséquence directe de la tendance naturelle de l'homme vers le repos, jointe au besoin d'exister d'une manière vive. Aussi les hommes, en général, sont-ils très-avides des richesses et du pouvoir. [14]Mais l'activité avec laquelle on les poursuit, et qui sert à les obtenir, devient elle-même, par l'habitude, un besoin qui se fait vivement sentir. On travaille donc, on s'agite long-tems pour arriver à un repos dont on n'est plus capable lorsqu'on en a acquis les moyens. De là cette insatiabilité qu'on reproche aux avares et aux ambitieux dans tous les genres.[14] Ils n'ont plus le besoin de posséder, ils sont tourmentés de celui d'acquérir; et la nécessité d'une agitation continuelle est en eux une production de l'amour du repos. C'est ainsi, Monsieur, que, [b]dans l'état social,[b] les passions, les dispositions les plus naturelles à l'homme, s'altèrent par degré, et changent d'objet. La sociabilité même, c'est-à-dire, cette inclination qui approche les hommes les uns des autres, s'oblitère et n'agit presque plus sur les hommes rassemblés. Ceux qui poursuivent les mêmes jouissances, et qui ont des prétentions communes, sont au contraire entre eux dans un état d'effort réciproque. Si les hostilités ne sont pas continuelles, c'est un repos semblable à celui des gardes avancées de deux camps ennemis. L'inutilité reconnue de l'attaque maintient entre elles les apparences de la paix. De tout ce que nous venons de dire, on pourrait conclure que l'état social tend à dépraver l'homme; que les intérêts diversifiés qu'il fait naître et la concurrence qu'il établit, en éveillant l'industrie, en excitant les efforts, produisent à la vérité les connaissances et leurs progrès, mais qui ne sont que trop rachetés par les crimes qui ont la même origine. Cette conclusion ne serait pas légitime, et ce serait attribuer à l'état social ce qui n'est dû qu'à la forme particulière de la plupart des sociétés que nous connaissons.

[15]L'homme isolé serait très-malheureux. L'association lui est nécessaire; il y tend par ses intérêts et ses inclinations, et l'état social en lui-même devrait

contribuer au bonheur de tous. Mais ce bonheur de tous, qui est l'objet naturel de l'état social, ne paraît pas être celui des constitutions particulières de société, établies ordinairement par la violence, l'usurpation ou le hasard, et fondées sur les intérêts du plus petit nombre. Ce sont ces constitutions auxquelles on peut reprocher de ne pas procurer aux hommes les avantages qui pourraient naturellement résulter de l'état social. Quelle est la meilleure forme de gouvernement possible? C'est un problême qui ne sera pas sitôt résolu. On peut assurer seulement que si une société était composée de manière qu'une trop grande inégalité ne laissât pas le plus grand nombre dans une indigence à laquelle une opulence excessive fût dans le cas d'insulter; que chacun des membres, ayant la propriété de sa personne,[15] fût assuré de plus de se procurer l'aisance de la vie par un travail modéré; qu'il n'y eût point dans des villes immenses de ces collections de désœuvrés, embarrassés de leur existence et occupés à en renouveler le sentiment par toutes sortes de moyens; [16]que la considération fût attaché uniquement aux services rendus au public; que l'inutilité devînt constamment l'enseigne du mépris:[16] alors l'état social procurerait aux hommes rassemblés le plus grand bonheur dont la faible humanité soit susceptible.

Ce n'est pas, Monsieur, qu'on puisse espérer dans aucune constitution une perpétuité, ni même une permanence d'état portée à un certain degré. Quand même la forme de la société ne dénaturerait pas nos affections primitives, elles le seraient peu à peu par une disposition qui agit continuellement et sourdement en nous. Nous avons remarqué que nos sensations s'affaiblissent par leur continuité, et qu'elles ne nous laissent à la fin que le souvenir fatigant d'une existence vive, qui nous échappe sans cesse, et que sans cesse nous cherchons à rappeler. Comme la fermentation aigrit insensiblement les liqueurs, cette disposition altère en nous les impressions les plus sacrées de la nature, et nous rend aujourd'hui nécessaire ce dont hier nous aurions frémi. [17]Les jeux du cirque, dans lesquels les gladiateurs se retiraient après avoir reçu quelques blessures, parurent bientôt insipides aux dames romaines. On vit ce sexe, fait pour la pitié, poursuivre à grands cris la mort des combattans. On exigea dans la suite qu'ils expirassent avec grace, dit l'abbé Dubos, et cette barbarie devint nécessaire pour achever l'émotion et compléter le plaisir.[17] Par-là notre attention se porte avec intérêt sur tous les spectacles extraordinaires; nous recherchons avec vivacité tout ce qui excite en nous beaucoup d'idées, et surtout des sensations nouvelles. Par-là sont déterminés même nos goûts purement physiques. Si les liqueurs fortes nous plaisent, c'est principalement parce que le mouvement qu'elles communiquent au sang multiplie les idées, les rend plus vives, et semble doubler l'existence. On pourrait en conclure que ce qu'on appelle plaisir, ne consiste que dans le sentiment de l'existence, porté à un certain degré. [18]En effet, en suivant ceux du chatouillement, depuis cette sensation vague, qui est une importunité, jusqu'à ce dernier terme au-delà duquel est la douleur; en remontant du chagrin le plus profond jusqu'à cette douleur tendre et intéressante qui en est une teinte affaiblie, on serait tenté de croire que la douleur et le plaisir, qui sont si essentiellement différens, ne diffèrent au fond que par des nuances.[18] Quoi qu'il en soit, [19]il est certain que nous devons au besoin d'être émus une curiosité qui devient la passion de ceux qui n'en ont point d'autre,[19] un goût pour le merveilleux qui produit souvent une crédulité ridicule, une inquiétude qui nous porte sans cesse hors de nous, et nous promène dans la région des chimères bien plus vaste que celle des réalités. Ce qui est renfermé dans les termes de la raison, ne peut pas être long-tems pour nous le point fixe du bonheur. Les choses difficiles et outrées, les idées hors de la nature, doivent séduire presque sûrement la plus grande partie des hommes. La vigilance religieuse et l'occupation de la prière, ne suffisent pas à l'imagination mélancolique d'un Bonze. [20]Il lui faut des chaînes dont il se charge, des charbons ardens qu'il mette sur sa tête, des clous qu'il s'enfonce dans les chairs.[20] Par ces différens genres de rigueur qu'il exerce contre lui-même, il est averti de son existence d'une manière plus intime et plus forte que celui qui remplit simplement les devoirs de la vie civile et de la charité. Suivez le cours de toutes les affections humaines, de celles mêmes qui semblent tenir à la constitution des individus, et qui par-là devraient être moins susceptibles d'altération, vous les verrez [c]tendre à s'exalter[c] au point de paraître entièrement défigurées. L'homme délicat et sensible est menacé de devenir pusillanime. Le courage dégénère souvent en dureté. Le contemplatif devient quiétiste, et le zélé est bientôt un homme atroce. [21]La gaîté même, ce caractère actif qui se montre de la manière la plus constante dans quelques individus, est aussi dans la plupart susceptible d'altération. Il est rare qu'elle dure plus long-tems que la jeunesse, parce qu'elle est absorbée par les passions qui occupent l'ame plus profondément, ou détruite par son exercice même. Mais dans ceux en qui ce caractère subsiste plus long-tems, parce qu'ils ne sont capables que d'intérêts superficiels, il s'altère par degrés, et perd beaucoup de son honnêteté première. Les hommes légers, qui n'ont que la gaîté pour attribut,[21] [22]ressemblent assez à ces jeunes animaux qui, après avoir épuisé toutes les situations plaisantes, finissent par égratigner et mordre.[22] Cette pente, qui entraîne presque tous les individus, peut être remarquée aussi dans l'ensemble des grands évènemens qui ont agité la terre. [23]Suivez l'histoire de toutes les nations, vous verrez les meilleurs gouvernemens, ceux qui paraissent le plus solidement établis, subir une altération graduelle, et finir par se trouver dénaturés. La démocratie, par l'effet d'une fermentation lente, devient aristocratie, et finit souvent par la tyrannie. La monarchie modérée est changée, avec le tems, en pouvoir arbitraire; et si, dans un état, il n'arrive pas de révolution par des causes extérieures, une cause interne et toujours agissante précipite toutes les formes du gouvernement dans l'abîme du despotisme, qui lui-même occasionne les plus fréquentes et les plus terribles révolutions.[23] [24]On retrouve encore cette même altération dans les mœurs et le génie des nations différentes. Lorsqu'un peuple commence à se former, que l'Etat n'a point encore acquis la consistance nécessaire, que la crainte des voisins oblige à la vigilance, on voit régner parmi ce peuple des mœurs agrestes, mais vigoureuses, avec de grandes vertus. L'intérêt de la sûreté tient toutes les ames dans un état d'effort; et, si à l'esprit de conservation succède celui d'agrandissement et de conquête, on verra durer pendant quelque tems l'héroïsme, la sévérité des mœurs, et l'enthousiasme patriotique. Mais quand l'Etat est enfin parvenu à acquérir une étendue et une forme qui assurent la tranquillité des citoyens et qui écartent la crainte des troubles, soit au-dedans, soit au-dehors, la sécurité commence à polir les mœurs, et les rend plus faibles et plus douces. Les idées se tournent du côté des plaisirs, mais la vertu règne encore au milieu d'eux. Une urbanité modeste couvre la volupté d'un voile qui la rend d'abord plus piquante, mais qui devient bientôt importun. Alors tous les vices se produisent peu à peu sans pudeur; la réserve et la décence sont des ridicules; la probité un peu rigide devient de mauvaise compagnie; et ne pas tolérer du moins d'agréables frippons, c'est ne pas savoir vivre.[24] [25]Dans les arts, vous verrez l'architecture quitter une simplicité noble pour prodiguer les ornemens; la peinture chargera son coloris; la même altération se fera sentir dans les ouvrages d'esprit. Le besoin de nouveauté mettra la finesse à la place de l'élégance, l'obscurité prendra celle de la force; on sophistiquera tout; une métaphysique puérile analysera froidement les sentimens, au lieu d'échauffer les ames.[25] [26]Tout sera perdu, si quelques génies extraordinaires ne rompent pas [d]cette démarche naturelle des penchans humains[d]; mais il peut arriver que la physique expérimentale cultivée, la science du gouvernement méditée et approfondie, ou le tableau de la nature présenté par des hommes d'une trempe forte, donnent à l'esprit humain un spectacle qui étende ses vues, et fasse naître un nouvel ordre de choses. Un génie heureux peut changer la forme des esprits de son siècle,[26] comme une révolution change souvent le gouvernement d'une nation.

Nous voyons, Monsieur, que l'homme, paresseux par sa nature, mais agité par le besoin d'avoir un sentiment vif de son existence, est dans la société le jouet continuel d'un espoir qui ne se renouvelle que pour le trahir. Fatigué, dans la recherche du bonheur, par la nécessité de se garantir contre les intérêts qui croisent le sien; rebuté par les obstacles, ou dégoûté par la jouissance, [e]il semble que la méchanceté lui doive être pardonnable[e], et que le malheur soit son état naturel. [27]Je ne parle ici que de la classe oisive de la société, de celle qui, ayant sa subsistance amplement assurée, n'est mise en mouvement que par des besoins factices, et ne peut renouveler le sentiment de son existence, qu'en renouvelant sans cesse les objets de son occupation et de sa jouissance. Les hommes, que la nécessité de pourvoir aux besoins indispensables tient attachés à un travail assidu, sont bien plus près du bonheur et plus loin du crime, que ceux dont communément ils regardent le sort avec envie. S'ils sont assurés de se procurer, par leur travail, toutes les choses nécessaires à la vie aisée, ils éprouvent le plus haut degré de bonheur dont la nature humaine soit susceptible. Le travail même est pour eux cette occupation intéressante que les autres cherchent et qui les fuit toujours. Dans leurs momens de relâche, ils jouissent pleinement des dissipations les plus légères et les plus innocentes, qui n'effleurent pas les ames épuisées par un loisir continuel.[27] [28]On peut encore mettre au rang des hommes heureux [29]ceux qu'un goût naturel, et sur-tout l'habitude, ont passionnés [f]pour les arts, pour les sciences, et pour les lettres[f].[29] Ils trouvent dans l'usage de cette passion une occupation et des jouissances sans cesse renouvelées. Les objets en sont si multipliés, qu'ils n'ont point à craindre d'en manquer. D'ailleurs, l'exercice habituel de la raison et du goût fortifie l'un et l'autre sans fatiguer, et donne même le desir de les exercer de plus en plus. Il n'est point d'hommes qui puissent jouir plus complètement d'eux-mêmes et de ce qui les environne,[28] [30]sur-tout s'ils savent se défendre de la jalousie et des excès de la rivalité, d'une sensibilité outrée aux mauvais succès qu'ils peuvent avoir, et d'une joie perfide des malheurs d'autrui.[30]

C'est sur-tout, Monsieur, sur ces deux classes d'hommes qu'on voit agir le plus puissamment ce sentiment dont nous avons parlé, [31]cette pitié tendre qui intéresse naturellement les hommes les uns aux autres, et qui est le fondement de ce que nous appelons humanité. Ce germe précieux de toutes les vertus[31] se développe moins dans ceux qui sont agités de passions moins modérées, ou qui n'éprouvent qu'un sentiment pénible de l'existence. L'intérêt d'autrui ne peut guère toucher ceux que l'ennui rend à charge à eux-mêmes. Mais, si vous en exceptez [32]quelques monstres atrabilaires qu'une organisation malheureuse et rare porte à la cruauté,[32] et peut-être quelques autres à qui l'habitude a rendu cette émotion nécessaire, les hommes, en général, sont affectés des peines de leurs semblables, lorsque des passions particulières ne font pas taire en eux la nature. Si ce doux sentiment ne s'exalte que dans un petit nombre, jusqu'au point de balancer l'amour-propre, il en tempère l'activité dans presque tous. Peu semblable aux autres genres d'émotion, il se fortifie par l'usage, et la répétition des actes rend la bienfaisance de plus en plus intéressante pour celui qui l'exerce. Si le grand nombre de passions factices qui agitent les individus dans la société civilisée, empêche cette disposition de se développer, si des besoins multipliés et stimulans rendent l'homme plus personnel et plus distrait sur ce qui peut intéresser les autres, on peut dire aussi que la société étend la sphère de la pitié naturelle, et la rend d'un usage bien plus habituel. [33]L'homme agreste et sauvage ne peut être que rarement ému. Il faut pour cela qu'il soit témoin de l'excès des douleurs ou des besoins, parce que les douleurs légères ne sont pas même un malheur pour lui, et qu'on ne plaint pas autrui de ce que soi-même on ne redoute pas. Mais il entre tant d'attirail et d'élémens dans le bonheur d'un homme civilisé, il y a tant de privations qui le rendent réellement à plaindre, que la compassion naturelle peut s'exercer à son égard sur une infinité d'objets; et il n'est presque pas de momens, dans la société, où l'homme sensible ne puisse être tendrement intéressée.[33] [34]Heureux ceux en qui ce sentiment agit d'une manière uniforme et constante! Adorés de ceux qui les environnent, chacun s'empresse de leur rendre la disposition qu'ils éprouvent, et dont ils jouiraient encore quand on ne la leur rendrait pas.[34] On ne saurait donc l'inspirer de trop bonne heure aux enfans, pour leur bien propre et celui de la société. On devrait chercher à l'exciter en eux par des spectacles pathétiques, et leur présenter des images attendrissantes qui les accoutumassent à s'en pénétrer. [35]Des leçons d'humanité seraient plus de leur goût, et leur serviraient sûrement plus que les mots barbares dont on les fatigue.[35] Si ces idées ne sont pas fort actives pendant l'effervescence de la jeunesse, elles s'emparent du terrein que les passions abandonnent, et leur douceur remplace l'ivresse des plaisirs. Elles élèvent et remplissent l'ame. L'homme dont la journée aurait été employée à faire du bien, et qui le soir n'éprouverait pas le sentiment pur et complet du bonheur, serait un être contradictoire et inconcevable.

Je dis, Monsieur, qu'on pourrait développer dans les enfans le germe d'une compassion vertueuse, et que ce serait leur préparer un avenir heureux. Il faut dire aussi qu'il est facile de [36]leur inspirer tous les préjugés favorables, soit au bien des hommes en général, soit à l'avantage de la société particulière dans laquelle ils auront à vivre. Ces heureux préjugés faisaient à Sparte autant de héros que de citoyens.[36] Dans les situations où l'héroïsme n'est pas si nécessaire, ils pourraient produire aussi toutes les autres vertus relatives au bien public. L'amour-propre étant une fois dirigé vers un objet, une première action généreuse est un engagement pour la seconde, et des efforts qu'on a faits naît l'estime de soi-même, qui soutient et assure le caractère qu'on s'est donné. On devient pour soi le juge le plus sévère. Cet orgueil estimable maîtrise l'ame, et produit ces vertus sublimes que leur rareté fait regarder comme hors de la nature. L'estime de soi-même est le seul principe de toutes les actions fortes et généreuses, qui ne sont pas commandées par le fanatisme. [37]On ne doit point en attendre de tout esclave avili par la crainte. L'asservissement ne conduit qu'à la bassesse et au crime.[37] Mais cette éducation, qui modifie ainsi les hommes en général, et leur imprime un caractère, sont-ce les préceptes, les instructions, les livres de morale, qui peuvent la donner? L'expérience n'apprend que trop que la raison, la discussion, l'exposition froide de la vérité n'ont aucun pouvoir sur la plupart des hommes. [38]L'homme est un animal imitateur.[38] C'est l'action, c'est la passion, qui le modifie et le subjugue. Excepté quelques ames privilégiées, qui jugent de l'essence des choses par ce qu'elles sentent elles-mêmes, et qui sont faites pour résister au torrent, les autres sont entraînées par l'imitation. C'est elle qui fait prosterner l'enfant aux pieds des autels, qui donne l'air et souvent le caractère grave au fils d'un magistrat, et la contenance fière avec le courage à celui d'un guerrier. Dans une société nombreuse, les modifications se combinent à l'infini; mais l'influence de l'opinion la plus générale donne à tous ceux qui composent chaque société particulière un air de ressemblance qui la distingue des autres. [39]La continuité des exemples domestiques fait sans doute une impression forte sur les enfans; mais si les mœurs publiques sont en contradiction avec ces exemples, leur impression plus forte anéantit la première dans les adolescens.[39] Ainsi les hommes, avec les mêmes besoins et les mêmes moyens, peuvent être différens, et même essentiellement, d'un siècle à l'autre, comme de nation à nation. On a vu depuis peu le siècle de la Chevalerie, les siècles des beaux arts; on voit peut-être celui de la philosophie, et malheureusement on a vu plusieurs siècles de barbarie, de fanatisme [g]et de superstitions[g] chez plusieurs nations différentes. [40]Puisque ce sont l'exemple et l'opinion qui déterminent dans la société les objets auxquels l'amour du bien-être doit faire aspirer les particuliers qui la composent, il s'ensuit que les hommes, pris en masse, sont le produit de l'exemple et de l'opinion, et qu'il est à-peu-près possible de leur donner la forme qu'on veut.[40] Cela est sur-tout facile dans une monarchie, parce que le trône est un piedestal sur lequel, par mille raisons, l'imitation va chercher son modèle. [41]Si les républiques ont, dans l'égalité qui est de leur essence, un excellent moyen de conserver les mœurs pendant un certain tems, lorsqu'enfin, par le progrès naturel des choses, ces mœurs se sont une fois corrompues, le désordre y devient beaucoup plus difficile à réparer. Le principe d'égalité ne permet point qu'un homme devienne un spectacle entraînant pour les autres,[41] et [42]la vertu de Caton fut un satyre inutile des vices de son tems.[42] Mais quelle que soit la forme du gouvernement, les opinions et les mœurs y dépendent infiniment de la situation actuelle de l'Etat, soit intérieure, soit relative à ses voisins. S'il est tranquille au-dehors, et qu'au-dedans le bon ordre et l'aisance rendent les citoyens heureux, vous verrez éclore les arts de plaisir; et la mollesse, marchant à leur suite, énerver les corps, engourdir les courages, et conduire à l'affaissement par la volupté. Si des troubles étrangers ou des divisions intestines menacent la sûreté des citoyens, la vigilance naîtra de l'inquiétude; l'espoir, la crainte et la haine agiteront une partie de la nation; et ces passions, portées à un haut degré, produiront des efforts, des talens et des crimes hardis. De tout ce que nous avons dit, Monsieur, on peut conclure que l'homme, quoique composé d'élémens simples, n'a point cependant de caractère particulier auquel on puisse reconnaître tous les individus. L'amour du bien-être lui est commun avec tous les êtres sensibles; mais toutes les modifications reçues dans la société varient à l'infini, pour lui, les moyens d'être bien. Il en résulte une foule de goûts particuliers dissemblables, dont il faudrait connaître la génération pour pouvoir les expliquer. C'est ce qui rend souvent, dans le détail, les hommes incompréhensibles et disparates; c'est ce qui fait que les règles prétendues générales ne sont applicables à presque aucun cas particulier. En jugeant des actions, on suppose aux autres les motifs qu'on aurait eus à leur place; et le petit nombre de ceux qui ont mis leur amour-propre à être honnêtes, y perdent toujours. [43]Mais en considérant combien il entre d'élémens involontaires dans les déterminations et les jugemens de la plupart des individus, on doit être porté à une extrême indulgence pour l'espèce entière.[43] Je vous en demande aussi, Monsieur, pour la longueur de cette lettre, dans laquelle pourtant je n'ai fait qu'effleurer une petite partie du grand sujet de l'homme. Je ne suis entré dans aucun détail, ni sur la formation du langage, dont l'étendue lui donne tant d'avantage, ni sur le privilège de l'écriture, qui fixe et perpétue ses connaissances, ni sur l'invention et les progrès de ses différens arts, ni sur sa disposition naturelle à l'adoration et au culte de la Divinité, qui lui rendait si nécessaire, pour la régler, une révélation qui lui a été si utile. Mais, comme je vous en ai prévenu, j'ai dû me borner, dans mon esquisse, à quelques traits principaux, et il faut bien que vous vous contentiez de ce que je puis.

J'ai l'honneur d'être, etc.

Lettre II à madame *** sur les animaux (lettre 10)

Il est inconcevable, Madame, combien les personnes qui sont résolues à n'admettre point d'intelligence dans les bêtes, se sont tourmentées pour expliquer l'ensemble de leurs actions. Les uns en font le résultat d'un mécanisme incompréhensible, qui, s'il pouvait avoir lieu, entraînerait les conséquences les plus dangereuses. D'autres, comme [a]M. Reimar, docteur allemand, qui a fait un gros livre sur l'instinct des animaux, leur donnent *des sensations confuses, une mémoire confuse, etc.* Il prétend que, pour comparer, pour juger, on a besoin de représentations distinctes; mais que pour agir il ne faut que des représentations confuses. Il établit qu'il n'y a que de l'analogie entre les actions des bêtes et les opérations de notre ame, qu'elles ne peuvent point avoir de motifs, et qu'elles agissent seulement dans l'ordre où nous aurions pensé.[a] [b]Il assure qu'elles ne se souviennent que de l'*aujourd'hui*; que l'*hier*, et plus encore l'*avant-hier*, sont nuls pour elles.[b] En un mot, il en parle aussi positivement, et d'une manière aussi affirmative que si son ame eût animé le corps de quelque animal, et qu'ensuite elle eût conservé le souvenir complet de son état précédent. Tous ces Messieurs s'accordent à poser en fait ce qui est en question; ils vous disent, par exemple, que, puisque les animaux sont des êtres *irraisonnables*, il est clair qu'ils ne peuvent pas raisonner. D'autres fois ils font des suppositions gratuites. Ils assurent que les animaux naissent parfaitement instruits, et que, sans avoir jamais rien appris, ils exécutent, dans le dernier degré de la perfection, les plus industrieux de leurs ouvrages. C'est un fait évidemment faux pour tous ceux qui ont pris la peine d'examiner. Mais les faits ne concluent rien, suivant ces Messieurs. C'est sans doute une manière nouvelle que de rejeter les faits pour juger d'après des suppositions. Le Physicien de Nuremberg a répondu, comme vous l'avez vu, Madame, à la plupart de ces assertions, objections, etc., d'une manière qui me paraît victorieuse. Mais il faut revenir plus d'une fois sur la vérité, sur-tout quand on a affaire à des docteurs. Vous trouverez donc bon que j'en reprenne quelques-unes, au hasard de vous donner des répétitions.

Ce n'est que par la réflexion sur ce que nous éprouvons nous-mêmes, que nous pouvons juger les êtres animés qui nous environnent. Dès que nous observons une suite, et sur-tout une suite longue et variée d'actions qui n'auraient pas pu avoir lieu pour nous sans certains motifs, nous sommes en droit de juger que l'être agissant a eu ces mêmes motifs. Non-seulement cette analogie est légitime, mais nous n'avons pas d'élémens qui puissent nous autoriser, avec quelque apparence de raison, à lui supposer d'autres principes d'action. [c]Cependant M. Reimar prétend qu'un chien qui voit le bâton de son maître levé, et qui, en conséquence, l'approche d'une manière soumise pour le fléchir, parce qu'il a l'expérience que cela lui a réussi, est bien loin de raisonner; mais qu'il a seulement la *représentation confuse et simultanée* d'un bâton levé, de la douleur qui peut en résulter, et de l'indulgence du maître qui sera le fruit de son air soumis.[c] S'il est vrai, [1]comme le prouve le lord Shaftesbury,[1] que le ridicule soit une pierre de touche sûre en fait d'opinions, il suffit d'exposer celle-ci pour la réfuter. Je crois bien que le chien n'aura pas l'idée distincte d'une suite de syllogismes en forme qu'articulerait en pareil cas un docteur allemand; mais il est évident que son action serait sans motif, ou, si l'on veut, n'aurait pas de raison suffisante si elle n'était, pour le moins, le résultat d'un enthymème dont les deux termes frappent clairement et vivement son imagination.

[2]Les docteurs sont sujets à confondre le raisonnement avec l'argumentation. Ce sont pourtant deux choses fort différentes. L'argumentation suppose une langue parlée ou écrite. Sa forme ordinaire consiste à tirer une conséquence d'une idée connue et avouée, par le moyen d'une troisième qui leur sert de liaison. Le raisonnement va beaucoup plus vite: il suffit, pour en faire un, d'appercevoir l'identité entre deux idées. Si elle n'y est pas, le raisonnement ne vaut rien; car il ne doit être que le prononcé, soit en parole, soit en action, de cette identité. Voulez-vous mettre en forme d'argument l'action du chien qui s'humilie en voyant le bâton levé, vous y trouverez deux suites d'idées qui ont chacune deux termes, avec celle qui les lie ensemble. La vue du bâton levé, le souvenir de la douleur, l'idée du rapport entre ces deux sensations; premier syllogisme. Le souvenir des actes d'humiliation, en pareil cas, celui de l'indulgence qui s'en est suivie, la détermination qui est la conséquence du rapport entre ces deux faits; second syllogisme. Voilà bien la matière de deux raisonnemens. Il est clair que la mémoire et l'imagination du chien en ont promptement parcouru tous les termes, sans quoi il n'aurait point agi.[2]

[3]Rien ne ressemble plus aux qualités occultes des anciens, que les principes d'où M. Reimar fait dériver les actions des animaux.[3] [d]Il dit, par exemple, qu'un oiseau de passage a une perception intérieure du tems où il doit changer de pays, et qu'il sent un attrait vers une certaine région.[d] Il faut convenir que l'attrait d'un être qui sent vers une région dont il n'aurait point de connaissance, serait une chose fort extraordinaire, et que la perception d'un être qui ne sentirait pas, le serait encore plus. Il est difficile, sans doute, de deviner précisément comment s'est établie cette habitude de changer de pays. On peut croire pourtant que [4]l'incommodité d'une température qui ne convenait plus

à la constitution de l'animal y a donné lieu,[4] de proche en proche; peut-être a-t-il fallu plus d'un siècle pour établir, par degrés, la régularité parfaite de ces transmigrations. Mais, dans l'état actuel, il est certain que la connaissance de la nécessité du passage, et du tems auquel il doit s'exécuter, est le fruit d'une instruction qui se perpétue de race en race. Le passage n'a pas lieu pour ceux à qui l'instruction a manqué, et [5]il est visible que les jeunes oiseaux sont conduits par ceux à qui l'âge et l'expérience donnent les connaissances et l'autorité.[5] Prenons pour exemple les hirondelles, que tout le monde est à portée d'observer. D'abord le départ est toujours précédé par des assemblées dont la fréquence et la durée ne peuvent pas laisser douter qu'elles n'aient pour objet tous les préparatifs d'un voyage entrepris par des êtres qui ont la faculté de sentir et de s'entendre, et que rassemble un projet commun. Le babil rapide et varié qui règne dans ces assemblées, indique clairement une communication et des préceptes, devenus nécessaires à la nombreuse progéniture de l'année. Elle doit avoir besoin d'instructions préliminaires, et souvent répétées, pour être préparée à ce grand évènement. [6]Les essais multipliés de voler en troupe ne sont pas moins indispensables,[6] et ils sont toujours suivis d'une répétition d'enseignemens qui font retentir nos toits et nos cheminées. Des hommes rassemblés, dont nous n'entendrions pas la langue, ne marqueraient pas pour nous un projet pareil d'une manière différente. Mais un phénomène qui se répète souvent, prouve mieux que cette analogie, que ces transmigrations, ne sont point le résultat d'une disposition sourde et machinale. Lorsqu'au moment indiqué pour le passage, moment que la saison ne permet pas de retarder sans compromettre le salut de l'espèce entière, il se trouve un nombre, même assez grand, d'individus trop jeunes pour suivre la troupe, ils sont abandonnés, et restent dans le pays. Mais ils ont beau y devenir adultes, *l'attrait vers une certaine région* ne se fait point sentir, ou du moins ne suffit pas pour les guider. Ils périssent à la fin, victimes de leur ignorance et de cette naissance tardive qui leur a ôté les moyens de suivre leurs parens. [e]Si, comme on le prétend, les actions des animaux s'exécutaient par des *forces de nature aveugles*,[e] aucun de ces inconvéniens n'arriverait. Il n'y aurait point de naissances tardives. Toutes les actions particulières s'exécuteraient dans un moment déterminé, comme des pendules bien réglées sonnent toutes à la même heure; une partie considérable de l'espèce ne se trouverait point sacrifiée aux erreurs de la volonté de ceux auxquels elle doit la naissance.

Une sorte d'uniformité, ou plutôt de ressemblance, qui se fait remarquer entre les actions des individus de chaque espèce, a fait croire qu'ils étaient privés de liberté, et, comme le dit M. Reimar, qu'ils 'exerçaient aveuglément une industrie innée, uniforme et régulière, de la manière la plus parfaite et la plus avantageuse à leur bien-être et à celui de l'espèce entière.' Mais cette régularité, cette perfection, n'est que la chimère d'un observateur inattentif ou prévenu. Il y a sans doute dans tous les animaux quelques dispositions qu'on peut appeler machinales, quelques tendances naturelles vers les objets qui leur conviennent. Il faut bien que, sans expérience précédente, ils soient portés à exécuter certaines actions nécessaires à la conservation, soit de leur individu, soit de leur espèce. C'est un résultat de conformation qui est commun à tous les êtres qui sentent. Mais il n'exclut ni la liberté, ni une sorte de choix entre les formes générales prescrites par l'organisation. Au tems de la fermentation de l'amour, deux jeunes oiseaux sont poussés par un sentiment intime, à se chercher, à s'agacer, à s'accoupler, à bâtir un nid, qui sans doute a, dans chaque espèce, un ensemble de conditions déterminées, mais sur la façon duquel l'expérience donne des leçons aux individus; car il est sûr que celui des vieux oiseaux est toujours mieux formé. Dans les précautions qu'ils prennent pour parer aux inconvéniens, il est aisé de reconnaître un progrès sensible de connaissances acquises. Le Physicien de Nuremberg a fort bien remarqué que la même chose arriverait, et à-peu-près de la même manière, à deux enfans jetés dans une île déserte, et que le hasard aurait réunis. L'attrait machinal, qui rapproche les sexes, ne manquerait pas de se faire sentir; et sûrement ces enfans, devenus adultes, devineraient l'intention de la nature. Il ne me paraît pas douteux non plus, qu'un lit de mousse ne fût préparé d'avance pour recevoir l'enfant qui devrait en résulter, et cette prévoyance serait due à une sorte d'inspiration ou d'instinct qu'il est sans doute fort difficile d'expliquer, mais qu'il est impossible de ne pas admettre. Beaucoup de ressemblances générales, une quantité infinie de différences particulières, voilà ce qui paraît être une loi universelle dans la nature. [f]Quand on l'observe de près, on trouve sans cesse à admirer. Mais la sagesse doit souvent se résoudre à ne pas aller plus loin. Jouissons de ce qui est à notre portée, et ne nous livrons point à cette curiosité inquiète qui voudrait tout expliquer.

J'ai l'honneur d'être, etc.[f]

Lettre III à madame *** (lettre II)

J'AI bien peur, Madame, que vous ne vous repentiez de l'engagement que vous m'avez fait prendre de répondre aux objections qu'on accumule contre l'intelligence des bêtes. Pour les réfuter, il faut du moins vous en exposer une partie; et c'est jusqu'à l'ennui qu'on répète les principales. On pose éternellement en fait, comme je vous l'ai déjà dit, ce qui est en question. Si l'on prétend citer des faits, ils sont mal examinés, tronqués, dénués des circonstances essentielles qui les accompagnent. Ce ne sont plus des faits réels dont on puisse tirer quelque lumière. Si cela n'était pas indigne de la philosophie, je serais tenté de croire qu'on y met souvent de la mauvaise foi, parce qu'on est secrètement blessé d'une sorte de parité entre les animaux et nous; et qu'on est bien décidé à ne pas l'admettre. Je ne sais pourquoi nous nous ferions une peine de partager des idées avec des êtres qui partagent avec nous l'avantage d'être formés d'os, de chair, de sang, avec qui nous sommes en concurrence pour les appétits, et souvent en rivalité pour la nourriture. Quoiqu'il en soit, il faut que je continue de remplir la tâche que vous m'avez imposée; et je rentre en matière.

L'argument qu'on répète sans cesse, et qu'on présente sous toutes les formes, est tiré de ce que les animaux acquièrent en assez peu de tems la plus grande partie de ce qui leur est nécessaire pour se bien conduire, et qu'ensuite leurs progrès paraissent s'arrêter. Il n'est pas douteux qu'il n'y ait quelques opérations des bêtes sur lesquelles leur intelligence paraît précoce, ou du moins promptement formée. Il serait peut-être difficile pour nous d'y remarquer tous les détails de l'instruction graduée de l'expérience. Mais d'abord nous ignorons tout ce qui fait expérience pour elles; et comment le saurions-nous? puisque nous sommes condamnés à ignorer une partie des élémens qui entrent dans l'éducation de nos enfans, et même dans les progrès continuels de la nôtre. Nous savons bien, en général, que nous sommes disciples de nos sensations. Mais si nous voulons remonter à l'origine de nos habitudes, si nous tentons d'expliquer celles de nos actions que nous regardons comme spontanées, nous nous perdrons sûrement dans ces détails. Il est certain cependant que nous n'en devons l'usage qu'à des réflexions sur ce que nous avons éprouvé. [a]Lisez tout ce que dit M. l'abbé de Condillac sur le *moi* d'habitude, et le *moi* de réflexion; vous y verrez comment celle-ci veille nécessairement à la naissance des habitudes, et comment l'habitude une fois formée prend le caractère de l'instinct, et laisse méconnaître son origine.[a] Mais [b]'pourquoi, dit M. Reimar, entre tous les moyens possibles qui pourraient conduire à certaines fins, les animaux choisissent-ils toujours le plus sage et le meilleur de tous?'[b] Pourquoi? Parce qu'il est nécessaire que des êtres qui n'ont que peu de moyens à combiner fassent peu de méprises. Si ma partie est devenue telle, aux échecs, qu'il ne me reste plus que deux ou trois pièces, je ferai moins de fautes que quand la partie entière m'offre un grand nombre de combinaisons à faire. Voilà le cas des animaux. Leur organisation, et sur-tout leurs besoins, ne leur rendent qu'un petit nombre de perceptions nécessaires. Les habitudes d'où dépend leur conservation étant une fois formées, elles n'ont point d'intérêt à les étendre, elles n'ont donc presque aucun moyen de se tromper, à moins qu'on ne les déroute; et alors elles deviennent sujètes à l'erreur, comme l'a très-bien prouvé, par les faits, le Physicien de Nuremberg. [1]Parmi nous, ceux que la nature a pourvus d'un sens droit, avec peu d'activité dans la mémoire, sont moins sujets à l'erreur que ceux à qui une mémoire turbulente et une ardente imagination présente à-la-fois, ou du moins avec rapidité, une foule d'idées.[1]

L'uniformité apparente des ouvrages des bêtes a le même principe. Il est impossible que, destinées par la nature à des fins déterminées, et organisées en conséquence, elles ne soient pas retenues chacune dans les cercles affectés à son espèce, en raison de leurs besoins et de leur moyens. Il serait absurde d'exiger que leur perfectibilité naturelle s'exerçât au-delà. Nier cette perfectibilité parce qu'ils ne peuvent pas aller plus loin que ne le comportent et leurs intérêts et les facultés qui peuvent s'accorder avec leur organisation, ce serait dire qu'un bâton n'a pas quatre pieds, parce qu'il n'en a pas six. Il est faux d'ailleurs que l'uniformité dans les ouvrages des bêtes soit telle, qu'on se plaît à la représenter. On n'est frappé d'abord que d'une ressemblance générale entre des productions du même genre. Ce n'est qu'après s'être familiarisé avec les objets, et avoir, en quelque façon, beaucoup vécu avec eux, qu'on commence à découvrir de la variété dans ce qu'on jugeait uniforme, et je ne dis pas seulement au premier aspect, mais après un examen qu'on croyait suffisant. L'habitude seule apprend à juger des différences, et donne le droit de prononcer. C'est par habitude que le berger d'un troupeau nombreux distingue chacun de ses moutons. De cent nids d'hirondelles bien examinés, il n'y en a pas deux qui se ressemblent parfaitement; et il faut bien qu'il y ait de la différence; car s'ils étaient semblables, ces mères n'auraient pas de moyen pour distinguer le leur de celui de leur voisine. Les ouvrages des hommes, qui doivent être infiniment plus variés, parce que leurs moyens donnent lieu à un bien plus grand nombre de combinaisons, auront cependant le même défaut d'uniformité apparente aux yeux qui ne seront pas exercés à les considérer. Un sauvage qu'on transporterait tout d'un coup au milieu de nos villes, serait révolté de l'infécondité de nos inventions. Quoi! penserait-il, toujours des croisées disposées de la même manière à l'extérieur des maisons! toujours la même distribution dans l'intérieur des appartemens! toujours des colonnes au frontispice des grands édifices! etc. Il jugerait au fond de son cœur qu'il n'y a de diversité qu'entre les cabanes des sauvages, à la vue desquelles il est accoutumé.

On est étonné que les animaux exécutent presque dès la naissance une partie des actions nécessaires à leur conservation, et l'on en conclut que le principe de ces actions est inné et purement mécanique. D'abord il est tout simple que la nature, qui proportionne en tout les moyens à la fin, ait accordé plus de facilité, plus de promptitude d'éducation, aux êtres animés, en raison de la durée de leur vie, et de ce qu'ils ont besoin d'apprendre [c]pour subvenir à leurs besoins[c]; or, vous verrez que cette règle est assez généralement suivie. Sans cela on verrait des espèces entières s'anéantir, parce qu'elles n'auraient pas eu le tems d'apprendre les moyens de se conserver. Le Physicien de Nuremberg a eu raison de remarquer que sans doute l'éducation de la mouche éphémère devrait être très-courte, puisque dans un jour elle parcourt les principaux degrés de la plus longue vie, croître, se reproduire, dépérir, et mourir. On ne doit pas conclure que cette éducation soit nulle, de ce qu'on ne peut pas en observer les progrès. Nous ne pouvons pas juger davantage de l'impression que tous ces êtres reçoivent de la durée de leur existence. [2]Le tems n'est rien moins qu'absolu par rapport à tous les êtres qui sentent. Sa vraie mesure pour nous n'est que la succession de nos idées.[2] Il en est de même pour tous les êtres sensibles. Celui qui a eu le plus grand nombre de sensations ou d'idées, est celui qui a le plus vécu; et cette succession peut être si rapide, que vingt-quatre heures équivalent à la plus longue vie que nous connaissions. Il y a une autre observation à faire sur quelques-unes des dispositions que nous regardons comme innées et purement machinales; c'est qu'elles sont peut-être absolument dépendantes des habitudes acquises par les ancêtres des individus que nous voyons aujourd'hui. Il est démontré, par des faits incontestables, qu'un grand nombre de dispositions acquises uniquement par l'éducation, lorsqu'elles ont été maintenues de suite dans deux ou trois sujets, deviennent presque toujours héréditaires (1). Les descendans les apportent en naissant, de manière qu'elles

[3](1) On pourrait multiplier beaucoup les exemples qui prouvent que dans les animaux la perfection des sens, acquise par l'exercice, se transmet ensuite par la naissance. On sait quels avantages le loup tire de l'excellence de son odorat, et avec quelle sûreté il se sert de cet organe. J'ai vu cette qualité sensiblement communiquée à la troisième génération du produit d'un chien avec une louve. Deux de ces animaux tenaient beaucoup, quant à la forme générale et aux inclinations, de l'espèce du loup. La domesticité avait un peu adouci leur naturel pervers, et ils étaient assez familiers avec ceux qu'ils voyaient ordinairement. Ils venaient lorsqu'on les appelait, mais non pas en ligne droite, comme font ordinairement les chiens. La défiance accompagnait toujours leur marche. Ils commençaient par prendre le vent; et quand ils s'étaient assurés, par le sens de l'odorat, de la personne qui les appelait, ils arrivaient à elle, et s'en laissaient caresser.

Il en est de même des autres sens. Les chiens de berger ont rarement le nez fin, parce que de ne se laissent pas distinguer des facultés qui tiennent de plus près à la constitution de l'animal. Il doit résulter de là que dans les espèces qui ont eu la liberté de perfectionner leurs facultés, les individus peuvent transmettre à leurs enfans des dispositions plus heureuses que celles qu'eux-mêmes avaient reçues. Il est donc possible que ce que nous voyons exécuter à une partie des animaux, sans avoir besoin du tâtonnement de l'expérience, soit le fruit d'un savoir anciennement acquis, et qu'il y ait eu dans des tems antérieurs mille essais plus ou moins infructueux qui ont enfin conduit les races au degré de perfection que nous observons aujourd'hui dans quelques-uns de leurs ouvrages.

Qu'entre les habitudes, celles qui le plus certainement ne sont qu'acquises se transmettent ensuite par la naissance, et prennent un caractère de spontanéité comme toutes les autres dispositions les plus naturelles de l'animal: c'est un fait auquel il est impossible de se refuser. Cette observation n'a point échappé au Physicien de Nuremberg. Il dit, et cela est certain, que les races de chiens qu'on a constamment dressés à arrêter et à rapporter le gibier, finissent par apporter, en naissant, ces deux dispositions. Cependant elles ne sont rien moins que naturelles. L'inclination de cet animal carnassier doit être de se jetter sur sa proie et de la dévorer. Ces dispositions s'oblitèrent et se perdent si l'on cesse de les entretenir pendant plusieurs générations; mais il en est de même de celles qui tiennent plus près à la nature. Telle est celle qu'ont les lapins de garenne à se creuser des terriers. Rendez-les domestiques, ils perdront, avec le tems, ce genre d'industrie. Après quelques générations, si vous voulez peupler une garenne avec ces lapins domestiques, ils ne se creuseront point de terriers; cette partie de leur instinct naturel est oblitérée, et ils ne s'apprendront à se livrer à ce genre de travail que quand les besoins, souvent répétés, leur en auront fait sentir la nécessité.

On peut donc conclure (1), avec le Physicien, que les espèces ont pu se perfectionner, et qu'une partie des bêtes est peut-être arrivée au point où il n'y a plus guère de progrès à attendre pour elles, à moins qu'il n'y eût quelque

race en race ils ne l'exercent pas; mais ils ont l'ouie et la vue excellentes. Aussi, malgré leur intelligence, qui s'augmente par leur commerce continuel avec leur maître, malgré leur docilité devenue presque naturelle, il est, en général, impossible d'en faire de bons chiens de chasse, parce qu'ils manquent du premier élément nécessaire, l'excellence du nez. Il y a sans doute quelques exceptions; mais on peut assurer qu'elles sont rares, lorsque les races ont été uniquement consacrées à la garde du troupeau: car le contraire arrive souvent.[3]

[4](1) On m'a assuré que des abeilles, portées dans l'Amérique méridionale, travaillèrent la première année à la construction d'une ruche, et à la fabrication du miel, pour leur nourriture d'hiver. Mais voyant que le pays leur fournissait des fleurs toute l'année, elles cessèrent de travailler, et l'on n'en obtint plus rien. Je ne garantis pas le fait, parce que je ne l'ai pas vu; mais il me paraît très-vraisemblable.[4]

coin de la terre qui eût échappé aux recherches de l'homme, et dans lequel, sous un climat favorable, elles pussent se livrer, sans trouble, à l'exercice de toutes leurs facultés.

Mais si la perfectibilité est une qualité indéfinie, s'il est difficile d'en assigner le terme, il n'en est pas moins assuré qu'elle en a un.

Des besoins limités, des moyens bornés, ne peuvent pas produire des combinaisons infinies. [5]L'intelligence de l'homme a aussi des bornes qu'elle ne passera jamais, quoique ces bornes nous soient encore inconnues.[5]

La promptitude de l'éducation des animaux, loin de nous faire conclure qu'ils sont des automates, ou quelque chose d'approchant, doit nous faire admirer la sagesse de la Nature, qui accorde un développement plus prompt de l'intelligence à des créatures destinées à être bientôt abandonnées à elles-mêmes, et forcées de pourvoir à leurs besoins. Nous comparons toujours d'ailleurs la lenteur des progrès de nos enfans avec la célérité de ceux de la plupart des autres animaux. Mais nous ne considérons pas assez que la faiblesse de nos enfans est souvent prolongée par nos soins mêmes. Ceux des sauvages, presque abandonnés à la Nature, sont beaucoup plutôt instruits que les nôtres, de tous les mouvemens nécessaires à leur conservation. D'un autre côté, parmi les animaux, ceux qui ont besoin d'être allaités périraient infailliblement sans les soins de la mère, plus ou moins prolongés, et sans le secours d'une éducation bien caractérisée. La louve apprend à ses petits à attaquer les animaux qu'ils doivent dévorer. Les oiseaux de proie enseignent à leurs petits à voler, et cet enseignement se marque par des essais répétés et gradués.

[d]Cette obstination à vouloir attribuer à *des mouvemens aveugles, à des sensations matérielles, à une mémoire matérielle, etc.*, ce qui s'explique si facilement par l'exercice de l'intelligence, me paraît entraîner de dangereuses conséquences, que n'ont sûrement pas prévues les gens qui ont recours à ces idées incohérentes. Quelle relation peut-on concevoir entre la faculté de sentir et les propriétés connues de la matière? Par-tout où l'on observe une exacte proportion entre des moyens et une fin, il me semble qu'on est forcé d'admettre la direction d'une intelligence. C'est d'après ce principe qu'il est impossible de méconnaître l'intelligence suprême dans la formation de l'univers. [6]C'est d'après cette vérité aussi évidente, qu'on a le droit de regarder comme absurde le système des atômes, agissans les uns sur les autres en vertu de certaines dispositions sourdes, d'où résulte le plus bel ordre de choses.[d6]

Sans recourir à un automatisme obscur et dangereux, n'est-il pas plus naturel, et en même tems plus satisfaisant, de considérer la sensibilité généralement répandue dans le règne animal, s'exerçant à différens degrés, et sous un nombre infini de formes, en raison des besoins qui mettent en mouvement les individus, et de l'organisation qui retient les espèces dans les bornes qui leur sont assignées? Préférerons-nous les argumens d'une fausse philosophie, qui cherche à nous montrer tous ces êtres agissans sans motifs d'action, n'obéissant qu'à des impulsions aveugles? [7]Cette activité des animaux, cette variété d'espèces qui, destinées la plupart à vivre les unes aux dépens des autres, sont dans un état continuel d'effort; ces moyens réciproques et multipliés d'attaque et de défense, qui, par les intérêts croisés de chacun, servent à entretenir l'équilibre dans l'univers,[7] ne seraient donc plus que des spectacles illusoires sur le principe desquels il faudrait repousser continuellement le témoignage de mon sentiment intime? [e]J'aime bien mieux, Madame, me livrer aux élans de mon admiration pour l'éternel artisan qui, d'un principe unique, la sensibilité, a su tirer, avec une aussi étonnante fécondité, cette infinie variété de dispositions, d'affections, d'actions, qui concourent à répandre la vie dans toute la nature.[e] J'aime mieux observer, dans le détail, chaque individu mis en mouvement par la sensibilité, obéissant à ses affections particulières, et contribuant par cela même à la perfection de l'ensemble, et à [7]la juste proportion qui doit régner entre les espèces.[7] Je suis frappé du même spectacle dans l'ordre de la société, et il semble que la persuasion d'une sensibilité généralement répandue et agissante en étende les bornes. Je me livre d'autant plus volontiers à cette idée, que nous avons vu combien il faut se tourmenter, et recourir à des suppositions obscures et gratuites, quand on veut s'abandonner à l'opinion contraire.

J'ai l'honneur d'être, etc.

Lettre IV à madame *** (lettre 12)

NOUS avons lu plusieurs fois ensemble, Madame, les excellentes histoires que M. de Buffon nous a données d'un grand nombre d'animaux. Nous avons admiré l'éloquence de ce grand naturaliste, la sagacité qu'il montre à démêler les caractères qui différencient les espèces, la vérité de ses peintures, et son brillant coloris. Lorsqu'il a rendu compte des mœurs des animaux qu'il a observés lui-même, ou sur lesquels il a eu des mémoires fidèles, le détail de leurs inclinations et de leurs actions, de leur sagacité, de leur industrie, est représenté avec une exactitude et un charme qui laissent bien loin derrière lui tous les Naturalistes qui l'ont précédé. Tant qu'il est conduit par le fil de l'observation, sa route est sûre, il pénètre dans les intentions des animaux, et par la manière dont il décrit leurs actions, il met, en grand maître, leurs mouvemens sous les yeux du lecteur.

Le croiroit-on? l'auteur de l'histoire du cerf, du chien, du renard, du castor, de l'éléphant, semble oublier les faits lorsqu'il ne fait plus que raisonner; il devient un des plus grands détracteurs de l'intelligence des animaux. Il a sans doute plus de droits qu'un autre de regarder la sienne comme une espèce à part. Mais puisqu'il est homme enfin, il peut se tromper, et il doit être permis d'examiner ses opinions, pourvu que ce soit avec le respect que doivent inspirer sa personne et ses grands talens.

[a][1]M. de Buffon, dans son discours sur les animaux, page 23, tome 4, de l'édition *in*-4°, s'exprime ainsi:

'L'animal est au contraire un être purement matériel, qui ne pense ni ne réfléchit, et qui cependant agit, et semble se déterminer. Nous ne pouvons pas douter que le principe de la détermination du mouvement ne soit dans l'animal un effet purement mécanique, et absolument dépendant de son organisation'.[a]

Et page 24, il dit:

'Le sens intérieur de l'animal est, aussi-bien que [b]ses sens extérieurs, un résultat de mécanique, un sens purement matériel[b], etc'.[1]

Quoi! nous sommes témoins d'une suite d'actions dans lesquelles se marquent visiblement la sensation actuelle d'un objet, une autre sensation rappelée par la mémoire, la comparaison entr'elles, une impulsion alternative qui en est le signe évident, une hésitation sensible, enfin une détermination, puisqu'il s'ensuit une action qui n'aurait pas lieu sans elle; et, pour expliquer ce qui est si simple, ce qui est si conforme à ce que nous éprouvons nous-mêmes, nous aurons recours à des ébranlemens mécaniques incompréhensibles? [2]Assurément nous ignorons ce qui produit la sensation, et dans nous-mêmes, et dans tous les êtres animés. Il y a bien d'autres choses que nous sommes condamnés à ignorer;[2] mais le phénomène une fois donné, nous en connaissons les produits, et il me paraît impossible de les confondre avec des *résultats de mécanique*, quelque multipliés qu'on les suppose.

Par quels ébranlemens successifs expliquera-t-on l'instruction graduée d'un animal, telle qu'on est souvent à portée de l'observer? Vous verrez qu'un objet qu'il apperçoit pour la première fois, lui donne une sensation abstraite, générale, qui est souvent fausse; mais qu'ensuite l'attention la particularise et la rectifie. Il faut même observer que cette rectification ne se fait pas tout-d'un-coup, et que l'instruction ne procède pas par un mouvement uniforme, comme cela arriverait nécessairement dans une machine.

Souvent il y a des pas rétrogrades qui sont assurément impossibles dans quelque mécanisme que ce soit, mais qui s'accordent très-bien avec une réflexion intéressée qui cherche à s'assurer de la vérité, et qui n'y parvient que par des essais répétés.

Des haillons rassemblés de manière à représenter à-peu-près une forme humaine, détournent, ou font hésiter des oiseaux à qui cet assemblage donne une idée abstraite d'homme.

L'intérêt qu'ils ont d'en approcher pour se saisir de la nourriture qu'on cherche à défendre, leur fait faire souvent quelques pas vers l'objet; mais la première impression reçue les rend timides et précautionnés. S'ils sont enhardis par le silence et le repos de l'épouvantail, le moindre vent qui fera remuer les haillons, leur rend bientôt leur première frayeur, et les éloigne. Ils se rapprochent encore, mais par intervalles. Enfin la proie qu'ils desirent, ou qu'ils soupçonnent, excite leur attention, les y fait regarder de plus près. Alors la sensation se particularise, l'erreur se rectifie par degré; et quand ils se sont bien assurés que cette forme était illusoire, l'épouvantail n'a plus d'effet, parce que ce n'est plus un homme pour eux.

Non-seulement les animaux ont des idées abstraites générales qui sont sujettes à rectification, ils en ont aussi des rapports que certains phénomènes ont entr'eux; et souvent, par ce qu'ils voient, ils jugent de ce qui doit suivre. Un chien couchant, qui voit le fusil du chasseur dirigé sur l'animal qu'il tient en arrêt, fixe évidemment son attention sur l'effet que va produire le coup de fusil. Il a donc une idée abstraite d'un tel effet, quoiqu'il n'existe pas encore. Comment osera-t-on attribuer à des ébranlemens mécaniques, l'impression reçue d'un effet qui n'existera que dans quelques momens?

Il n'est point d'actions un peu compliquées des animaux, sur-tout des animaux carnassiers, qui ne pussent fournir de pareils exemples. Il est visible, Madame, que M. de Buffon n'a été induit à rapporter tous ces actes à un mécanisme aveugle, que par la crainte que trop de parité entre les animaux et l'homme ne conduisît à des conséquences dangereuses. Une telle crainte est respectable, même lorsqu'elle produit l'erreur. Mais nous avons prouvé que c'est l'erreur en ce genre qui peut au contraire donner lieu à des conséquences funestes; qu'on ne peut concevoir aucun rapport entre la sensation et la mémoire qu'on est forcé d'accorder aux animaux, et l'idée que nous avons des propriétés de la matière; enfin, qu'attribuer les produits de ces facultés à des ébranlemens mécaniques, c'est favoriser des idées d'automatisme contre lequel dépose l'évidence des faits.

Pour détériorer l'intelligence des animaux, M. de Buffon est obligé d'en supposer qui ne sont rien moins que constatés.

[3]'L'odorat, dit-il, page 31, est le sens le plus relatif à l'instinct, à l'appétit:[3] l'animal a ce sens infiniment meilleur que l'homme; aussi [c]'l'homme doit plus connaître qu'*appéter*, et l'animal doit plus *appéter* que connaître'.[c]

Du moins ici il n'y a de différence établie que du plus au moins; et c'est une des occasions, assez fréquentes, où M. de Buffon, entraîné par l'observation et l'évidence, infirme le sentiment qu'il cherche à établir. Mais d'ailleurs, il n'est pas, à beaucoup près, toujours vrai que les animaux aient l'odorat meilleur que l'homme. Ce sont les quadrupèdes carnassiers qui ont principalement ce privilège; et l'odorat en eux est, pour le moins, autant *relatif à la connaissance qu'à l'appétit*.

Le loup, le renard, et les autres carnassiers, comme l'a observé le Physicien de Nuremberg, se servent de leur nez pour s'instruire de tout ce qu'il leur importe de connaître.

S'ils sont chassés, ils ne manquent jamais de fuir le nez au vent, et par-là ils sont avertis des embuscades qu'on a préparées sur leurs pas. Si c'est un homme qui les attend au passage, ils l'éventent, le reconnaissent et se détournent. Si c'est un piège qu'on leur ait tendu, il a beau être caché avec le plus grand soin, et couvert d'un appât séduisant, il suffit que l'odeur du fer ou de l'homme qui l'a manié se fasse sentir, la *connaissance* l'importe sur l'*appétit*, et l'animal n'est trompé que quand le chasseur a eu l'attention de détruire, par des frictions aromatiques, cette odeur qui réveille des idées de péril, et rend suspects les appâts les plus friands.

[d]'Le sens de la vue, dit encore M. de Buffon, page 31, ne peut avoir de sûreté que par le secours du sens du toucher;[d] aussi le sens de la vue est-il plus imparfait, ou plutôt acquiert moins de perfection dans l'animal que dans l'homme'.

Je ne crois pas que cette assertion soit généralement vraie; je suis même sûr que l'observation y est souvent contraire. L'oiseau de proie a certainement la vue plus perçante, et aussi sûre que l'homme. Du plus haut des airs, où nous ne l'appercevons pas, il distingue sa proie. S'il fait quelques méprises étant jeune, il sait sûrement juger des formes et des manières d'être du gibier destiné à sa nourriture, lorsque des expériences répétées l'ont suffisamment instruit. Un faucon *sors*, c'est-à-dire, qui a été un an sauvage, distingue parfaitement bien un vanneau d'avec une perdrix. Il attaque celle-ci, et laisse en paix celui-là, parce qu'il a reconnu qu'il se fatiguerait en vain à le voler; il ne s'y hasarde que dans quelque circonstance particulière qui lui présente plus de facilité, ou quand une faim pressante lui rend nécessaire toute espèce de tentative.

Il me paraît que M. de Buffon n'a pas assez distingué le toucher d'avec le *palper*, qui n'est qu'une forme particulière du toucher. L'exercice du palper appartient exclusivement aux animaux qui ont des mains. C'est à lui qu'ils doivent d'être assurés plus promptement de la forme des corps; et il rectifie avec plus de facilité les erreurs auxquelles le sens de la vue peut être sujet. Mais son secours est absolument inutile pour juger des distances; le toucher seul y suffit, et tous les animaux exercés apprennent à les évaluer sûrement. Le faucon, comme l'a dit le Physicien de Nuremberg, évalue avec la plus grande précision, et la distance où il est de la perdrix qu'il chasse, et qui vole, et le tems qu'il lui faut pour arriver à elle, et l'espace qu'elle doit parcourir pendant ce tems. Si l'une de ces conditions manquait, il serait impossible qu'il tombât juste sur sa proie, et je défie qu'on explique jamais raisonnablement une telle action par des ébranlemens mécaniques. Jamais un loup, jamais un renard, qui auront été chassés et tirés, ne passeront à portée d'un homme porteur de la foudre. Il en est de même des canards, des corneilles, de tous les autres oiseaux, lorsqu'ils ont une expérience suffisante; car il faut remarquer que ceux qui en manquent, sont presque toujours faciles à surprendre. Quelquefois on trompe les plus vieux par des déguisemens dont ils ne sont pas en droit de se défier. Mais ces formes une fois connues, ne réussissent plus, à moins qu'une faim excessive ne les mette dans la nécessité de braver le péril. Ils savent donc, tous ces animaux, qu'on les atteint sans les approcher; ils le savent, parce qu'ils l'ont appris; ils ont appris encore à juger de la portée qui doit les mettre hors d'atteinte. La hardiesse avec laquelle ensuite ils passent à la distance donnée, prouve qu'ils en sont parfaitement assurés.

Loin que le sens de la vue acquierre moins de perfection dans l'animal, il paraît au contraire que tous les animaux qui ont intérêt d'exercer ce sens l'ont beaucoup plus fin et plus perçant que l'homme.

'Mais, dit M. de Buffon, cette excellence des sens, et la perfection même qu'on peut leur donner, n'ont [e]des effets bien sensibles que dans l'animal. L'homme, au contraire,[e] n'en est pas plus raisonnable, plus spirituel, pour avoir beaucoup exercé son oreille et ses yeux. On ne voit pas que les personnes qui ont les sens obtus, la vue courte, l'oreille dure, l'odorat détruit ou insensible, aient moins d'esprit que les autres. Page 33'.

Il ne suffit pas, sans doute, d'avoir les sens excellens et bien exercés, pour avoir de l'esprit. Nous voyons même que ceux qui se bornent à l'exercice continuel de leurs sens, et qui par-là peuvent en avoir augmenté l'excellence, manquent assez souvent de ce qu'on appelle esprit. Il faut réfléchir sur ses sensations, les combiner, en étendre les résultats par l'attention. C'est-là ce qui agrandit la sphère de l'intelligence, et voilà pourquoi les animaux ne reculeront jamais beaucoup les bornes de la leur. Ils ont, à la vérité, le pouvoir de réfléchir sur leurs actes, puisque leur conduite est souvent modifiée par des inconvéniens précédemment sentis et prévus ensuite. Mais, outre que leurs moyens sont infiniment plus bornés, ils n'ont ni des besoins variés, ni du loisir. Or, comme on l'a prouvé, ces deux conditions sont nécessaires à un exercice habituel de réflexion, qui seul peut être fécond en progrès. Il faut convenir pourtant que des sens vraiment obtus ne seraient pas favorables à l'intelligence relativement aux idées qui en dépendent directement. Il est vraisemblable que [4]MM. Piccini, Grétry, Gluck, n'auraient pas produit leurs chef-d'œuvres, s'ils avaient eu le sens de l'ouie obtus.[4] Il est vrai qu'il n'en est pas ainsi de la vue courte, parce qu'elle peut d'ailleurs être très-nette, et qu'alors il suffit d'approcher de plus près les objets de ses yeux pour les considérer et les bien connaître. [5]M. Bernard Jussieu avait la vue très-courte; mais c'est parce qu'en s'approchant il l'avait sûre, qu'il est devenu un des plus grands botanistes de l'Europe. La vue très-courte de M. de Buffon, ne l'a pas empêché de faire d'excellentes observations microscopiques;[5] mais si elle s'y fût entièrement refusée, son génie n'aurait pas pu en tirer de grands résultats. On peut remarquer, quant à ce sens, que les vues courtes ont peut-être un avantage sur les autres pour l'exercice de l'intelligence. L'ame alors n'est presque jamais passive malgré elle. Elle n'est point distraite par les objets qu'elle n'a pas dessein de regarder. Une personne à vue courte se trouve habituellement dans le cas de celui qui veut méditer, et qu'une attention profonde sépare des objets qui l'environnent.

[6]Nous voici, Madame, un peu éloignés de notre sujet; mais la liberté du commerce épistolaire permet ces écarts: et, en vertu de cette liberté, je vais y rentrer sans chercher une transition pénible.[6]

[f]'Pour que l'analogie, dit M. de Buffon, fût en effet bien fondée, il faudrait, du moins, que rien ne pût la démentir[f]; il serait nécessaire que les animaux pussent faire, et fissent dans quelques occasions, tout ce que nous faisons: or, le contraire est évidemment démontré'.

Il faudrait dire aussi, pour fonder l'analogie entre la classe des paysans bornés aux besoins de la vie, et celle des gens occupés de grandes spéculations, il serait nécessaire que dans quelques occasions ils pussent faire, et fissent ce qu'ont fait Newton et M. de Buffon: or, le contraire est évidemment démontré, etc.

Je ne veux pas vous citer, Madame, toute la doctrine de M. de Buffon, sur les ébranlemens de différens genres dont les contrepoids amènent, de la part de l'animal, des déterminations et des actions qui paraissent fort semblables aux nôtres, et qui, selon lui, en sont fort différentes. Lisez l'ouvrage même, si vous voulez voir un modèle d'éloquence, d'adresse, et des plus ingénieux efforts que le raisonnement puisse faire contre la vérité. Mais j'avoue que ce mécanisme compliqué passe ma portée. En examinant les faits, il ne m'est pas libre d'en admettre la possibilité, et je suis sûr que si M. de Buffon était aussi grand chasseur qu'il est grand philosophe, il conviendrait que les ébranlemens les plus multipliés, et les contrepoids de toute espèce, sont insuffisans pour expliquer les actions les plus journalières de la plupart des bêtes.

'Si je me suis bien expliqué, dit-il encore page 41, on doit avoir déjà vu que, [g]loin de tout ôter[g] aux animaux, je leur accorde tout, à l'exception de la pensée et de la réflexion; ils ont le sentiment, ils l'ont même à un plus haut degré que nous ne l'avons; ils ont aussi la conscience de leur existence actuelle; mais ils n'ont pas celle de leur existence passée: ils ont des sensations; mais il leur manque la faculté de les comparer, c'est-à-dire, la puissance qui produit les idées; car les idées ne sont que [h]des sensations comparées, c'est-à-dire, des associations de sensations'[h].

Ce passage contient le précis de la doctrine de M. de Buffon sur les facultés des animaux: tout le reste n'en est que le développement. Ainsi, il suffit d'en examiner les assertions en détail, et d'indiquer des faits contraires, pour avoir répondu à tout ce qu'on peut dire de plus raisonnable pour défendre cette opinion.

Les animaux, dit-on, *ont la conscience de leur existence actuelle; mais ils n'ont pas celle de leur existence passée*. Cependant un renard qui a été pris au piège, et qui, pour s'en délivrer, s'est vu forcé de se couper le pied, comme cela arrive souvent, conserve si bien le souvenir *de son existence passée*, que, pendant des années entières, il évite très-constamment tous les pièges qu'on peut lui tendre. Lorsqu'on a connaissance de ces renards boiteux, et dont l'infirmité annonce l'expérience, les chasseurs intelligens renoncent à les surprendre par les moyens ordinaires; ils savent trop bien que la réflexion sur *leur existence passée* leur est devenue habituelle, et qu'elle les rend précautionnés, sans distraction, contre toute espèce d'embûches. Il faut alors avoir recours à des moyens d'un autre genre qui mettent en défaut leur savoir, ou du moins le rendent inutile. Ce serait une superfluité que d'accumuler les exemples: mais je demande comment il serait possible que, sans *réflexion*, sans *conscience de son existence passée*, des inconvéniens précédemment sentis produisissent un système de précautions, souvent modifié par les circonstances, quoique constamment suivi dans son ensemble: or, c'est ce qui se remarque évidemment dans la conduite journalière des animaux, et sur-tout de ceux avec lesquels nous sommes en état de guerre, parce qu'il y a entre eux et nous rivalité pour la nourriture.

Ils ont des sensations; mais il leur manque la faculté de les comparer.

Il ne faut pas chercher des exemples bien loin pour prouver que les animaux ont la faculté de comparer. Une souris a intérêt de passer par un trou; elle y essaie et ne peut pas; elle juge alors qu'il faut l'élargir pour établir une proportion convenable entre l'ouverture et la grosseur de son corps. Je crois bien qu'elle n'a pas une idée abstraite générale de proportion; mais sûrement elle a une notion particulière, au moins approchante, et de son corps, et de l'étendue que doit avoir le trou pour qu'elle puisse y passer. C'est de la comparaison qu'elle fait entre ces deux notions, que résulte le parti qu'elle prend d'élargir cette ouverture. Elle y travaille constamment, et avec beaucoup de peine, avec ses dents, jusqu'à ce qu'elle l'ait amenée au point desiré; et alors elle y passe. Il est vrai qu'une fois parvenue, ses réflexions n'iront peut-être pas plus loin, et qu'elle ne songera qu'à jouir du bien-être qu'elle s'est procuré. Si elle y trouve des vivres abondans, elle s'y engraissera; et, [7]comme celle dont Horace nous raconte l'histoire,[7] elle détruira la proportion qui suffisait à son premier passage: mais c'est un genre d'imprudence qui n'est pas assez étranger à l'espèce humaine pour qu'on ne doive pas le pardonner à une souris.

[i]"Les animaux, dit encore M. de Buffon, ne peuvent avoir aucune idée du tems, aucune connaissance du passé, aucune notion de l'avenir."[i]

Ce qui fait pour nous la mesure du tems, c'est la succession des idées ou sensations dont nous avons été frappés, et qui laissent quelque trace dans notre mémoire. Il est sûr que les animaux ayant moins d'idées que nous, il doit y avoir moins de degrés marqués sur l'échelle avec laquelle ils mesurent le tems. Mais il faut bien qu'ils en aient l'idée, puisqu'ils en prévoient et en marquent les retours périodiques.

Tous les animaux qui relèvent à certaines heures pour manger, et il y en a beaucoup, y sont fidèles, non pas cependant comme une horloge qui sonne les heures, mais avec les modifications que les circonstances de la saison, ou même de la journée, peuvent occasionner dans la volonté d'un être sensible. Il ne faut pas parler des carnassiers qui sont forcés par nous à ne rechercher leur nourriture que pendant la nuit, et à n'exercer leur activité qu'à la faveur des ténèbres. Prenons plutôt pour exemple quelque espèce innocente à laquelle la tranquillité qu'on lui procure laisse l'exercice régulier de sa liberté.

[8]Lorsque la terre, découverte par la récolte entièrement faite, a forcé les

faisans de se rassembler aux remises dans lesquelles on les conserve, c'est-à-dire, environ vers le premier de septembre, ils vivent rassemblés en troupe, et alors ils sortent du bois deux fois par jour pour chercher leur nourriture; ce qu'on appelle aller au gagnage. Tous à-peu-près ensemble s'acheminent au lever du soleil. Lorsque celui-ci commence à monter sur l'horison, leur repas étant bientôt fait, parce qu'alors la nourriture est abondante, la chaleur qui se fait sentir les invite à rentrer au bois. Ils en sortent ensuite entre cinq et six heures, et leur souper dure jusqu'à la nuit: ils rentrent alors pour se percher. Je demande comment ces oiseaux exécuteraient ces procédés réguliers, s'ils ne mesuraient pas les intervalles du tems. Qu'on ne prenne pas avantage de la régularité pour dire que sont des mouvemens mécaniques; car en conservant un certain ordre, ils sont subordonnés aux circonstances. Si la chaleur est moins grande, le départ a lieu un peu plutôt. Il en est de même si la nourriture est moins abondante. Lorsqu'elle devient rare, et que les jours sont plus courts, vers la moitié d'octobre, les faisans ne sortent plus qu'une fois par jour vers neuf ou dix heures du matin, et leur repas dure alors jusqu'au coucher du soleil. Croira-t-on de bonne foi que ce changement de marche, en raison des besoins et des circonstances, puisse s'accorder avec l'idée que nous avons du mécanisme?[8]

[9]L'heure des repas, la distance entre eux, sont la mesure naturelle du tems, lorsque les mœurs sont simples. Homère indique les tems de la journée par les rapports qu'ils ont avec l'heure du dîner.[9] Les repas sont les actes journaliers les plus intéressans pour les animaux: ces époques doivent rester gravées dans leur mémoire; mais le sentiment de leurs besoins, la connaissance du plus ou moins de facilité à les satisfaire, mettent assez de variété dans la manière dont ils en mesurent les intervalles, pour qu'on ne puisse pas y méconnaître[j] l'exercice de leur liberté. Cet ordre de choses n'est pas particulier aux faisans; il appartient à la plupart des espèces qui ne sont point troublées dans l'usage de leurs inclinations naturelles. Les perdrix rouges, quoiqu'en société moins rapprochée, sont dans le même cas que les faisans; et les chasseurs intelligens savent si c'est dans les bois ou dans les plaines qu'il faut les aller chercher, selon les heures. Les lapins ont cela de particulier, que l'expérience du passé leur donne, à quelques égards, d'une manière plus marquée, une connaissance assez certaine de l'avenir. Pendant l'été, ils sortent ordinairement de leurs terriers quelque tems avant le coucher du soleil, restent dehors une partie de la nuit, et relèvent encore assez généralement vers huit à neuf heures du matin, quand il ne fait pas trop chaud. Mais si vous les trouvez sortis presque tous à deux ou trois heures après midi, s'ils mangent fort avidement, si l'attention qu'ils y mettent les rend plus hardis et moins précautionnés qu'à l'ordinaire, vous pouvez être certain qu'il pleuvra dans la soirée ou dans la nuit. C'est

peut-être le plus sûr de tous les baromètres. Il n'est pas possible d'attribuer ce pressentiment de la pluie à un sentiment immédiat d'appétit qui porterait les lapins à manger plus avidement et plutôt. On sait au contraire que le tems pluvieux relâche presque toujours les fibres, et rend moins actifs tous les mouvemens mécaniques de l'animal. L'avidité très-caractérisée des lapins, est donc un acte de prévoyance, c'est-à-dire, qu'en conséquence d'une sensation quelconque qu'ils ont déjà éprouvée, et qu'ils éprouvent encore, ils jugent de l'avenir par le passé; ce qui est la seule manière raisonnable de prévoir. Les animaux domestiques doivent avoir sans doute, et ont aussi bien que les sauvages, la mesure du tems. La connaissance du passé leur fait aussi préjuger l'avenir. [10]Les heures de l'avoine se marquent par le hennissement impatient des chevaux. Ceux qui sont, ou faibles, ou de mauvais caractère, ne manquent pas de faire les plus grandes difficultés pour outre-passer les lieux où ils ont coutume de se reposer.[10] *Ils ont donc la conscience de leur existence passée*. Les chiens, ceux sur-tout qu'on a coutume de mener à la chasse à une certaine heure, annoncent le moment par des cris d'impatience toutes les fois qu'il est retardé. Celui du départ est signalé par les signes de la joie la plus vive. Le chasseur en est souvent importuné, et il a beaucoup de peine à les réprimer, sur-tout lorsqu'armé de son fusil il leur annonce le retour prochain du plaisir dont ils conservent le souvenir. Ce souvenir intéressant, *de leur existence passée*, prend alors plus d'empire que les châtimens mêmes dont on voudrait user pour modérer l'excès bruyant de leur joie. Je crois, Madame, qu'il n'est pas nécessaire de citer un plus grand nombre de faits pour démontrer que les animaux réunissent, à la vérité, dans un degré inférieur à nous, tous les caractères de l'intelligence. Il est impossible, sans doute, de comparer la leur à la nôtre pour l'étendue, et sur-tout pour la facilité de faire des progrès indéfinis. Mais celui qui ne peut faire que vingt pas n'a pas moins la faculté de marcher que celui à qui il est donné de faire vingt lieues. Je pourrais multiplier beaucoup les citations de faits qui viennent à l'appui de mon opinion, et il ne tiendrait qu'à moi de les prendre dans les charmantes histoires que M. de Buffon nous a données, et dans lesquelles on trouve presque toujours autant de vérité dans l'observation que [11]de charme et de magie dans l'expression.[11] Mais je l'aime trop pour l'attaquer dans ses propres foyers, et me servir contre lui des armes qu'il m'aurait fournies. Ce serait mal reconnaître tout le plaisir que m'ont fait ses ouvrages, dont vous savez que la lecture m'a fait passer les plus heureux momens. Je n'ai combattu son opinion que pour l'intérêt de ce que je crois, de bonne foi, être la vérité. Si j'ai réussi à prouver contre lui, la question doit être terminée. Il n'est pas du moins d'athlète que je voulusse combattre après celui-là.

Il me semble que de tout ce qui a été dit, nous sommes en droit de conclure, avec le Physicien de Nuremberg, que les bêtes sentent, puisqu'elles ont les signes évidens de la douleur et du plaisir; qu'elles se ressouviennent, puisqu'elles évitent ce qui leur a nui, et recherchent ce qui leur a plu; qu'elles comparent et jugent, puisqu'elles hésitent et choisissent; qu'elles réfléchissent sur leurs actes, puisque l'expérience les instruit, et que des expériences plus répétées rectifient leurs premiers jugemens.

[k]D'après ces données, qui me paraissent évidentes, vous pouvez, Madame, vous livrer sans crainte aux charmes d'une affection ressentie pour les animaux que vous vous plaisez à nourrir et à caresser. Soyez sûre que [12]votre charmante Zémire n'est point un automate[12] qui, par le jeu des ressorts d'un mécanisme aveugle, vous donne le spectacle illusoire de la sensibilité. Elle a sentiment et connaissance; il entre de l'intention dans les mouvemens qu'elle multiplie pour vous plaire. En vous occupant d'elle, en cherchant à augmenter ses rapports avec vous, vous étendez la sphère de son intelligence; vous faites naître, vous développez en elle un besoin d'aimer et d'être aimée, que l'habitude rend indépendant des autres besoins. Si elle vous croit attaquée, et qu'elle se mette en état de vous défendre, c'est que vos bienfaits ont établi en elle une idée de propriété de votre personne. Elle vous défend avec autant de courage et d'intérêt que la nourriture qu'on voudrait lui ravir.

Vous vous appercevrez que cet intéressant animal, gai, vif, étourdi, dans sa jeunesse se livre à beaucoup de mouvemens qui paraissent sans objet, parce que la jeunesse a besoin de s'exercer et de faire des expériences; il y mettra plus de gravité lorsque l'âge l'aura instruit et appesanti. S'il fait moins de dépense en mouvement, et par-là s'il perd quelque chose du côté des graces, ses sentimens aussi deviendront moins mobiles; ils prendront un caractère de constance et de profondeur, et ses actions tendront plus directement à un but. Vous appercevrez aisément que l'éducation ne fait pas tout dans les animaux; que seulement dans plusieurs elle fait naître quelques bonnes habitudes, et en corrige quelques mauvaises; mais qu'il est des naturels pervers que rien ne change, et sur lesquels toute éducation est impuissante.

Vos serins, les autres oiseaux que vous élevez, vous montreront l'intelligence sous d'autres formes, et modifiée d'une autre manière. Vous admirerez, avec moi, la fécondité sans bornes de l'Artisan Suprême, qui sait, d'un principe unique, faire sortir une si grande variété de formes. Quoique nous ne puissions appercevoir de ce plan immense que quelques parties infiniment petites, relativement au tout, il est impossible de ne pas s'écrier, dans les élans de son ravissement: [13]O profondeur![13]

J'ai l'honneur d'être, etc.[k]

Lettre à madame *** sur l'homme (lettre 13)

Nous avons remarqué, Madame, que la plupart des objections qu'on fait contre l'intelligence des bêtes, portent sur des assertions mal examinées, et principalement sur ce qu'on leur attribue une constante uniformité d'opérations, d'où l'on conclut l'automatisme. J'ai prouvé, et le Physicien de Nuremberg avait en partie prouvé avant moi, que cette uniformité n'existe pas. Des faits nombreux et certains nous ont appris que les individus, parmi les animaux, mettent autant de variété dans leur conduite et dans leurs ouvrages, que peuvent en mettre des êtres qui, avec des besoins et des moyens bornés, se proposent la même fin. Le Physicien de Nuremberg a fort bien indiqué les avantages infinis qu'à cet égard l'espèce humaine a sur toutes les autres. Il a parcouru les différens degrés d'influence que doivent avoir sur l'exercice de la perfectibilité les besoins particuliers de l'homme, les moyens que lui fournissent la société, le loisir, l'ennui, la faculté d'enregistrer ses idées, les passions factices, etc.

Je veux vous entretenir aujourd'hui d'une disposition qui me paraît appartenir exclusivement à l'espèce humaine, que le Physicien n'a fait qu'indiquer, et qui mérite d'être examinée plus en détail, puisqu'elle est le vrai fondement de la sociabilité, de la bonté, de toute vertu naturelle, et que par elle l'homme se trouve placé à une distance infinie des autres animaux, beaucoup plus encore que par la supériorité de son intelligence. Cette disposition est celle en vertu de laquelle tout homme qui en voit souffrir un autre, est affecté lui-même d'un sentiment de souffrance quand il n'en est pas détourné par un autre intérêt. Cett faculté de partager la souffrance d'autrui, entraîne nécessairement tous ses autres sentimens. [1]*Compatir*, c'est sentir ensemble,[1] et si les sensations proprement dites sont incommunicables de leur nature, on peut dire que nos sentimens, nos affections, se communiquent avec une prodigieuse facilité. La langue articulée n'y est pas nécessaire comme elle l'est pour exprimer nos idées. Les signes extérieurs, le langage d'action, y suffisent, et ils sont tellement liés au sentiment même, qu'à moins d'une dissimulation étudiée, ils se produisent toujours ensemble. On sent que la sociabilité doit être le résultat nécessaire de cette impression réciproque que les hommes font les uns sur les autres. Lorsque l'habitude l'a fortifiée, lorsqu'elle a rendu le langage facile et prompt, elle doit les identifier, en quelque sorte entre eux, toutes les fois qu'ils ne sont pas isolés par des intérêts individuels qui contrarient l'intérêt général.

On ne remarque rien de pareil parmi les autres animaux. On voit bien, à la vérité, quelques espèces, comme celle du cerf, du daim, qui vivent en troupe, mais on n'apperçoit entre eux ni besoin, ni signe de communication habituelle.

Les sangliers jeunes vivent aussi en compagnie; mais ils ne paraissent avoir d'objet que celui de la défense commune, parce que, seuls, ils se sentent faibles, et leurs intérêts ne paraissent plus avoir de communauté passé le moment du péril. Les jeunes loups se tiennent aussi ensemble, mais c'est une association de guerre et de brigandage qui ne s'entretient que par le besoin commun de rapine, et bientôt est détruite par la même cause. Le Physicien de Nuremberg a remarqué que les chevreuils avaient une sorte d'attrait pour vivre ensemble, indépendante des autres besoins; mais c'est une société si restreinte, qu'on n'en peut pas conclure que les individus jouissent d'un sentiment qui s'étende à l'espèce, et quand même ce sentiment existerait, il ne pourrait pas s'exercer beaucoup, parce que la vie et l'organisation de ces animaux ne leur permet pas de se donner des secours mutuels. Il est difficile d'expliquer la tendresse active et courageuse de la plupart des mères; mais leurs entreprises hardies ont l'air des élans de l'intérêt personnel. C'est leur propriété qu'elles paraissent défendre. Je ne connais pas assez les espèces qui vivent et travaillent en commun, comme les castors, etc., pour savoir si l'habitude et l'intimité de leur association ne produit pas entre les individus quelques degrés de *compassion*. Mais, outre que leur société paraît cesser avec les travaux qui en sont l'objet, je crois être en droit de conclure, par analogie, que la faculté de compatir est loin de devenir en eux, comme dans l'homme, une disposition que l'habitude rend active et permanente, qui entre pour quelque chose dans toutes les autres, et qui a la plus grande influence, quoique souvent sourde, sur l'ensemble des actions humaines.

[2]Quelques moralistes ont nié l'existence de ce principe, ou du moins en ont rapporté l'origine à un retour sur nous-mêmes qui le rendrait uniquement dépendant de notre intérêt personnel.[2] Sans doute il est vrai que notre intérêt personnel s'y trouve confondu, puisque nous souffrons lorsque nous voyons souffrir autrui; puisque les cris de douleur, les signes de l'angoisse, nous jettent dans un état de mal-aise dont nous sommes pressés de nous délivrer. Mais je soutiens que ce sentiment de compassion est immédiatement excité par les signes de la souffrance d'autrui, que nous ne recevrions pas une commotion plus directe d'un coup qui nous frapperait nous-mêmes, et que s'il s'y mêle quelquefois de la réflexion sur les maux dont nous pouvons être menacés, elle ne vient qu'à l'appui d'une impression déjà reçue.

Je considère donc la sensibilité, c'est-à-dire, la disposition à être émus par les affections qu'éprouvent nos semblables, comme une faculté qui nous est aussi naturelle que celle de sentir, dont, à la vérité, nos intérêts particuliers suspendent les fonctions, qu'il est même possible d'émousser; mais aussi dont on peut considérablement augmenter l'énergie par l'exercice et l'habitude. Il est impossible que la sociabilité ne soit pas le produit de cette disposition heureuse et *vraiment céleste*. L'intérêt personnel en resserre sans doute les liens en procurant à ceux qui composent la société des secours communs qui rendent la vie plus facile et plus agréable. Mais si c'est lui qui donne le principal mouvement, la sensibilité modère une partie des excès de la personnalité qui tendrait bientôt à détruire l'association; plus constamment agissante que la crainte des lois, elle réprime en détail une partie des entreprises secrètes de notre amour-propre sur celui des autres, et lorsqu'elle est cultivée, elle établit en nous une idée de proportion entre ce qui nous est personnellement dû, et ce qui peut appartenir à tous.

[3]Ce que le lord Shaftesburi appelle le *sens moral*,[3] dérive donc de cette disposition: puisqu'elle nous donne le sentiment de la réciprocité, elle nous donne aussi celui de la justice, et le pouvoir de l'habitude rend ensuite ce résultat si familier, que son impression devient aussi prompte que celle de toutes nos facultés naturelles.

Il est heureux pour le maintien de la société qu'il en soit ainsi. Le Physicien de Nuremberg a fort bien remarqué que dans l'état social, quoique chacun en tire de grands avantages, l'intérêt particulier tend cependant à isoler les individus. Chacun d'eux, fortement intéressé à ce qui lui est propre, n'aurait de frein que la crainte de s'exposer au ressentiment de tous les autres, et il n'en aurait plus toutes les fois qu'il espérerait pouvoir leur échapper. Mais la communication des sentimens ayant une fois établi l'idée de réciprocité et celle de justice, il en résulte une répugnance secrette à violer les droits d'autrui: c'est ce qu'on ne remarque pas dans les autres animaux.

Chacun, guidé par son intérêt propre, suit, sans se détourner, la route qui lui est tracée par ses besoins et les moyens qu'il a de les satisfaire. Les circonstances où il se trouve, les obstacles qu'il rencontre, éveillent, comme nous l'avons vu, son industrie, le replient sur lui-même, augmentent la sphère de son intelligence; mais celle-ci ne s'exerce jamais au-delà de ses propres besoins. Dans l'homme, la faculté d'être ému par le tourment d'autrui, et la peine naturelle qu'on en ressent, introduit la moralité dans les actions. Elle identifie, en quelque sorte, les impressions d'autrui à celles que nous recevons nous-mêmes, et par-là elle produit tous les mouvemens de l'ame qui nous entraînent les uns vers les autres. Elle est, à la vérité, souvent altérée par des intérêts qui parlent plus haut; mais elle se fait entendre lorsque ceux-ci se taisent, et l'exercice habituel en rend quelquefois l'action prédominante.

L'homme peut donc être considéré comme un être bon, ou du moins doué d'une disposition qui se développe en même-tems que les autres facultés, et qui l'incline assez fortement vers la bonté lorsqu'il n'est pas agité en sens contraire. Il est bien vrai que toutes les passions fortes qui peuvent s'emparer de l'ame de l'homme altèrent cette heureuse disposition, souvent même la détruisent de manière qu'on n'en apperçoit plus la moindre trace; mais il est certain qu'alors l'homme est un être dégénéré, et cesse d'être conforme à sa nature. On ne contestera pas que la raison ne soit aussi naturelle à l'homme. Cependant les mêmes passions la dérèglent et l'égarent. L'habitude de s'y soustraire paraît même l'oblitérer entièrement. Il est donc vrai qu'une qualité peut s'effacer dans un grand nombre d'individus, quoiqu'elle appartienne spécialement à l'espèce humaine, et qu'elle soit inhérente à sa nature. L'homme n'en est pas moins un être naturellement sensible, parce qu'il règne beaucoup d'atrocité sur la terre, comme il n'en est pas moins un être raisonnable, parce que mille gens n'ont pas le sens commun.

Il faut bien que la *compassion*, la faculté de partager les sentimens dont on voit les autres émus soit naturelle à l'espèce humaine. Nous la voyons s'exercer d'une manière assez permanente chez des individus qui ne l'ont point acquise, qui n'ont nul intérêt à réfléchir sur eux-mêmes, qui ne sont point instruits, et auxquels d'ailleurs leur situation et les circonstances qui les environnent devraient persuader qu'ils sont fort éloignés des maux qu'ils pourraient faire aux autres.

[4]Il est bien vrai que l'histoire, en général, ressemble aux annales d'une troupe d'animaux féroces, et que l'ame est flétrie par toutes les horreurs qu'ont produites l'ambition, la vengeance, le fanatisme, etc.[4] Je ne suis pas surpris qu'un spectacle aussi révoltant ait persuadé à beaucoup d'ames sensibles que l'homme est un animal méchant, et peut-être le plus méchant de tous. Mais, encore une fois, l'histoire des passions n'est qu'une partie de celle de l'homme. Pour le connaître tout entier, il faut le considérer aussi lorsque, rendu à lui-même, il lui est libre de suivre, dans le calme, les mouvemens modérés de la nature. Alors on verra la pitié, la sensibilité, la bienfaisance, ou s'exercer d'une manière active, ou du moins se laisser reconnaître dans des habitudes éloignées de la cruauté. Il est rare que l'homme de sang-froid soit féroce. [5]Pour un Sultan qui s'amuse à couper des têtes tous les vendredis après la prière,[5] il en est cent qui végètent tranquillement dans leur serrail, sans songer à faire du mal à personne, pourvu qu'on ne les irrite pas par des contradictions, et qu'on leur fournisse de l'argent pour leurs plaisirs. Avec le pouvoir sans bornes dont ils jouissent, et l'éducation qu'ils ont reçue, ils se livreraient à bien d'autres excès, si la pitié naturelle ne les éloignait pas de ceux que le besoin d'être émus pourrait leur faire imaginer.

[6]Plusieurs moralistes ont déjà donné, comme une preuve de la bonté naturelle des hommes, l'attendrissement universel dont on est saisi dans nos spectacles tragiques, lorsque des scènes bien ménagées donnent de la vraisemblance aux

évènemens qu'on représente. Il est aisé d'y remarquer tout ce qu'ajoute à une impression généralement ressentie la communication des sentimens;[6] et la rapidité avec laquelle l'émotion se propage ne permet pas de supposer qu'elle soit due à aucun retour sur soi-même. Lorsque, dans les romans, les situations sont amenées d'une manière naturelle, lorsqu'un heureux tissu d'évènemens vraisemblables nous a tellement attachés, que le fabuleux a disparu pour nous, les personnages acquièrent le droit de nous intéresser, et nous partageons toutes les émotions dont il plaît à l'auteur de les agiter. Il résulte de ces faits, qu'il suffit de faire oublier aux hommes, les intérêts particuliers qui les isolent, pour les rendre à la nature, et par conséquent à la pitié.

[7]Je sais qu'on oppose à l'existence de ce sentiment l'empressement avec lequel le peuple court aux exécutions. Il est vrai qu'il recherche avec ardeur le spectacle de ces sacrifices sanglans que la justice se croit obligée de faire à la sûreté publique. Mais dans ce cas, il faut moins l'accuser de barbarie que de grossièreté. Si le besoin d'être ému l'y attire en foule,[7] [8]on m'a assuré qu'en même-tems des larmes abondantes attestaient toujours, dans ces occasions, la compassion générale.[8] L'horreur qu'inspirait le criminel s'anéantit souvent pour ne laisser place qu'à la pitié qu'excitent les souffrances du malheureux. On accuse aussi les enfans d'être cruels, parce que souvent ils ont l'air de se plaire à tourmenter les êtres vivans qu'on sacrifie à leur amusement. [9]J'en ai beaucoup observé, et tous m'ont paru ne s'y livrer que parce qu'ils n'avaient pas l'idée de la douleur qu'ils causent. Comment en appercevraient-ils les signes dans un oiseau, dans un haneton? il faut que ces signes soient très-sensibles pour que la commisération soit excitée. Mais s'ils jouent avec un chien, et qu'ils lui arrachent un cri de douleur, la pitié naturelle se réveille en eux, et vous les voyez rarement braver ce sentiment.[9] Cette portion des hommes qu'on appelle proprement peuple, fournit beaucoup d'exemples où se développe la pitié naturelle. Elle se montre sur-tout chez les gens à mœurs simples. On voit qu'il suffit de n'être pas dépravé pour être sensible à ses douces émotions. Les paysans aisés, les artisans industrieux, et en général tous ceux qui sont assurés d'obtenir par leur travail ce qui suffit aux besoins urgens de la vie, sont disposés à la bienfaisance envers leurs semblables. Vous voyez rarement parmi eux un orphelin qui manque à trouver tous les secours dont il a besoin; et leur usage est de le traiter comme leurs propres enfans, souvent avec plus d'égards. Si quelquefois il entre dans leur générosité quelque idée de retour sur eux-mêmes, ce n'est pas la première. L'impulsion directe est celle de la bienveillance et de la compassion pour un malheureux. On ne doit pas attendre la même chose de tous ceux dont la vanité multiplie les besoins. Ceux-là n'ont rien à donner, puisque l'importance qu'ils attachent à eux-mêmes leur persuade qu'ils n'ont pas même le nécessaire. La vanité est peut-

être de toutes les affections celle qui détruit le plus la pitié naturelle. Quelques autres passions, comme l'ambition, l'avarice, ne s'accordent pas sans doute avec elle; mais c'est la vanité sur-tout qui, en concentrant l'homme en lui-même, en détruit jusqu'au germe; car il est de son essence de chercher à se répandre au-dehors. L'amour, au contraire, mais seulement l'amour heureux, s'accorde parfaitement bien avec l'exercice de [10]la bienveillance innée.[10] Peut-être même ses élans prêtent-ils de nouvelles forces à cette heureuse disposition. C'est principalement à l'ivresse de l'amour heureux, qu'il appartient de dire:

[11]Que tout le monde ici soit heureux de ma joie.[11]

[12]Rousseau ne sort donc pas de la nature, lorsque, dans son Héloïse, il peint deux amans ivres l'un de l'autre, sacrifiant pourtant le moment de la jouissance la plus desirée au plaisir de faire deux heureux.[12] Celui que tout le monde éprouve à la lecture de ce trait charmant, atteste la bonté de l'homme. Sans elle, on ne partagerait pas la bienfaisante disposition de deux cœurs ingénus, livrés aux simples mouvemens de la nature; et malheur à qui ce délicieux tableau paraîtrait sans vraisemblance.

Lorsque je soutiens, Madame, que l'homme est né bon, je ne prétends pas que cette qualité soit dans la plupart des hommes un grand principe habituel d'action. Ce n'est pas sans doute ce genre d'intérêt qui donne le principal mouvement au monde moral. Excepté un petit nombre d'êtres privilégiés en qui la réflexion, et un exercice long-tems continué, ont fortifié ce sentiment, les hommes en général obéissent à des intérêts plus pressans et plus actifs; ils cherchent leur bien-être particulier, et s'ils ne repoussent pas ordinairement les occasions de faire du bien aux autres, ils ne s'embarrassent guère de les faire naître. Mais toutes les fois qu'ils ne sont pas fort occupés d'eux-mêmes, ils cèdent volontiers à la pitié que leur inspire le spectacle du malheur. Souvent cette pitié ne se fait pas sentir assez pour produire de grands efforts, et sur-tout des efforts continus. La paresse est une des forces qui agissent le plus puissamment sur les êtres qui sentent. Il faut des cris pour réveiller la sensibilité de la plupart, assez pour les mettre en mouvement. Des malheurs légers ne les tirent pas de leur léthargie, et même, comme l'impression en est fort affaiblie, elle les fait jouir quelquefois d'un genre d'émotion qui n'est pas sans douceur, quoique du genre triste, et qui, par cela même, est fort loin de les porter à l'action. Cette combinaison de la paresse et de la sensibilité naturelle, produit des dispositions dont il faut souvent séparer les élémens pour les bien observer. [13]C'est, par exemple, à ce mélange qu'on doit ce qu'on appelle indulgence, qualité charmante dont le propre est d'accorder facilement aux autres, sans trop calculer ce qu'on leur doit. Elle constitue le caractère le plus fait pour réussir dans la société; et, dans l'usage ordinaire de la vie, elle est aussi avantageuse à celui qui la possède, qu'à la plupart de ceux qui en sont l'objet. Mais, dans beaucoup de circonstances, cette heureuse qualité dégénère en faiblesse, souvent en injustice; moins par ce qui appartient en elle à la sensibilité, que par ce qu'elle tient de la paresse.[13]

Il est donc nécessaire que les lumières et la raison en règlent l'exercice. Souvent on croit être indulgent, lorsqu'on n'est que paresseux d'examiner. On cède alors aux impressions que l'on reçoit des personnes dont on est environné. Cet abandon donne moins de peine qu'on n'en éprouverait à bien examiner si la compassion envers ceux qu'on voit n'est pas une injustice envers ceux qu'on ne voit pas.

La vraie sensibilité, lorsqu'elle est seule, donne le desir d'être juste. C'est la raison, c'est l'instruction, qui fournissent les moyens de l'être toujours. La pitié naturelle a une action beaucoup plus étendue et plus constante pour les gens instruits que pour les autres, parce qu'ils en connaissent un bien plus grand nombre d'applications. Le vulgaire ne sera touché que par des cris de douleur, de grands bouleversemens de fortune; et sa commisération, grossière comme lui, n'aura pour objet que des malheurs du premier genre, et ceux-là sont plus rares que les autres. L'homme instruit trouvera mille occasions d'obliger ses semblables dans des choses qui les intéressent fortement, quoiqu'elles soient moins frappantes. Les seuls ménagemens qu'on doit à la vanité d'autrui, en fournissent de journalières. Malheureusement, parmi les gens instruits, il en est beaucoup dont la vanité est plus exercée que la sensibilité, qui font trafic de gloire, et cherchent toujours, n'importe par quels moyens, à le faire à leur plus grand profit. Dans ceux-là on trouvera la bonté naturelle fort oblitérée. Ils rentrent dans la classe des gens passionnés, et cette passion habituelle est d'autant plus funeste, que son objet est de blesser la vanité d'autrui, loin de la ménager. Constamment intéressés à déprimer ce qui n'est pas eux, ils sont d'autant plus pervers, qu'ils sont vraiment dénaturés; les lumières acquises, loin de fortifier en eux la bonté, naturelle aux hommes, semblent la leur avoir fait perdre de vue. Ils ont changé en poisons les plantes salutaires qu'ils avaient reçues de la nature et de l'éducation. Parmi les gens instruits, il est encore quelques hypocrites qui se décorent du beau nom de cosmopolites; mais qui ne professent une bonté bien générale que pour être dispensés d'en montrer dans les occasions particulières. Ces hommes sont peut-être les plus éloignés de la nature, parce que l'hypocrisie est la disposition la plus étrangère à la vertu; et d'ailleurs ils ont communément une vanité assez complette pour ne laisser aucune place à la bonté. Ceux qui sont vraiment doués d'une bienveillance générale, et il en existe un petit nombre, en parlent beaucoup moins; mais ils ne manquent jamais aux occasions particulières, et souvent même ils vont les chercher.

Si je voulais, Madame, vous entretenir dans quelque détail des principaux effets et des modifications de la bonté naturelle aux hommes, je pourrais faire un volume, et ce n'est qu'une lettre que je vous écris. Il nous suffit qu'il soit à-peu-près démontré que c'est une qualité qu'il est impossible de méconnaître, et qu'elle donne à l'homme, sur tous le autres animaux, des avantages infinis, et plus grands peut-être que la supériorité de son intelligence. Je sais que des moralistes atrabilaires soutiendront toujours qu'en rigueur notre intérêt est la dernière fin de nos déterminations, et que nous ne pouvons agir que pour nous-mêmes.

Cela est vrai; mais il l'est aussi que toutes les fois que des passions ne dérèglent pas l'exercice de nos facultés naturelles, notre intérêt est excité par celui d'autrui; que nous partageons les sentimens de nos semblables, que nous aimons à les soulager s'ils souffrent, enfin que la communication des affections qu'ils éprouvent est aussi certaine et plus rapide que celle de leurs idées, et que cet échange continuel est le vrai fondement de la société. Il est encore vrai que l'habitude augmente l'intensité de ce sentiment, au point que le [14]bonheur des personnes que nous aimons, surtout depuis long-tems, nous devient beaucoup plus nécessaire que nos propres plaisirs. Deux personnes accoutumées à l'exercice mutuel de ce genre d'affection, finissent par ne former, en raison de leurs dispositions intimes, qu'un tout dont les deux parties ne se distinguent que par les sacrifices que chacune aime à faire à l'autre.[14]

Voilà, Madame, ce qui me paraît être le dernier degré de perfection, et peut-être de bonheur, auquel puisse prétendre l'homme naturel. Commisération envers tous ses semblables, sentiment plus intime à l'égard d'un petit nombre; et ce sentiment devient la source du plus grand bonheur, s'il parvient à confondre les intérêts, et à étendre par-là la sphère de l'activité. [15]C'est ce qu'on doit sur-tout attendre de l'union conjugale bien assortie, de celle des familles, qui en est la suite presque nécessaire.[15] Mais il ne faut l'espérer qu'autant que les mœurs se conservent simples et pures, et que l'ame est dégagée des passions tumultueuses qui mettent tout hors de règle. Lorsqu'on manque de ces heureux liens, [16]la tendre amitié peut les remplacer encore.[16] [17]On a vu souvent deux amis sacrifier chacun son intérêt à celui de l'autre, et la représentation de ces efforts généreux atteste encore que tous les cœurs en admettent la vraisemblance.[17]

Je me hâte de finir. Je ne vous ai parlé que des avantages que l'homme doit à ses dispositions naturelles, et aux moyens de bonheur qu'elles lui procurent.

L'homme, mis en société avec Dieu même, par le ministère de la religion, est d'un autre ordre, et peut donner lieu à de sublimes spéculations qui ne sont point de mon sujet, et sont fort au-dessus de mes forces.

J'ai rempli, tant bien que mal, la tâche que vous m'aviez imposée. Je dois vous avoir convaincue par-là de la déférence et du respect, etc.

Lettres posthumes sur l'homme, imprimées pour la première fois, et faisant suite aux précédentes lettres de l'auteur

Lettre II à madame *** (lettre 14)

N'EN doutons point, Madame, c'est le germe précieux de la compassion qui donne à l'espèce humaine l'avantage le plus marqué sur toutes les autres espèces d'animaux; c'est lui qui est le vrai fondement de la sociabilité, et par conséquent des progrès et des vertus qui placent l'espèce humaine si loin des autres. Si nous ne considérons que l'intelligence, nous trouverons, à la vérité, plus de développement dans la nôtre; mais nous serons forcés de reconnaître, dans toutes, les mêmes élémens: sans cette qualité vraiment distincte, *la compassion*, il n'y aurait de différence que du plus au moins, et sur cette différence, il y aurait de grandes objections à faire. Celle qu'on répète sans cesse pour établir l'infériorité des bêtes, l'uniformité des actions constamment observées dans les espèces, retombe à-plomb sur l'homme, pour peu qu'on veuille y apporter un examen un peu sévère.

Il me semble, Madame, qu'on attribue toujours à la généralité des hommes des progrès qui n'appartiennent qu'à un nombre d'individus bien petit, relativement à la totalité de l'espèce. Depuis la création jusqu'à nos jours, c'est-à-dire, dans toute la durée connue de la race humaine, le nombre des gens instruits a toujours été si borné, la généralité des hommes a toujours été tellement assujétie à des préjugés, et des préjugés uniformes, qu'on est tenté de croire que les progrès n'ont été qu'individuels. C'est ainsi que parmi les renards, quoique ceux qui sont instruits soient en général plus industrieux que les autres, il s'en trouve pourtant quelques-uns d'une sagacité supérieure, lesquels, en fait d'inventions et de ruses, laissent bien loin derrière eux les plus spirituels de leurs compagnons. Chez les peuples les plus policés, sur mille hommes, à peine y en a-t-il un vraiment instruit; [1]la classe nombreuse des paysans n'a pas de connaissances qui s'étendent au-delà de la culture des terres: la plupart même n'en n'ont que de très-bornées. Chez eux c'est moins une connaissance réelle qu'une routine; de sorte que, même à cet égard, on pourrait regarder comme mécaniques les mouvemens qu'on leur voit exécuter.[1] [2]Presque tous les artisans sont dans le même cas. Si par degrés insensibles les arts se sont trouvés perfectionnés par quelques hommes de génie, qui ont ajouté successivement à ce qu'ils avaient reçu de leurs devanciers, la généralité de ceux qui les exercent ressemble beaucoup plus à des automates qu'à des être intelligens.[2] Tous les journaliers, tous les sauvages, en un mot tous les êtres humains qui sont forcés d'employer la plus grande partie de leur tems à la recherche de ce qui est nécessaire aux besoins de la vie, ou ne pensent point, ou n'ont que le petit nombre d'idées relatif à la satisfaction de ces besoins.

Les peuples chasseurs, les Ictyophages, sont tous dans ce cas, de sorte que l'exercice de l'intelligence paraît infiniment rare dans l'espèce humaine prise en général. Cela est d'autant plus vrai, que les principales actions qui remplissent la vie des hommes de ces différentes classes, n'ont plus besoin d'être aidées de la pensée, dès qu'elles sont devenues habituelles. [a]S'il est vrai, comme l'a prouvé M. l'abbé de Condillac, que la réflexion a nécessairement présidé à la naissance de ces habitudes, qui, sans elle, n'auraient [b]pas pu se former, il[b] ne l'est pas moins que l'habitude étant une fois établie, les actions prennent un caractère de spontanéité et d'instinct qui rend inutile un nouvel exercice de la réflexion.[a] Parmi ceux mêmes qu'on appelle philosophes, il en est un assez grand nombre qui, dans des systêmes qui paraissent suivis, n'ont pourtant point de pensée réelle. [3]Nous avons vu long-tems ce qu'on nommait philosophie, n'être qu'un assemblage de mots inintelligibles ou qui n'étaient pas entendus.[3] Il n'est pas rare encore dans les disputes, même entre gens qui devraient faire usage de leur raison, de voir mettre, à la place d'idées vraiment réfléchies, des suites de mots qu'on a pris l'habitude de ranger dans un certain ordre, et qui ressemblent plus à un mécanisme un peu compliqué, qu'à un exercice régulier de l'intelligence.

En vous exposant ces vérités, je suis bien loin, Madame, de vouloir déprimer la nature humaine. J'aime à reconnaître ses avantages, et sur-tout sa glorieuse destination; mais ses avantages réels sont trop considérables, pour lui en chercher d'exagérés. Je n'examine d'ailleurs que l'homme abandonné à ses facultés naturelles. L'homme en société avec Dieu par le ministère de la religion est d'un autre ordre, il peut donner matière aux plus sublimes spéculations, mais qui ne sont point de mon sujet.

Tous les animaux sont forcés d'obéir aux dispositions qui résultent de leur constitution propre, et aux différens rapports que leur nature et leur position leur donnent avec tous les êtres qui les environnent. Ces rapports varient en raison de la manière de vivre, de l'espèce de nourriture qui leur est appropriée, des besoins résultans du climat, etc. Or, de la constitution propre de l'homme, dérivent un grand nombre de dispositions qui doivent jeter de la variété dans ses actions. La plupart des espèces d'animaux apêtent particulièrement un genre de nourriture; l'homme s'accommode d'un grand nombre de substances, il desire même de la variété, et comme son espèce est répandue par-tout et n'affecte point certaines températures particulières, elle doit avoir un nombre beaucoup plus grand de rapports avec les êtres qui l'environnent, et par conséquent une bien plus grande diversité d'actions.

Il n'est pas étonnant que cette diversité ait porté beaucoup de bons esprits à regarder l'homme comme une espèce à part, ne tenant à l'animalité que par une ressemblance d'organisation, mais séparée des autres par un principe actif inhérent à sa nature. C'est d'après cela qu'on a refusé toute intelligence aux animaux, et qu'on s'est jeté dans les idées d'un mécanisme incompréhensible, contre lequel tous les faits déposent. On n'a point examiné toutes les causes extérieures qui arrêtent dans son cours la perfectibilité des autres animaux, leurs besoins bornés qui ne donnent pas naissance à l'intérêt d'acquérir des idées, et par conséquent à l'exercice habituel de la réflexion, le défaut de société, de loisir, d'ennui, de liberté, de moyens d'enregistrer leurs idées. On n'a pas vu que toutes ces conditions, qui ne sont pourtant qu'accessoires à l'intelligence, sont nécessaires pour servir le pouvoir de se perfectionner, qui appartient nécessairement à tous les êtres qui sentent.

On a comparé la suite infiniment variée des actions de l'homme civilisé depuis long-tems à l'aide de toutes ces conditions, avec l'uniformité qui paraît restraindre les actions des bêtes à un petit nombre. On n'a point apperçu que tout dépend ici de la quantité des données, et que pour combiner trois nombres ensemble, il faut une intelligence de même nature que pour en combiner mille.

On n'a point examiné si cette grande variété qui paraît distinguer les inclinations, les habitudes, les actions des hommes, n'a pas cependant [4]un caractère d'uniformité qu'on n'apperçoit pas d'abord, et qu'on devrait cependant soupçonner, parce que l'homme, ainsi que tous les êtres qui sentent, est forcé d'obéir à sa nature, c'est-à-dire, aux dispositions qui naissent de ses besoins, de ses rapports et de ses moyens.[4]

Pour en juger, il ne faut pas comparer des peuples instruits et policés avec des sauvages et des peuples sans culture; il faut au contraire comparer ensemble des peuples de différens pays, à-peu-près au même degré de culture et de police: c'est le seul moyen de distinguer ce que l'homme tient immédiatement de la nature, d'avec ce que l'exercice de son intelligence et de sa réflexion lui a fait successivement acquérir dans les différens âges de sa durée. [4]Alors, si l'on remarque une uniformité constante, ou du moins des traits frappans de ressemblance entre différens peuples, qui ne peuvent pas s'être communiqués, quant à l'invention et aux progrès des arts, aux idées religieuses, etc., on sera en droit d'en conclure que l'espèce entière obéit à une disposition uniforme qui, dans les mêmes circonstances données, produit toujours à-peu-près les mêmes effets.[4] [5]Or, c'est ce dont on est vivement frappé en lisant les voyageurs. Quant aux arts, il est clair qu'ils ont fait des progrès dans le même ordre chez les peuples grossiers de tous les pays. D'abord, des branches d'arbres détachées en forme de massues, des javelots et des flèches, armés de pierres aiguës, ces mêmes pierres amincies pour servir à tailler les instrumens dont on pouvait avoir besoin, des arcs taillés de cette manière, et des nerfs d'animaux pour leur servir de cordes. Des troncs d'arbres creusés pour se mettre à l'abri des injures de l'air, les peaux de bêtes, sans préparation, servant de vêtemens, des cris inarticulés, un langage par signes que le besoin souvent répété de se faire entendre a élevé, après mille essais, et au bout d'un tems très-long, à un petit nombre de mots exprimant quelques objets sensibles de première nécessité.

Voilà les premiers arts, communs aux anciens peuples de la Grèce, sur l'enfance desquels nous avons quelques notions, et aux sauvages de l'Amérique qui vivaient de chasses, comme ont fait la plupart des premiers peuples.

Vous retrouverez les mêmes inventions, dans les mêmes circonstances données, et les usages des Eskimaux sont, aux vêtemens près, les mêmes que ceux de l'Amérique méridionale.

Les peuples qui ont habité les bords de la mer, se nourrissant de poissons, se sont élevés plus promptement à une industrie plus réfléchie, à cause de la nature de leurs besoins et de leur vie plus sédentaire, qui laissait un exercice plus libre à leur intelligence; la nécessité leur fit bientôt inventer des filets, creuser des arbres en canots, apprendre à les conduire. Les exemples de cette navigation grossière existent encore chez tous les peuples sauvages, à qui leur position a fait adopter cette manière de vivre.[5]

Il n'y a pas non plus des différences bien marquées entre les premières institutions politiques. [6]Des hordes se sont réunies sous un chef plus vigoureux, ou plus hardi que les autres; la nécessité de concourir ensemble à un but, pour subvenir plus facilement aux besoins, a établi celle de l'obéissance à un chef qui désignât ce but, et réunît sur un point la volonté générale. Le gouvernement royal est donc le plus ancien, et le plus universellement répandu. L'association républicaine est le fruit des inconvéniens qu'on avait précédemment sentis sous le gouvernement d'un seul, et le produit des violences de la tyrannie. Tous les Grecs qui allèrent au siège de Troye, obéissaient à des rois; ces peuples ne se formèrent en républiques que long-tems après.[6] La royauté est encore le gouvernement le plus ordinaire parmi les sauvages; malgré leur goût pour l'indépendance, presque tous se réunissent par hordes sous un chef qui dirige les opérations communes, et rend la justice aux particuliers, s'ils sont lézés par leurs associés. [7]Cette pente naturelle à obéir à des rois, est si forte parmi les hommes que le peuple de Dieu, lui-même, immédiatement gouverné par le maître de l'univers, demanda un roi visible à grands cris, et voulut l'avoir malgré les représentations énergiques que lui fit Samuel sur tous les inconvéniens qu'il aurait à subir le joug de la royauté;[7] les peuples pasteurs, qui, par la nature de leurs richesses, doivent être plus portés à vivre séparés, se rassemblent pourtant sous un chef, du moins dans toutes les occasions où la réunion peut être utile.

On remarque aussi les mêmes mœurs, chez les peuples des pays les plus éloignés, qui se livrent à ce genre de vie.

[8]Les Tartares et les Hottentots, ainsi que les anciens Scythes, campent par

hordes, changeant de demeure lorsque le pâturage manque, ou que quelque autre raison leur fait haïr leur habitation, comme la mort naturelle ou violente de quelqu'un des leurs. Toutes ces hordes séparées se réunissent pour l'intérêt commun, et elles marchent à la guerre sous un chef qui commande à toutes.[8]

La morale humaine n'étant que le résultat des rapports nécessaires entre des êtres sentans qui vivent ensemble, il n'est pas étonnant qu'elle soit partout uniforme. Il est essentiel à tout genre d'association, que chacun ait la propriété de ce qu'il s'est procuré par son travail, que le vol, la violation des engagemens, etc., soient réprimés par la volonté et par la force commune. Mais on est étonné de retrouver dans des lieux fort éloignés les uns des autres des institutions civiles qui paraissent arbitraires. Je ne parle pas de la puissance paternelle établie chez un grand nombre de peuples. Elle paraît conforme à la nature, et si elle n'est pas universelle, c'est peut-être qu'en l'abolissant dans quelques endroits, on a été plus frappé de quelques-uns de ses inconvéniens que du grand nombre de ses avantages, et sûrement c'est un ordre de choses subséquent aux premières institutions. Mais il peut paraître extraordinaire que beaucoup d'hommes de différens pays se soient accordés à frustrer de leur héritage une partie de leurs enfans, et à établir des lois exclusives en faveur des aînés. [9]Chez les Hottentots, tous les biens d'un père descendent à l'aîné des fils, ou passent dans la même famille au plus proche des mâles. Jamais ils ne sont divisés, jamais les femmes ne sont appelées à la succession. Un père, qui veut pourvoir à la condition de ses cadets, doit penser pendant sa vie à leur faire un établissement, sans quoi il laisse leur fortune, et même leur liberté, à la disposition du frère aîné:[9] [10]dans l'île d'Amboine, à la mort d'un père, le fils aîné est le maître de tout ce qu'il possédait. Il ne donne à sa mère et à ses frères, que ce qu'il croit nécessaire à leur subsistance.[10]

[11]Qui ne croirait lire, à-peu-près les dispositions des lois féodales,[11] et de plusieurs de nos coutumes?

Quant aux mariages, il est certain qu'il y a eu d'assez grandes différences entre les idées des différens peuples, puisque la poligamie est en usage chez quelques-uns, et que chez un grand nombre d'autres la stabilité des mariages est établie et même sacrée: mais il n'est pas nécessaire, pour que les hommes se ressemblent, que tous les genres de dépravation appartiennent universellement à tous; il n'est pas nécessaire que tous les sauvages épousent leurs sœurs, comme font encore les Guèbres, et comme ont fait nécessairement les premiers hommes. Il suffit de remarquer que chez le plus grand nombre, chez des peuples qui ne se sont pas communiqués, on observe dans les mariages des conditions et des restrictions qui font loi parmi nos peuples modernes.

[12]Les Iroquois et les Hurons sont très-scrupuleux sur les degrés de parenté; l'adoption même y est comprise.[12]

[13]Dans la plupart des hordes de sauvages, non-seulement les mariages sont stables, mais l'idée des convenances entre les états est établie; les mésalliances sont rares, et les femmes sont généralement sages; à la vérité le libertinage est commun parmi les filles, parce qu'elles ont le pouvoir de disposer de leur personne.[13] [14]Cette idée, qui n'est pas hors de raison, est, dit-on, dominante aussi en Hollande.[14] [15]Mais tous ces peuples, et presque tous ceux de la terre, s'accordent à tenir les femmes dans la plus grande dépendance. Plusieurs même, après avoir fait toutes sortes d'avances pour les acquérir, les traitent ensuite avec le plus grand mépris. Ce n'est que chez les peuples très-policés et très-instruits, qu'on trouve établi l'usage des bienséances et des égards qui sont dus aux femmes; l'instinct donne tout à la force, le pouvoir de la faiblesse et des graces ne se fait sentir qu'à ceux qui, tranquilles sur la satisfaction des besoins grossiers de la vie, ont le tems d'être tourmentés par le besoin d'un bonheur plus délicat; en un mot, le respect pour les femmes paraît être le dernier terme et le complément de la civilisation.[15]

Parmi les institutions civiles, il en est d'assez bizares pour qu'on doive être étonné de les trouver communes à des hommes de pays et de siècles éloignés; et l'on est forcé de convenir qu'il faut que de telles imaginations soient inhérentes à la nature de l'homme. [16]Tout le monde connaît les moyens dont usaient nos grossiers ancêtres pour s'assurer des crimes et reconnaître les coupables. On sait que les épreuves absurdes du fer chaud, de l'eau bouillante, etc., qu'on appelait le jugement de Dieu, faisaient le fonds de la jurisprudence de ces tems barbares.[16] [17]On retrouve les mêmes usages dans le royaume de Congo; les nègres de ce pays ont une épreuve solennelle qu'ils appellent *Motemba*, et qui leur sert à vider les procès et à juger les accusations; on met au feu une hache que le prêtre en retire brûlante, et qu'il approche de la peau de l'accusé; si l'accustion tombe sur deux personnes, il met la hache entre les jambes de l'un et de l'autre, sans les toucher, l'ardeur du feu ne laisse-t-elle aucune impression? c'est une preuve d'innocence: au contraire, une trace de brûlure prouve la réalité du crime (1).[17]

[18]Ils ont d'autres épreuves du même genre, comme celles de retirer une petite pierre d'un pot d'eau bouillante, de boire d'une eau préparée que le prêtre peut empoisonner ou non à son gré,[18] en un mot, toutes celles dont nous avons vu notre Europe faire la règle de ses jugemens, quoique déjà elle dût être éclairée par une religion pure, qui proscrit toutes ces superstitions.

Mais de toutes les idées qui affectent généralement les hommes, [19]celles dans lesquelles on remarque le plus de ressemblance, celles qui portent le plus constamment l'empreinte d'une nature uniforme, ce sont les idées religieuses.[19]

(1) Histoire générale des Voyages, tom. V, p. 9.

Il peut être utile de considérer, dans quelque détail, [20]ces égaremens de l'intelligence humaine abandonnée à elle-même. On en sentira mieux combien la révélation était nécessaire pour donner aux hommes des idées raisonnables de la divinité, et du culte qui lui est dû.[20]

L'homme est un animal adorateur; [21]pressé de tous côtés par le sentiment de la dépendance où il est de tout ce qui l'environne, il est forcé de reconnaître à chaque instant les bornes de son pouvoir, et de s'avouer à lui-même que son bonheur ou malheur sont assujétis à une foule de causes étrangères à lui.[21] Ces causes lui sont inconnues, mais leur influence vivement ressentie porte naturellement l'homme grossier à une vénération machinale et indéterminée;[22] le sabéisme, le culte des astres, de l'armée céleste, aurait dû, ce me semble, être adopté le premier par les hommes abandonnés à leur propres lumières. Ce n'est pas, à beaucoup près, de ce côté-là que se sont dirigées les idées religieuses dans l'enfance de l'humanité; il est vraisemblable que ce culte n'a été établi que postérieurement chez des peuples déjà policés.[22] [23]Nous ne savons rien du premier Zoroastre, qui passe pour en être, en Perse, le premier instituteur, et les fragmens qui nous restent du second, supposent qu'il parlait à un peuple déjà sorti de la barbarie.[23] [24]On a retrouvé le culte des astres chez les Mexicains, lorsque les Espagnols en firent la conquête; mais ce peuple était déjà policé, et même fort avancé dans la science des loix, du gouvernement et de certains arts. Encore joignait-il à l'adoration des astres un grand nombre de superstitions: ils adoraient, dit Gomara, le soleil, le feu, l'eau et la terre, pour le bien qu'ils en recevaient; le tonnerre, les éclairs et les météores, parce qu'ils les redoutaient; quelques animaux, à cause de leur douceur; d'autres, [c]à cause de leur férocité.[c] Ils adoraient des sauterelles et des grillons, afin que leurs moissons n'en fussent pas mangées.[24] [25]On retrouve ici le culte que rendaient aux animaux les Egyptiens,[25] qui étaient aussi un peuple chez lequel les arts et la police avaient fait des progrès. Les Mexicains adoraient encore deux divinités principales, [26]Vitziliputzli, le dieu de la guerre, et Tescaliputza, le dieu de la pénitence. Ils joignaient à cela plusieurs idées superstitieuses qui ont été communes à la plus grande partie des peuples de la terre, et des sacrifices humains mettaient le comble à ces horreurs.[26]

[27]L'adoration du soleil était établie au Pérou; mais pure, et telle que la professaient les mages de l'ancienne Perse. Il est à remarquer que cette religion, lorsqu'elle était sans mélanges, était infiniment douce. Les vrais adorateurs du soleil avaient en horreur les sacrifices humains. Leurs pratiques les plus familières étaient celles que la vraie religion a sanctifiées depuis, la conservation des personnes des deux sexes, les vœux de chasteté, etc.[27]

Mais de tous les cultes anciens, celui qui est encore établi chez les nègres et les sauvages de l'Amérique, paraît appartenir plus spécialement à l'enfance de tous les peuples: [28]on le nomme culte des dieux fétiches. Il a pour objet quelquefois des animaux, quelquefois les êtres inanimés les plus bizares;[28] c'est à cause de cette bizarerie qu'on doit être surpris que les hommes de tous les pays se soient rencontrés dans les mêmes imaginations. [29]Ces objets d'adoration sont ou publics, ou particuliers.[29] [30]Le serpent rayé est la divinité nationale des peuples de Juidah; la vénération qu'on avait pour lui en Ethiopie, remonte à la plus haute antiquité.[30]

[31]Plusieurs peuples américains ont pour dieux des crocodiles, comme les Egyptiens, ou d'autres poissons de mer, comme les Philistins.[31]

[32]Dans la presqu'île d'Yucatan, les enfans sont mis sous la protection d'un animal choisi au hazard, et qui devient la divinité tutélaire de sa personne.[32] [33]D'un autre côté, les Samoïèdes et les Lapons rendent un culte de latrie à plusieurs espèces d'animaux. Ils en rendent aussi à des pierres qu'ils graissent, comme on adorait autrefois en Syrie les pierres appelées *Boëtiles*, et comme en Amérique on adore encore des pierres coniques. Chez les Natchez de la Louisiane, on conserve ces pierres coniques dans des peaux de chevreuil, comme les anciens enveloppaient certains boëtiles dans des toisons.[33] [34]Les anciens Arabes avaient pour divinité une pierre quarrée; et le dieu *Casius* des Romains, que Cicéron nomme Jupiter-Pierre, était une pierre ronde coupée par la moitié.[34]

[35]Jacob lui-même érigea et graissa une pierre au lieu qu'il appela Bethel, où Dieu s'était manifesté à lui par un songe.[35] [36]Mais dans la suite Dieu proscrivit tous ces cultes, lorsqu'il donna la loi à son peuple. *Vous n'érigerez point*, dit-il dans le Lévitique, *de pierre remarquable pour l'adorer*; et ailleurs, *vous n'aurez aucune image de bête, soit oiseau, soit quadrupède ou poisson*. Malgré ces défenses, l'inclination des Hébreux pour ces cultes absurdes était telle, qu'ils y revenaient toujours, et que par ces retours ils excitèrent vingt fois, d'une manière terrible, la colère de leur divin législateur.[36] [37]Ils avaient aussi, comme la plupart des autres peuples, une grande vénération pour les montagnes, *les hauts lieux*, et les bois.

Les anciens Germains avaient pour divinités des arbres touffus, des fontaines, des lacs, dans lesquels, selon Grégoire de Tours, ils jetaient souvent des choses utiles ou précieuses, en forme d'offrande. Ils adoraient encore, suivant Lucain, ainsi que le font aujourd'hui les Lapons, des troncs informes qu'ils regardaient comme la représentation de la divinité.[37]

[38]Grégoire de Tours, dit que les Francs adoraient aussi les bois, les eaux, les oiseaux et les bêtes.[38] Ces premières formes de cultes, établies chez les Egyptiens, chez les Hébreux, chez les Germains, on les retrouve chez les anciens peuples de la Grèce, et l'on ne peut être que frappé de la conformité. [39]Il est fort incertain qu'avant Cadmus, les Grecs eussent même la moindre

idée de divinité. Des pierres *boëtiles*, des troncs informes, des cippes grossiers, furent ensuite leurs premiers dieux. Hérodote dit qu'ils n'avaient pas même de nom; et quand dans la suite on leur en eut donné, ils conservèrent encore long-tems leur forme originelle. La Vénus de Paphos était une pyramide blanche; la Diane de l'île d'Eubée, un morceau de bois non travaillé; la Junon Thespienne, un tronc d'arbre; la Pallas d'Athènes et la Cérès, un simple pieu qui n'était pas dégarni; la Matuta des Phrygiens, était une pierre noire à angles irréguliers; on la disait tombée du ciel, à Persinunte, et dans la suite, elle fut apporté à Rome avec beaucoup de respect.[39]

Les hommes ont eu, outre [40]ces absurdes divinités[40] qu'on peut appeler nationales, divers objets particuliers de culte, desquels ils attendaient une protection individuelle et spéciale. Tels furent [41]les Marmouzets de Laban, que sa fille, l'épouse de Jacob, lui avait volés à cause de la confiance qu'elle avait en eux.[41] Tels furent, dans des tems postérieurs, les dieux Pénates chez les Romains, etc. C'est ainsi que, [42]dans le royaume d'Issini, l'un choisit pour son fétiche une pièce de bois, l'autre des dents d'un chien, d'un tigre, d'un éléphant; celui-ci la tête d'une poule, un bœuf, une chèvre, etc. Mais tous s'accordent dans le respect qu'ils ont pour le fétiche qu'ils ont choisi. Ils observent religieusement tout ce qu'ils ont promis en son nom et en son honneur; ils s'abstiennent, les uns de vin, les autres d'eau-de-vie, de certaines espèces de poissons, de maïs, etc., et tous remplissent exactement la loi qu'ils se sont imposée, et perdraient plutôt la vie que de violer leur engagement.[42]

[43]Il faut convenir que les sauvages les plus grossiers, tels que nous les connaissons aujourd'hui, ne regardent pas toujours leurs fétiches comme de premières divinités. Il en est quelques-uns qui semblent reconnaître un être créateur de tout, et même des fétiches. Mais du moins ils regardent ceux-ci comme des dieux secondaires, chargés de leur procurer tout ce qui est nécessaire à leurs besoins. Ce sont eux qu'ils invoquent; c'est à eux seuls qu'ils adressent leurs hommages, et vu la grossièreté de leurs idées, il est impossible de concevoir comment ils pourraient en avoir une de l'Etre Suprême qui eût quelque apparence de raison. Ils n'ont pas non plus des notions fort exactes sur l'article de leurs fétiches. Les plus vieux sont fort embarrassés lorsqu'on les interroge là-dessus. Ils disent seulement qu'ils ont appris, par une ancienne tradition, qu'ils sont redevables aux fétiches de tous les biens de la vie, et que ces êtres, aussi redoutables que bienfaisans, ont aussi le pouvoir de leur causer beaucoup de maux.[43]

Vous voyez, Madame, que le premier culte de tous les peuples abandonnés à l'absurdité naturelle de leurs propres idées, a eu pour objet, ou différentes substances brutes, ou bien certains animaux nuisibles ou utiles, et que de l'Orient à l'Occident, du Nord au Midi, on observe non-seulement les mêmes objets d'adoration, mais à-peu-près la même manière de les honorer, et une pratique constante des mêmes maximes superstitieuses. Nous avons reconnu que l'adoration des astres, qui paraît plus relevée et moins déraisonnable, n'appartient qu'à un petit nombre de peuples dont on ne connaît point la véritable enfance, et qui étaient déjà policés quand on les a connus. [44]Presque tous les hommes, après être sortis de la barbarie originelle, se sont accordés à diviniser leurs bienfaiteurs, ceux qui avaient contribué à donner un commencement de forme à la société, qui avaient établi quelques lois, et sur-tout enseigné quelques arts utiles: tels furent Saturne, Osiris, Isis, Bacchus, Mercure, Hercule, Cérès, etc.[44] [45]Peut-être la vénération qu'on eut pour eux ne fut-elle d'abord que raisonnable, mais elle dégénéra dans la suite en une adoration qui fut bien servie par la disposition machinale qu'ont tous les hommes à supposer des divinités locales qui se chargent de protéger certains lieux, certains peuples, et jusqu'à certains hommes. Alors le Polythéisme s'étendit d'une manière aussi favorable à l'imagination des poëtes, que conforme à la crédulité des peuples. Les mers furent peuplées de Tritons, de Néréïdes, de divinités de différens ordres. Les campagnes le furent de nymphes, de Faunes, de Driades; et les bois, d'Hamadriades. Chaque ruisseau, chaque fontaine, eut sa divinité; la superstition naturelle aux hommes eut de quoi s'exercer sur tant d'objets de culte.[45] Tous s'accordèrent à penser que ces dieux exigeaient des honneurs, qu'ils s'irritaient aisément, mais qu'ils s'appaisaient par des sacrifices sanglans. La barbarie fut poussée presque par-tout, jusqu'à leur immoler des victimes humaines. Il est fort peu de nations qui n'aient été obligées d'apprendre à n'être plus barbares. Les dispositions naturelles des hommes les ont portés à croire, tant qu'ils n'ont pas été éclairés, que ces sacrifices atroces pouvaient seuls appaiser la divinité lorsqu'elle était fort irritée. [d]'Quand on voit (dit M. le président de Brosses, qui m'a fourni une partie des faits que j'ai cités), dans des siècles et dans des climats éloignés, des hommes, qui n'ont rien entre eux de commun que leur ignorance et leur barbarie, avoir des pratiques semblables, [e]il est naturel d'en conclure[e] que l'homme est ainsi fait; que laissé dans son état naturel, brut et sauvage, non encore formé par aucune idée réfléchie, ou [f]par aucune imitation[f], [g]il est le même pour les façons de faire[g] en Egypte comme aux Antilles, en Perse comme dans les Gaules, [46]par-tout c'est la même mécanique d'idées,[46] d'où s'en suit celle des actions'.[d]

Cette lettre est déjà bien longue, Madame, je vous entretiendrai dans une autre de faits à-peu-près pareils à ceux-ci, ou qui les avoisinent et en dépendent. J'abrégerai pourtant beaucoup; le spectacle de cette uniformité générale me paraît fatigant à la longue, et vous ennuyer, à un certain point, ce serait mal vous marquer la déférence et le respect, etc.

Lettre III à madame ***
(lettre 15)

[1]Il paraît, Madame, que la crainte, pour ne pas dire la frayeur, a donné naissance aux premiers sentimens religieux dont nous ayons connaissance.[1] Tous les anciens peuples ont regardé leurs divinités comme malfaisantes. L'idée du Diable, c'est-à-dire, d'un être puissant et méchant, tient encore la plus grande place dans la tête des nègres. D'un autre côté, [2]les Tartares, peuples de Sibérie, qui n'ont pas de culte réglé ni de croyance assurée, sont pourtant frappés d'un sentiment religieux de crainte. Ils se tournent le matin vers le soleil levant, et lui adressent cette prière courte: *ne me tue pas*.[2] [3]L'idée du pouvoir se joint à celle de la méchanceté dans l'esprit des nègres, relativement à leurs divinités. S'ils demandent à leurs fétiches de la pluie, ou telle autre chose dont ils ont besoin, ils se gardent bien d'en attribuer le refus à leur impuissance. Ils aiment mieux les regarder comme de mauvaise volonté, ou comme irrités contre eux pour quelques prévarications;[3] [4]et alors ils cherchent à se les concilier ou à les appaiser par des sacrifices, mais sur-tout par des abstinences. Tous les tems et tous les lieux fournissent des exemples de cette manière d'appaiser les êtres supérieurs, lorsqu'on les a crus en colère. Les nègres de la Côte-d'Or, lorsqu'ils se sont engagés par ce motif à quelques privations, y sont fidèles jusqu'au scrupule; et ils regardent le vol, le viol, comme des peccadilles que les fétiches pardonnent aisément.[4] [5]Tous les hommes sans instruction s'accordent à attacher aux pratiques du culte, quelque absurde qu'il soit, beaucoup plus d'importance qu'à l'observation des préceptes de la morale.[5]

[6]Un peu plus de réflexion sur les biens comme sur les maux qui nous arrivent, a fait naître l'idée d'un mauvais principe: l'alternative, et une sorte de balance entre les biens et les maux que nous éprouvons, leur a fait supposer une puissance à-peu-près égale, et on les a mis l'un contre l'autre dans un état de guerre où les succès sont partagés.[6] Cette doctrine très-ancienne, ressuscitée au sein même du Christianisme, par Manès, et renouvelée ensuite par les Albigeois, a été l'une des plus généralement répandues parmi les hommes sortis de la première barbarie, et on la voit se mêler presqu'universellement à tous les cultes. On sait combien elle avait fait fortune en Perse. [7]On la retrouve chez les Jokistes, peuples de le Sibérie. Ils supposent deux êtres souverains, l'un cause de tout le bien, l'autre du mal. Chacun de ces êtres a sa famille. Tel ordre de Diables fait du mal aux bestiaux, tel autre aux hommes faits, tel autre

aux enfans, etc. Il en est de même de leurs dieux. Les uns ont soin des bestiaux, les autres protègent les hommes, etc. (1).[7]

[8]Quoique les Samoïèdes paraissent avoir une idée plus raisonnable de l'Etre Suprême, ils admettent cependant un être malfaisant, auquel ils donnent un très-grand pouvoir, et qui, quoique subordonné, lutte souvent avec avantage.[8] [9]La doctrine de l'immortalité de l'ame n'appartient point à la première enfance de l'homme, mais elle paraît accompagner par-tout les premiers degrés de la civilisation.[9] [10]Il est même vraisemblable que les législateurs ont employé cette idée salutaire pour donner aux hommes un frein de plus, et à leurs lois une sanction plus forte encore que les punitions temporelles; mais l'idée de l'immortalité de l'ame a été presque par-tout jointe à celle de la Métempsycose; cette doctrine si répandue dans l'Inde, comme tout le monde sait,[10] [8]se retrouve chez les Samoïèdes, qui sûrement ne l'ont pas reçue des Brames.[8] [11]Elle était aussi répandue et bien établie chez plusieurs sauvages du Canada, à la vérité un peu plus resserrée que celle des Indiens; ils ne pensaient pas que l'ame de l'homme entrât jamais dans le corps d'une bête. Ils croyaient seulement que l'ame d'un homme, qui avait vécu dans un état heureux, et qui en avait abusé, allait animer le corps d'un esclave destiné à la misère et aux plus rudes travaux.[11] Il est clair que ces idées, malgré leurs modifications différentes, sont jetées dans le même moule.

Tous les premiers peuples, au même degré d'ignorance, ont été portés par la nature à honorer de la même manière ce qu'ils avaient choisi pour objet de leur adoration. [12]Nous avons dit que les divinités locales et particulières, étant regardées comme protectrices plus immédiates, ont toujours paru mériter des vœux plus assidus; que ce culte des dieux locaux, ou, parmi les sauvages, des fétiches qui en tiennent lieu, consiste, d'une manière uniforme, à les orner, à leur faire des présens, à leur consacrer ce qu'on a de plus précieux.[12] A ces formes de culte se joint, chez un nombre de peuples assez grand pour que cela soit remarqué, une coutume qui n'est pas moins absurde, c'est celle de rendre ces prétendues divinités responsables des évènemens, et d'en exiger, sous peine de châtiment, le succès de ce qu'on leur demande.

[13]Le peuple de Chine est vraiment idolâtre, quoique le gouvernement en soit fort éloigné et n'adore que l'Etre Suprême. Les idoles qu'on permet au peuple, pour l'amuser par des objets sensibles, sont décorées, invoquées, fêtées; mais si quelques-unes de ces idoles, sommées d'envoyer la pluie, ou telle autre chose, n'exauce pas les prières qu'on lui adresse, elle est ordinairement fustigée, et même dégradée, si elle récidive.[13] [14]Chez les Ostiacks, peuple voisin de la Sibérie, on orne avec soin les idoles, qui ne sont communément que des bûches

(1) Histoire des Voyages, tom. XVIII, p. 278.

arrondies par le bout; on les couvre de soie ou d'autres étoffes, suivant les facultés de chaque famille; on se soumet à différentes abstinences en leur honneur; mais lorsque ces idoles ne paraissent pas prendre assez d'intérêt à la petite fortune de ceux qui se sont mis sous leur protection, ils les dépouillent, les maltraitent, quelquefois même ils les jettent au feu ou dans l'eau, et en fabriquent d'autres. Mais lorsqu'ils prospèrent, il n'est point d'honneurs dont ils ne les comblent, à leur manière.[14] [15]On a vu, de notre tems, le peuple ignorant se livrer aux mêmes pratiques superstitieuses, malgré la religion divine qui les condamne, donner dans son cœur le rang et la fonction d'idoles à des représentations de saints personnages que l'église expose à sa vénération, les invoquer plutôt comme des divinités locales que comme de puissans intercesseurs, et les rendre responsables des évènemens.[15]

Plus certaines opinions, certains usages sont absurdes, plus ils répugnent à la raison perfectionnée, plus on doit croire qu'ils tiennent à la nature de l'homme, qu'ils en sont même une dépendance nécessaire, quand on les voit généralement établies. [16]C'est ce qu'il est impossible de méconnaître dans la confiance universelle qu'ont eue, et qu'ont les hommes, dans les talismans et les amulettes.[16]

[17]On sait qu'il y en avait de publics et de particuliers. Les Troyens avaient leur palladium, les Romains leur bouclier sacré; le nom secret qu'ils donnaient à leur ville, et auquel ils attribuaient une vertu conservatrice. Il serait trop long d'entrer dans le détail des villes qui avaient un talisman bizarre, duquel ils faisaient dépendre leurs destinées.

Les Romains voulaient-ils conquérir un peuple? ils conjuraient le dieu protecteur de leur ennemi, l'invitaient à passer chez eux, et lui promettaient qu'il y serait bien traité.[17] Les talismans particuliers étaient sans nombre, et ils obtiennent encore la plus grande confiance, même chez des peuples éclairés. [18]Il n'est pas étonnant qu'un nègre Jalof ou Mandingo ne redoute point les flèches de ses ennemis, lorsqu'il est couvert de ses gris-gris.[18] [19]Mais on peut être surpris de l'aventure d'un espagnol, homme d'esprit et de talent: il reçut, sans s'émouvoir, un coup de pistolet qu'on lui tira de fort près, et qui paraissait dirigé contre sa poitrine, mais qui ne l'atteignit pas. Comme on lui marquait de la surprise de sa froide tranquillité: je n'avais rien à craindre, dit-il, j'avais mon scapulaire.[19]

Il n'y a non plus rien d'étonnant dans la confiance aveugle que presque tous les hommes ont eue dans la divination, confiance qu'un grand nombre de gens qui devraient être instruits conservent encore. La plupart des hommes toujours inquiets, et souvent mécontens du présent, sont tourmentés du desir de connaître l'avenir; il est rare qu'ils ne soient pas la dupe des charlatans en ce genre qui veulent les tromper. Mais on peut être surpris de la conformité des illusions qu'ils se sont constamment faites sur les moyens de connaître l'avenir. [20]Tous, par exemple, ont eu le même respect pour les songes,[20] et une pente égale à regarder ces erreurs de l'immagination, pendant le sommeil, comme la voix de la divinité. Ceux qui se sont chargés d'interpréter [21]ces produits d'une digestion laborieuse ou des fumées du vin,[21] ont obtenu les plus grands égards. [22]Les peuples de l'Amérique appelaient par honneur leurs devins d'un nom qui signifiait, *les voyans*, ainsi que les ont appelés les peuples de l'Orient.[22]

[20]Il n'est pas nécessaire d'entrer dans de grand détails sur [23]les oracles dont on sait que les réponses, toujours équivoques,[23] ont été l'objet d'une confiance universelle.[20] Mais il est toujours utile de comparer entre eux quelques peuples éloignés de tems et de lieu, qui se sont accordés dans les manières les plus bizarres de consulter la divinité. [24]Les sauvages de Thesprotie s'en rapportaient au son que rendait le chaudron de Dodone, frappé par de petites chaînes suspendues, et agitées par le vent. Les Brasiliens ont encore aujourd'hui pour oracle une grosse calebasse dans laquelle on jette de petites pierres. C'est-là qu'ils croient que l'esprit réside, et rend ses réponses, par le bruit que fait cette espèce d'instrument.[24]

Que dirons-nous des rencontres de différens objets présentés par le hazard, et auxquelles beaucoup d'hommes de différens pays se sont accordés à attacher [25]l'idée des présages heureux ou funestes? La rencontre inopinée d'un corps mort, le cri des oiseaux nocturnes, le vol d'un corbeau d'un certain côté, sont les annonces les plus funestes pour les habitans de l'île d'Amboine.[25] [26]Tout le monde sait combien de peuples, même instruits, se sont laissés dominer par les présages tirés du vol des oiseaux. L'art d'interpréter les différens vols avait été réduite à Rome en une science mystique, professée par un collège d'augures *bien payés*. Leurs décisions avaient une grande influence sur les plus importantes affaires, même dans les tems florissans de la république.[26] [27]Il est à remarquer que l'esprit humain ne s'est livré à aucun égarement, quelque absurde qu'il fût, que beaucoup de charlatans ne se crussent intéressés à le faire valoir. Pour y parvenir, ils ont eu soin de favoriser et de recommander l'ignorance, parce que sans elle, il serait difficile de soutenir les revenus établis sur la crédulité.[27] [28]Ce sont eux qui, jadis en Egypte, ont fait regarder comme le plus grand bonheur d'être dévoré par un crocodile; qui, dans l'Inde, consacrent aujourd'hui comme des saints ceux qui ont été écrasés sous le char d'un idole;[28] [29]qui persuadent aux princes du Thibet, que les excrémens du grand Lama sont un aliment salutaire et sacré qu'il n'envoie qu'à ceux qu'il veut honorer de la plus grande faveur.[29]

De tout ce que nous avons dit, Madame, je crois qu'on est en droit de conclure que l'ensemble des dispositions et des actions principales de l'espèce humaine se ressemble par-tout, que les peuples les plus séparés par la distance des siècles et des lieux, se réunissent dans les inventions les plus bizarres. Il semble que la raison devrait être le point de réunion commun, ou que du moins elle ne devrait pas tarder à rectifier les jugemens de l'espèce entière. C'est le contraire qui est vrai; [30]l'erreur appartient à l'espèce, et elle se produit, comme nous l'avons vu, sous des formes qui ne sont pas infiniment variées. La raison est et sera toujours le privilège d'un petit nombre d'individus.[30]

[31]Il n'y a que les sciences positives qui aient fait des progrès assez constans, parce qu'un fait nouvellement observé peut toujours être ajouté à un autre, et qu'au moyen de l'écriture il reste enregistré. La géométrie, l'astronomie, la physique expérimentale, sont dans ce cas. Mais la législation, la philosophie morale, la poésie, la sculpture, tous les arts du ressort du génie n'ont pas fait de grands progrès depuis qu'ils sont arrivés à un certain terme. Peut-être même se sont-ils un peu dégradés, en venant des anciens jusqu'à nous.[31] L'homme considéré du côté de son avancement dans les sciences positives est donc véritablement admirable. [32]Un esprit attentif ne peut qu'être émerveillé des connaissances accumulées dans la science de l'astronomie, dans celle de la navigation, etc.[32] Mais lorsqu'en même-tems on voit la plus grande partie de l'espèce obéir à des impulsions purement machinales; lorsqu'on la voit bizarrement crédule, mécaniquement superstitieuse, portée à l'idolâtrie dont elle est à peine défendue par une révélation divine, il est impossible d'y méconnaître une uniformité fondamentale, non pas sans doute aussi resserrée qu'on l'apperçoit dans les autres espèces d'animaux, mais beaucoup moins étendue qu'on ne devrait l'attendre de la multiplicité de ses moyens.

Une preuve que dans l'homme le mécanisme se mêle à la réflexion et souvent l'emporte sur elle, c'est que les dispositions acquises se transmettent par la naissance, comme dans les autres espèces d'animaux.

[33]Les missionnaires rendent témoignage qu'on a pris des enfans sauvages au berceau, qu'on les a fait élever avec beaucoup de soin, qu'on n'a rien épargné pour leur dérober la connaissance des usages de leurs pères, et que toutes ces précautions ont été sans fruit. La force du sang l'a toujours emporté sur l'éducation: à peine se sont-ils vus en liberté, qu'ils ont mis leurs habits en pièces, et qu'ils sont allés au travers des bois chercher leur nation, dont ils ont préféré le genre de vie à celle qu'ils avaient menée parmi nous.[33] Ces dispositions, transmises par la naissance, ont dû rendre, en général, les progrès très-lents. [34]L'histoire nous apprend que le genre humain, après plusieurs siècles de lumière, a plus d'une fois été replongé dans l'ignorance et la barbarie, par la pente invincible qu'ont les hommes en général vers la paresse, et vers les idées matérielles et grossières.[34] Le Physicien de Nuremberg a fort bien remarqué que l'homme une fois en société, jouissant du loisir que l'association procure à un certain nombre d'individus, en partageant et en classant les

travaux nécessaires, obéit à deux forces qui agissent sur lui en sens contraires. L'une est le besoin d'être ému, et de l'être toujours de plus en plus. L'autre est la paresse naturelle à tous les êtres sensibles, c'est-à-dire, une aversion machinale pour la fatigue qui résulte de l'action. Il serait sans doute intéressant d'examiner en détail tout ce que l'homme doit à ces deux pouvoirs. On en verrait sortir presque toutes ses passions factices, ses progrès, l'amour et les abus du pouvoir, en un mot, la plupart des avantages et des inconvéniens de l'état social. Mais ce sujet est trop étendu pour qu'on puisse même l'effleurer ici. On peut assurer seulement que dans cet examen, même au milieu des formes qui paraissent au premier coup-d'œil les plus variées, on retrouverait une ressemblance fondamentale.

L'Etre Suprême, en créant les êtres sensibles, a su tirer, avec une fécondité merveilleuse d'un seul principe, une foule d'affections et d'actions qui, d'un côté, sont trop multipliées pour ne pas échapper souvent à la sagacité qui les recherche, et d'un autre ont un ensemble d'uniformité qui imprime à chaque espèce un caractère particulier. C'est ainsi qu'[35]il n'est point deux feuilles de chêne qui se ressemblent entièrement.[35] Il est pourtant également vrai qu'il n'est point deux feuilles de chêne qui ne soient semblables entre elles. Cette variété infinie, jointe à tant de simplicité, caractérise tous les ouvrages de l'éternel artisan; mais elle ne brille dans aucun autant que dans le genre animal, et sur-tout dans l'espèce humaine spécialement destinée à le connaître et à l'adorer.

FIN

Apparat critique

Lettre d'envoi

EDITIONS

1. 1781
2. 1802

VARIANTES

a. 1781: Lettre à madame *** / En lui envoyant les Lettres sur les animaux

Lettre I (lettre 1)

EDITIONS

1. *Journal étranger* [*JE*], août 1762
2. 1768; *Variétés littéraires* [*VL*]
3. 1781
4. 1802

VARIANTES

a. *JE*: 'Lettre écrite de Nuremberg, ce 4 septembre 1762'
b. *JE*: 'celle des ours marins que M. Steller vous a donnée'
c. *EM* omet 'que le Créateur a rassemblés pour l'ornement de l'univers'.
d. *JE*: 'les différences de l'organisation; mais en le suivant dans ses effets, on le retrouve partout le même;'
e. 1768, *VL*: 'Mais en examinant ses effets'
f. *JE*: 'les animaux, vus par ce côté-là'
g. *EM* omet ces deux phrases.
h. *JE*: 'Les bêtes ont un grand nombre'
i. *JE*: 'à ces facultés seules; il faut donc'
j. *JE*: 'Voilà, Monsieur, des objets d'attention qu'un observateur ne doit point perdre de vue'
k. *JE*: 'La forme tant interne qu'externe,'
l. *JE*: 'proprement que des objets extérieurs, sur lesquels'
m. *JE*: 'dans le mémoire qu'il vous a donné'
n. *JE*: 'dans ses différens âges, qu'on peut parvenir à connaître'
o. *JE*: 'l'association ajoute aux démarches de l'animal'
p. *EM* omet la fin du paragraphe 'et ne pourrait qu'exciter [...] le secret.'
q. *JE*: 'mon style étranger, et de faire grâce'

Lettre II (lettre 2)

EDITIONS

1. *JE*, septembre 1762

2. 1768; *VL*
3. 1781
4. 1802

VARIANTES

a. *JE*: 'que sans se refuser à l'évidence, il étoit impossible'

b. *JE*: ' plus ou moins leurs idées. On peut en conclure que les bêtes sont susceptibles d'une perfectibilité que rarement on reconnoît en elles. Que chaque espèce ait des idées qui lui soient particulières,'

c. *JE*: 'relatif à leurs besoins et à leur sûreté: voilà ce qui doit être. Nous verrons si ces présomptions seront justifiées par les faits.'

d. 1768, *VL*: 'sans admettre leur action qui me paroît impossible,'

e. 1768, *VL*: 's'ils n'avoient que des moyens naturels, inférieurs, ou même égaux.'

f. *JE*: ' dont l'ensemble constitue la science. Ainsi, dans les lieux éloignés'

g. *JE*: 'car il y a une très grande différence'

h. *JE*: 'suivent enfin leur mère; ils déchirent avec elle'

i. *JE*: 'pourvoir avec elle à leur nourriture. Leur force croît avec leurs besoins; et l'exercice habituel de la rapine'

j. *JE*: 'Ce besoin pressant amortit la tendresse maternelle, et les jeunes loups se trouvent abandonnés à leurs propres forces.'

k. *JE*: 'reste encore une'

l. *JE*: 'et pendant le jour, d'un sommeil inquiet et léger. Voilà quant à sa vie purement naturelle;'

m. *JE*: 'de le franchir avec la proie dans sa gueule, et il'

n. *JE*: 'apprendre que l'homme est son ennemi: aussi toutes le fois que l'odeur d'homme vient frapper son nez,'

o. *JE*: 'réveille celle du piège et rend suspects'

p. *JE*: '*ferentes*. On voit qu'il est nécessaire que cet animal, pour veiller à sa conservation, soit instruit, soit des rapports que les objets ont entre eux, soit de ceux qu'ils peuvent avoir avec lui. Sans argumenter comme nous, il faut qu'il raisonne pour prévoir les sensations qu'il a à craindre ou à espérer de ces objets. Cependant le loup est le plus brut'

q. 1768, *VL*: 'il lui seroit impossible de prévoir ce qu'il a à craindre ou à espérer de ces objets.'

r. *JE*: 'à un certain nombre d'objets, il pourra devenir dans son espèce un savant à systèmes dont il ne sera pas aisé de détruire l'illusion; il verra des pièges où il n'y en a point; la frayeur déréglant sa mémoire, lui représentera'

s. 1768, *VL*: 'déréglant sa mémoire'

t. *JE*: 'aura reçues, et son imagination en composera des formes illusoires'
1768, *VL*: 'aura reçues, et son imagination en composera des formes trompeuses'

u. *JE*: 'qui, attendu sa force, ait le moins besoin'

v. *JE*, 1768, *VL*: 'excepté le cas de la rivalité en amour'

w. *JE*, 1768, *VL*: 'le danger qu'il reconnoît: il évente le fer du piège;'

x. *EM* laisse tomber la fin du paragraphe, 'le sage auteur [...] à sa gloire.'

Lettre III (lettre 3)

EDITIONS

1. Supplément à la *Gazette littéraire de l'Europe* [*GLE*], mercredi 4 mai 1764.
2. 1768; *VL*
3. 1781
4. 1802

VARIANTES

a. GLE: 'l'homme avide ou cruel qui ne laisse pas'

b. GLE: 'instruite. Si l'on en peut juger par analogie, il est certain que les animaux, dont la vie peu variée ne suppose qu'un nombre d'idées fort borné, paroissent plus voisins du bonheur'

c. GLE: 'S'il est menacé de la disette, il n'a d'autre moyen pour y pourvoir que de changer de lieu,'

d. GLE: 'd'un motif pour produire une action, verra que celle-ci ne peut pas être le produit'

e. GLE: 'ne dure pas aussi longtemps que le péril.'

f. GLE: 'pour le partager avec lui'

g. GLE: 'dont le succès soit le plus assuré.'

h. GLE: 'la conscience de son existence; et c'est le caractère de l'affection qu'il éprouve qui le fait jouir ou souffrir,'

i. GLE: 'donne l'être à ses désirs, et par là'

j. GLE: 'qu'il n'y ait inégalité'

k. GLE, 1768, *VL*: 'celui d'une terreur habituelle'

Lettre IV (lettre 4)

EDITIONS

1. Supplément à la *GLE*, mercredi 1er août 1764
2. 1768; *VL*
3. 1781
4. 1802

VARIANTES

a. GLE: 'l'inutilité constante dont elle est feroit presque douter'

b. GLE: 'pourroient en avoir fait que nous fussions incapables d'appercevoir.'

c. GLE: 'ils peuvent être parvenus. Il est impossible même qu'en observant'

d. GLE: 'Premièrement, les bêtes n'ont point'

e. GLE: 'C'est l'échange des secours qui établit les rapports. Il faut que ces rapports soient fondés'

f. GLE: 'sans pouvoir être satisfaits comme eux. La nécessité d'être émus'

Lettre V (lettre 5)

EDITIONS

1. Supplément à la *GLE*, dimanche 2 septembre 1764

2. 1768; *VL*
3. 1781
4. 1802

VARIANTES

a. *GLE*: 'Cette passion, qui se masque'
b. *GLE*: 'semblent doubler'
c. *GLE*: 'mouvemens quelles excitent'
d. *GLE*: 'ceux qui la menace'
e. *GLE*: 'La poule faisane a beaucoup moins d'empressement pour sa progéniture: elle abandonne sans beaucoup d'inquiétude'
f. *GLE*: 'croire que les sons qui accompagnent'
g. *GLE*: 'la plupart des affections et des mouvemens qui sont nécessaires'
h. *EM* supprime cette phrase.

Lettre VI (lettre 6)

EDITIONS

1. 1768; *VL*
2. 1781
3. 1802

VARIANTES

a. 1768, *VL*: 'dans tout autre être, dont l'intelligence'
b. 1768, *VL*: 'et souvent ils ne sont déterminés'
c. *EM* laisse tomber ce passage.
d. *EM*: 'Dieu, qu'on fait intervenir partout indistinctement, n'est point en eux'
e. 1768, *VL*: 'faire dans une famille'
f. 1768, *VL*: 'peuvent avoir sur l'imagination de la femelle, on se persuadera'
g. *Traité des animaux*, seconde partie, ch.3 (*O.p.*, i.359): Les mots 'obéissant aux mêmes besoins' ne sont pas de Condillac, mais ont été insérés dans la citation par Le Roy.
h. *Traité des animaux*, seconde partie, ch.5 (*O.p.*, i.364a): Le Roy laisse tomber les mots 'celui qui est' devant 'le moins fait pour se tromper'.

Lettre sur une critique

EDITIONS

1. Supplément à la *GLE*, dimanche 31 mars 1765, 'Lettre du physicien de Nuremberg aux auteurs de la Gazette littéraire'
2. 1768; *VL*
3. 1781
4. 1802

VARIANTES

a. Cette 'critique' parut dans le numéro de janvier 1765 du *Journal des savants* [*JS*], p.24-33, sous le titre 'Lettre de M. le C*** à messieurs les auteurs du Journal des savants'. Le Roy décrit ce texte comme 'une critique des Lettres précédentes' au pluriel, mais l'auteur de la lettre au *JS* précise que les propositions qu'il a relevées figurent dans la 'quatrième lettre du physicien de Nuremberg' (p.24a).

b. GLE: 'J'ai lu, Messieurs, dans le *Journal des Savans*'

c. EM laisse tomber le premier paragraphe de la lettre sur une critique, pour le remplacer par 'Je sais qu'un critique a jeté sur les idées précédentes un soupçon de matérialisme', supprime les huit premières lignes du deuxième paragraphe (p.125, l.14-21), puis enchaîne (p.125, l.21): 'mais s'il accorde aux bêtes la faculté de sentir' (*EM*, p.29a-b).

d. GLE: 'Il est vrai, Messieurs, que je reconnais'

e. 1768, *VL*: 'quelques-unes de ces observations'

f. EM laisse tomber ce passage.

g. EM remplace ces lignes par les suivantes: 'Je n'ai prétendu nulle part établir aucune parité entre l'homme et la bête. J'ai observé l'intelligence des bêtes'

h. GLE: 'sur ce qui est, ou qui porte à désirer'

i. EM: 'l'homme n'en restera pas moins ce qu'il est. Mais revenons à notre sujet.'

j. EM: 'Il a plu à la nature d'organiser [...] Elle a voulu [...] Elle a décidé'

k. EM: 'Apparemment que l'enchaînement nécessaire des causes et des effets a déterminé qu'ils feraient ce qu'ils font'

l. EM: 'Il est en effet bien étonnant que la nature ait accordé cette célérité d'instruction à des êtres qu'elle abandonne bientôt à eux-mêmes'

m. EM laisse tomber ces trois phrases. *GLE* ne comporte pas les deux premières.

n. GLE ne comporte pas ces deux phrases.

o. GLE, 1768, *VL*: 'la tête chauve du poète Simonide'

p. GLE: 'si elles nous rendent *stupides*, on croit qu'elles peuvent avoir une utilité morale à laquelle sans doute M. Rousseau n'avait pas songé. Si la première assertion a semblé paradoxale, celle-ci pourrait peut-être aussi élever quelques doutes.'

q. JS, janvier 1765: 'l'organisation, selon le procédé si connu de la nature, devrait marcher par des nuances insensibles, comme l'a remarqué M. de Buffon. Il devrait donc y avoir des animaux presque aussi bien organisés que nous, peut-être d'autres beaucoup mieux.' (p.33a).

r. GLE: 'Je cherche à voir ce qui est; mais je ne me suis jamais inquiété de ce qui devrait être. Les analogies ne sont bonnes'

s. EM laisse tomber toute la fin de la lettre.

t. GLE: 'Voilà, Messieurs, ce que j'ai cru'

u. GLE porte la date 'A Nuremberg, ce 2 mars 1765' après 'J'ai l'honneur d'être etc.'

Lettre VII (lettre 7)

EDITIONS

1. 1768; *VL*
2. 1781
3. 1802

VARIANTES

a. EM supprime cette phrase.

b. EM remplace ce passage par le suivant: 'mais on peut demander aussi pourquoi cette espèce humaine, avec tant de moyens de perfectibilité'.

c. 1768, *VL*: 'Les circonstances détruisent la nécessité'
d. 1768, *VL*: 'elles puissent en avoir fait'

Lettre I sur l'homme (lettre 8)

EDITIONS
1. 1768; *VL*
2. 1781
3. 1802

VARIANTES
a. 1768, *VL*: 'un moment réfléchi'

Lettre II sur l'homme (lettre 9)

EDITIONS
1. 1768; *VL*
2. 1781
3. 1802

VARIANTES
a. 1768, *VL*: 'C'est ce qui rend les connaissances de l'homme infiniment épineuses.'
b. 1768, *VL*: 'que, dans l'être social,'
c. 1768, *VL*: 'tendre à s'exaler'
d. 1768, *VL*: 'cette marche naturelle des penchants humains'
e. 1768, *VL*: 'il semble que la méchanceté lui doit être pardonnable'
f. 1768, *VL*: 'pour les arts, pour les sciences, pour les lettres'
g. 1768, *VL*: 'et de superstition'

Lettre II à madame *** (lettre 10)

EDITIONS
1. 1781
2. 1802

VARIANTES
a. Le 'gros livre sur l'instinct des animaux' avait été traduit de l'allemand et publié sous le titre *Observations physiques et morales sur l'instinct des animaux* (Amsterdam 1770). Le Roy, qui en possédait un exemplaire (inventaire de 1789, no.210), résume ici, à sa manière, ce que dit Reimar au chapitre 2 de son ouvrage, consacré aux 'instincts représentatifs' des bêtes. La représentation d'un objet présent, affirme Reimar, 'rappelle l'idée confuse des choses passées, lorsqu'elles ont du rapport avec cet objet présent' (i.21). 'J'admets', dit-il plus loin, 'dans les forces de l'âme et dans la représentation des bêtes une analogie et une ressemblance éloignée avec les nôtres, quant à l'effet et à l'utilité, c'est-à-dire que par le secours d'une représentation confuse, elles parviennent à des fins utiles et exécutent des opérations qui sont pour nous l'effet des pensées, des

notions, des jugements, de l'intention, de l'esprit, de l'entendement et de la raison' (i.27-28).

b. D'après Reimar l'homme seul peut représenter le passé comme tel, le distinguer du présent (i.30). Dans notre phrase Le Roy semble reproduire, à sa manière encore, la phrase suivante de Reimar: les bêtes 'ne connaissent que l'*aujourd'hui*; l'*hier* et l'*avant-hier* n'en sont ni séparés, ni distingués, quelque influence qu'ils aient sur l'*aujourd'hui*' (i.33).

c. Le Roy transcrit ici, à sa manière toujours, la passage suivant de Reimar: 'Lorsqu'un chien, à la vue d'un bâton levé au-dessus de lui, se plaint, aboie, et cherche à se cacher ou tâche d'apaiser son maître par ses caresses', il ne raisonne pas comme l'homme. 'Le chien n'a besoin d'aucun argument en forme, et jamais il ne fut susceptible d'idées, de jugements ni de conclusions; il n'a dans cette circonstance qu'une simple représentation mêlée du maître, du bâton, des coups qu'il a déjà reçus et de l'aversion que les douleurs qu'il a ressenties lui ont donnée pour le bâton; ce qui lui suffit et lui tient lieu de tout raisonnement méthodique' (i.48-49).

d. Cette fois Le Roy reproduit, à peu de choses près, le texte de Reimar: 'L'oiseau de passage a un sentiment intérieur du temps où il doit changer de contrée et sent un certain attrait qui le porte à aller vivre sous un certain climat' (ii.162).

e. Ce 'on' désigne Reimar, qui attribue aux animaux – et à l'homme aussi – des 'forces déterminées, qui produisent par un instinct aveugle naturel et indépendamment de l'influence de la pensée et de la réflexion, une adresse régulière dans nos actions' (ii.178).

f. *EM* laisse tomber les trois dernières phrases de la lettre.

Lettre III à madame *** (lettre 11)

EDITIONS

1. 1781
2. 1802

VARIANTES

a. Cf. *Traité des animaux*, partie II, ch.5 (*O.p.*, i.363a).

b. Citation des *Observations physiques et morales* de Reimar (ii.49).

c. 1781, 1802: 'pour subvenir à ses besoins'

d. *EM* supprime ce paragraphe.

e. *EM* laisse tomber cette phrase.

Lettre IV à madame *** (lettre 12)

EDITIONS

1. 1781
2. 1802

VARIANTES

a. Cette citation et toutes celles qui vont suivre sont empruntées au 'Discours sur la nature des animaux', publié en 1753 en tête du volume IV de la première édition de l'*Histoire naturelle* (Paris 1749-1767). C'est à cette édition que renvoie la lettre IV à madame ***. Les quatre premiers mots de notre passage ('L'animal est au contraire') ne se trouvent pas toutefois à la page 23, mais à la page 22.

b. Buffon: 'ses sens extérieurs, un organe, un résultat de mécanique'

c. Le Roy souligne le verbe 'appéter', qui est en caractères romains dans l'original.

d. Buffon: 'Le sens de la vue ne peut avoir de sûreté et ne peut servir à la connaissance que par le secours du sens du toucher;'

e. Buffon: 'des effets bien sensibles que dans l'animal; il nous paraîtra d'autant plus actif et plus intelligent que ses sens seront meilleurs ou plus perfectionnés. L'homme, au contraire'

f. Buffon: 'Cependant, ne devrions-nous pas voir que, pour que cette analogie fût en effet bien fondée, il faudrait quelque chose de plus, qu'il faudrait du moins que rien ne pût la démentir' (*HN*, iv.38-39).

g. Buffon: 'bien loin de tout ôter'

h. Buffon: 'des sensations comparées ou, pour mieux dire, des associations de sensations'

i. Si Le Roy n'indique pas la page où est puisée cette citation, c'est sans doute moins par négligence que parce qu'il aurait fallu en indiquer deux. En effet, après avoir affirmé au tome iv, page 55, de la première édition de l'*HN* 'que les animaux n'ont aucune connaissance du passé, aucune idée du temps, et que par conséquent ils n'ont pas la mémoire', Buffon n'en vient qu'à la page 101 à se demander si la prévoyance des animaux suppose ou non 'une comparaison des temps, une notion de l'avenir, une inquiétude raisonnée'. Autrement dit, Le Roy s'est accordé la liberté de réunir deux éléments du texte de Buffon que séparent près de cinquante pages in-quarto et sans en avertir le lecteur encore.

j. 1802: 'reconnaître'

k. *EM* laisse tomber les trois derniers paragraphes de la lettre.

Lettre I à madame *** sur l'homme (lettre 13)

EDITIONS

1. 1781
2. 1802

Lettre II à madame *** sur l'homme (lettre 14)

EDITION

1. 1802

VARIANTES

a. *Traité des animaux*, partie II, ch.5 (*O.p.*, i.363a).

b. 1802: 'pas pu se former. Il'

c. 1802: 'à cause de leur fierté.' Le passage de Pufendorf sur lequel Le Roy se fonde (lettre 14, note 24) n'est pas correctement transcrit.

d. *Du culte des dieux fétiches* (s.l. 1760), p.184.

e. de Brosses: 'il est encore plus naturel d'en conclure'

f. 1802: 'par aucune invitation'

g. de Brosses: 'il est le même pour les mœurs primitives et pour les façons de faire'

Lettre III à madame *** sur l'homme (lettre 15)

EDITION

1. 1802

Notes

Notes à la lettre d'envoi

1. Seuls les chasseurs sont à même d'apprécier l'intelligence des bêtes. Cette idée reparaît dans la lettre IV à madame ***, où Le Roy estime que 'si M. de Buffon était aussi grand chasseur qu'il est grand philosophe', il n'avancerait pas une théorie insoutenable sur la vie psychique des bêtes (p.179, l.205-208). La lettre I, publiée en 1762, une vingtaine d'années avant la lettre d'envoi (1781), précisait déjà qu'il fallait 'suivre l'animal dans toutes ses opérations' (p.80, l.73), 'se familiariser avec eux [les animaux] et prendre la peine d'étudier longtems leurs actions' (p.81, l.82-83), mais ne reprochait pas aux philosophes leur méthode défectueuse, comme le fait ici la lettre d'envoi. La lettre I n'affirmait pas que 'pour faire connaître les animaux, il ne faut pas tenir compte des faits isolés' (p.77, l.17), ni ne faisait remarquer que 'les faits particuliers sont souvent mal observés et suspects' (p.77, l.34-35). Si en 1781 Le Roy attire tout de suite l'attention du lecteur sur cette question de méthode, c'est que les lettres à madame *** sont consacrées surtout à réfuter les théories d'autres penseurs, à qui elles reprochent, comme le fait ici la lettre d'envoi, de ne pas tenir compte des faits, de se fonder sur des observations inexactes ou incomplètes (p.164, l.21-22; p.166, l.115; p.168, l.5-7; p.174, l.14; p.176, l.85-86; p.176, l.113-114; p.179, l.204-205; p.179, l.218-221; p.197, l.78-79). Il est significatif que la seule lettre de l'édition de 1768 à dénoncer l'ignorance des philosophes soit la lettre VI (p.123, l.373-378), qui rejette justement l'automatisme des bêtes. C'est pour mieux réfuter l'opinion contraire à la sienne que Le Roy aborde dans la lettre d'envoi la question de méthode.

Les passages que nous venons de signaler, en opposant la nécessité de l'observation scrupuleuse à l'ignorance des philosophes, rendent un écho discret du *Traité des animaux* de Condillac, ouvrage que Le Roy connaissait bien. Il y renvoie non seulement dans la lettre VI (p.121, l.316-p.122, l.329), mais dans la lettre III à madame ***, publiée en 1781 (p.168, l.31-35), ce qui suggère la possibilité d'une relecture récente. Or, dès le premier chapitre de la première partie du *Traité des animaux* Condillac reproche aux philosophes bâtisseurs de systèmes d''expliquer la nature sans l'avoir observée, ou du moins après des observations assez légères', de jeter 'un regard méprisant sur ces sages observateurs, qui ne parlent que d'après ce qu'ils voient, et qui ne veulent voir que ce qui est' (*Œuvres philosophiques*, éd. Georges Le Roy, Paris 1947-1951 [ci-après *O.p.*], i.340b). La possibilité d'une réminiscence du *Traité des animaux* n'est pas à écarter, puisque Le Roy, on le verra plus loin, avait puisé dans l'ouvrage à pleines mains.

2. Que Le Roy dise vrai en se décrivant comme 'un chasseur déterminé' est confirmé par la lettre de Diderot à Sophie Volland en date du 4 octobre 1767: 'L'ami Le Roy vit pour lui et ne va jamais dans aucun endroit, qu'il n'espère s'y amuser plus qu'ailleurs; et puis voici le temps de la chasse qu'il aime de passion' (*Correspondance*, vii.159). Le Roy dira lui-même dans sa lettre du 28 octobre [1772] apprenant à Pierre-Michel Hennin qu'il commence à se remettre de la langueur où l'avait plongé la mort de sa bien-aimée Mme Tourolle (voir introduction, p.20-21): 'On ne se donne point des gouts; il en faudroit, et je n'en ay plus. Celuy de la chasse est le seul qui me reste' (BI ms.1268, f.312*v*). Que ce goût ait survécu seul au naufrage de sa vie sentimentale, atteste que Le Roy était bel et bien le chasseur invétéré qu'il prétend être.

3. Cette exigence est le corollaire logique de la méthode d'observation préconisée par Le Roy qui s'y était conformé dans sa lettre sur une critique en refusant de parler des singes 'parce que je ne connais pas leurs mœurs' (p.130, l.186).

4. D'autres penseurs du dix-huitième siècle ne partageaient pas ce point de vue négatif sur les insectes, que Réaumur avait étudiés de près dans les célèbres *Mémoires pour servir à l'histoire des insectes* (Paris 1734-1742). L'abbé Pluche, par exemple, rejette 'le préjugé commun' qui regarde les insectes comme 'le rebut de la nature' (*Le Spectacle de la nature*, Paris 1732-1750, i.8). Il

estime, au contraire, que les insectes sont à certains égards supérieurs à l'homme ('Une ruche est une école où il faudrait envoyer bien des gens', i.179). D'après un autre finaliste chrétien, Aubert de La Chesnaye Des Bois, le philosophe, à l'encontre du 'vulgaire', ne dédaigne pas d'"étudier les merveilles de la nature dans ses plus petites productions' et les insectes nuisibles rabaissent l'orgueil de l'homme, impuissant à empêcher leurs ravages (*Dictionnaire des animaux*, Paris 1759, ii.541a, 543a-44b).

Si Le Roy écarte, au contraire, les espèces animales inférieures, c'est qu'il suit l'exemple de Buffon qui, longtemps avant la publication de la lettre d'envoi, les avait exclues de son champ d'étude dans son 'Discours sur la nature des animaux'. Le Roy connaissait bien ce texte, on le verra (lettre 1, note 10), et s'en inspira dès ses premières lettres. Or, le début du 'Discours' précise comment doit s'effectuer la comparaison entre l'homme et l'animal à laquelle va procéder Buffon: 'Comme on comprend dans la classe des animaux plusieurs êtres animés dont l'organisation est très différente de la nôtre et de celle des animaux dont le corps est à peu près composé comme le nôtre, nous devons éloigner de nos considérations cette espèce de nature animale particulière, et ne nous attacher qu'à celle des animaux qui nous ressemblent le plus; l'économie animale d'une huître, par exemple, ne doit pas faire partie de celles dont nous avons à traiter' (*HN*, iv.5).

Bien que Le Roy emprunte très probablement cette idée à Buffon, il donne comme exemple des espèces animales qu'il ne va pas prendre en considération non l'huître, mais les insectes, peut-être parce qu'il pense au comportement des enfants, dont il dit, dans la lettre 1 à madame *** sur l'homme, avoir 'beaucoup observé' et dont il attribue la cruauté apparente envers certains animaux à la difficulté qu'ils ont à reconnaître les signes de la douleur 'dans un oiseau, dans un *hanneton*' (p.188, l.175-178; souligné par nous).

Le Roy paraît à première vue coupable d'inconséquence, puisque les oiseaux qui, tout comme les insectes, ne ressemblent pas assez à l'homme, d'après le passage cité, pour que les enfants s'aperçoivent qu'ils les font souffrir, ont déjà figuré à plusieurs reprises dans les lettres antérieures (p.109, l.68-p.110, l.86; p.111, l.116-124; p.117, l.141-149; p.120, l.240-245; p.120, l.275-p.121, l.3; p.121, l.289-292; p.139, l.223-p.140, l.240). La lettre d'envoi a cependant soin de préciser qu'il faut choisir des espèces animales qui peuvent avoir quelque analogie avec nous non seulement 'par leur organisation', comme chez Buffon, mais aussi par 'leurs mœurs' (p.77, l.24-25).

Le mot 'organisation' est utilisé d'un bout à l'autre des *Lettres sur les animaux* dans le sens défini dans l'*Encyclopédie*: 'arrangement des parties qui constituent les corps animés' (xi.629b).

5. Non seulement Le Roy avait la raison qu'il vient d'indiquer pour ne pas tenir compte des insectes, mais il ne paraît pas avoir été particulièrement attiré par l'entomologie. Dans sa lettre du 28 septembre 1760 à Pierre-Michel Hennin il avoue aimer mieux 'Buffon qui m'amuse' que 'les sots, les pédants, les gens tristes, les raisonneurs austères sur la vertu. [...] Je préfere son palais doré bâti comme ceux des fées, sans matériaux, à tous les amas de ces tristes gratteurs de terre; et je donnerois, pour l'hymne à l'amour, toute l'histoire des insectes, même et y compris les amours du lapin et de la poule' (BI ms.1268, f.240). 'L'hymne à l'amour' se trouve dans le 'Discours' (*HN*, iv.80-82). 'Les amours du lapin et de la poule' figurent à l'article consacré au lapin, où Buffon dénonce comme impossibles 'des poulets couverts de poils, ou des lapins couverts de plumes' (*HN*, vi.304).

6. Le Roy n'usera qu'une fois de la 'liberté du commerce épistolaire' dont il parle ici: p.178, l.186-188, et lettre 12, note 6.

7. Clin d'œil amusé en direction de Mme d'Angiviller et son cercle d'intimes, qui savaient que le physicien de Nuremberg et l'auteur de la lettre d'envoi étaient une seule et même personne.

Notes à la lettre 1 (lettre 1)

1. L'histoire des ours marins de Steller parut en 1751 au volume ii des *Novi commentarii academiae scientiarum imperialis Petropolitanae*. Aux pages 289 à 398 de ce volume se trouve un texte intitulé 'De bestiis marinis. Auctore Georg. Wilhelm Stellero', qui présente quatre animaux

marins: la vache, l'ours, le lion et la loutre de mer. Les pages 331 à 359, consacrées à l'ours marin, allaient être largement mises à contribution par Buffon dans l'article sur cet animal publié au tome vi (1782) du *Supplément* de l'*HN* (p.336-57).

Ce n'est vraisemblablement pas dans ce mémoire en latin que Le Roy avait pris connaissance de l'ours marin cependant. Non seulement les *Novi commentarii* ne figurent pas dans l'inventaire de sa bibliothèque dressé en 1789, mais la lettre 1, telle qu'elle parut dans le numéro d'août 1762 du *JE*, parle non de l'histoire des ours marins 'que M. Steller a publiée', mais de 'celle des ours marins, que M. Steller vous a donnée' (cf. p.81, l.78), le 'vous' étant évidemment les rédacteurs du *JE*. Une traduction française de la partie du texte de Steller relative à l'ours marin avait paru sous le titre 'Description d'un ours marin, trouvé près d'une île à l'est de Kamschatka' dans le *JE* d'août 1758 (p.68-73). Il y a donc apparence que Le Roy avait lu le mémoire de Steller dans le périodique dirigé par son ami Suard (voir introduction, p.14).

2. En écrivant ce passage et deux autres plus loin (p.80, l.52-54; l.69-71), Le Roy pensait presque certainement à l'*HN*, à laquelle il va renvoyer de façon explicite (p.81, l.80-81, et ci-dessous, note 10). Dans les premiers tomes de cet ouvrage consacrés aux animaux (t.iv et suivants), les 'inclinations naturelles' qui caractérisent chaque espèce sont traitées, entre autres choses, par Buffon, dont le texte est suivi d'une 'description' où son collaborateur Daubenton présente les caractères et les dimensions extérieurs de l'animal, ainsi que son anatomie interne. Voilà qui correspond aux 'descriptions anatomiques' et aux 'caractères extérieurs' de Le Roy, ainsi qu'à 'la structure des parties, soit extérieures, soit intérieures' et à 'la forme, tant intérieure qu'extérieure' dont il est question plus loin (p.80, l.52-53; l.69). Quant à 'la durée de l'accroissement de la vie', etc. (p.80, l.69-70), tout cela est également décrite dans les textes de Buffon.

Dans nos trois passages de la lettre 1 Le Roy délimite son sujet. Il ne s'occupera pas du côté purement physiologique, déjà traité dans l'*HN* et qui d'ailleurs, insinue Le Roy, ne comporte guère de difficultés, puisque 'ce ne sont là proprement que des objets de première vue, sur lesquels il suffit d'avoir les yeux ouverts' (p.80, l.71-72). Le Roy se consacrera au problème 'philosophique' et autrement délicat posé par le comportement des animaux. Il reconnaît certes à Buffon comme à Steller (p.81, l.78-81) le mérite d'avoir déjà abordé ce sujet, mais lui-même va l'approfondir, y trouver 'matière à des spéculations bien plus étendues, et même d'un genre différent' (p.81, l.83-84). Ainsi, Le Roy a soin de souligner dans sa lettre 1 son originalité par rapport à ses prédécesseurs.

3. Ce 'principe commun d'action' est 'la sensibilité', bien que Le Roy ne le dise en toutes lettres que vers la fin du paragraphe (p.80, l.37).

Les actions des bêtes s'expliquent par la sensibilité 'modifiée dans chaque espèce par les différences de l'organisation': c'est la thèse présentée par Condillac dans un ouvrage que Le Roy connaissait bien, le *Traité des animaux* (lettre d'envoi, note 1). Dans la conclusion de la seconde partie Condillac résume comme suit ses idées quant au rôle joué par l'organisation dans la connaissance animale: les lois de la génération des facultés des bêtes 'sont les mêmes pour toutes les espèces et elles produisent autant de systèmes différents qu'il y a de variété dans l'organisation' (*O.p.*, i.379a).

4. Dès sa lettre 1 Le Roy indique qu''instinct' et connaissance ne sont pas à ses yeux synonymes, mais le sens exact qu'il attache au mot 'instinct' ne sera précisé que plus loin (voir lettre 3, note 8).

5. Depuis des siècles tout penseur qui étudiait la vie psychique des animaux se heurtait au problème de l'âme des bêtes auquel, pour publier ses ouvrages en France, il devait trouver une solution conforme à la doctrine de l'Eglise catholique. Récemment encore, en 1739, le père Bougeant avait fait scandale en suggérant, dans son *Amusement philosophique sur le langage des bêtes*, que Dieu avait logé des démons dans le corps des animaux, autrement dit, qu'ils ont une âme sprituelle comme la nôtre. Il s'agissait pourtant d'un badinage, comme le rappelle l'abbé Yvon, qui en examine de près les idées dans l'article 'Ame des bêtes' de l'*Encyclopédie* (i.353a). N'empêche qu'en attendant que l'orage soulevé par son livre s'apaise, Bougeant fut envoyé en exil par ses supérieurs et dut signer une rétractation complète (*Amusement philosophique*, Genève, Lille 1954, p.9-20). En s'abstenant de se prononcer sur la question de la nature de l'âme animale, Le Roy se mettait à l'abri des censures éventuelles.

Remarquons cependant que le point de vue adopté dans notre passage était parfaitement compatible avec l'orthodoxie chrétienne de l'époque, témoin le *Mandement* qu'en novembre 1758 l'archevêque de Paris, Christophe de Beaumont, avait lancé contre *De l'esprit*. En s'élevant contre le rapprochement qu'Helvétius avait fait entre l'homme et l'animal, l'archevêque affirme 'que l'homme a dans lui-même le sentiment de son action purement spirituelle, et qu'on ne peut assurer la même chose de *la bête, dont la nature nous est inconnue*' (*Mandement de l'archevêque de Paris contre De l'esprit*, Paris 1758, p.11; Helvétius, *Correspondance*, ii.317; c'est nous qui soulignons). Le Roy avait lu ce *Mandement*, puisqu'il y renvoie à deux reprises dans son *Examen des critiques du livre intitulé 'De l'esprit'* (p.140, 230).

Le Roy avait lu également une analyse des deux premières parties de *De l'esprit* par le père Berthier, publiée dans le *Journal de Trévoux* d'octobre 1758, puisqu'il y renvoie à deux reprises dans son *Examen des critiques du livre intitulé 'De l'esprit'* (p.2652, 2655-56; cf. *Examen*, p.165, 177). Dans son analyse Berthier affirme que les hommes ont 'en eux-mêmes le sentiment intime de la pensée et de la réflexion: sentiment qui ne peut être affirmé des bêtes, parce qu'*elles ne nous sont pas connues*' (*Journal*, p.2651; souligné par nous).

Il est tout à fait possible que Le Roy se souvienne ici du texte de l'archevêque, de celui du père Berthier ou des deux.

6. Expression d'origine biblique, dont l'emploi ici est peut-être dû à une réminiscence des toutes premières lignes d'un ouvrage qui figurait dans la bibliothèque de Le Roy, la *Censure de l'Esprit* (inventaire de 1789, no.67). La préface de ce texte, laquelle commence par dénoncer les hommes du siècle qui font 'profession publique d'impiété', décrit leur point de vue comme suit: 'A les en croire, la foi n'est plus le *fondement de nos espérances* (Hebr. XI, v.1), elle est le tombeau de la raison' (*Censure de la Faculté de Théologie de Paris contre le livre qui a pour titre, De l'Esprit*, Paris 1759, p.4; Helvétius, *Correspondance*, ii.389; souligné dans le texte). Etant donné le vif intérêt que portait Le Roy au livre de son ami Helvétius (voir introduction, p.10-12), il fit probablement emplette de la *Censure de l'Esprit* peu de temps après sa publication en mai 1759 et le lut certainement avec attention. Il y a donc des chances pour que le 'fondement de nos espérances', d'autant plus susceptible de frapper Le Roy qu'il se trouve au début de la *Censure de l'Esprit*, se soit logé dans sa mémoire pour affleurer à la conscience claire lorsqu'il rédigeait quelque temps plus tard sa lettre 1, publiée en août 1762 dans le *JE*.

La même expression sera utilisée de nouveau vers la fin de la lettre VI, où Le Roy parle des 'vérités sublimes, qui sont le fondement de nos devoirs et de nos espérances' (p.123, l.386-387).

7. L'animal peut nous éclairer sur l'homme. Condillac l'avait déjà dit dans la toute première phrase du *Traité des animaux*: 'Il serait peu curieux de savoir ce que sont les bêtes, si ce n'était pas un moyen de connaître mieux ce que nous sommes. C'est dans ce point de vue qu'il est permis de faire des conjectures sur un pareil sujet.' Et de citer Buffon à l'appui: '*S'il n'existait point d'animaux*, dit M. de Buffon, *la nature de l'homme serait encore plus incompréhensible*' (*O.p.*, i.339a). Que Le Roy l'emprunte à Condillac, à Buffon ou aux deux, le thème n'avait, on le voit, rien d'original.

Il le rappellera très rapidement vers la fin de la lettre 1 (p.82, l.127-128), à propos cette fois non des 'opérations de l'âme', mais de la morale.

8. Condillac avait consacré le chapitre 2 de la première partie du *Traité des animaux* à établir que 'si les bêtes sentent, elles sentent comme nous' (*O.p.*, i.341b). Selon le chapitre 1 'Les mêmes sens qui règlent nos actions, paraissent régler les leurs. Sur quel fondement pourrait-on supposer que leurs yeux ne voient pas, que leurs oreilles n'entendent pas, qu'elles ne sentent pas, en un mot? A la rigueur ce n'est pas là une démonstration. Quand il s'agit de sentiment, il n'y a d'évidemment démontré pour nous, que celui dont chacun a conscience. Mais parce que le sentiment des autres hommes ne m'est qu'indiqué, sera-ce une raison pour le révoquer en doute?' (i.341b). Mais si Le Roy suit Condillac, c'est en présentant le thème à sa manière, en y joignant, avec 'les accents de la douleur, les marques visibles de la joie', un appel à notre sensibilité que lui inspirait sans doute sa vie de lieutenant des chasses, passée en contact journalier avec les animaux, en particulier les chiens et les chevaux (voir lettre 6, note 4; lettre 12, note 10). Il

ressort encore plus clairement du passage correspondant de la lettre VII (p.135, l.34-39) qu'à ses yeux nier la sensibilité des bêtes était incompréhensible.

9. Sensation, mémoire, comparaison, jugement: Le Roy suit ici les grandes étapes de la connaissance telles qu'elles sont présentées par Condillac dans le chapitre 2 de la première partie du *Traité des sensations* et beaucoup plus rapidement au début du chapitre 5 de la première partie du *Traité des animaux*. Il est certain que Le Roy avait lu non seulement le *Traité des animaux*, mais le *Traité des sensations*, dont il donne son opinion à Pierre-Michel Hennin dans une lettre datée du 28 décembre [1754] (BI ms.1268, f.167*v*).

Remarquons que dans ce passage de la lettre I Le Roy ne considère que l'aspect intellectuel de la sensation et n'en mentionnera que plus loin l'aspect affectif, ce que Condillac appelle dans le *Traité des sensations* 'le principe qui détermine le développement [des] facultés' (*O.p.*, i.222), autrement dit, l'intérêt qu'a l'être sensible à rechercher les sensations agréables et à se dérober aux sensations désagréables. Dans le *Traité des animaux* également Condillac précise qu'en obéissant aux besoins qu'il éprouve, l'animal est 'tout occupé des plaisirs qu'il recherche et des peines qu'il évite: cet intérêt seul le conduit' (*O.p.*, i.357b). Le rôle joué par l'intérêt dans le développement des facultés mentales, passé sous silence dans notre passage de la lettre I, est évoqué très rapidement quelques lignes plus loin, où il est question des 'besoins' de l'être sentant, des 'obstacles' qu'il rencontre (p.80, l.74). Un passage peu après le début de la lettre VII – passage qui reprend mot à mot l'article 'Instinct' de l'*Encyclopédie* (viii.793a-b) – donne un exposé plus développé de la manière dont se forme le système des connaissances de l'animal (p.135, l.39-73) et la lettre I sur l'homme fait ressortir plus clairement encore les rôles respectifs des aspects affectif et intellectuel de la sensation (p.145, l.54-68).

Quant à 'la notion de la chose jugée qui s'établit dans la mémoire et que la répétition des actes rend habituelle et presque machinale' (p.80, l.66-67), Le Roy résume la thèse du chapitre 1 de la seconde partie du *Traité des animaux*: que 'les animaux doivent à l'expérience les habitudes qu'on croit leur être naturelles', que 'la réflexion veille à la naissance des habitudes' (i.356b, 357a).

Au cours des *Lettres sur les animaux*, Le Roy donne nombre d'autres résumés, plus ou moins complets, de sa théorie de la connaissance animale; voir p.83, l.2-8; p.85, l.95-103; p.86, l.123-127; p.87, l.156-160; p.91, l.349-353; p.98, l.234-p.99, l.239; p.102, l.2-5; p.112, l.167-168; p.115, l.46-52; p.119, l.197-203; p.122 l.344; p.135, l.39-73; p.136, l.87-93; p.137, l.145-150; p.145, l.54-68; p.174, l.29-33; p.178, l.157-161; p.183, l.355-360.

10. Ami et collaborateur de Buffon (voir introduction, p.8-9, l.27-28), Le Roy possédait un exemplaire de la première édition de l'*HN* (inventaire de 1789, no.45). Lorsque la lettre I parut dans le *JE* d'août 1762, Buffon avait déjà publié neuf tomes de l'*HN*, y compris ceux où figurent les animaux décrits par Le Roy dans ses *Lettres*: le sanglier, le chien (tome v), le cerf, le daim, le chevreuil, le lièvre, le lapin (tome vi), le loup, le renard (tome vii). Le Roy avait donc eu largement le temps d'apprécier les descriptions que fait Buffon de ces différentes espèces, la manière dont il s'acquitte de ce que Le Roy appelle la 'tâche du philosophe' (p.81, l.79). Beaucoup plus tard, dans sa lettre IV à madame ***, publiée en 1781, il parlera encore, avec la même admiration que dans la lettre I, des 'histoires' d'animaux données par Buffon, de l''exactitude' de ses descriptions (p.174, l.1-12; p.182, l.344-346).

Dès 1762 Le Roy ne partageait pas, en revanche, les idées de Buffon concernant la psychologie animale, que le grand naturaliste avait étudiée à fond dans son 'Discours sur la nature des animaux' (*HN*, t.iv). Le désaccord n'apparaîtra en plein jour cependant que dans la lettre IV à madame ***. Dans les lettres antérieures à 1781 Le Roy s'abstient de toute critique explicite de Buffon (p.114, l.14-17; l.24-26; p.126, l.33-34).

11. Il n'est pas question de l'obstacle à propos des bêtes dans le *Traité des animaux*. Condillac y en parle, en revanche, à propos du moi de réflexion chez l'homme. Le moi de réflexion 's'occupe du soin d'ajouter à notre bonheur. Ses succès multiplient ses désirs, ses méprises les renouvellent avec plus de force: les obstacles sont autant d'aiguillons' (*O.p.*, i.363a). Condillac avait déjà consacré deux chapitres de son *Traité des sensations* (partie IV, ch.1 et 2) à montrer son homme statue, enfin doté de tous ses sens, aux prises avec des obstacles et apprenant peu à peu à les surmonter pour se nourrir et se défendre contre les bêtes (*O.p.*, i.299a-301b). Il y avait, on le

voit, chez Condillac de quoi attirer l'attention sur l'importance de l'obstacle dans le développement de l'intelligence. Le Roy, qui connaissait bien le *Traité des sensations* et le *Traité des animaux* (lettre d'envoi, note 1; ci-dessus, note 9) aurait tout simplement attribué à l'obstacle le même rôle dans la connaissance animale que dans la connaissance humaine.

Si Condillac parle de l'obstacle à propos du moi de réflexion chez l'homme, il en est également question dans le *Discours sur l'inégalité* de Jean-Jacques Rousseau (1755). Le Roy avait étudié ce livre d'assez près, témoin la lettre de Condillac à Rousseau datée de Paris, le 7 septembre 1756, qui débute: 'Vous vous souvenez peut-être, Monsieur, que vous m'avez dit que Mr de Buffon prétend que vous avez fait des erreurs sur l'histoire naturelle. Il y a quelques jours que j'en parlais à Mr Leroi, et il me dit qu'il savait ce que c'était que ces erreurs, et que c'était lui qui le premier en avait parlé à Mr de Buffon. Je le priai de me donner ses observations, et de me permettre de vous les faire passer, l'assurant que vous ne lui en sauriez aucun mauvais gré. Rempli d'estime pour vous et pour vos ouvrages, il a eu cette confiance. Les voilà, lisez et jugez' (Rousseau, *Correspondance complète*, éd. R. A. Leigh, Genève, Banbury, Oxford 1965-1989, iv.98). Ces 'observations' (reproduites, avec les réponses de Rousseau, par Leigh, iv.423-25) attestent que Le Roy ne s'était pas contenté de feuilleter rapidement le *Discours sur l'inégalité*.

Or, au début de la seconde partie de cet ouvrage, après avoir décrit 'la condition de l'homme naissant', Rousseau poursuit: 'Mais il se présenta bientôt des difficultés; il fallut apprendre à les vaincre.' Rousseau indique rapidement quelles étaient ces difficultés, puis résume: l'homme primitif 'apprit à surmonter les obstacles de la nature, à combattre au besoin les autres animaux, à disputer sa subsistance aux hommes mêmes, ou à se dédommager de ce qu'il fallut céder au plus fort' (*Œuvres complètes*, Paris 1959-1969, iii.165). Il est possible qu'en attribuant à l'obstacle un rôle dans l'évolution des connaissances de l'homme primitif, Rousseau ait suggéré à Le Roy que l'obstacle joue un rôle analogue dans la connaissance animale.

Que Condillac, Rousseau ou les deux aient attiré l'attention de Le Roy sur l'obstacle, il ressortira clairement des lettres II et VII qu'il trouvait dans ses connaissances de lieutenant des chasses de quoi étayer le thème. Le contraste entre le comportement d'animaux vivant loin de toute habitation et celui de leurs congénères en concurrence avec l'homme, lui fournissait un cas frappant de l'influence exercée sur le développement de leur intelligence par la nécessité de surmonter des obstacles (p.83, l.31-p.84, l.36; p.85, l.89-95; p.91, l.347-353; p.139, l.213-219).

Par suite du rôle important qu'il prête aux obstacles dans le développement de leurs connaissances, Le Roy accorde aux bêtes une 'aptitude à se perfectionner' encore plus grande que Condillac (voir lettre 2, note 18; lettre 7, note 6).

12. Le Roy connaissait bien l'*HN*; il serait donc étonnant que le 'Premier discours', intitulé 'De la manière d'étudier et de traiter l'histoire naturelle', en tête du volume i (1749), n'ait pas retenu son attention. Dans ce 'Premier discours' Buffon met tout de suite en lumière la 'multitude prodigieuse' d'animaux de toutes sortes qui 'offre à la curiosité de l'esprit humain un vaste spectacle' (i.3). Après avoir souligné 'la variété du dessein' aussi bien que 'la multiplicité des moyens d'execution', Buffon s'exclame: 'Quelle idée de puissance ce spectacle ne nous offre-t-il pas! quel sentiment de respect cette vue de l'univers ne nous inspire-t-elle pas pour son auteur! [...] Trop petit pour cette immensité, accablé par le nombre de merveilles, l'esprit humain succombe' (i.11).

L'immensité, la variété infinie du 'spectacle de l'univers' remplissent d'admiration pour le Créateur, mais nous sommes impuissants à en expliquer les merveilles. Ces deux idées n'avaient rien d'original. Elles constituent la thèse fondamentale d'un des plus grands succès d'édition du dix-huitième siècle, le *Spectacle de la nature* de l'abbé Pluche, que Le Roy avait des chances d'avoir lu: dans une lettre datée de Versailles, le 27 juin [1772], il conseille à P.-M. Hennin de 'chercher des distractions dans le spectacle de la nature. Je ne parle pas de celuy de l'abbé Pluche' (BI ms.1268, f.344*v*). Or, l'abbé Pluche insiste beaucoup plus fortement que Buffon sur la puissance du Créateur et les bornes de notre intelligence. Dès la préface du *Spectacle de la nature* (i.VII) il souligne 'les bornes nécessaires de la raison humaine', et le thème revient maintes fois: il parle, par exemple, de 'la sagesse impénétrable de l'Ouvrier tout-puissant qui a fait toutes choses' (i.389) et représente que 'la structure du monde même et de ses moindres parties, la connaissance des desseins de Dieu et de ses volontés, c'est la science du Créateur: il se l'est reservée. La raison à cet égard est dans les ténèbres' (v.596). Voilà qui est plus proche du 'plan éternel dont lui seul [l'Etre Suprême] a le secret' (p.81, l.110) que le 'Premier discours' de Buffon.

Quant à l'admiration pour Dieu qu'inspire le spectacle de la nature, Pluche avance un thème complètement absent chez Buffon: ce qu'il appelle 'l'usage du spectacle de la nature', qui est d'annoncer la gloire de Dieu (iii.460-503). C'est évidemment le *Cœli enarrant gloriam Dei* de la Bible, mais présenté avec un luxe de détails qui ne peut manquer de frapper le lecteur. Il n'est pas question dans notre passage de la gloire de Dieu, mais la fin de la lettre II dira explicitement, à propos de 'l'éternel Artisan', qu'"on ne peut qu'être frappé de la profondeur de ses vues et rendre hommage à sa gloire' (p.92, l.375-376).

Les deux idées dont la présence chez Le Roy pourrait relever à la fois de l'influence de Buffon et de celle de l'abbé Pluche reviendront à plusieurs reprises dans les *Lettres sur les animaux*, soit l'une ou l'autre seule (les bornes de la raison, p.128, l.108-109; l'admiration pour Dieu, p.173, l.185-186), soit, plus souvent, côte à côte, accompagnées ou non par l'univers créé pour la gloire de Dieu (p.113, l.231-232; p.126, l.62-p.127, l.69; p.132, l.248-p.133, l.257; p.183, l.388-391). Ecrivant ses premières lettres peu de temps après l'affaire de l'*Esprit*, Le Roy faisait évidemment tout son possible pour éviter le reproche d'irréligion.

13. 'Le désir et l'inquiétude' de notre passage figuraient déjà chez Condillac. D'après le *Traité des sensations*, 'la privation d'un objet que nous jugeons nécessaire à notre bonheur, nous donne ce malaise, cette inquiétude que nous nommons *besoins*, et d'où naissent les désirs. Ces besoins se répètent suivant les circonstances, souvent même il s'en forme de nouveaux et c'est là ce qui développe nos connaissances et nos facultés' (*O.p.*, i.324b; souligné dans le texte). Chez Le Roy le désir précède l'inquiétude certes, alors que chez Condillac les désirs naissent de l'inquiétude, mais la ressemblance des idées n'en est pas moins frappante. Le Roy semble avoir simplement étendu à l'animal ce que dit Condillac à propos de l'homme.

Il paraît suivre Condillac en ce qui concerne non seulement l'inquiétude et le désir 'vraies sources de leurs connaissances', mais l'attention (p.82, l.117-118). Dans la seconde partie, chapitre 2, de son *Traité des animaux* Condillac explique comment les 'suites d'idées' formées par l'animal entrent en jeu lorsqu'"un besoin détermine son attention sur un objet' (*O.p.*, i.357b). C'est le besoin ou l'intérêt qui produit l'attention, dit, de même, Le Roy dans nombre de passages des *Lettres* (p.84, l.43; p.92, l.365; p.93, l.6-9; p.96, l.142-143; p.106, l.183-184; p.115, l.51-52; p.127, l.102-103; p.135, l.73-p.136, l.75; p.140, l.266-269), tandis que d'autres (p.99, l.244-245; p.175, l.60-61) font naître l'attention du désir, comme le fait notre passage.

Si Le Roy attache tant d'importance à l'attention, c'est probablement sous l'influence de son ami Helvétius plus que de Condillac. Non seulement Le Roy connut Helvétius dès sa jeunesse chez Mme de Vassé (voir introduction, p.7), mais d'après la relation de l'affaire de l'*Esprit* laissée parmi ses papiers par Pierre-Michel Hennin, il lut *De l'esprit* en manuscrit, en fut 'enthousiasmé' au point de presser 'fortement Helvétius de le faire imprimer' et en récita même quelques passages de mémoire à Hennin (BI ms.1223, f.82*v*, 84; Helvétius, *Correspondance*, ii.423, 424). Ce témoignage est confirmé par celui de Hennin de Beaupré qui, dans une lettre du 28 septembre 1758, apprend à Hennin que la première fois qu'il rendit visite à Le Roy dans sa propriété des Loges 'le livre de l'esprit qui fesoit beaucoup de bruit [...] est devenu le sujet de la conversation, l'entousiasme avec lequel il parloit de l'auteur qui est son ami particulier et de l'ouvrage me l'ont fait lire plus attentivement que je n'aurois fait dans tout autre tems' (BI ms.1263, f.59). Le Roy lui-même ne s'était évidemment pas contenté de parcourir *De l'esprit* d'un œil distrait.

Or, *De l'esprit* attribue à l'attention un rôle capital dans la connaissance humaine. Le Roy souligne l'importance de l'attention dans la connaissance animale dès l'article 'Instinct', paru dans le tome viii (p.795b) de l'*Encyclopédie*, sous presse lorsque le privilège de l'ouvrage fut révoqué en mars 1759 (introduction, p.10-12). Nous ignorons à quel moment précis Le Roy rédigea l'article 'Instinct', mais il y a de bonnes chances pour que les idées de l'*Esprit*, qui parut en juillet 1758, lui aient été familières lorsqu'il écrivit son texte, puisqu'il lut le livre d'Helvétius en manuscrit.

Ce n'est donc vraisemblablement pas coïncidence pure que certains passages de l'article 'Instinct', devenu la lettre VII, ainsi que des lettres postérieures, font penser à la thèse de certains passages de *De l'esprit* consacrés à l'attention chez l'homme. D'après *De l'esprit* 'l'attention seule peut graver dans la mémoire les objets qui, vus sans attention, ne feraient sur nous que des impressions insensibles, et pareilles, à peu près, à celles qu'un lecteur reçoit successivement de chacune des lettres qui composent la feuille d'un ouvrage' (*De l'esprit*, Paris 1988, p.237). 'Comme c'est l'attention, plus ou moins grande, qui grave plus ou moins profondément les objets dans la mémoire, qui en fait apercevoir mieux ou moins bien les rapports, qui forme la plupart de nos jugements vrais ou faux; et que c'est enfin à cette attention que nous devons presque toutes nos idées' (p.246). Or, dans l'article 'Instinct' et dans la lettre VII Le Roy affirme que 'c'est l'attention qui grave dans sa mémoire [de l'animal] tous les faits qui concourent à l'instruire' (p.135, l.73-p.136, l.75; *Encyclopédie*, viii.795b). D'après la lettre II aussi 'l'attention fait démêler les circonstances qui caractérisent un objet et le distinguent d'un autre' (p.92, l.365-366) et selon la lettre III 'le désir donne l'attention, l'attention fait remarquer les circonstances et grave les faits dans la mémoire' (p.99, l.244-245). On dirait que dans ces passages Le Roy applique à l'animal ce que *De l'esprit* dit de l'attention chez l'homme.

14. Dès le 4 juillet 1746 Le Roy, qui semble avoir terminé ses études l'année précédente (voir introduction, p.5 et note 35), est décrit, dans l'acte de sépulture d'un parent nommé Paul-Vincent Le Roy, comme 'officier des chasses de Versailles' (Hôtel de ville de Versailles, paroisse Saint-Louis de Versailles, Sépultures, 1746). Dans la lettre I, publiée dans le *JE* d'août 1762, l'officier des chasses, devenu lieutenant en 1753, n'exagérait donc pas en disant avoir 'vécu pendant longtemps avec les bêtes', puisque grâce à ses activités professionnelles il était depuis seize ans en contact journalier avec les espèces qu'il allait présenter dans ses *Lettres sur les animaux*.

Notes à la lettre II (lettre 2)

1. Si Le Roy suit Condillac en attribuant aux bêtes les mêmes facultés qu'à l'homme, la conséquence qu'il en tire ici quant au plus ou moins de connaissances des différentes espèces animales ne se trouvait nulle part chez Condillac. D'après le *Traité des animaux* (partie II, ch.5) les bêtes 'qui ont un plus grand nombre de sens et de besoins, ont plus souvent occasion de faire des comparaisons et des jugements' (*O.p.*, i.362b). Condillac s'en tient à cette brève affirmation sans préciser davantage, mais Le Roy y ajoute du sien.

Si c'est au nombre plus ou moins grand de leurs 'rapports avec les objets qui les environnent' que Le Roy attribue ici le plus ou moins de connaissances des différentes espèces animales, c'est par suite de l'importance qu'à l'encontre de Condillac il attache à l'obstacle dans le développement de l'intelligence animale (lettre I, note 11). Il ressort clairement de sa présentation, plus loin dans la lettre II, des carnivores en général (p.83, l.25-p.84, l.53), que les animaux qui 'ont un plus grand nombre de rapports que les autres avec les objets qui les environnent' sont ceux qui ont le plus de 'difficultés à vaincre' (p.83, l.33) pour vivre. Le Roy parle en toutes lettres des 'obstacles multipliés' auxquels ont affaire les carnivores en concurrence avec l'homme (p.84, l.46).

Déjà mentionnés dans la lettre I (p.81, l.111-114), les 'rapports avec les objets qui les environnent' reparaîtront dans la lettre II à madame *** sur l'homme (p.196, l.62-66).

2. Le thème de l'intelligence individuelle des bêtes se trouvait déjà dans le *Traité des animaux*. Après avoir affirmé (partie II, ch.5) que les animaux 'qui ont un plus grand nombre de sens et de besoins, ont plus souvent occasion de faire des comparaisons et de porter des jugements', Condillac ajoute: 'Il y a même du plus ou du moins d'un individu à l'autre dans une même espèce' (*O.p.*, i.362b), mais il se contente d'avancer le fait sans élaborer.

Le Roy cherche, au contraire, à en rendre compte et fait de nouveau intervenir ici le thème de l'obstacle. Ces 'circonstances qui rendent la satisfaction des besoins plus ou moins facile pour les individus' (p.83, l.12-13) correspondent manifestement à celles qui 'peuvent mettre des obstacles à la satisfaction de [leurs] besoins' (p.81, l.88-89, et lettre I, note 11).

Le Roy avait cependant, outre l'idée de l'obstacle, d'autres raisons d'affirmer que certains individus d'une même espèce peuvent avoir plus ou moins d'idées que d'autres. 'Pour un chasseur attentif', dit-il dans la lettre VII, 'il n'est pas deux renards dont l'industrie se ressemble entièrement, ni deux loups dont la gloutonnerie soit la même' (p.134, l.21-23). Il met également en lumière dans la lettre VI les différences entre les nids construits par des oiseaux jeunes et vieux (p.120, l.237-245). Si Le Roy, à l'encontre de Condillac, approfondit la question de l'intelligence individuelle des bêtes, c'est grâce encore, on le voit, à ses observations de lieutenant des chasses.

3. Le loup est le seul des animaux présentés par Le Roy dont nous n'ayons pas relevé, aux Archives nationales, de mention dans un contexte indiquant que notre philosophe l'avait connu dans l'exercice de ses fonctions de lieutenant des chasses. Il était certainement à même cependant d'observer le loup dans le domaine royal de Versailles, car au tome V (1755) de l'*HN* Daubenton nous apprend, dans la partie de sa 'Description du chien et de ses variétés' consacrée aux chiens de Calabre, qu''il y a quelques années que l'on en fit peindre à Versailles deux très beaux de la haute taille du danois, fort courageux et très ardents à la chasse du loup' (V.254). Voilà qui rappelle qu'au dix-huitième siècle les rois de France entretenaient un équipage pour le loup, qu'ils chassaient à Marly (Françoise Vidron, *La Vénerie royale au XVIIIe siècle*, Paris 1953, p.29; J. Fennebresque, *Versailles royal*, Paris 1910, p.46).

Bien placé pour observer les loups, Le Roy possédait aussi deux livres classiques sur la chasse où il est question du loup, *La Vénerie* de Jacques Du Fouilloux et *La Vénerie royale* de Robert de Salnove (inventaire de 1789, nos.61, 62). Nous avons la certitude que Le Roy avait pratiqué ces deux ouvrages, car d'après le début de son article 'Vénerie' de l'*Encyclopédie*: 'nous avons plusieurs livres dans lesquels l'art de chasser est traité à fond. Entre ces ouvrages on distingue avec avantage ceux de Jacques du Fouilloux et de Robert de Salnove' (XVI.915b).

Il est probable que Le Roy disposait de ces deux livres dès le début de sa collaboration à l'*Encyclopédie*, car le 'Livre de dépense et recette' de la société de libraires qui publia l'*Encylopédie* indique parmi les dépenses de 1749 l'achat 'pour celui qui travaille à la chasse' de '*La Vénerie* de Fouilloux' et de '*La Vénerie* de Salnove' (Louis-Philippe May, éd., 'Documents nouveaux sur l'*Encyclopédie*', *Revue de synthèse* 15 (1938), p.132-33). On sait qu'en rédigeant l'article 'Cerf' de l'*Encyclopédie* (I.840a) Diderot mit à contribution Du Fouilloux et Salnove, et il paraît normal qu'il ait passé les deux ouvrages à Le Roy lorsque celui-ci entreprit, en 1755 au plus tard (introduction, p.9), d'écrire des articles sur la chasse pour l'*Encyclopédie*.

Les passages de Du Fouilloux et de Salnove que nous reproduisons dans nombre de nos notes permettent de constater que les observations de Le Roy confirment assez souvent celles de ses deux prédécesseurs, mais dans certains cas diffèrent plus ou moins des leurs et dans d'autres cas n'ont pas d'équivalent chez eux.

4. La troisième partie de *La Vénerie royale* de Salnove (Paris 1929) consacre à la chasse au loup dix-neuf chapitres, dont le premier, intitulé 'Du naturel des loups', décrit le loup comme 'le plus goulu et le plus carnassier de tous les animaux' (p.181).

5. 'Le loup est le plus fin et le plus méfiant de tous les animaux, et qui a le nez le meilleur' (Salnove, p.181).

6. Non seulement Salnove parle (p.188) du 'grand amour qu'ils [les loups] ont pour leur petits; ce qui leur fait prendre et leur apporter incessamment la proie', mais le fait figure dans un texte plus ancien que Le Roy avait toutes les chances de posséder. En 1585, dans la sixième édition (la première date de 1561), s'ajoutent à *La Vénerie* de Du Fouilloux (inventaire de 1789, no.61) plusieurs autres textes, dont des extraits de l'art de chasser du roi Phébus et *La Chasse au loup* de Jean de Clamorgan. La plupart des éditions qui parurent par la suite, y compris la plus récente par rapport à Le Roy, celle publiée à Rouen en 1650, comportent ces textes, qui traitent tous deux du loup. Malheureusement ni l'un ni l'autre n'ont trouvé place dans les deux éditions de *La Vénerie* de Du Fouilloux parues depuis une vingtaine d'années, celle éditée par Gunnar Tilander (Karlshamm 1967), et celle publiée par la librairie Adolphe Ardant (Limoges 1973). Il faut donc renvoyer à l'édition de Paris de 1928 pour un passage de la 'Chasse au loup' d'après le roi Phébus, lequel affirme que 'tels loups ainsi accompagnés [le loup et la louve] portent à manger à leurs enfants, aussi bien le père comme la mère' (p.206).

7. D'après Salnove les jeunes loups – chassés par leurs père et mère, non par la louve seule,

comme chez Le Roy – 'se tiennent encore ensemble sept ou huit mois, et jusques à ce qu'ils se sentent le courage et la force d'aller chercher leur proie' (p.184).

Quant à la suite de ce passage: 'et après ils se mettent deux ensemble, et pour leurs mangeures, ils vont la nuit dans les villages pour y chercher quelque reste de bête morte (n'étant pas encore si fins et si méfiants que les vieux loups)', on en retrouve des éléments chez Le Roy (p.85, l.80-83): le peu d'expérience des jeunes loups et leur ordinaire de bêtes mortes, mais selon Le Roy ils ne circulent pas à deux, ils se séparent carrément (p.85, l.77-79) et c'est dans les campagnes qu'ils vont chercher des cadavres, non dans les villages (p.85, l.81-82). Le Roy s'en remet à ses observations personnelles plutôt qu'à son prédécesseur.

8. D'après la 'Chasse au loup' du roi Phébus (voir note 6), les loups 'ont grande force spécialement devant, et malle morsure et forte, car aucunesfois un loup tuera une vache ou une jument' (Du Fouilloux 1928, p.206). Salnove dit que les loups attaquent moutons, chevaux, vaches, bêtes fauves et 'bêtes noires de compagnie' (p.180). Le Roy résume par un terme général, 'de grands animaux', les exemples particuliers donnés par ses deux prédécesseurs.

9. *La Chasse au loup* de Jean de Clamorgan avait déjà dit que 'quand on leur [aux loups] voit fouir en terre et la découvrir, c'est pour manger du carnage qu'ils y ont enfoui et caché après qu'ils en ont été saouls' (Du Fouilleux 1928, p.225).

10. Paroles que Virgile (*Enéide*, ii.49) met dans la bouche du grand prêtre Laocoön pour dissuader les Troyens de faire entrer dans leurs murs le fameux cheval de bois que les Grecs avaient perfidement laissé sur le rivage.

Cette citation, qui est toutefois particulièrement bien amenée dans ce texte, est une des plus connues de la langue latine. Elle était monnaie courante dans la famille de Le Roy, témoin le conseil: 'souvenez vous du Timeo Danaos' donné, dans sa lettre du 23 novembre 1763, par Jean-Michel Hennin à son fils Pierre-Michel, quelques mois après que ce dernier fut nommé résident de France à Varsovie (BI ms.1262, f.267).

Il n'est guère besoin de rappeler qu'un *Virgilii opera* figurait parmi les ouvrages de la bibliothèque de Le Roy (inventaire de 1789, no.27).

11. Ces remarques figuraient déjà dans la plus ancienne des lettres, la septième (p.139, l.196-200).

Le chapitre 17 des dix-neuf consacrés à la chasse au loup par Salnove avait déjà décrit comment on le chasse avec des chiens courants: 'Lorsque les loups tournent, c'est seulement à droite et à gauche, et non sur les voies, comme les autres bêtes [...] Et pour réussir à les forcer, il faut en savoir faire le choix, comme de n'attaquer un vieil loup, dont la force et l'haleine est indomptable' (p.212). Le Roy est d'accord avec Salnove sur le comportement du loup chassé.

12. D'après *La Chasse au loup* de Jean de Clamorgan, 'Quand étant en chaleur ils suivent la louve, ils exercent cruellement leur ferité et cruauté les uns contre les autres, et s'entrebattant à toute outrance: se mordent, blessent, déchirent, et tuent comme si toute leur vie ils avaient été capitaux ennemis' (Du Fouilloux 1928, p.225). Le Roy a de nouveau (voir note 8) résume en quelques mots généraux là où son prédécesseur donne une description détaillée.

13. D'apres la 'Chasse au loup' du roi Phébus (voir note 6), la louve s'enfuit avec le mâle qu'elle a choisi (Du Fouilleux 1928, p.205), mais Salnove rejette explicitement cette thèse pour affirmer que c'est le plus fort qui conquiert la louve (p.186). Le Roy a tout l'air de se souvenir de la critique de Salnove, puisqu'il avance les deux points de vue non seulement ici, mais plus loin ('elle demeure avec celui qu'elle a adopté ou qui l'a conquise', p.88, l.200-201), tout en penchant plutôt vers la thèse du choix (p.88, l.198-199).

14. Le Roy est d'accord jusqu'ici avec ce que dit Buffon dans l'article de l'*HN* consacré au loup (vii.39-52), sans qu'on puisse affirmer qu'il s'inspire du grand naturaliste. On peut se demander toutefois si dans notre passage Le Roy ne prend pas sciemment le contrepied de Buffon, qui affirme que les loups 's'entredévorent et lorsqu'un loup est grièvement blessé, les autres le suivent au sang et s'attroupent pour l'achever' (vii.41).

15. Ce passage reprend et développe les indications sur le renard présentées dans l'article 'Instinct' de l'*Encyclopédie*, lesquelles indications sont reproduites mot à mot dans la lettre VII, 'Sur l'instinct des animaux' (p.137, l.116-130). Le Roy était bien placé pour observer les renards,

témoin un document, daté du 2 janvier 1760, où le gouverneur de Versailles certifie 'que le S.r Charles Georges Le Roy Lieutenant des chasses des Parcs de Versailles Marly et dependances a distribué suivant nos ordres la somme de trois mille huit cent trente trois livres huit sols aux gardes chasses desd. Parcs pour les bêtes puantes et oiseaux de proie qu'ils ont pris et tuez dans lesd. Parcs pendant l'année dernière mil sept cent cinquante neuf' (AN, o[1] 3912[7]). Les 'bêtes puantes' comprennent, il est vrai, les blaireaux, les fouines, les furets, les belettes et les putois aussi bien que les renards, mais ces derniers devaient être assez nombreux dans les environs de Versailles, car huit ans plus tard ils abondaient tellement dans le domaine royal qu'il fallut prendre des mesures énergiques pour en diminuer le nombre, comme nous l'apprend la requête suivante soumise à Louis XV: 'Il y a une très grande quantité de renards dans le Parc de Marly et dans tous les environs. M. le Roy demande la permission de refondre la depense qu'il faisoit pour quelques chiens pour le sanglier, et de donner en tout 600ll à Payn garde à Rennemoulins pour entretenir six chiens pour le renard. Votre Majesté permet-Elle que cette dépense lui soit passée du 1er Juillet 1768' (AN, o[1] 284, pièce 360).

16. Le Roy connaissait bien les ouvrages de Du Fouilloux et de Salnove et paraît s'en souvenir dans les pages qu'il consacre au loup. Ce qu'il a dit jusqu'ici du renard n'a rien de commun, en revanche, avec les cinq chapitres (60 à 64) de Du Fouilloux qui traitent de la chasse au renard et au blaireau, ni avec la majeure partie des trois chapitres de Salnove intitulés 'De la chasse au renard'.

Le passage qui nous occupe rappelle cependant quelques détails secondaires qui figurent chez Salnove. Celui-ci précise, comme Le Roy, qu'on peut chasser le renard soit avec des bassets, soit avec de petits chiens courants (p.246). Il recommande aussi de boucher les terriers de renard avant la chasse (p.247), alors que chez Le Roy on 'garde ordinairement' celui du renard qu'on poursuit (p.91, l.329). Salnove conseille troisièmement de 'regarder où sera le plus grand fort, ou le plus gros hallier pour y entrer, [...] puisque ce sont là les lieux où ils [les renards] demeurent le plus ordinairement' (p.248), tandis qu'il est question chez Le Roy des 'plus épais halliers dont il [le renard] a la connaissance et l'habitude'. Il s'agit là probablement de rencontres fortuites, car les faits qui ne figurent pas chez Salnove et Du Fouilleux indiquent qu'en écrivant ses *Lettres sur les animaux* Le Roy puisait avant tout dans le riche fonds de ses observations personnelles.

Certains points sont communs à ce que Le Roy dit du renard dans la lettre II et au chapitre sur le renard de l'*HN* (vii.75-84), mais les ressemblances ne sont ni assez précises, ni assez nombreuses pour qu'on puisse affirmer qu'il y eut influence. Quoi qu'il en soit, le texte de Le Roy comporte des observations qu'on ne trouve nulle part ailleurs (voir en particulier p.90, l.300-302; p.91, l.334-335).

17. Comme Le Roy avait été témoin du fait ('*J*'en *ai vu* un'), il s'agit presque certainement du mur qui entourait les Parcs de Versailles et dont la hauteur normale était de neuf pieds, à en juger par la requête suivante, soumise au roi en 1774: 'Les murs qui ferment la ville du côté de la rue des mauvaises paroles sont très bas, et facilitent l'entrée des mauvais sujets et braconniers dans le Parc. Le S. Pierre Boulemer de la Martinière, de l'avis de M. Le Roy, demande douze toises de large de mauvais bois le long de ce mur, à condition de faire clore d'un mur de 9. pieds de haut' (AN, o[1] 1077, pièce, 553).

18. A la fin du chapitre 2 de la seconde partie de son *Traité des animaux* Condillac affirme contre Buffon – qui est la cible de l'ouvrage – que les bêtes 'inventent', 'font des découvertes', puisqu'elles 'apprennent à toucher, à voir, à marcher, à se nourrir, à se défendre, à veiller à leur conservation' et 'perfectionnent même: car dans les commencements, elles ne savent pas toutes ces choses, comme elles les savent lorsqu'elles ont plus d'expérience [...] Si elles inventent moins que nous, si elles perfectionnent moins', c'est que 'pressées par leurs besoins et n'ayant que peu de choses à apprendre, elles arrivent presque tout à coup au point de perfection auquel elles peuvent atteindre; mais elles s'arrêtent aussitôt, elles n'imaginent pas même qu'elles puissent aller au-delà. Leurs besoins sont satisfaits, elles n'ont plus rien à désirer, et, par conséquent plus rien à rechercher' (*O.p.*, i.358, note 1).

Condillac n'était certes pas seul à se rendre compte que les animaux, à l'encontre de l'homme, atteignent presque tout de suite au plein développement de leurs facultés mentales. La Mettrie, par exemple, s'en était aperçu avant Condillac (*Les Animaux plus que machines*, *Œuvres philosophiques*, Londres 1751, p.319), mais Le Roy ne possédait pas d'ouvrages de La Mettrie, alors qu'il connaissait bien le *Traité des animaux*.

Si, comme Condillac, dont il suit en général la thèse relative aux connaissances des bêtes, Le Roy accorde à celles-ci 'une aptitude à se perfectionner' (p.91, l.345), il en définit autrement les limites, grâce aux connaissances de chasseur qui lui faisaient prêter un rôle important à l'obstacle (voir lettre 1, note 11). Pour Condillac, on vient de le voir, les bêtes '*arrivent presque tout à coup* au point de perfection auquel elles peuvent atteindre', mais notre passage de Le Roy nous montre le loup et le renard déjà adultes comme perfectibles, capables d'apprendre à parer à des dangers nouveaux pour eux (p.91, l.347-353). Le Roy ne se contente pas de reprendre tout simplement la thèse condillacienne de la perfectibilité animale, mais la confirme et la renforce. Il continuera à l'approfondir dans la lettre IV, consacrée tout entière à examiner 'quelles sont les circonstances nécessaires pour que la perfectibilité naturelle aux animaux se développe' (p.101, l.336-337).

19. Ces deux mots reviendront à plusieurs reprises (p.102, l.11; p.114, l.4-5; p.126, l.59; p.140, l.245; p.140, l.258; p.141, l.286; p.142, l.336). Le mot 'perfectibilité' ne se trouve pas dans le *Traité des animaux*. Il est utilisé, en revanche, dans *De l'esprit* (p.17, 263) et le *Discours sur l'inégalité* (*Œuvres complètes*, iii.142). Comme Le Roy avait lu ces deux ouvrages (lettre 1, notes 11, 13), il n'est pas étonnant qu'il se serve du mot et emprunte aux deux ouvrages non seulement leur vocabulaire mais, on le verra plus loin, des idées.

Notes à la lettre III (lettre 3)

1. Le Roy résume dans ce passage des thèmes qu'il présentera plus longuement dans les lettres I et II sur l'homme (p.149 l.226-p.150 l.265; p.154 l.101-p.155 l.116), thèmes qui lui étaient communs avec Helvétius (voir lettre 8, notes 16 et 17). Placer le bonheur dans le repos était cependant une très vieille idée, qui remontait à Epicure au moins. Or, d'après une phrase de l'article 'Homme (*Morale*)' de l'*Encyclopédie*, laquelle n'est pas passée dans les lettres sur l'homme, 'Le repos, ce partage réservé aux dieux, est l'objet éloigné que se proposent tous les hommes' (viii.276a). Le repos, 'c'est le bonheur des dieux', dit encore Le Roy dans la lettre qu'il adressa à P.-M. Hennin le 3 février [1761] (BI ms.1268, f.163*v*). Voilà qui rappelle la 'paix profonde' où les dieux 'goûtent le repos' du livre VI du *De natura rerum* de Lucrèce (inventaire de 1789, no.183).

2. 'On ne m'ôtera pas de la tête que c'est l'ignorance qui fait principalement les méchants et les malheureux', disait déjà Le Roy à P.-M. Hennin dans sa lettre du 5 novembre [1758] (BI ms.1268, f.229*v*). Mais le remède proposé par Le Roy: dissiper l'ignorance, éclairer les hommes sur le but à viser pour être heureux, n'a, à ses yeux, rien d'infaillible, puisque les hommes ne se rendront que 'peut-être' à 'l'évidence'. On comprendra l'hésitation de Le Roy si l'on se reporte à la lettre II sur l'homme, d'après laquelle 'la raison, la discussion, l'exposition froide de la vérité n'ont aucun pouvoir sur la plupart des hommes' (p.162, l.400-401) et 'les hommes, pris en masse, sont le produit de l'exemple et de l'opinion' (p.162, l.421-422). Le Roy se montra d'ailleurs de moins en moins optimiste avec l'âge, car il affirmera dans une des lettres posthumes que 'la raison est et sera toujours le privilège d'un petit nombre d'individus' (p.209, l.158).

3. Les documents conservés aux Archives nationales établissent, plus abondamment que pour aucun autre animal sauf le lapin, que Le Roy avait l'occasion d'observer le cerf de près dans l'exercice de ses fonctions à Versailles. D'après une lettre qu'il adressa en avril 1779 à d'Angiviller, directeur général des Bâtiments, 'le Roy a été hier visiter son parc de glatigny, tourmenté et manqué des biches qui y sont, fait faire un treillage au chemin de la celle pour gêner un peu leur entrée, qu'on ne peut pourtant pas empêcher' (AN, o' 1804, pièce 75). Deux autres lettres de Le Roy à d'Angiviller, datées de décembre 1779 et septembre 1780, le supplient d'autoriser des travaux pour arrêter les dégâts causés dans les Parcs par les cerfs (AN, o' 1804, pièces 95, 135).

Nos trois lettres sont postérieures d'une quinzaine d'années, il est vrai, à la lettre III, rédigée au plus tard pendant les premiers mois de 1764 (introduction, p.14), mais comme Louis XIII et ses successeurs avaient chassé le cerf, bête royale, dans les environs de Versailles, il est à peu près certain qu'il y en avait là en quantité dès la jeunesse de Le Roy.

Il n'est pas sans intérêt que Daubenton considérait Le Roy comme assez au fait de l'histoire naturelle du cerf et assez bon observateur pour le prier d'aller examiner un cerf sans bois dont on attendait l'arrivée à la ménagerie de Versailles au début de 1788 (Muséum d'histoire naturelle, ms.219, lettres adressées à Daubenton entre 1784 et 1788, dont une lettre autographe de Le Roy datée de Versailles, le 23 février [1788]).

La familiarité de Le Roy avec la vie du cerf est attestée d'ailleurs, de manière fort pittoresque, par la lettre de Diderot à Sophie Volland du 20 octobre 1760, date à laquelle Diderot et Le Roy étaient tous deux hôtes du baron d'Holbach au Grandval. 'Mais voilà la messe qui sonne,' écrit Diderot à la fin de sa lettre. 'Le petit croque-Dieu [un abbé qui fréquentait les d'Holbach] est arrivé. Je l'entends rire, pour me servir de la comparaison de M^r^ Le Roy, comme un cerf au mois d'octobre. Il prétend qu'on s'y tromperait dans la forêt' (*Correspondance*, iii.181).

4. Du Fouilloux et Salnove décrivent avec un luxe de détails non seulement la chasse au cerf, mais aussi les habitudes de cet animal. Or, Salnove qui, on l'a vu (lettre 2, note 13), n'est pas entièrement d'accord avec le roi Phébus concernant le loup, reproche, explicitement encore, à Du Fouilloux d'avoir dit que 'les cerfs changent de viandis tous les mois' (Du Fouilloux 1928, p.60; 1973, p.80). Selon *La Vénerie royale* (p.10) ils n'en changent que quatre fois par an, d'après les saisons. Dans le passage qui nous occupe c'est donc l'opinion de Salnove qu'adopte Le Roy.

C'est, en revanche, Du Fouilloux plutôt que Salnove que rappelle Le Roy en faisant brouter au cerf 'des chatons et des bourgeons tendres au commencement du printemps'. Selon Du Fouilloux, 'en février et mars, ils [les cerfs] vont aux viandis aux chatons des saules et coudres [...] et aux boutons du mort bois' (1928, p.62; 1973, p.81), alors que chez Salnove (p.80) ils broutent 'blés, seigles, pois, fèves et les bois poussés de l'année'.

Pour ce qui est des ressources alimentaires des cerfs en hiver, Le Roy, Du Fouilloux et Salnove sont tous trois d'accord (p.94, l.65-66; Du Fouilloux 1928, p.61, 1973, p.80; Salnove, p.9, 10).

Quant à l'ordinaire estival et automnal des cerfs, d'après Salnove, en avril, mai et juin les cerfs 'sont dans leur pleine force, ayant été renouvelés par les herbes nouvelles, qui les ont remis en bonne chair' (p.81; cf. Le Roy, p.94, l.64) et d'après Du Fouilloux, en juin, juillet et août ils vont 'aux grains, comme froments, avoines, seigles, orges' (1928, p.62, 1973, p.83; cf. Le Roy, p.94, l.64-65). Que Le Roy fasse écho tantôt à Du Fouilloux, tantôt à Salnove, suggère qu'il se souvenait des deux et que ses observations personnelles confirmaient les dires tantôt de l'un, tantôt de l'autre.

5. Pour Du Fouilloux et Salnove, comme pour Le Roy, au printemps et au commencement de l'été le cerf se retire dans 'les buissons' pour ménager son bois sensible (Du Fouilloux 1928, p.41, 62, 82; 1973, p.59, 82, 105; Salnove, p.80, 81) et en hiver il se retire au fond des forêts à l'abri du froid (Du Fouilloux 1928, p.61; 1973, p.80; Salnove, p.9).

6. 'Et notez qu'il y a des cerfs si malicieux qu'ils font deux buissons [...] Ce sont cerfs qui ont eu ennui en leurs viandis, lesquels changent de buisson quand le vent tourne, pour avoir sentiment à la sortie de leur fort, de ce qui est en leurs gagnages' (Du Fouilloux 1928, p.62; 1973, p.82). Remarquons que si ce passage de Du Fouilloux correspond dans l'ensemble à notre passage de Le Roy, le cerf est inquiété dans ses 'gagnages' chez Du Fouilloux, dans son 'asile' ou lieu de sa reposée chez Le Roy.

7. Le fait était bien connu des experts de la chasse au cerf. Du Fouilloux conseille au veneur qui emmène le limier à la recherche d'un cerf à courre de faire attention, car 'si c'est un cerf malicieux, il pourra faire de grandes ruses, allant et venant sur lui plusieurs fois' (1928, p.65; 1973, p.86).

Dès le chapitre 1 de sa *Vénerie royale* Salnove avertit, lui aussi, que lorsqu'un cerf rentre au fort au point du jour, 'il y fera son entrée par un chemin où il puisse faire quelques ruses et retours, et quelques faux rembuchements, auparavant que d'en former un véritable, pour ôter la connaissance du lieu de son repos' (p.4).

8. Ce n'est pas la première fois que Le Roy utilise le mot 'instinct' dans ses *Lettres* (voir lettre 1, note 4), mais c'est la première fois qu'il indique de façon tout à fait explicite ce qu'il entend

par là. La distinction très nette qu'il fait ici entre d'une part, l'instinct, dont les actions 'ne supposent qu'une seule idée ou sensation actuelle', et, d'autre part, l'intelligence, la réflexion sur l'expérience passée qui donne lieu aux ruses de l'animal, il la reprend un peu plus loin (p.96, l.148-152). Il précise aussi que 'ce qui appartient proprement à l'instinct, dépend entièrement de l'organisation' (p.99, l.239-240), qu'il s'agit d''une inclination sourde, indépendante de l'expérience et de la réflexion', d''une impulsion aveugle et sans réflexion' (p.99, l.250-251; p.117, l.149-150).

Pour Le Roy le mot 'instinct' n'a pas du tout le même sens que pour Condillac. D'après le chapitre du *Traité des animaux* intitulé 'De la génération des habitudes communes à tous les animaux' (partie II, ch.1), les animaux doivent apprendre à se mouvoir, à se servir de leurs organes, à faire tout ce qui est nécessaire pour veiller à leur conservation. Toutes leurs actions, même les plus simples, sont dues à la réflexion sur les sensations agréables et désagréables qu'ils éprouvent. Mais 'les besoins se renouvellent, et les opérations se répètent si souvent, qu'il ne reste plus de tâtonnement dans le corps, ni d'incertitude dans l'âme: les habitudes de se mouvoir et de juger sont contractées' (*O.p.*, i.356b). Et Condillac de résumer: 'La réflexion veille donc à la naissance des habitudes, à leurs progrès; mais à mesure qu'elle les forme, elle les abandonne à elles-mêmes, et c'est alors que l'animal touche, voit, marche etc. sans avoir besoin de réfléchir sur ce qu'il fait' (i.357a).

Si pour Le Roy l'instinct n'est pas 'cette habitude privée de réflexion' dont parle Condillac (i.363a), mais 'une impulsion aveugle et sans réflexion', s'il va jusqu'à admettre dans les bêtes 'quelques dispositions qu'on peut appeler machinales, quelques tendances naturelles vers les objets qui leur conviennent' (p.167, l.116-118), c'est sans doute, d'une part, que notre lieutenant des chasses avait observé les bêtes de plus près que Condillac, d'autre part, que n'ayant pas formulé lui-même la théorie de la connaissance sensualiste, qu'il emprunta toute faite à Condillac, il n'avait pas les mêmes raisons que celui-ci de rejeter tout ce qui ressemble à l'innéité. Quoi qu'il en soit, on peut caractériser Le Roy, en ce qui concerne l'instinct, comme un disciple de Condillac, mais un disciple infidèle.

S'il n'est pas d'accord avec Condillac pour ce qui est de l'instinct, Le Roy rejettera sans ambages, dans les lettres à madame *** publiées en 1781, les idées non seulement de Buffon, mais de Reimar, dont les *Observations physiques et morales sur l'instinct des animaux* viendront enrichir le débat sur l'instinct qui se poursuivit tout le long du siècle. Traduit en français (Amsterdam 1770), cet ouvrage sera résumé dans l'article 'Instinct' du *Supplément à l'Encyclopédie* (Amsterdam 1776-1777, iii.608b-11a). Remarquons cependant que, malgré leur désaccord, Reimar, comme Le Roy, attribuera aux bêtes des comportements innés (*Observations*, en particulier ch.4, 10).

9. D'après le chapitre 4 de *La Vénerie royale* les cerfs s'attroupent en hiver (p.10), et selon *La Vénerie* 'en décembre ils se mettent en hardes' (1928, p.61; 1973, p.80). Du Fouilloux avait déjà précisé que les cerfs ne se séparent ensuite des autres que dans leur quatrième année, 'parce qu'ils n'ont pas la hardiesse, joint que leurs armes et défenses ne sont encores en leur force' (1928, p.42; 1973, p.60).

10. Le Roy résume en quelques mots (p.96, l.126-127) ce que Du Fouilloux et Salnove décrivent plus longuement (Du Fouilloux, 1928, p.40-41, 62; 1973, p.57-58, 83; Salnove, p.7-8).

Quant à la perte de venaison pendant le rut (p.96, l.129-130), 'Il n'est pas concevable', avait dit Salnove, 'qu'un cerf de dix cors, qui aura eu auparavant son rut quatre doigts de venaison sur le cimier et à proportion en tout le reste de son corps, n'ait pas seulement perdu cette venaison, mais encores beaucoup de sa chair, et cela en trois semaines de son rut' (p.10).

Les combats entre les cerfs de forces égales et la prompte retraite des plus faibles figurent également chez Du Fouilloux et Salnove (1928, p.40; 1973, p.57; p.8). Pour ce qui est de l''avantage singulier' des vieux cerfs (p.96, l.135-137), Du Fouilloux avait déjà précisé que 'tant plus ils sont vieux, et plus sont chauds de la biche et mieux aimés' (1928, p.40; 1973, p.57). Le 'jeune audacieux' de la fin de notre passage a son équivalent approximatif chez Salnove: d'après *La Vénerie royale* ce ne sont pas les jeunes cerfs, mais ceux d'âge mûr qui profitent de l'occasion lorsque le vainqueur est 'éloigné' (p.8). Comme plus haut, les observations de Le Roy ne concordent pas entièrement avec celles de ses prédécesseurs.

Plusieurs faits relatifs au comportement du cerf sont communs à la lettre III et à l'*HN*, sans qu'on puisse affirmer que Buffon les tient de Le Roy ou inversement. Il est digne de remarque cependant que la fin de notre passage a son équivalent exact chez Buffon: des combats ont lieu entre les vieux cerfs au moment du rut et 'quelquefois' de jeunes cerfs 'sautent sur la biche pendant que les vieux combattent; et après avoir joui fort à la hâte, ils fuient promptement' (*HN*, vi.75). Comme ce détail ne se trouve dans aucun autre ouvrage de vénerie ou d'histoire naturelle disponible au dix-huitième siècle, on peut en conclure que Buffon le tenait de Le Roy, qui (introduction, p.9) fournit des observations à l'*Histoire naturelle* dès le tome vi, publié en 1756.

11. Le fait était familier aux chasseurs, puisque d'après *La Vénerie royale* les jeunes cerfs n'ont rien du discernement ni de la prudence des vieux (p.72).

Le Roy avait déjà souligné le contraste entre les jeunes animaux et les vieux, entre les jeunes loups, les jeunes renards sans expérience et les vieux (p.138, l.188-190; p.92, l.356-363).

12. Le cerf qu'on chasse peut forlonger (Du Fouilloux 1928, p.93, 95; 1973, p.118, 121; Salnove, p.108, 111, 116), aller et venir sur ses voies (1928, p.92; 1973, p.117; p.108, 116), chercher à se faire accompagner d'autres bêtes de son espèce (1928, p.91; 1973, p.116; p.96, 110, 116), commencer par se jeter sur le ventre comme s'il était mal mené (1928, p.98; 1973, p.123; p.106) et *La Vénerie* explique que les chiens ne suivent pas bien le cerf dans les chemins pour plusieurs raisons, y compris celle dont s'aperçoit le cerf d'après la lettre III: 'il n'y a ni bois ni herbes ou le cerf puisse toucher des jambes, ni du corps' (1928, p.92; 1973, p.117).

Si Le Roy n'était pas seul à connaître les ruses principales du cerf, on en relève une chez lui qui n'a pas d'équivalent exact chez ses prédécesseurs: le cerf se jette sur le ventre non au début, mais au cours de la chasse, dans l'espoir que l'ardeur emportera les chiens (p.97, l.174-175). La présence non seulement de cette ruse, mais de mots qui indiquent la fréquence du recours à toutes les ruses mentionnées ('souvent', p.97, l.161, 167, 176, 183; 'quelquefois', p.97, l.170; 'il lui arrive de', l.174), atteste que notre passage est le fruit bien plus des observations personnelles de Le Roy que de souvenirs de lecture (cf. lettre 2, note 7; ci-dessus, notes 6, 10).

13. Nous n'avons relevé qu'une seule mention du daim dans les documents relatifs au domaine royal de Versailles conservés aux Archives nationales. Elle se trouve dans une lettre autographe d'avril 1785, où Le Roy prie le directeur général des Bâtiments de faire prendre des mesures pour protéger les pépinières le long du chemin de Marly, car 'il entre journellement des daims, des cerfs, des chevreuils qui devastent les pépinières. On les chasse tous les jours, on réussit rarement à les faire sortir, et s'ils sortent, ils reviennent le lendemain' (AN, o^1 1804, pièce 368). Ces événements avaient lieu certes plus de vingt ans après la publication de la lettre III, mais il n'est guère probable que les daims aient fait leur apparition dans les environs de Versailles tout d'un coup en 1785, sans qu'il y en ait eu auparavant. On peut donc raisonnablement supposer que Le Roy avait été à même, dès ses jeunes années, de les observer et d'assister à des chasses au daim. Quelque rapide qu'elle soit, notre passage de la lettre III concernant le daim a toutes les chances de résumer des connaissances de première main.

Il n'est question du daim ni dans *La Vénerie* ni dans *La Vénerie royale*, mais on trouve comme l'écho de notre phrase de Le Roy dans le chapitre de l'*HN* consacré au daim: 'Les connaissances du daim sont, en plus petit, les mêmes que celles du cerf; les mêmes ruses leur sont communes, seulement elles sont plus répétées par le daim; comme il est moins entreprenant et qu'il ne se forlonge pas tant, il a plus souvent besoin de s'accompagner, de revenir sur ses voies etc.' (vi.172). Il est tentant de conclure, comme pour un détail du comportement du cerf (voir note 10), que Buffon tenait ces faits de Le Roy.

14. Tous les faits précis concernant le chevreuil avancés dans notre passage se trouvaient déjà chez Salnove et certains dans la chasse au chevreuil d'après le roi Phébus jointe à la plupart des éditions de *La Vénerie* (voir lettre 2, note 6). D'après les deux prédécesseurs de Le Roy, le rut du chevreuil dure quinze jours (Du Fouilloux 1928, p.203; Salnove, p.166), à l'encontre du cerf le chevreuil est monogame (1928, p.203; p.166), il vit toujours avec sa chevrette et ses petits (1928, p.203; p.168), le chevreuil et la chevrette sont généralement frère et sœur d'une même

portée (1928, p.203; p.168), qui peut cependant compter jusqu'à trois faons (Salnove, p.168). Chez Salnove comme chez Le Roy, le chevreuil est, en outre, 'l'animal qui a le plus de sentiment et qui donne le plus d'ardeur aux chiens, lorsqu'ils le chassent', il a recours aux mêmes ruses que le cerf, et 'fait le plus de tours et le plus de ruses sur ses fins, de tous ceux qui ont le pied fourchu' (Salnove, p.164, 163, 175).

Si les faits présentés dans notre passage ne diffèrent pas de ceux rassemblés par les prédécesseurs de Le Roy, c'est qu'ils avaient été confirmés par les observations que notre lieutenant des chasses était à même de faire à Versailles. Nous n'avons trouvé, dans les documents conservés aux Archives nationales, que deux mentions du chevreuil, celle déjà citée (note 13) et une autre qui date de la même époque et se rapporte aux mêmes pépinières (AN, o[1] 1804, pièce 362). Cette fois nous avons la certitude que les chevreuils ne surgirent pas dans le domaine royal de Versailles du jour au lendemain en 1785, car au t.vi de l'*HN* (1756) la 'Description du chevreuil' par Daubenton fait allusion à 'un chevreuil et une chevrette pris dans le parc de Versailles au mois de juillet' (vi.215). Le Roy avait donc pu observer les chevreuils de près et voir probablement des chasses au chevreuil avant la publication de la lettre III en 1764.

15. On dirait que Buffon avait pris connaissance de ce passage, car dans son 'Discours sur la nature des oiseaux' il parle de 'quelques espèces de quadrupèdes dans lesquelles la société du mâle et de la femelle dure et subsiste pendant le temps de l'éducation des petits; [...] le chevreuil surtout peut être regardé comme *le modèle de la fidélité conjugale*' (*Histoire des oiseaux*, Paris 1770-1783, i.52; souligné par nous).

16. Ces remarques sur la tendresse maternelle, ainsi que celles de la lettre V (p.110, l.83-103), ne se trouvent pas chez Du Fouilloux et Salnove.

17. Le lièvre, auquel n'est consacrée ici qu'une seule phrase en passant, est considéré plus longuement dans la lettre VII.

18. Ni Du Fouilloux ni Salnove ne traitent du lapin. Les faits relatifs à cet animal présentés dans notre passage et plus loin dans la lettre IV (p.105, l.122-134), à une exception près (voir note 21), ont des chances d'être de première main. Il ressort d'une requête soumise à Louis XV en 1752 (AN, o[1] 287, pièce 67), époque où Le Roy était encore officier des chasses sous les ordres de son père (voir lettre I, note 14), qu'on avait été obligé de faire la guerre aux lapins dans le domaine royal de Versailles, parce qu'ils endommageaient les arbres et les récoltes. Bien que leur nombre eût beaucoup diminué par la suite, il en restait cependant assez, quelques années plus tard, pour qu'il fût toujours nécessaire de protéger contre eux les jeunes arbres. Un mémoire de mars 1758 nous apprend que Le Roy propose d'établir une nouvelle pépinière et 'offre en outre de fournir le bois nécessaire pour la cloture contre les lièvres et les lapins' (AN, o[1] 1075, pièce 234). Le Roy avait donc eu largement le temps d'acquérir les connaissances professionnelles où puiser les observations sur le lapin présentées dans notre passage de la lettre III (publiée en 1764) et celles qu'on trouvera plus loin (p.105, l.122-134) dans la lettre IV (également publiée en 1764).

N'oublions pas non plus que Le Roy avait procuré l'article 'Garenne' à l'*Encyclopédie* (publié au tome VII en 1757), article qu'il était bien qualifié pour écrire, puisqu'il y avait des garennes dans les parcs de Versailles (AN, o[1] 1075, pièces 340, 341, 342; AN, o[1] 3882[5], lettres autographes de Le Roy du 23 janvier 1772 et du 15 mars 1772).

19. D'après le *Traité des animaux*, 'l'amour-propre est sans doute une passion commune à tous les animaux, et c'est de lui que naissent tous les autres penchants'. Il est clair que par 'amour-propre' Condillac désigne ce que Le Roy appelle 'amour de soi', car quelques lignes plus tard Condillac écrit: 'Le premier objet de l'amour-propre est d'écarter tout sentiment désagréable; et c'est par là qu'il tend à la conservation de l'individu' (*O.p.*, i.372a).

Si Le Roy dit 'amour de soi', c'est sans doute sous l'influence d'Helvétius, dont il avait lu de près *De l'esprit* (voir lettre I, note 13). Or, Helvétius y affirme 'que la sensibilité physique a produit en nous l'amour du plaisir et la haine de la douleur; que le plaisir et la douleur ont ensuite déposé et fait éclore dans tous les cœurs le germe de l'amour de soi' (*Esprit*, p.218). 'L'amour de soi' dont Helvétius parle ici à propos de l'homme, Le Roy l'attribue à tous les animaux, comme Condillac leur attribue 'l'amour-propre' qui est chez lui l'équivalent de 'l'amour de soi'.

Il est également question de l'amour de soi dans le *Discours sur l'inégalité* de Rousseau. Le Roy ne négligea pas de lire les notes à la fin de ce livre, puisque c'est sur deux d'entre elles (nos.iv et viii, iii.1389) que portent les remarques qu'il fit tenir à Rousseau par l'intermédiaire de Condillac (lettre 1, note 11). Or, dans une autre de ces notes (no.xv), Rousseau distingue l'amour-propre de l'amour de soi-même, qu'il définit comme 'un sentiment naturel qui porte tout animal à veiller à sa propre conservation' (iii.219).

Il est tout à fait possible que Le Roy s'inspire de nos trois auteurs à la fois, mais dans ce cas il préfère la terminologie d'Helvétius et de Rousseau à celle de Condillac.

20. Cette observation n'avait rien d'original, puisque dans le chapitre sur le lapin de l'*HN* Buffon signale le même fait précédé de ces mots: 'On a souvent remarqué que' (vi.306).

21. Nous avons signalé (lettre 3, notes 10, 15) des détails relatifs aux mœurs du cerf et du chevreuil que Buffon semble avoir emprunté à Le Roy. Nous croyons avoir affaire ici au cas inverse. Dans le chapitre qu'il consacre au lapin Buffon cite des remarques que lui avait communiquées 'un gentilhomme de mes voisins', remarques dont une débute: 'La paternité, chez ces animaux, est très respectée' (*HN*, vi.309). Non seulement cette affirmation s'appuie chez Buffon sur des faits précis, qui manquent chez Le Roy, mais le tome vi de l'*HN*, où figure cette remarque, parut en 1756. Le Roy eut donc largement le temps de puiser dans le texte de Buffon avant la publication de sa lettre III en 1764.

22. Quels étaient ces 'métaphysiciens'? Probablement ceux nommés dans la note rattachée par Condillac à la préface de son *Traité des animaux*. Cette note fait remarquer que Buffon 'croit que la vue a besoin des leçons du toucher: pensée que *Molineux*, *Locke*, *Barclai* ont eue avant lui' (*O.p.*, i.339). Les mêmes sont nommés à propos de la même question dans le *Traité des sensations* (i.288b-89a).

23. Le Roy résume ici deux thèmes développés par Condillac dans son *Traité des sensations* (*O.p.*, i.271a, 280a-85a) mais il y ajoute du sien en précisant que les animaux ne sont pas dans le même cas que l'homme. C'est sans le secours du toucher que les animaux distinguent les formes et que les oiseaux évaluent les distances (p.100, l.289-292).

Les yeux arrivent à distinguer les formes sans le secours du toucher. Diderot l'avait déjà dit, à propos non des animaux, mais de l'homme, à la fin de sa *Lettre sur les aveugles*, où il examine le problème de Molyneux tel qu'il est présenté dans l'*Essai sur l'origine des connaissances humaines* (1746) de Condillac (Diderot, *Œuvres complètes*, éd. Assézat et Tourneux, Paris 1875-1879, i.314-30; Condillac, *O.p.*, i.53b-59b). Dans l'article 'Aveugle' de l'*Encyclopédie* (1751) d'Alembert résume l'argumentation de Diderot et la conclusion à laquelle elle aboutit (i.873a-b).

24. A Versailles Le Roy ne manquait pas d'occasions de voir les faucons foncer sur les perdrix (voir p.144, l.144-148, et lettre 6, note 9).

25. Le fait était assez connu, à supposer que Le Roy n'ait pas eu l'occasion de l'observer lui-même. D'Alembert, par exemple, le relève dans l'article 'Aveugle' de l'*Encyclopédie*, dont Le Roy possédait un exemplaire (inventaire de 1789, no.1). Ceux qui sont privés de la vue doivent, selon d'Alembert, 'avoir plus d'attention aux objets qui tombent sous leurs autres sens. C'est principalement à cette cause qu'on doit attribuer la finesse du toucher et de l'ouïe, qu'on observe dans certains aveugles' (i.870b).

26. Au dix-huitième siècle on considérait l'huître comme étant tout à fait en bas de l'échelle des animaux. C'est en tant que telle que Buffon (voir lettre d'envoi, note 4) l'exclut de la catégorie d'animaux avec lesquels il est loisible de comparer l'homme: 'l'économie animale d'une huître, par exemple, ne doit pas faire partie de celles dont nous avons à traiter' (*HN*, iv.5). Plus loin dans le même texte Buffon décrit l'huître comme 'un être organisé qui n'a point de sens [...] qui probablement n'a qu'un toucher fort imparfait' (iv.19).

27. Condillac avait déjà dit dans le *Traité des animaux* que 'l'activité de leur âme [des bêtes] est momentanée; elle cesse avec les besoins du corps, et ne se renouvelle qu'avec eux. Elles n'ont qu'une vie empruntée, qui, uniquement excitée par l'impression des objets sur leurs sens, fait bientôt place à une espèce de léthargie' (*O.p.*, i.373a). Non seulement la 'torpeur' de notre passage, mais l''état de demi-sommeil' dans lequel Le Roy plonge plus loin les bêtes (p.106,

l.185-186) une fois leurs besoins satisfaits, correspond manifestement à l''espèce de léthargie' dont parle Condillac.

Quelques lignes après le passage vouant les animaux à 'une espèce de léthargie' une fois leurs besoins satisfaits, le *Traité des animaux* oppose le bonheur et le malheur de l'homme à ceux des bêtes: 'Heureuses lorsqu'elles ont des sensations agréables, malheureuses lorsqu'elles en ont de désagréables, il n'y a que le physique de bon ou de mauvais pour elles' (i.373). Il y a là de quoi inspirer la brève mention par Le Roy du bonheur des animaux (p.101, l.329-330).

28. D'autres penseurs, on le verra plus loin (p.150, l.247-249; l.257-259; et lettre 8, note 17), avaient attribué cette 'disposition au repos' non aux bêtes, mais à l'homme. Le Roy, au contraire, fait de la paresse une 'disposition qui lui [à l'homme] est commune avec tous les autres êtres sensibles' (p.150, l.248-249) et qui, n'étant pas contrecarrée chez les bêtes par 'le besoin d'un sentiment vif de l'existence' (p.150, l.247), fait obstacle aux progrès dont autrement elles seraient susceptibles.

Notes à la lettre IV (lettre 4)

1. Buffon avait déjà mis en lumière, dans son 'Discours sur la nature des animaux', l'importance de l'odorat dans la connaissance animale, mais pour en tirer une thèse que Le Roy rejettera explicitement plus tard, dans la lettre IV à madame *** (p.176, l.87-89).

2. Le Roy résume ici le thème du passage (cité lettre 2, note 18) du *Traité des animaux* (partie II, ch.2) expliquant pourquoi les bêtes 'inventent moins que nous'. Il a beau se faire de la perfectibilité animale une idée un peu plus large que celle de Condillac, Le Roy ne l'en suit pas moins quant à l'essentiel: il n'accorde aux bêtes qu'une perfectibilité vite freinée par le nombre strictement limité de leurs besoins.

3. Bien que Condillac accorde la perfectibilité aux bêtes (voir lettre 2, note 18), il n'est point question dans son *Traité des animaux* de la plupart de ces 'conditions' qui, d'après Le Roy, 'servent la perfectibilité'. Seuls la société et le langage sont mentionnés dans le *Traité des animaux*, d'après lequel 'il y a des bêtes qui sentent comme nous le besoin de vivre ensemble: mais leur société manque de ce ressort qui donne tous les jours à la nôtre de nouveaux mouvements, et qui la fait tendre à une plus grande perfection. Ce ressort est la parole' (*O.p.*, i.360a). Le Roy n'est pas d'accord avec Condillac, on le verra (p.111, l.147-p.113, l.227, et lettre 5, note 8), quant au langage des bêtes et si à l'instar de Condillac il leur refuse une société semblable à celle des hommes, c'est pour des raisons différentes (p.104, l.100-p.107, l.198) de celle avancée par Condillac.

Le Roy paraît, en revanche, avoir subi l'influence d'Helvétius en ce qui concerne ces 'conditions' qui 'servent la perfectibilité', en particulier les passions factices et l'ennui (voir p.106, l.164-p.107, l.198, et ci-dessous, note 7).

4. Le Roy ne présente pas ses idées de façon très rigoureuse dans la lettre IV. La liste qu'il vient de donner des 'conditions' qui 'servent la perfectibilité' n'est pas la même que celle qu'il donnera plus loin (p.106, l.168-194). Société, loisir, passions factices et ennui sont communs aux deux, mais au lieu de reprendre plus loin 'le langage, l'écriture qui suppose l'usage des mains' (p.104, l.95-96), il les remplace par deux autres 'conditions': les bêtes ne peuvent pas 'fabriquer des instruments' et sont 'naturellement vêtues' (p.106, l.189-190; l.193-194). Seule la lettre VII tient compte de toutes les 'conditions' (p.140, l.266-p.142, l.341).

Il était souvent question des 'instruments' des bêtes dans les discussions sur leurs facultés. L'abbé Pluche, par exemple, en parle dans son *Spectacle de la nature* (i.362), que Le Roy paraît avoir lu (voir lettre 1, note 12), et Helvétius dans *De l'esprit* (p.16).

5. Au chapitre 4 des seize consacrés au sanglier dans *La Vénerie royale* Salnove décrit longuement cet animal. Plus rapide, à son ordinaire (voir lettre 2, notes 8, 12; lettre 3, note 10), Le Roy se contente de réunir quelques faits relatifs aux mœurs sociales du sanglier, qu'il était à même d'observer à Versailles.

Dans une requête de juillet 1768, déjà citée (lettre 2, note 15), Le Roy, afin de pouvoir entretenir six chiens pour le renard, demande 'la permission de refondre la dépense qu'il faisait pour quelques chiens pour le sanglier' (AN, o[1] 284, pièce 360). En avril 1777, il signale à d'Angiviller, directeur général des Bâtiments du roi, la nécessité de réparer 'le mur qui sépare la forêt [de Marly] d'avec le grand parc. Sans cela on risque de laisser échapper des animaux, et surtout des sangliers qui feroient un tort considérable pendant la ponte, qui est prochaine' (AN, o[1] 1803, pièce 523). Il ressort de ces deux documents, d'une part, que les sangliers étaient présents en nombre dans les environs de Versailles, d'autre part, que Le Roy avait été à même d'observer le comportement du sanglier chassé, comportement déjà décrit dans la plus ancienne des lettres, la septième (p.139, l.201-208; lettre 7, note 9).

6. Ce passage s'inspire manifestement de l'*HN*; dès le court texte intitulé 'Les animaux sauvages' paru dans le tome vi en 1756, Buffon parle des animaux que la présence de l'homme oblige à fuir, en particulier les castors, qui 'travaillent et bâtissent'. Ce n'est, précise-t-il, 'que dans les pays reculés, éloignés, et où ils craignent peu la rencontre des hommes', qu'ils cherchent à construire des habitations commodes. 'Dans les pays, au contraire, où les hommes se sont répandus, la terreur semble habiter avec eux; il n'y a plus de société parmi les animaux; toute industrie cesse, tout art est étouffé' (vi.61-62).

Au début de l'article consacré au castor dans le tome viii de l'*HN*, publié en 1760, Buffon reprend le thème des animaux 'abaissés au-dessous' de l'état de nature par l'homme: 'Dispersés par la force, leurs sociétés se sont évanouies, leurs faibles arts ont disparu' (viii.282). Dans le corps de son article Buffon ne décrit pas seulement, de manière très frappante, les travaux exécutés en commun par les castors, mais indique en quoi ces animaux sont 'utiles à l'homme', comme dit Le Roy (p.105, l.148): les chasseurs les recherchent pour leur fourrure (viii.297). Buffon ajoute qu'il arrive aux chasseurs d'en prendre un grand nombre, 'après avoir ruiné leurs établissements', ce qui préfigure les 'habitations bientôt démembrées' de la lettre IV (p.105, l.150).

7. Dans ce passage, qui oppose la bête à l'homme pour faire ressortir les 'conditions' qui 'servent la perfectibilité', Le Roy résume des thèmes présentés plus longuement dans les lettres I et II sur l'homme (p.149-50, p.154-56). Si l'on compare ces deux lettres avec *De l'esprit*, on constate que Le Roy partageait les idées d'Helvétius sur certains points. Il fait la même distinction qu'Helvétius (voir lettre 8, note 9) entre les passions naturelles et les 'passions factices', qu'il refuse dans notre passage aux bêtes (p.106, l.166-169). Comme Helvétius encore (voir lettre 8, note 16), il attribue un grand rôle dans les progrès de l'esprit humain à la 'nécessité d'être émus', qu'ignorent, d'après notre passage, les animaux (p.106, l.172-173; p.181-82).

Il fait également siennes deux idées avancées par Helvétius à propos de l'animal. Dans une note rattachée au tout premier chapitre de *De l'esprit* Helvétius cherche 'dans la différence du physique de l'homme et de l'animal, la cause de l'infériorité de ce qu'on appelle l'âme des animaux' (p.16). La première des raisons proposées pour rendre compte de cette 'infériorité' est la 'différence d'organisation entre nos mains et les pattes des animaux', qui les prive 'de l'adresse nécessaire pour manier aucun outil et pour faire aucune des découvertes qui supposent des mains'. Helvétius fait remarquer également que les animaux sont 'mieux armés, mieux vêtus que nous par la nature'.

Ces deux idées ont beau avoir leur contrepartie exacte chez Le Roy (p.106, l.187-191; l.193-194), sa thèse n'est pas la même que celle d'Helvétius. Pour Le Roy les premières des 'conditions' qui 'servent la perfectibilité' sont une 'société proprement dite', le loisir et les 'passions factices' qui en résultent et la 'nécessité d'être émus' (p.106, l.168-170; l.172-173; l.181-182). C'est avant tout parce que ces conditions ne sont pas remplies chez les bêtes que celles-ci ne font pas de progrès. Les raisons qu'Helvétius met surtout en lumière pour rendre compte de 'l'infériorité' des bêtes ne viennent qu'après, n'ont qu'un rôle de second plan.

Voir dans les passions le mobile des actions humaines n'était pas chose neuve vers 1760. Les six premières *Pensées philosophiques* de Diderot, par exemple, font l'apologie des passions (*Œuvres complètes*, i.127-29). Mais les idées de Le Roy ressemblent par trop de détails à celles d'Helvétius pour qu'il n'ait pas subi l'influence de *De l'esprit*.

Notes à la lettre v (lettre 5)

1. Ces 'idées de convention' équivalent à ce que Le Roy appelle 'passions factices [...] besoins de convention' (p.106, l.169-170), autrement dit, ce sont des idées qui supposent l'état social. Les lignes suivantes précisent que pour l'homme l'amour n'est pas tout simplement un 'sentiment naturel' né d'un besoin physique comme chez les animaux. Bien au contraire, d'autres idées, qui ont leur origine dans l'état social, viennent s'y joindre et le transformer.

2. Dans un passage célèbre du 'Discours sur la nature des animaux', 'l'hymne à l'amour', que Le Roy connaissait, puisqu'il y fait allusion dans sa lettre du 28 septembre 1760 à P.-M. Hennin (citée lettre d'envoi, note 5), Buffon avait affirmé que l'amour fait le malheur de l'homme, car 'il n'y a que le physique de cette passion qui soit bon [...] le moral n'en vaut rien. Qu'est-ce en effet que le moral de l'amour? la vanité: vanité dans le plaisir de la conquête, erreur qui vient de ce qu'on en fait trop de cas; vanité dans le désir de la conserver exclusivement, [...] vanité dans la manière d'en jouir, qui fait qu'on ne multiplie que ses gestes ou ses efforts sans multiplier ses plaisirs; vanité dans la façon même de la perdre, on veut rompre le premier' (*HN*, iv.81). Si Le Roy, tout en s'inspirant de ce passage, fait jouer à la vanité un rôle beaucoup plus positif que Buffon, c'est qu'il considère non le bonheur de l'individu, mais 'l'énergie', les 'efforts', auxquels l'amour donne lieu chez les hommes en général.

3. La terminologie de Le Roy manque malheureusement de rigueur. Les 'passions factices' dont il est question ici n'ont rien à voir avec les 'idées de convention' dont il vient de parler (p.108, l.26), car ces 'idées de convention' résultent de l'état social, auquel les bêtes n'accèdent pas. L'exemple d'une 'passion factice' donné par Le Roy, l'avarice, nous montre qu'il s'agit d'une de ces 'idées factices' définies dans la lettre ii comme 'celles qui se forment par la réflexion qu'on fait sur les sensations qu'on a éprouvées' (p.88, l.216-218). Dans la lettre v, Le Roy attribue l'avarice des bêtes à la réflexion sur la faim précédemment sentie (p.109, l.45-48). Que notre interprétation des 'passions factices' soit juste est confirmé par la lettre vii, où Le Roy avance 'la crainte de la disette ou l'avarice et la jalousie qui conduit à la vengeance' comme exemples des passions 'qu'on peut appeler factices ou *de réflexion*' (p.142, l.347-351. C'est nous qui soulignons).

4. Dans l'article intitulé 'Le surmulot' de son *HN* Buffon précise que 'nous donnons le nom de surmulot à une nouvelle espèce de mulot, qui n'est connu que depuis quelques années [...] Les endroits où ils ont paru pour la première fois et où ils se sont bientôt fait remarquer par leurs dégâts, sont Chantilly, Marly-la-Ville et Versailles. M. le Roy, Inspecteur du Parc, a eu la bonté de nous en envoyer en grande quantité, vivants et morts; il nous a même communiqué les remarques qu'il a faites sur cette nouvelle espèce' (viii.206-207). Le Roy était on ne peut mieux placé pour constater 'l'avarice' des rats de campagne, des mulots, etc.

5. Non seulement le service des chasses achetait des œufs de perdrix grises et rouges pour les faisanderies (AN, o[1] 808, pièce 174), mais des perdrix grises vivaient en liberté dans les Parcs de Versailles (AN, o[1] 284, pièce 383), où elles élevaient leurs petits (AN, o[1] 1804, pièces 66, 194). Le lieutenant des chasses était donc à même de les voir dans l'exercice quotidien de ses fonctions, d'où évidemment les observations de notre passage et d'un autre plus loin (p.111, l.116-119).

6. Le Roy était bien placé pour faire cette comparaison, car le faisan était dans le même cas que la perdrix: non seulement on en élevait dans les faisanderies, mais il y en avait dans les Parcs de Versailles (AN, o[1] 284, pièce 383; o[1] 287, pièce 414; o[1] 1804, pièce 194), où, comme Le Roy le dira plus loin, 'la tranquillité' qu'on procurait au faisan lui laissait 'l'exercice régulier de sa liberté' (p.180, l.272-273; lettre 12, note 8).

7. Le très court article 'Cosmopolite' de l'*Encyclopédie* se contente de faire remarquer qu''on se sert quelquefois de ce nom en plaisantant pour signifier [...] *un homme qui n'est étranger nulle part*' (iv.297b), et nous ignorons si Le Roy connaissait *Le Cosmopolite ou le citoyen du monde* de Fougeret de Monbron (Londres 1753). Nous avons la certitude, au contraire, qu'il avait lu l'*Emile*, car dans une lettre datée aux Loges, ce 3 juillet [1762], il dit longuement à P.-M. Hennin ce qu'il pense de l'ouvrage (Rousseau, *Correspondance*, xi.207; BI ms.1268, f.380*r-v*). Or, dès les premières pages de l'*Emile* Rousseau adresse à ses lecteurs la recommandation suivante: 'Défiez-vous de ces cosmopolites qui vont chercher au loin dans leurs livres des devoirs qu'ils dédaignent

de remplir autour d'eux. Tel philosophe aime les Tartares pour être dispensé d'aimer ses voisins' (*Œuvres complètes*, iv.249). Comme Le Roy avait lu l'*Emile* dès sa publication en 1762, il est tout à fait possible qu'il s'en inspire dans notre passage de la lettre v, publiée en septembre 1764.

Dans la comparaison de notre passage Le Roy ne condamne pas explicitement les cosmopolites, il est vrai, comme Rousseau dans sa mise en garde de l'*Emile*, mais lorsqu'il reprendra le thème dans la lettre I à madame *** sur l'homme de 1781, non seulement son point de vue sera exactement celle de Rousseau, mais il ira jusqu'à qualifier les cosmopolites d''hypocrites' (p.190, l.266-268), alors que Rousseau n'avait pas prononcé ce mot.

8. Comme les individus d'une même espèce éprouvent les mêmes besoins et ont en commun le même fond d'idées, dit Condillac dans le *Traité des animaux* (partie II, ch.4), 'ils peuvent avoir un langage, et tout prouve en effet qu'ils en ont un. Ils se demandent, ils se donnent des secours; ils parlent de leurs besoins' (*O.p.*, i.361a). Mais Condillac, qui parle des bêtes en général, ne leur accorde que 'les cris inarticulés et les actions du corps', tandis que Le Roy se fonde sur des exemples particuliers pour leur accorder une langue articulée. Elle est très bornée, certes, et l'homme ne la comprend pas, mais elle n'en existe pas moins (p.113, l.216-220).

La même thèse sur le langage des bêtes est présentée plus rapidement dans la lettre VII (p.141, l.307-p.142, l.335). On comprend que Buffon ait trouvé 'bien différent de faire parler les animaux à Nuremberg, ou de les faire parler à Paris' ('Avis de l'éditeur', p.75, l.26-27). Du moins Le Roy ne va-t-il pas aussi loin que le père Bougeant, qui, non content d'attribuer aux animaux, dans son *Amusement philosophique sur le langage des bêtes* (Genève, Lille 1954), un langage borné à exprimer leurs besoins et leurs désirs, en présente, bien qu'en badinant, le 'dictionnaire' (p.90-91, 103-104).

9. Dans ce passage et dans d'autres (p.127, l.75-82; p.144, l.9-11; p.168, l.9-14; p.175, l.74-p.176, l.77), Le Roy adopte le même point de vue que Condillac dans le *Traité des animaux*: 'Il n'est pas étonnant que l'homme, qui est aussi supérieur par l'organisation que par la nature de l'esprit qui l'anime, ait seul le don de la parole; mais, parce que les bêtes n'ont pas cet avantage, faut-il croire que ce sont des automates, ou des êtres sensibles, privés de toute espèce d'intelligence?' (*O.p.*, i.361b). Condillac dit encore: 'Cependant lorsqu'on fait voir les rapports qui sont entre nos opérations et celles des bêtes, il y a des hommes qui s'épouvantent. Ils croient que c'est nous confondre avec elles; et ils leur refusent le sentiment et l'intelligence, quoiqu'ils ne puissent leur refuser ni les organes qui en sont le principe mécanique, ni les actions qui en sont les effets' (i.362a). Il y avait là de quoi suggérer à Le Roy qu'il était de bonne politique de souligner fortement la supériorité de l'homme sur la bête.

Le Roy ne paraît pas s'inspirer, dans la lettre v, de l'abbé Yvon, qui dans l'article 'Ame des bêtes' de l'*Encyclopédie* examine longuement la question de l'animal, mais il le met sans nul doute à contribution dans la lettre VI (p.118, l.189-196, lettre 6, note 13).

10. D'après un texte intitulé 'De la nature de l'homme', qui avait paru dans l'*HN* en 1749, 'La puissance intellectuelle [...] la pensée' manque aux bêtes et 'c'est parce qu'une langue suppose une suite de pensées que les animaux n'en ont aucune' (ii.440). En affirmant que le langage 'suppose une suite d'idées', Le Roy, qui connaissait bien l'*HN*, a toutes les chances de se souvenir de ce passage pour prendre le contrepied de la thèse de Buffon.

11. Dès son *Essai sur l'origine des connaissances humaines* (1746), Condillac avait employé l'expression 'langage d'action' à propos des bêtes justement (*O.p.*, i.21b) et en avait indiqué le sens (i.61b). Plus tard, dans le chapitre du *Traité des animaux* (1755) intitulé 'Du langage des animaux', il affirme que les bêtes d'une même espèce peuvent se parler de leurs besoins, estime que 'les cris inarticulés et les actions du corps sont les signes de leurs pensées' (i.361a) et utilise quelques lignes plus bas 'langage d'action' comme synonyme d''actions du corps'. Le Roy paraît avoir emprunté à Condillac et le terme et l'idée.

Notes à la lettre VI (lettre 6)

1. La remarque de Buffon que reprend ici Le Roy se trouve au premier paragraphe d'un court texte intitulé 'Animaux domestiques', d'après lequel 'l'histoire d'un animal sauvage est bornée à

un petit nombre de faits émanés de la simple nature, au lieu que l'histoire d'un animal domestique est compliquée de tout ce qui a rapport à l'art que l'on emploie pour l'apprivoiser ou pour le subjuguer' (*HN*, iv.169).

2. Si Le Roy fait sienne la remarque de Buffon, c'est pour en tirer des 'observations' favorables à sa thèse de l'intelligence animale, alors qu'un peu plus loin dans les 'Animaux domestiques' Buffon présente la thèse contraire: l'homme 'pense, et dès lors il est maître des êtres qui ne pensent point' (*HN*, iv.170). Très discret, Le Roy ne mentionne même pas la thèse de Buffon, dont il prend ici le contrepied. Le désaccord n'est qu'implicite.

3. Buffon consacre à l'éléphant les quatre-vingt-treize premières pages du tome xi de l'*HN*, publié en 1764, ce qui établit que Le Roy rédigea sa lettre VI entre 1764 et 1768.

Nous avons remarqué (lettre 2, notes 8, 12; lettre 3, note 10; lettre 4, note 5) que Le Roy reproduit volontiers l'essentiel d'un thème en un résumé plutôt sec. Nous avons affaire, dans notre passage de la lettre VI, à un cas extrême de ce procédé. La série de substantifs abstraits qui énumèrent les qualités morales de l'éléphant, condense les nombreuses manifestations particulières du caractère de cet animal rassemblées par Buffon. Quant à 'l'adoration d'un Dieu' (p.114, l.31-33), Buffon avait fourni une liste du 'grand nombre d'auteurs' qui en avaient parlé (*HN*, xi.7-8). Pour ce qui est, enfin, de la trompe de l'éléphant (p.114, l.33-36), Le Roy résume ce qu'en avait dit Buffon à plusieurs endroits de son texte (xi.4, 12, 41-42, 52, 56).

4. Dans les dépenses des chasses de Versailles il est souvent question de l'achat et de la nourriture de 'chiens de patrouille' (AN, o^1 807, pièces 147, 148, 250, 550, 556; o^1 1809, pièce 97), de 'dogues' (AN, o^1 807, pièce 551; o^1 808, pièces 172, 210, 211), de 'chiens' tout court (AN, o^1 807, pièces 194, 196, 199, 553, 556, 557, 559, 561, 563; o^1 808, pièces 95, 97, 99, 101; o^1 1809, pièces 64, 68). Ces 'chiens' comprenaient des chiens de chasse, puisque dans la requête de juillet 1768 déjà citée (lettre 2, note 15; lettre 4, note 5), Le Roy demanda 'la permission de refondre la dépense qu'il faisait pour quelques chiens pour le sanglier' afin d'entretenir six chiens pour le renard (AN, o^1 284, pièce 360). Le lieutenant des chasses était bien placé pour connaître de près non seulement le chien couchant et le chien courant, à l'occasion des tirés et des chasses au cerf de Louis XV, sinon autrement (introduction, p.19-20; lettre 3, note 3), mais aussi le chien de basse cour et le chien de berger, puisqu'il y avait des fermes enclavées dans les Parcs de Versailles (introduction, p.3).

5. Buffon avait déjà affirmé que de tous les animaux domestiques le chien est 'celui qui s'est attaché à l'homme de plus près' (*HN*, v.194).

6. Ce contraste entre les jeunes chiens courants et les vieux était familier aux chasseurs. Si un cerf donne le change, dit Du Fouilloux, il faut retourner aux dernières brisées 'avec le limier ou avec les vieux chiens sages de la meute, auxquels ils [les piqueurs] se doivent fier', sans faire attention aux 'jeunes chiens fols' (1928, p.91; 1973, p.114). D'après Salnove également c'est aux 'chiens sages', par opposition aux jeunes, qu'il faut s'en remettre 'pour juger si votre cerf est accompagné' (p.113), 'pour requêter dans le change' si un chevreuil 'tourne beaucoup' (p.176), pour savoir si on poursuit toujours le sanglier qu'on a lancé (p.241).

7. *La Vénerie royale* avait déjà évoqué cette incertitude des chiens courants à propos des piqueurs non avertis: 'Lorsqu'ils arrivent dans le change, les [les chiens] voyant balancer, ils demeurent interdits et hors d'œuvre' (p.108). Mais Le Roy – qui s'exprime ailleurs avec une brièveté un peu sèche (voir ci-dessus, note 3) – décrit le comportement des chiens relativement novices et, dans les phrases suivantes, celui des chefs de meute qui essaient de retrouver la voie, avec une précision qui atteste qu'il en avait été témoin.

8. Le Roy semble emprunter l'idée de 'dégénération' à Buffon. D'après le texte consacré au cheval dans l'*HN* 'il y a dans la nature un prototype général dans chaque espèce sur lequel chaque individu est modelé, mais qui semble, en se réalisant, s'altérer ou se perfectionner par les circonstances' (iv.215). Buffon reprend la même idée dans le texte intitulé 'Le chien avec ses variétés' (v.193), et de nouveau dans 'De la dégénération des animaux' paru au tome xiv en 1766. Des 'altérations grandes et profondes' ont été produites dans chaque espèce animale, dit Buffon, par le climat, la nourriture, la domesticité, l'hérédité (xiv.316-27).

Car Buffon, comme Le Roy (p.117, l.138-141), joint à la thèse des qualités primitives celle de l'hérédité des qualités acquises. Le Roy la présente ici en termes généraux, mais l'exemple particulier qu'il en donne un peu plus loin, celui du chien couchant (p.121, l.281-285; cf. p.171, l.117-123), atteste qu'il en devait l'idée autant à ses observations de lieutenant des chasses qu'à Buffon. Vers la fin de sa vie il sera confirmé dans son idée par d'autres observations, celles qu'il fera sur les 'produits' d'un chien avec une louve et celle de l'inutilité de tentatives pour reconvertir des chiens de berger à la chasse (p.170, note 1, lettre 11, note 3).

9. A Versailles la chasse du vol était l'affaire du Grand Fauconnier (voir introduction, note 14), mais Le Roy avait certainement l'habitude de voir les faucons à l'œuvre, témoin une lettre de mars 1783 où il informe le directeur général des Bâtiments que 'le travail necessaire qu'on a fait aux rigoles [des Parcs de Versailles] a intercepté le passage de la chasse du vol, à celle du moulin de Guyencourt' (AN, o[1] 1804, pièce 239). C'est d'ailleurs Le Roy qui procura à l'*Encyclopédie* les articles 'Fauconnerie' (t.vi) et 'Vol, *chasse du vol*' (t.xvii).

10. Il s'agit de la 'liberté' au sens philosophique du terme, non du sens plus général d'absence de contrainte physique dans lequel le mot est employé un peu plus haut (p.117, l.144). Le Roy, qui fit sienne la théorie de la connaissance présentée par Condillac (voir lettre 1, note 9), ne semble pas avoir omis de lire la *Dissertation sur la liberté* qui fait suite au *Traité des sensations* (*O.p.*, i.315a-17b), car Condillac y montre son homme statue en train de délibérer, capable de résister à ses désirs pour prévenir les suites qu'il a appris à appréhender, autrement dit, il exerce sa liberté, que Condillac définit comme 'le pouvoir de faire ce qu'on ne fait pas, ou de ne pas faire ce qu'on fait [...] Pour délibérer il faut connaître les avantages et les inconvénients d'obéir à ses désirs ou d'y résister' (i.316b). C'est précisément le cas des bêtes dans notre passage, bien que Le Roy ne leur attribue pas la liberté en toutes lettres. Il le fera explicitement dans la lettre IV à madame *** (p.181, l.298-301).

Selon la lettre VII l'homme partage avec l'ange 'une liberté et une immortalité qui l'approchent du trône de Dieu' (p.134, l.27-29), affirmation qui retire implicitement aux animaux la liberté aussi bien que l'immortalité. Mais si, dans ce passage – passage qui se trouvait déjà dans l'article 'Instinct' de l'*Encyclopédie* (viii.795a, sous presse en 1759) – Le Roy refuse aux bêtes la liberté qu'il leur accordera plus tard dans la lettre VI et la lettre IV à madame ***, publiées en 1768 et en 1781, c'est parce que dans la lettre VII il fait écho, on le verra (lettre 7, note 3), au *Traité des animaux*, tandis que dans les deux lettres postérieures il applique au cas de l'animal la conception de la liberté présentée à la fin du *Traité des sensations* à propos de l'homme.

11. Le passage entre guillemets n'est pas une citation. C'est Le Roy lui-même qui résume le point de vue de 'ces messieurs', point de vue qui est en réalité celui défendu par Buffon dans son 'Discours sur la nature des animaux', où il rejette en toutes lettres l'analogie entre l'homme et l'animal (*HN*, iv.38-39).

Non seulement Le Roy critique la thèse de Buffon sans le nommer, mais il marche encore une fois sur les brisées de Condillac. D'après le *Traité des animaux*, 'M. de B. prétend que l'analogie ne prouve pas que la faculté de penser soit commune à tous les animaux' (*O.p.*, i.358b), thèse à laquelle Condillac oppose la sienne, de façon plus rapide d'ailleurs que Le Roy dans sa lettre VI.

12. Condillac, qui estime, comme Le Roy, qu'on peut douter aussi peu du 'sentiment' des bêtes que de celui de nos semblables, reconnaît cependant que 'quand il s'agit de sentiment, il n'y a d'évidemment démontré pour nous que celui dont chacun a conscience' (cf. lettre 1, note 8), mais il ne combat pas longuement et de front le solipsisme dénoncé par Le Roy dans ce passage. Nous y avons peut-être affaire à une réminiscence d'un ouvrage antérieur à ceux de Condillac, ouvrage dont Le Roy possédait un exemplaire, le *Cours des sciences* du père Buffier (inventaire de 1789, no.9). Le Roy avait lu ce livre avec attention, car dans son *Examen des critiques du livre intitulé 'De l'esprit'* (1759) il y renvoie (p.90) et en cite même deux passages (p.171-75).

Ayant affirmé dans le premier chapitre du *Traité des premières vérités* (Paris 1732, col.557), que 'la première source et le premier principe de toute vérité dont nous soyons susceptibles, est le sentiment intime qu'a chacun de nous de sa propre existence, et de ce qu'il en éprouve en lui-même', Buffier consacre les trois chapitres suivants à examiner dans le détail le point de vue de 'quelques philosophes de ce temps' qui 'n'ont pas daigné reconnaître d'autre genre de vérité et d'évidence' (col.560). Il condamne comme 'bizarres' et 'extravagantes' les conséquences de ce point de vue, dont la suivante: 'Nous n'avons nulle certitude qu'il existe au monde d'autres êtres que chacun de nous' (col.562, 563). Que Le Roy se souvienne de Buffier dans notre passage paraît d'autant plus vraisemblable qu'il lui emprunte probablement d'autres thèmes plus loin (voir lettre 8, note 4; lettre 10, note 3).

13. Cet argument ne se trouve chez aucun des auteurs que Le Roy a le plus mis à contribution (Condillac, Helvétius, Buffon, Rousseau), mais lorsqu'il rédigeait la lettre VI, en 1764 au plus tôt (voir ci-dessus, note 3), il avait eu largement le temps de consulter le tome i de l'*Encyclopédie* (inventaire de 1789, no. 1), publié en 1751. Il dut lire avec un intérêt particulier l'article 'Ame des bêtes' de l'abbé Yvon, qui commence sa réfutation de l'automatisme animal des cartésiens par affirmer que 'la première règle, c'est que Dieu ne saurait nous tromper' (i.345b). Après avoir longuement considéré les actions des animaux, il conclut 'qu'il y a dans les bêtes un principe de sentiment, puisque Dieu n'est point trompeur, et qu'il serait trompeur au cas que les bêtes fussent de pures machines' (i.346b). Le Roy n'adopta certes pas la thèse de l'abbé Yvon concernant l'âme des bêtes (que ce dernier considérait comme 'un principe actif qui a des sensations et qui n'a que cela', i.348a). N'empêche que Le Roy, qui tenait évidemment à convaincre le lecteur de son orthodoxie religieuse (p.118, l.195-196), ne dut être que trop content de faire sien l'argument de la véracité de Dieu avancé par l'ecclésiastique qu'était l'abbé Yvon.

Le même argument est repris à la fin de la lettre VI (p.123, l.394-p.124, l.400) et de nouveau, très rapidement, vers la fin de la lettre III à madame *** (p.173, l.183-185).

14. Comme plus haut (p.118 et note 11), il ne s'agit pas d'une citation. Le Roy présente de nouveau, à sa manière, le point de vue contraire au sien, lequel point de vue est celui de Buffon encore, bien que Le Roy l'attribue à des 'personnes' au pluriel. Plus tard, dans sa lettre IV à madame ***, Le Roy reproduira (p.178) le passage du 'Discours sur la nature des animaux' où Buffon explique pourquoi il rejette l'analogie entre l'homme et la bête (*HN*, iv.39). Ce passage avait déjà été cité par Condillac dans son *Traité sur les animaux*, où il exprime son désaccord avec Buffon sur la question (*O.p.*, i.358b). Le Roy s'en prend de nouveau à Buffon sans le nommer et s'élève contre un point de vue déjà rejeté par Condillac.

15. Ce troisième passage entre guillemets n'est pas plus une citation que les deux premiers. Une fois de plus c'est Le Roy qui résume à sa manière, sans nommer Buffon, le point de vue avancé par le grand naturaliste dès 'De la nature de l'homme' (*HN*, ii.440-41) et de nouveau dans son 'Discours sur la nature des animaux' (iv.104, 108).

16. D'après l'inventaire de 1789, Le Roy possédait un 'Dictionnaire de Bène, cinq volumes' (no.11). Comme il est tout à fait possible que le clerc de notaire, qui écrivait les titres des livres sous dictée, ait mal entendu le nom de l'auteur, il s'agit vraisemblablement du *Dictionnaire historique et critique* de Pierre Bayle dans, par exemple, la cinquième édition (en cinq volumes, Amsterdam 1734). Il est probable, on le verra (p.134; lettre 7, note 2), que dans la plus ancienne des lettres, la septième, Le Roy met à contribution l'article 'Rorarius' du *Dictionnaire* de Bayle. Or, dans la remarque K rattachée à cet article Bayle passe en revue (iv.496) des auteurs – tels Grotius, Osiander, Averroës – 'qui ont attribué les actions des bêtes à un principe extérieur ("Deus est anima brutorum")'. Comme Le Roy dut lire avec un intérêt particulier l'article 'Rorarius', entièrement consacré à la question des bêtes, il pourrait y emprunter, pour le rejeter, le point de vue d'après lequel 'Dieu est en eux [les animaux] un agent immédiat'.

17. Bien que Le Roy parle des 'partisans de l'automatisme des bêtes' au pluriel, il pense avant tout, comme plus haut (voir notes 11, 14, 15), à Buffon, qui dès le texte intitulé 'De la nature de l'homme' avance comme une des raisons de la supériorité de l'homme sur l'animal l'uniformité des ouvrages des bêtes (*HN*, ii.440-41).

18. Cf. lettre IV, p.102, l.19-22; p.102, l.34-p.103, l.63.

19. Cette idée est développée à la fin du chapitre 3 de la seconde partie du *Traité des animaux*. Le Roy paraît s'en souvenir dans sa lettre II sur l'homme également (p.162, lettre 9, note 38).

20. En rejetant plus haut la 'faible analogie' de Buffon (p.118, l.168-p.119, l.203), Le Roy n'avait pas mentionné l'harmonie préétablie, dont il n'est point question chez Buffon. Qu'est-ce

qui l'avait fait penser à introduire ici, parmi ceux qui rejetaient la thèse de l'intelligence animale, les tenants de l'harmonie préétablie?

Il paraît avoir lu l'article 'Rorarius' du *Dictionnaire* de Bayle. Or, dans la remarque H rattachée à cet article Bayle s'élève contre l'opinion de Leibniz, qui voulait 'que l'âme d'un chien agisse indépendamment du corps [...] *par une parfaite spontanéité à l'égard d'elle-même, et pourtant avec une parfaite conformité aux choses de dehors*' et déclare préférer les causes occasionnelles aux 'deux pendules qui s'accorderaient parfaitement' (iv.915; souligné dans le texte). Comme, dans cette remarque, il est question à la fois de l'animal et de l'harmonie préétablie, Le Roy pourrait s'en souvenir dans notre passage.

Il sera question deux fois encore de l'harmonie préétablie à la page suivante.

21. Le Roy adopte ici le même point de vue que Condillac dans la première partie, chapitre 2 du *Traité des animaux*, où il dit à propos des êtres purement matériels que sont les animaux d'après Buffon: 'Je ne puis comprendre ce qu'il [Buffon] entend par la faculté de sentir qu'il accorde aux bêtes; lui qui prétend, comme *Descartes*, expliquer mécaniquement toutes leurs actions' (i.314b; souligné dans le texte). Un peu plus loin il dit, de même: 'Avec quelque attention que j'aie lu les ouvrages de cet écrivain [Buffon], sa pensée m'a échappé' (*O.p.*, i.342a-b).

22. Le Roy avait déjà eu recours à la distinction entre la religion et la philosophie dans son *Examen des critiques* de 'De l'esprit' (p.13-15, 28-29, 107, 185-86, 192-95). Il précisera les rôles respectifs de la raison et de la foi, dans sa lettre 1 sur l'homme (p.145, l.35-39). Distinguer la philosophie de la religion était un lieu commun à l'époque, mais d'autres philosophes présentaient le thème de façon à tourner leurs adversaires au ridicule: cf. Diderot, *Pensées philosophiques* (*Œuvres complètes*, i.59); Rousseau, *Discours sur l'inégalité* (*Œuvres complètes*, iii.133, 186); Voltaire, *La Philosophie de l'histoire*, éd. J. H. Brumfitt (*Œuvres complètes* 59, Genève 1969, p.213-15, 221-27, 230). Prudent comme toujours (introduction, p.13, 16), Le Roy se contente de reconnaître la primauté de la religion et de se soumettre à l'autorité de la Révélation (p.118, l.195-196).

23. A la fin du chapitre 5 de la seconde partie du *Traité sur les animaux* Condillac avait déjà dit: 'Par la nature de leurs besoins, il n'y a que les objets extérieurs, qui puissent les [les bêtes] intéresser' (*O.p.*, i.365a) et le premier des deux exemples qu'il donne de 'la supériorité de l'homme sur les bêtes' est 'la connaissance de la Divinité' (i.365b). L'homme seul 's'élève jusqu'à la Divinité', dit-il plus loin (i.379b). Le Roy, qui avait lu de près le *Traité des animaux*, a l'air de faire écho à Condillac.

Notes à la Lettre sur une critique

1. En qualifiant d'incompréhensibles les idées de Buffon sur l'animal (voir lettre 6, note 21), Condillac avait déjà dit: 'L'unité de personne suppose nécessairement l'unité de l'être sentant; elle suppose une seule substance simple, modifiée différemment à l'occasion des impressions qui se font dans les parties du corps' (*O.p.*, i.342a).

Ce passage, un de ceux omis de l'article 'Instinct' de l'*Encylopédie méthodique* (voir introduction, p.37-38), invite à se demander si, en rejetant ainsi le matérialisme, Le Roy était sincère. La réponse à cette question ne change évidemment rien au détail de sa théorie de l'animalité. Remarquons cependant que les faits dont nous disposons indiquent qu'il était matérialiste. Non seulement il prit la défense d'Helvétius dans son *Examen des critiques*, en affirmant que le livre de son ami n'enseigne ni 'le matérialisme, ni le mépris de la religion sainte' (p.31), mais sa lettre à P.-M. Hennin du 28 décembre [1754] fait part à son cousin de l'impression que lui avait laissée le *Traité des sensations* comme suit: 'Il vient de paroître un traité des animaux par l'abbé de Condillac, qui prouve net que nos jugements ne sont que des souvenirs, et que nos souvenirs ne sont que les mouvements involontaires de nos organes qui se trouvent modifiés comme ils l'avoient été. Adieu la liberté, mon cher, nous ne serons plus que des automates sensibles au chatouillement' (BI ms.1268, f.167*v*). Non seulement ce résumé très approximatif de la thèse centrale du *Traité des sensations* avance un point de vue concernant la liberté radicalement différent de ceux exprimés dans les *Lettres sur les animaux* (voir lettre 6, note 10; lettre 7, note

3), mais ramener ainsi nos jugements aux 'mouvements involontaires de nos organes' est de quelqu'un qui donne dans le matérialisme et les modifications apportées par Le Roy au texte de ses *Lettres* pour en tirer l'article 'Instinct' de l'*EM* vont dans le même sens (introduction, p.37-38).

2. L'Observateur fait allusion au passage du 'Discours sur la nature des animaux' où Buffon résume les conséquences qui découlent, en ce qui concerne la mémoire, de la distinction qu'il fait entre l'homme, dont l'âme spirituelle lui permet de penser, de réfléchir, et l'animal, être purement matériel, qui ne pense ni ne réfléchit. Pour Buffon la mémoire de l'homme est 'la trace de nos idées' et elle 'émane de l'âme'. La mémoire de l'animal 'est *réminiscence* plutôt que *mémoire*' et elle 'n'est que le renouvellement [des] sensations, ou plutôt des ébranlements qui les ont causées' (*HN*, iv.60-61; souligné dans le texte).

3. Ami de Buffon et contributeur à l'*HN* (introduction, p.9, 27-28), dont il possédait un exemplaire, Le Roy ne mentionne le nom de Buffon qu'avec approbation et éloge dans les lettres précédentes (p.81, l.80-81; p.114, l.14, l.24-25), bien que l'ayant critiqué sans le nommer dans plusieurs passages (voir lettre 2, note 14; lettre 6, notes 11, 14, 15, 17). L'Observateur, en présentant le point de vue de Buffon sur la mémoire, invitait en quelque sorte Le Roy à le combattre ouvertement pour la première fois. Le Roy s'ingénie cependant à rendre hommage à Buffon (qui 'a bien dit tout ce qu'il a dit') et à ne pas le heurter de front, en attribuant les idées qu'il va réfuter non à Buffon, mais à l'Observateur ('Je demande à l'Observateur').

4. On pense tout de suite à la fameuse description de la courte vie de l'éphémère par Réaumur, mais l'inventaire de la bibliothèque de Le Roy ne mentionne pas les *Mémoires pour servir à l'histoire des insectes*. Notre philosophe possédait cependant un autre ouvrage (Inventaire, no.46) qui met en lumière la fugacité de la vie de l'éphémère, la *Collection académique* (Dijon etc. 1755-1779). Le tome v de la 'partie étrangère' contient l'*Histoire naturelle des insectes*, traduite de la *Biblia naturae* de Jean Swammerdam, dont les pages 149 à 173 sont consacrées à l''Histoire de l'éphémère'. Le Roy eut largement le temps d'en prendre connaissance avant d'écrire en 1765 sa lettre sur une critique, puisque la traduction de Swammerdam avait paru en 1758.

N'oublions pas cependant le reproche que, dans sa *Lettre sur les aveugles*, Diderot fait adresser au pasteur Holmes par l''illustre aveugle' Sanderson sur son lit de mort: 'Vous jugez de l'existence successive du monde, comme la mouche éphémère de la vôtre. Le monde est éternel pour vous, comme vous êtes éternel pour l'être qui ne vit qu'un instant' (*Œuvres complètes*, i.311). Rappelons aussi que Diderot parlera encore, dans son *Rêve de d'Alembert*, rédigé vers 1769, du 'sophisme de l'éphémère' (*Œuvres complètes*, ii.134). Comme Le Roy voyait Diderot chez le baron d'Holbach, des souvenirs des conversations qui animaient le salon du Grandval et celui de la butte Saint Roch, auraient pu s'ajouter à sa lecture de Swammerdam pour fixer la mouche éphémère dans sa mémoire. Le même thème est repris p.170, l.88-93.

5. Réminiscence de l'homme statue imaginé par Condillac dans son *Traité des sensations* et à qui il commence par 'ouvrir' l'odorat (*O.p.*, i.222a).

6. Ce passage fait écho à celui de la *Lettre sur les sourds et muets* (1751), où Diderot imagine une société de 'cinq personnes dont chacune n'aurait qu'un sens; il n'y a pas de doute que ces gens-là ne se traitassent tous d'insensés', mais 'par la faculté qu'elles [ces cinq personnes] auraient d'abstraire, elles pourraient toutes être géomètres, s'entendre à merveille, et ne s'entendre qu'en géométrie' (*Œuvres complètes*, i.353).

7. D'après le *Traité des animaux*, 'L'instinct des bêtes [...] ne fait point, ou presque point d'abstractions' (*O.p.*, i.365a). Le Roy n'est pas d'accord avec Condillac sur la question, puisqu'à ses yeux 'les actions des bêtes qui supposent l'abstraction' sont 'communes' (p.129, l.157-158).

Il partage son point de vue, en revanche, sur 'l'Intelligence Suprême'. Selon le chapitre du *Traité des animaux* intitulé 'Comment l'homme acquiert la connaissance de Dieu' (partie II, ch.6), Dieu 'voit à la fois tous les êtres, tant possibles, qu'existants; il en voit dans un même instant la nature, toutes les propriétés, toutes les combinaisons et tous les phénomènes qui doivent en résulter' (*O.p.*, i.368a), ce qui correspond à ce que dit Le Roy dans la dernière phrase de sa réponse à l'Observateur

8. 'Les voyageurs' que Le Roy avait 'lus' comprennent probablement ceux dont les récits figurent dans l'*Histoire générale des voyages* (Paris 1746-1789) de l'abbé Prévost *et al.*, car sa

bibliothèque comportait un exemplaire de cet ouvrage (inventaire de 1789, no.87), dont dix-sept volumes avaient paru avant la rédaction de la lettre sur une critique entre janvier et mars 1765 (introduction, p.14).

9. Le Roy l'avait 'dit', quoique de manière moins précise qu'ici, dans la lettre IV (p.104, l.87-91). Il l'avait dit en toutes lettres dans une phrase de l'article 'Instinct' de l'*Encylopédie* (viii.798a) qu'il supprimera dans le paragraphe correspondant de la lettre VII (p.141, l.283-285).

10. C'est le thème du *Discours sur les sciences et les arts* (1750), ce qui nous apprend que Le Roy l'avait lu.

11. D'après la lettre de l'Observateur parue dans le *Journal des savants* de janvier 1765, l'organisation 'devrait marcher par des nuances insensibles, comme l'a remarqué M. de Buffon'. L'Observateur pense évidemment au 'Premier discours', 'De la manière d'étudier et de traiter de l'histoire naturelle', publié en tête du permier volume de l'*HN*. 'Parcourant successivement et par ordre les différents objets qui composent l'univers', dit Buffon, 'et se mettant à la tête de tous les êtres créés, il [l'homme] verra avec étonnement qu'on peut descendre, par degrés presque insensibles, de la créature la plus parfaite jusqu'à la matière la plus informe, de l'animal le mieux organisé jusqu'au minéral le plus brut; il reconnaîtra que ces nuances imperceptibles sont le grand œuvre de la nature' (i.12). Il reprend l'idée plus loin (i.13, 20; ii.20).

L'Observateur ne tient évidemment pas compte d'autres passages postérieurs de l'*HN* (voir lettre 6, note 8), où il n'est plus question des 'nuances imperceptibles' de l'échelle des êtres, mais d'espèces nettement distinctes les unes des autres, ayant chacune 'un prototype général', que viennent altérer ou perfectionner diverses circonstances extérieures.

Notons que ce que rejette Le Roy, ce n'est pas la constatation de Buffon d'après laquelle 'on peut descendre, par degrés presque insensibles, de la créature la plus parfaite jusqu'à la matière la plus informe'. Le Roy s'élève contre la modification apportée à l'idée de Buffon par l'adjonction du mot 'devrait', qui appelle, de la part de Le Roy, partisan de la méthode d'observation (voir lettre d'envoi, note 1), la condamnation de l'usage abusif des hypothèses (p.132, l.246-53).

Si le point de vue que combat Le Roy n'est pas celui de Buffon, mais celui du grand naturaliste altéré par l'Observateur, il est également significatif que notre philosophe laisse tomber les mots 'comme l'a remarqué M. de Buffon' qui figuraient dans le *Journal des savants* après l'affirmation que l'organisation 'devrait marcher par des nuances imperceptibles'. Le Roy évite le plus possible de donner l'impression qu'il s'en prend à Buffon.

12. Il est assez piquant que pour réfuter une idée de Buffon, même altérée par l'Observateur, Le Roy ait recours à deux thèmes développés par Buffon, aussi bien que par l'abbé Pluche, celui des bornes de l'esprit humain et celui de l'admiration pour Dieu tout-puissant que nous inspirent les merveilles insondables de la création (cf. lettre 1, note 12).

Notes à la lettre VII (lettre 7)

1. Dans ce passage, qui ne figurait pas dans l'article 'Instinct' de l'*Encylopédie*, Le Roy développe un thème condillacien, déjà présent dans l'*Essai sur l'origine des connaissances humaines* de 1746 (*O.p.*, i.43a-b) et repris dans le *Traité des animaux*: 'Il n'est que trop ordinaire aux philosophes de croire satisfaire aux difficultés, lorsqu'ils peuvent répondre par des mots qu'on est dans l'usage de donner et de prendre pour des raisons. Tels sont *instinct, appétit*' (*O.p.*, i.344b; souligné dans le texte); 'Que signifient ces mots *instinct, appétit*? Suffit-il de les prononcer pour rendre raison des choses?' (i.354b).

Dans *De l'esprit* Helvétius consacre un chapitre intitulé 'De l'abus des mots' (Discours 1, ch.4) au thème général des 'idées peu nettes' qu'on attache aux mots, mais ne mentionne pas l'instinct en particulier. Nous avons la certitude que Le Roy avait relevé cette idée d'Helvétius, car il la reproduit dans son 'analyse' du Discours premier dans son *Examen des critiques* (p.42).

2. Que sa bibliothèque ait comporté ou non un exemplaire du *Dictionnaire* de Bayle (voir lettre 6, note 16), Le Roy a tout l'air d'emprunter à l'article 'Rorarius' sa rapide indication des différents sens qui se sont attachés au mot 'instinct'. D'après Bayle les faits présentés par Rorarius

concernant 'l'habileté des animaux embarrassent tout à la fois les sectateurs de M. Descartes, et les sectateurs d'Aristote: ceux-là nient que les bêtes ont une âme; ceux-ci soutiennent qu'elles en ont une douée de sentiment, et de mémoire, et de passions, mais non pas de raison' (*Dictionnaire*, iv.905-906). Bayle fait remarquer aussi que l'automatisme cartésien est 'très avantageux à la vraie foi' (iv.906), ce qui est le point de vue adopté par les 'théologiens' de Le Roy (p.134, l.24-25). Quant à Lactance, il figure dans la remarque D rattachée à l'article 'Rorarius': 'Il ne laisse pas de soutenir qu'excepté la religion, il n'y a rien en quoi les bêtes n'imitent les hommes, et ne participent aux avantages de l'espèce humaine' (iv.908). Le Roy reprend les termes mêmes de Bayle (p.134, l.14-15), à une petite suppression près.

Les indications de Bayle ne correspondaient plus à la réalité un demi-siècle après. Vers 1750 il n'y avait plus guère de péripatéticiens (Leonora Cohen Rosenfield, *From beast-machine to man-machine*, pt.II, ch.2 et épilogue, surtout p.107, 182-83) et il ne restait qu'une poignée de cartésiens partisans de la bête machine. Leonora Cohen Rosenfield et Hester Hastings (*Man and beast in French thought of the eighteenth century*, p.45-46, 58, note 3, 59, 157, note 1; Rosenfield, p.50-52, 218) ne signalent que cinq cartésiens, tous obscurs à l'exception du cardinal de Polignac, auteur de l'*Anti-Lucrèce* (1747).

3. Le Roy rassemble dans ce passage des thèmes qui ne peuvent guère échapper au lecteur tant soit peu attentif du *Traité des animaux*: 'l'homme nous paraît différer de l'ange', dit Condillac, 'et l'ange de Dieu même, mais de l'ange à Dieu la distance est infinie, tandis que de l'homme à l'ange elle est très considérable, et sans doute plus grande encore de l'homme à la bête' (*O.p.*, i.362a). Non seulement Condillac présente la même échelle des êtres que Le Roy (bête/homme/ange/Dieu), mais il affirme également qu'à l'encontre des bêtes, l'homme est libre (i.378b), et évoque 'les récompenses et les châtiments qui leur [aux hommes] sont destinés dans cette vie et dans l'autre' (i.377a).

4. L'exercice de ses fonctions de lieutenant des chasses donnait à Le Roy des occasions d'observer le comportement des belettes (voir lettre 2, note 15).

5. La théorie de la connaissance animale des l.39-70 reprend celle de Condillac. Il n'est cependant pas question de 'l'imagination' dans les autres passages des *Lettres sur les animaux* où Le Roy résume sa théorie (voir lettre 1, note 9), ni du 'système des connaissances de l'animal', ni de 'la chaîne de ses habitudes', bien que tous trois aient leur équivalent chez Condillac.

Comme, dans le *Traité des animaux*, Condillac ne traite pas l'imagination de façon explicite et n'utilise le mot qu'une fois (*O.p.*, i.358a) dans les chapitres mis à contribution dans les *Lettres sur les animaux*, Le Roy a l'air de se souvenir ici du *Traité des sensations*, où Condillac définit l'imagination comme suit: la mémoire 'conserve le nom de *mémoire* lorsqu'elle ne rappelle les choses que comme passées; et elle prend le nom d'*imagination*, lorsqu'elle les retrace avec tant de force qu'elles paraissent présentes' (*O.p.*, i.229b; souligné dans le texte). C'est le sens qu'a le mot 'imagination' non seulement dans notre passage, mais dans la lettre II (p.87, l.171-175).

Quant au 'système des connaissances de l'animal' – qui reviendra un peu plus loin (p.137, l.153) – et à 'la chaîne de ses habitudes', Le Roy les emprunte au chapitre du *Traité des animaux* intitulé justement 'Système des connaissances dans les animaux' (i.357a), où Condillac décrit les 'suites d'idées' qui, entretenues par les besoins qui se répètent, 'ne forment ensemble qu'une même chaîne' (i.357b). Le Roy parle encore de 'la chaîne' des connaissances quelques pages plus loin (p.138, l.158-159).

Si la lettre VII est la seule à mentionner ces éléments de la théorie de Condillac, c'est sans doute parce qu'elle est la plus ancienne. Elle reproduit en gros (introduction, p.16) l'article 'Instinct' de l'*Encyclopédie*, dont le passage qui nous occupe est repris mot à mot (viii.795b). Or, le tome viii de l'*Encyclopédie*, dans lequel se trouve l'article 'Instinct', était sous presse en 1759 (introduction, p.10), alors que les autres lettres furent publiées à partir de 1762. Lorsque Le Roy rédigeait ce passage, au début de 1759 au plus tard, ses souvenirs du *Traité des sensations* et du *Traité des animaux*, parus respectivement en 1754 et 1755, étaient de plus fraîche date que lorsqu'il écrivait les lettres postérieures, ce qui expliquerait qu'il eût retenu davantage de détails de la théorie de Condillac.

6. Dans la lettre II Le Roy présente comme 'la mesure de l'intelligence' des différentes espèces

animales le nombre de leurs 'rapports avec les objets qui les environnent' et comme 'la mesure de l'intelligence' des individus d'une même espèce 'les circonstances qui rendent la satisfaction des besoins plus ou moins facile pour les individus' (p.83, l.8-14, lettre 2, notes 1 et 2). Ces 'circonstances' correspondent manifestement à celles de notre passage, qui 'peuvent rendre pour chaque individu les besoins plus ou moins pressants' (p.136, l.79-80). Dans la lettre VII comme dans la lettre II, ces 'circonstances' supposent la présence d'obstacles qui obligent l'animal à chercher les mesures à prendre pour les surmonter, afin de satisfaire les besoins pressants qu'il éprouve.

Quant à 'la mesure de l'intelligence' des différentes espèces animales qu'est la 'vivacité des besoins' de notre passage, elle suppose, elle aussi, tout comme les 'rapports avec les objets qui les environnent' de la lettre II, l'existence d'obstacles que l'animal est forcé de surmonter pour satisfaire les besoins 'vifs' (p.136, l.76) qui l'aiguillonnent (cf. p.136, l.87-93). La chose devient tout à fait claire dans un passage ultérieur de la lettre VII, où, après avoir de nouveau attribué à la 'vivacité des besoins' le plus ou moins de connaissances acquises des bêtes, Le Roy poursuit: 'Leurs lumières s'augmentent en raison des obstacles qu'elles ont à surmonter' (p.139, l.210-211).

La phrase suivante (p.139, l.211-212) confirme que c'est avant tout parce qu'elles acquièrent des connaissances nouvelles grâce à la rencontre d'obstacles inconnus que Le Roy les considère comme perfectibles (voir lettre 2, note 18).

7. Plusieurs éléments de ce passage figuraient déjà dans *La Vénerie* de Du Fouilloux et *La Vénerie royale* de Salnove, que Le Roy avait lues avec attention (voir lettre 2, note 3): le lièvre est un animal particulièrement rusé (Du Fouilloux 1928, p.132-38; 1973, p.161-64; Salnove, p.150); chassé par des chiens courants, il quitte les bois pour suivre les chemins (1928, p.138; 1973, p.168; p.141); il va et vient sur ses voies (Salnove, p.157); il se fait remplacer par un autre lièvre (1928, p.134; 1973, p.164; p.151). Le Roy est cependant seul à nous dire qu'un vieux lièvre commence par régler sa vitesse sur celle de ses poursuivants (p.138, l.171-172) et à présenter le cas du lièvre poursuivi par des lévriers.

S'il ne dit rien de la vie quotidienne du lièvre, tandis que celle du loup, du renard, du cerf est décrite assez longuement dans les lettres II et III, ce n'est pas faute d'occasions de l'observer. Les lièvres ne manquaient pas dans le domaine royal de Versailles, puisque d'après le mémoire de mars 1758 cité plus haut (lettre 3, note 18), il fallait protéger les pépinières contre les lièvres et les lapins. Au tome VI (1756) de l'*HN*, Daubenton nous fait part d'ailleurs, dans sa 'Description du lièvre', d'une observation 'qui m'a été communiquée par M. le Roy, Inspecteur des Parcs de Versailles'. Cette observation concerne un individu sur 'quatre-vingts qui ont été tués le même jour dans les parcs de Versailles' (vi.268).

8. La fuite sans ruses du loup et du sanglier était bien connue des chasseurs. Il est question de celle du loup, on l'a vu plus haut (lettre 2, note 11), dans *La Vénerie royale* de Salnove, qui dit également que 'le sanglier retourne peu, [...] se confiant à sa force et valeur' (p.231).

9. Le Roy, on l'a vu plus haut (lettre 4, note 5), avait pu voir la chasse au sanglier à Versailles. Du Fouilloux et Salnove nous montrent tous deux le sanglier poursuivi par les chasseurs. Il s'enfuit alors dans un 'grand fort' pour y tenir tête 'en furie' aux chiens (1928, p.120; 1973, p.145; p.222, 239). Les éléments principaux de ces textes ont beau se retrouver chez Le Roy, notre passage décrivant le comportement du sanglier blessé a une allure de chose vue qui indique que notre philosophe en est redevable à l'observation personnelle plutôt qu'à une réminiscence de ses deux prédécesseurs.

10. 'Deux journées d'hommes pour monter les nids de pies', lit-on dans un mémoire de dépenses des chasses de Versailles (AN, O[1] 807, pièce 142). Il ressort de ce mémoire et d'autres du même genre (AN, O[1] 808, pièces 7, 193) que les affûts pour les nids de pie faisaient partie de la routine des Parcs.

Cette observation figure dans le chapitre consacré à la pie dans le tome iii (1775) de l'*Histoire naturelle des oiseaux* de Buffon. L'auteur du chapitre, Gueneau de Montbeillard, n'attribue cependant pas l'observation à Le Roy, de qui il la tenait probablement, mais se contente de dire, dans le corps du texte ainsi que dans une note consacrée à la question: 'Ce que les chasseurs racontent', 'Les chasseurs prétendent que' (*Oiseaux*, iii.90 et note s).

11. C'est une fois de plus à ses occupations professionnelles que Le Roy était redevable de cette observation concernant la fouine. La présence de cet animal dans les Parcs de Versailles est attestée non seulement par le certificat de dépenses relatif aux 'bêtes puantes' déjà cité (lettre 2, note 15), mais par un mémoire d'ouvrages de serrurerie fournis aux chasses de Versailles en 1787, qui comporte l'article suivant: 'Plus par ordre de Monsieur Le Roÿ avoir fait et fourni huit pièges à fouine' (AN, o¹ 807, pièce 354).

12. Il est certain que Le Roy avait lu et retenu le tout premier chapitre de *De l'esprit*, car dans un passage de l'article 'Instinct' de l'*Encyclopédie* (viii.798a), passage qui ne reparaît pas dans la lettre VII, il soulève, comme Helvétius dans une note rattachée à son premier chapitre (p.16-17), la question de l'intelligence du singe. Nous avons donc probablement affaire ici à une réminiscence inexacte de la note d'Helvétius. Si la nature ne nous avait pas donné de mains, dit-il, 'il n'est aucune nation qui, en fait d'esprit, ne fût restée fort inférieure à certaines nations sauvages qui n'ont pas deux cents idées, *deux cents mots* pour exprimer leurs idées, et dont la langue, par conséquent, ne fût réduite comme celle des animaux, à cinq ou six sons ou cris, si l'on retranchait de cette même langue les mots d'arcs, de flèches, de filets etc, qui supposent l'usage des mains' (p.17; souligné par nous).

Notes à la lettre I sur l'homme (lettre 8)

1. 'Le premier ouvrage de poésie d'une certaine importance que j'entrepris fut une tragédie intitulée Thamas Kouli Khan', nous apprend P.-M. Hennin (introduction, p.4-5), dans une note en tête de quelques 'brouillons' de cette œuvre de jeunesse qu'il avait conservés (BI ms.1243, f.92-96). Ce document porte en haut à gauche (f.92) la date 1749. Deux ans plus tard l'intérêt que Hennin portait déjà au sujet de sa tragédie fut ravivé par la lecture d'un ouvrage où il était question de lui. 'Je suis appresent occupé à lire le Voyage de Mr Otter en Perse', dit Hennin à son ami Butel Du Mont dans une lettre écrite de Versailles le 24 septembre 1751; 'il renferme un morceau d'histoire des plus curieux c'est la vie presque entiere, et les exploits de ce Thamas Khouli Khan dont la renommée s'est plu à porter le nom jusque dans ces climats, cette partie de l'ouvrage de Mr Otter merite d'etre lûe par tous ceux qui sont sensibles au récit de grands evenemens' (BI ms.1266, f.400*v*-401). Comme Hennin habitait Versailles en 1751 (introduction, note 28), il aurait pu parler à son 'cher maître', Le Roy (introduction, p.5), des exploits de Thamas, qui auraient assez frappé notre philosophe pour que le personnage se soit établi dans sa mémoire comme le monstre d'orgueil et de cruauté évoqué dans notre passage.

2. Rousseau compte sans doute parmi les 'plusieurs philosophes' à qui notre passage reproche de 'remonter à un état ancien' (p.145, l.42-43), puisque Le Roy avait lu le *Discours sur l'inégalité* avec intérêt (voir lettre 1, note 11). Mais dans *De l'esprit* Helvétius suggère, lui aussi, 'qu'on se transporte en esprit aux premiers jours du monde' (p.289), nous invite encore à supposer 'que le ciel anime tout-à-coup plusieurs hommes' (p.290) et esquisse ensuite l'histoire de l'évolution de l'humanité.

Le Roy n'était pas seul à rejeter l'état de nature imaginé par Rousseau et Helvétius. Dans un texte intitulé 'Les animaux carnassiers' en tête du tome vii (1758) de l'*HN* Buffon s'était déjà élevé contre l'hypothèse de Rousseau en affirmant que 'nous avons sous les yeux, non l'état idéal, mais l'état réel de la nature', c'est-à-dire le sauvage (vii.27). Bien qu'il n'adopte pas le point de vue de Buffon en ce qui concerne le sauvage, il est probable qu'en rejetant l'homme tel que la nature l'a formé de Rousseau et d'Helvétius Le Roy s'inspirait du tome vii de l'*HN*, car le passage qui nous occupe ne figurait pas dans l'article 'Homme (*Morale*)' de l'*Encyclopédie*, sous presse en 1759, mais parut pour la première fois dans la lettre I sur l'homme telle qu'elle fut publiée dans l'édition de 1768 (introduction, p.16).

Loin de penser, avec Rousseau, que l'homme se suffisait à lui-même dans l'état de nature et se voua au malheur en passant de l'état de nature à l'état social, Le Roy est d'avis (p.147, l.131-p.149, l.214) que les 'besoins naturels' de l'homme (nourriture, vêtement, logement, amour) lui rendent 'l'association nécessaire, que sans elle l'espèce ne pourrait qu'à peine subsister, et que la sociabilité est fondée sur la constitution même de l'homme, et sur les besoins les plus pressants qui en dérivent' (p.149, l.212-214).

Que Le Roy refuse de remonter, comme Rousseau et Helvétius, à un problématique état de nature, ne l'empêche nullement, on le verra, de leur emprunter des idées.

3. Le Roy reprend ici la théorie condillacienne de la connaissance déjà présentée dans les lettres consacrées aux animaux, mais en mettant particulièrement l'accent cette fois sur l'aspect affectif de la sensation, décrit ici comme 'l'agent impérieux qui nous remue' (p.145, l.68). Le désir et la volonté sont traités par Condillac dans le *Traité des sensations*, première partie, ch.3.

4. Si Diderot affirme, dans sa *Lettre sur les aveugles* (*Œuvres complètes*, i.325), que 'tous les hommes voient les uns comme les autres', Malebranche, que Le Roy paraît avoir étudié dès ses jeunes années (introduction, p.6), consacre un long passage de sa *Recherche de la vérité* à combattre l'erreur qui nous fait juger 'que tout le monde a les mêmes sensations des mêmes objets' (*Œuvres complètes*, Paris 1962-1967, i.147): 'les organes des sens de tous les hommes n'étant pas disposés de la même manière, ils ne peuvent pas recevoir les mêmes impressions des mêmes objets' (i.149). Plus loin il présente le corollaire de cette idée: 'lorsque le corps a quelque part à ce qui se passe en moi, je me trompe presque toujours si je juge des autres par moi-même' (i.454).

Ces deux idées connexes de notre passage de Le Roy, d'une part, les impressions que nous recevons des objets varient plus ou moins selon les 'organes' des individus, d'autre part, les autres ne peuvent partager ces impressions, sont réunies de manière frappante dans un ouvrage qui figurait dans la bibliothèque de Le Roy (inventaire, no.9) et dont il paraît avoir subi l'influence ailleurs dans les *Lettres sur les animaux*: le *Cours des sciences* du père Buffier (voir lettre 6, note 12). Le *Cours des sciences* (Paris 1732) comporte, entre autres textes, un *Traité des premières vérités*, dont le chapitre 15 développe le thème suivant: 'Les sens ne nous apprennent point l'impression précise qui se fait par leur canal en d'autres hommes que nous. Ces effets dépendent de la disposition de nos organes: laquelle est à peu près aussi différente dans les hommes, que leurs tempéraments ou leurs visages' (col.595).

Dans le chapitre 2 de la troisième partie de *De l'esprit*, Helvétius met en lumière à son tour 'la perfection plus ou moins grande des organes de nos sens', mais c'est afin d'établir qu'elle n'entre pour rien dans l'inégalité des esprits, puisque 'les hommes, quelque impression qu'ils reçoivent des mêmes objets, doivent cependant toujours apercevoir les mêmes rapports entre ces objets' (*Esprit*, p.234). Ce qui intéresse Le Roy dans notre passage, ce ne sont pas 'les rapports entre les objets', c'est le désir 'créateur de nos actions', c'est 'la force' des impressions (p.145, l.68; p.146, l.74-75). Où que Le Roy ait puisé les idées de notre passage, il s'en sert à sa manière, en affirmant (p.146, l.84-86) que 'toutes nos sensations particulières, tous les jugements qui en résultent, aboutissent à une disposition commune [...] le désir du bien-être'.

5. Le Roy reprend encore ici le rôle déterminant joué, selon Condillac, Helvétius et Rousseau unanimes (voir lettre 3, note 19), par le plaisir et la douleur dans nos actions.

6. Le Roy prête au mot 'passion' le même sens que Condillac et Helvétius. Dans le *Traité des sensations* Condillac définit la passion comme 'un désir qui ne permet pas d'en avoir d'autres, ou qui du moins est le plus dominant' (*O.p.*, i.232b). D'après *De l'esprit* 'on est passionné, lorsqu'on est animé d'un seul désir, et que toutes nos pensées et nos actions sont subordonnées à ce désir', c'est 'l'unité, ou du moins la prééminence d'un désir sur les autres, qui constate la passion' (p.546).

7. Ces paroles célèbres se trouvent peu après le début du livre premier, chapitre 1 des *Essais*. Le Roy en possédait un exemplaire (inventaire, no.68), mais il faut croire qu'il citait de mémoire; Montaigne avait dit: 'C'est un sujet merveilleusement vain, divers et ondoyant, que l'homme.'

8. Cette citation, comme celle de Montaigne, n'est pas tout à fait exacte. Hobbes avait dit non que 'le méchant n'est qu'un enfant robuste', mais que 'le méchant est un enfant robuste'.

Comme cette affirmation est une des plus célèbres de Hobbes et que ses ouvrages ne figurent pas parmi ceux que possédait Le Roy, il l'a sans doute puisée dans quelque autre livre qu'il avait lu. Parmi plusieurs sources possibles le *Discours sur l'inégalité* nous semble plus susceptible que d'autres d'avoir retenu son attention, car Rousseau discute longuement la citation, en rejetant le point de vue de Hobbes (*Œuvres complètes*, iii.153-54). Ce passage nous paraît avoir eu d'autant plus de chances de frapper Le Roy que Rousseau y avance contre Hobbes la 'répugnance innée' de l'homme 'à voir souffrir son semblable' (iii.154), thème que Le Roy, on le verra (p.151; ci-dessous, note 21) fera sien.

9. Le Roy a déjà mentionné rapidement les passions factices (p.145, l.41; p.146, l.95-96), mais ce n'est qu'ici qu'il les définit. C'est certainement à *De l'esprit* qu'il emprunta la distinction entre, d'une part, les passions naturelles qui, dit Helvétius, 'nous sont immédiatement données par la nature' et, d'autre part, celles 'que nous ne devons qu'à l'établissement des sociétés' (p.289). Nous savons que cette distinction n'avait pas échappé à Le Roy, car il la reprend dans l'*Examen des critiques* (p.58-59). Il se contente ici de définir les passions factices, mais il y reviendra dans la lettre II sur l'homme et en donnera des exemples précis (p.153, l.51-p.154, l.91).

10. Bien que Le Roy estime inutile (ci-dessus, note 2) de remonter, comme Rousseau, à un problématique état de nature, certaines de ses idées relatives aux 'besoins naturels' de l'homme lui sont communes avec Rousseau. Celui-ci présente dans le *Discours sur l'inégalité* le même thème que Le Roy dans notre passage: l'homme 'se nourrit également de la plupart des aliments divers que les autres animaux se partagent, et trouve par conséquent sa subsistance plus aisément que ne peut faire aucun d'eux' (*Œuvres complètes*, iii.135).

11. Bien que Le Roy rejette l'état de nature imaginé par Rousseau, il partage les idées du *Discours sur l'inégalité* concernant non seulement la faim, mais d'autres besoins que l'homme 'tient de la nature' (p.145, l.49-50). 'Le long de la mer et des rivières', dit Rousseau, les hommes 'inventèrent la ligne et le hameçon; et devinrent pêcheurs et ichtyophages. Dans les forêts ils se firent des arcs et des flèches, et devinrent chasseurs et guerriers; dans les pays froids ils se couvrirent des peaux des bêtes qu'ils avaient tuées' (*Œuvres complètes*, iii.165). Tous les faits précis de notre passage ont leur équivalent dans le texte de Rousseau sauf la culture des terres, que Rousseau avait déjà attribuée à l'accroissement de la population (iii.145).

12. Si, dans le long paragraphe de la page 148, Le Roy, à l'encontre de Rousseau, insiste sur l'impulsion donnée à la réflexion, à 'l'industrie' de l'homme par la nécessité de se protéger contre le froid, on perçoit dans notre phrase comme l'écho discret du passage du *Discours sur l'inégalité* qui décrit comment 'on trouva quelques sortes de haches de pierres dures, et tranchantes, qui servirent à couper du bois, creuser la terre et faire des huttes de branchages, qu'on s'avisa ensuite d'enduire d'argile et de boue' (*Œuvres complètes*, iii.167). Rousseau parle ici de 'huttes', mais quelques lignes plus loin il utilisera le même mot que Le Roy, 'cabanes'.

13. La distinction entre le physique et le moral de l'amour n'avait rien de neuf. On la trouve dans l'*HN* (voir lettre 5, note 2) et dans le *Discours sur l'inégalité* (*Œuvres complètes*, iii.157-58).

14. Ce tableau de l'amour chez 'l'homme naturel' fait contraste avec les rapports sexuels fortuits de l'homme à l'état de nature décrits par Rousseau dans le *Discours sur l'inégalité* (*Œuvres complètes*, iii.147, 164).

15. Les enfants sont la propriété des parents. C'était le point de vue traditionnel de l'Eglise et de la jurisprudence. Montesquieu l'avait repris dans l'*Esprit des lois*, dont le chapitre intitulé 'Des familles' affirme que 'la famille est une sorte de propriété' (*Œuvres complètes*, Paris 1964, ii.684). Le chapitre intitulé 'Du consentement des pères au mariage' débute: 'Le consentement des pères est fondé sur leur puissance, c'est-à-dire sur leur droit de propriété' (ii.687).

Or, le Roy possédait les œuvres de Montesquieu (inventaire de 1789, no.72) et il allait prendre la défense de l'*Esprit des lois* contre Voltaire dans ses *Réflexions sur la jalousie* de 1772. Qu'il ait subi dans notre passage l'influence de Montesquieu paraît d'autant plus vraisemblable que d'autres passages plus loin reprennent des thèmes caractéristiques de l'*Esprit des lois* (voir lettre 9, notes 23, 37, 41).

16. Dans *De l'esprit*, en particulier dans le chapitre intitulé 'Des forces qui agissent sur notre âme', Helvétius présente 'la haine de l'ennui' comme une des puissances qui nous font agir (p.262). Il est clair que Le Roy suit Helvétius, car il avait repris le thème dans son *Examen des critiques* (p.58).

Toujours selon Helvétius, 'les impressions nous sont d'autant plus agréables qu'elles sont vives' et 'la durée d'une même impression en émousse la vivacité'; mais c'est Le Roy, non Helvétius, qui en tire explicitement la conséquence: nous sommes 'forcés, pour être heureux, ou de changer continuellement d'objets, ou d'outrer les sensations du même genre' (p.150, l.238-240).

Bien que dans notre passage il s'inspire avant tout d'Helvétius, Le Roy connaissait un autre ouvrage selon lequel un des plus grands besoins de l'homme est 'celui d'avoir l'esprit occupé' pour éviter 'le mal si douloureux' de l'ennui: les *Réflexions critiques sur la poésie et sur la peinture* de l'abbé Dubos (Paris 1755, i.6), auxquelles Le Roy renverra dans sa lettre II sur l'homme (p.157). C'est vraisemblablement à Dubos qu'il emprunte l'affirmation: 'nous ne sommes présents à nous-mêmes que par des sensations immédiates ou des idées' (p.149, l.230-231), car ni Condillac dans son *Traité des sensations* (*O.p.*, i.266b-67b) ni Helvétius n'oppose, comme Dubos, 'sentir' à 'réfléchir et méditer' (i.6-7).

Autre thèse d'Helvétius à laquelle Le Roy fait écho (p.149, l.237; l.240; l.246): 'C'est ce besoin d'être remué, et l'espèce d'inquiétude que produit dans l'âme l'absence d'impression, qui contient, en partie, le principe de l'inconstance et de la perfectibilité de l'esprit humain' (*Esprit*, p.263).

Le 'sentiment vif de sa propre existence', 'le besoin d'exister vivement' dont il est question chez Le Roy reprennent un thème déjà présent chez nombre d'auteurs du dix-huitième siècle; voir Catherine Glyn Davies, *'Conscience' as consciousness: the idea of self-awareness in French philosophical writing from Descartes to Diderot*, Studies on Voltaire 272 (1990), ch.3, et Georges Poulet, qui oppose la jouissance de soi que trouvent dans le repos Diderot et Rousseau, par exemple, à la conscience de soi qui 'se recrée sans cesse grâce à la multiplication ou au renforcement des voluptés' ('Le sentiment de l'existence et le repos', *Reappraisals of Rousseau*, Manchester 1980, p.37). Poulet considère le courant intensiviste, dont relèvent Helvétius et Le Roy, comme 'une des tendances majeures du dix-huitième siècle déclinant.'

17. Pour Helvétius comme pour Le Roy, 'la paresse est naturelle à l'homme; l'attention le fatigue et le peine' (*Esprit*, p.262). Mais Le Roy n'attribue pas à la paresse un rôle fondamental dans l'activité humaine sans en avoir subi lui-même l'empire, dont il est question maintes fois dans sa correspondance avec P.-M. Hennin (BI ms.1268, f.28, 30, 36, 42, 119, 134*v*, 144, 165, 198*v*, 273, 283, 323). Non seulement la paresse est un des thèmes les plus profondément vécus des lettres I et II sur l'Homme, mais nous la retrouvons dans les *Portraits historiques de Louis XV et de Madame de Pompadour*, où Le Roy en fait un des traits fondamentaux de Louis XV (p.4-5).

Il représente d'ailleurs Louis XV comme dominé non seulement par la paresse, mais par l'ennui, se livrant aux distractions (p.5-6), se heurtant à la nécessité de varier et de multiplier les plaisirs (p.9) qu'entraîne, d'après la lettre I sur l'homme, 'le besoin d'exister vivement, joint à [l']affaiblissement continuel de nos sensations' (p.150, l.236-237).

Quelque schématique qu'elle paraisse, la psychologie de l'homme présentée par Le Roy dans ses *Lettres* n'est pas entièrement une construction abstraite, n'ayant que des liens plutôt lâches avec la réalité vécue. La pénurie de détails précis relève non de l'indifférence pour les faits particuliers, mais d'une propension à l'énoncé bref et dense, que nous avons déjà signalée (voir lettre 6, note 3).

18. Allusion à la célèbre conversation entre Pyrrhus et Cinéas rapportée par Plutarque dans sa *Vie de Pyrrhus*. Au dix-huitième siècle elle faisait partie, cette conversation, du bagage culturel de ceux qui avaient fait des études, témoin une lettre datée de Versailles, le 1er janvier 1757, où Le Roy écrit à P.-M. Hennin que n'avoir guère de temps, 'c'est peut-être un moyen d'acquérir une sorte de repos dans la suite. Vous n'êtes pas dans le cas de prendre le conseil de Cinéas' (BI ms.1268, f.198*r-v*).

19. C'est de nouveau au chapitre intitulé 'Des forces qui agissent sur notre âme' que Le Roy emprunte 'l'homme sauvage' qui, selon Helvétius, 'dès qu'il a satisfait ses besoins, court au bord d'un ruisseau, où la succession rapide des flots, qui se poussent l'un l'autre, fait à chaque instant sur lui des impressions nouvelles' (*Esprit*, p.263).

20. Si, chez Le Roy comme chez Helvétius, le mouvement d'un ruisseau suffit à occuper le sauvage, il n'est pas question, dans *De l'esprit*, du goût qu'il acquiert des 'liqueurs fortes'. En revanche, dans la quatrième partie de son 'Histoire naturelle de l'homme', intitulée 'Variétés dans l'espèce humaine', Buffon, après avoir décrit le régime alimentaire des noirs de l'île de

Gorée et de la côte du Cap Vert, ajoute: 'Au reste, ils aiment passionnément l'eau-de-vie, dont ils s'enivrent souvent; ils vendent leurs enfants, leurs parents, et quelquefois ils se vendent eux-mêmes pour en avoir' (*HN*, iii.460-61). Voilà ce qui s'appelle 'tout sacrifier', comme dit Le Roy avec sa brièveté habituelle.

21. Si c'est à Helvétius que Le Roy emprunte les deux besoins – le désir d'exister vivement, l'amour du repos – qui déterminent le comportement de l'homme une fois ses besoins 'naturels' satisfaits, la 'disposition d'attrait' dont parle notre passage est tout à fait étrangère à la pensée d'Helvétius, qui ramène toutes les actions de l'homme au seul intérêt. Le Roy n'était évidemment pas le premier à estimer qu''un homme n'est point indifférent pour un autre homme' (p.151, l.288). Le thème se trouvait déjà dans plusieurs ouvrages qu'il connaissait.

Il relèvera dans la lettre II sur l'homme (p.157, l.226-227) une observation faite par l'abbé Dubos dans ses *Réflexions critiques*. Or, en examinant le 'pouvoir que les imitations ont sur nous' (titre de la section IV), Dubos parle de 'la sensibilité naturelle au cœur humain' (i.39). La nature a arrangé les choses, selon Dubos, de façon que nous sommes facilement touchés par l'émotion d'autrui. 'Les cris d'un homme qui ne tient à nous que par l'humanité, nous font voler à son secours par un mouvement machinal qui précède toute délibération' (i.40). Voilà qui correspond assez bien à ce que dit Le Roy.

Il trouvait cette idée dans le *Discours sur l'inégalité* aussi. Dès la préface de son livre Rousseau distingue 'deux principes antérieurs à la raison, dont l'un nous intéresse ardemment à notre bien-être et à la conservation de nous-mêmes, et l'autre nous inspire une répugnance naturelle à voir périr ou souffrir tout être sensible et principalement nos semblables' (*Œuvres complètes*, iii.125-26). Dans la première partie de son *Discours* Rousseau affirme encore, contre Hobbes, l'existence chez l'homme d'un 'principe' qui 'tempère l'ardeur qu'il a pour son bien-être par une répugnance innée à voir souffrir son semblable' et décrit la pitié comme une 'vertu d'autant plus universelle et d'autant plus utile à l'homme, qu'elle précède en lui l'usage de toute réflexion' (iii.154). Remarquons que si Rousseau parle d''une répugnance *innée* à voir souffrir son semblable', Le Roy parlera, pour sa part, de la 'bienveillance *innée*' de l'homme (p.189, l.201, et lettre 13, note 10).

Il est question de la 'pitié naturelle' dans l'*HN* aussi. D'après un texte intitulé 'Les animaux carnassiers' en tête du tome vii, 'la pitié naturelle est fondée sur les rapports que nous avons avec l'objet qui souffre; [...] cependant c'est moins l'homme qui souffre, que sa propre nature qui pâtit, qui se révolte machinalement et se met d'elle-même à l'unisson de [la] douleur. L'âme a moins de part que le corps à ce sentiment de pitié naturelle' (vii.7). Voilà qui rendrait compte du 'malaise physique très incommode' dont parle Le Roy (p.151, l.301-302).

Il est également digne de remarque que lorsque Le Roy examinera plus longuement la 'pitié naturelle', il mentionnera, à l'instar de Buffon, l'étymologie du mot 'compassion' (p.184, l.24, et lettre 13, note 1).

L'opinion unanime de ces trois auteurs qu'il connaissait avait de quoi faire adopter 'la pitié naturelle' à Le Roy et les ressemblances de détail entre ses textes et ceux de Rousseau et de Buffon suggèrent encore plus fortement qu'il avait subi leur influence.

22. Quels que soient les 'moralistes' à qui pense Le Roy, leur opinion avait déjà été contestée par Rousseau dans le *Discours sur l'inégalité*. Le Roy se souvenait probablement du passage suivant: 'Quand il serait vrai que la commisération ne serait qu'un sentiment qui nous met à la place de celui qui souffre, sentiment obscur et vif dans l'homme sauvage, développé, mais faible dans l'homme civil, qu'importerait cette idée à la vérité de ce que je dis, sinon de lui donner plus de force? En effet, la commisération sera d'autant plus énergique que l'animal spectateur s'identifiera plus intimement avec l'animal souffrant' (*Œuvres complètes*, iii.155).

Notes à la lettre II sur l'homme (lettre 9)

1. Il est maintes fois question des 'sociétés particulières' dans *De l'esprit* et elles figurent même dans le titre de quelques chapitres (Discours II, ch.5, 7, 8). Ces mots se trouvent donc tout naturellement sous la plume de Le Roy, lecteur attentif de l'ouvrage de son ami.

2. Aucun ouvrage de Pascal ne figure dans l'inventaire de la bibliothèque de Le Roy. Cette allusion aux *Pensées* n'a cependant pas de quoi surprendre, car d'après les *Réflexions sur la jalousie* 'Pascal assure qu'une des meilleures preuves du péché originel, c'est l'excès de grandeur et de bassesse qu'on remarque dans l'homme' (p.23-24). Le Roy va même jusqu'à dire que 'Pascal lui [à Voltaire] sera toujours supérieur en qualité de philosophe profond, et même d'écrivain éloquent et sublime' (p.24). Le Roy estimait davantage Pascal, on le voit, que ne laisserait supposer le ton quelque peu désinvolte de notre passage.

3. Le thème de ce passage: l'amitié est un besoin qui n'est pas généralement reconnu comme tel, est celui que développe Helvétius dans le chapitre de *De l'esprit* qu'il consacre à l'amitié, et nous avons la certitude qu'il retint l'attention de Le Roy, car il figure dans l'*Examen des critiques* (p.60). Le chapitre d'Helvétius débute comme suit: 'Aimer, c'est avoir besoin. Nulle amitié sans besoin: ce serait un effet sans cause' (p.314). Mais si Le Roy présente le même thème qu'Helvétius, l'exemple particulier qu'il en donne, celui de l'ami qui nous délivre de l'ennui, ne figure pas parmi les nombreux exemples avancés par Helvétius.

4. Ce passage pourrait s'inspirer de l'expérience personnelle de Le Roy, mais il n'est pas sans antécédents littéraires. La situation psychologique évoquée par Le Roy correspond point par point à celle de Meilcour par rapport à Mme de Lursay dans la première partie des *Egarements du cœur et de l'esprit* de Crébillon fils (*Romanciers du XVIIIe siècle*, Paris 1965, ii.13, 17, 18, 19, 25, 26, 38, 39, 46, 56, 60), mais nous n'avons pu établir que Le Roy avait lu ce roman.

5. Autre thème présenté dans *De l'esprit*. Ayant décrit, dans le chapitre intitulé 'Des forces qui agissent sur notre âme', le rôle que jouent chez le civilisé la paresse et la haine de l'ennui, Helvétius poursuit: 'Telles sont, si je l'ose dire, et les forces actives et les forces d'inertie qui agissent sur notre âme. C'est pour obéir à ces deux forces contraires qu'en général nous souhaitons d'être remués, sans nous donner la peine de nous remuer' (p.265).

6. Cette idée se trouvait déjà, toute formulée, dans le chapitre de *De l'esprit* intitulé 'Du désir que tous les hommes ont d'être despotes', qui débute: 'Ce désir prend sa source dans l'amour du plaisir, et par conséquent dans la nature même de l'homme. Chacun veut être le plus heureux qu'il est possible; chacun veut être revêtu d'une puissance qui force les hommes à contribuer de tout leur pouvoir à son bonheur: c'est pour cet effet qu'on veut leur commander' (p.340).

7. Traduites en français par Antoine Galland et publiées en 1704, les *Mille et une nuits* connurent un vif succès et furent souvent rééditées au cours du dix-huitième siècle. Bien qu'elles ne figurent pas dans l'inventaire de sa bibliothèque, Le Roy les avait certainement lues. 'Ah! mon amy, pourquoi n'ai-je pas le charmant tapis des mille et une nuit au moyen duquel on étoit transporté tout d'un coup où on vouloit', écrit-il à P.-M. Hennin dans sa lettre du 2 mai [1763]. 'Vous me verriés arriver dans le moment à votre palais de résidence' (BI ms.1268, f.314*v*).

Le Roy se souvient manifestement, dans notre passage, de la situation de Shahriar, Sultan des Indes, pour qui fut imaginée la longue série des 'contes arabes' des *Mille et une nuits*, bien que la réminiscence ne soit pas tout à fait exacte (*Les Mille et une nuits, contes arabes*, tr. Antoine Galland, Paris 1921, i.6, 9, 11, 15, 16, 25-27; iii.495-96).

8. En décrivant, dans son *Discours sur l'inégalité*, la société enfin constituée, Rousseau affirme que pour attirer de la considération il fallait se donner l'air de posséder des qualités dont on manquait et résume la situation dans une formule frappante: 'Etre et paraître devinrent deux choses tout à fait différentes' (*Œuvres complètes*, iii.174; cf. p.155, l.129-130). La ressemblance non seulement de thème, mais aussi de vocabulaire entre le *Discours* et le texte de Le Roy, ne laisse guère de doutes sur la source où ce dernier avait puisé.

9. Le Roy éprouvait lui-même (voir lettre 8, note 17) tout le pouvoir de la paresse, dont il fait un des principes directeurs de la conduite des hommes. D'autre part, ceux qui le connaissaient bien voyaient en lui un homme modéré. 'Le ciel vous maintienne toujours dans cette pretieuse moderation qui vous rend un des plus heureux rieurs de la terre', dit P.-M. Hennin à la fin de la lettre qu'il adressa à son cousin de Varsovie, le 2 janvier 1762 (BI ms.1268, f.270). Beaucoup plus tard, après la mort de Le Roy, dans une lettre de condoléance datée de Naples, le 16 janvier 1790, un des amis de ses dernières années, le diplomate Bertrand (voir introduction, p.28), écrira à Hennin: 'Les honnetes gens ont perdu un modèle parfait de raison de modération et d'élévation

d'ame' (BI ms.1254, f.56*v*). Le Roy n'eut, on le voit, qu'à s'observer lui-même pour affirmer que 'la modération n'est que l'effet d'une paresse plus profonde et mieux raisonnée'.

10. Le mot 'tourbillon' était couramment employé depuis le dix-septième siècle au sens figuré, mais la présence de l'adjectif 'chaque' suggère qu'il s'agirait d'une réminiscence de la physique cartésienne.

11. Rien de plus banal que le thème de l'envie, mais étant donné le contexte dans lequel il en est question ici (l'effort des individus pour s'élever), on peut se demander si Le Roy ne se souvient pas du *Discours sur l'inégalité* encore (cf. *Œuvres complètes*, iii.175).

12. Bien qu'il y soit question de ce qui arrive 'dans les cours' en général, ce passage s'inspire vraisemblablement de la seule dont Le Roy ait eu quelque expérience, celle de Versailles. Le lieutenant des chasses n'était évidemment pas un habitué de l'œil de bœuf, mais il était bien placé pour savoir ce qui se passait à la cour, à en juger par une lettre d'affaires qu'il adressa en 1776 au comte d'Angiviller et dont le post-scriptum apprend à son ami que 'Mgr. le comte d'Artois vient de joüer un f*** tour au Maāl de Noailles. Le duc d'Ayen prend la chose fort raisonnablement' (AN, o^{1} 1861^{13}). Que son observation relative à l'esclavage volontaire des courtisans se fonde sur ce que Le Roy était à portée d'entendre, sinon de voir de ses yeux, à Versailles, est confirmé par la phrase suivante de sa lettre du 28 décembre [1754] à P.-M. Hennin: 'Dans le païs de l'esclavage je mène la vie la plus libre qui ait jamais existé' (BI ms.1268, f.167), car 'le païs de l'esclavage' désigne manifestement la cour de Versailles. La couleur orientale que prête au passage la référence au visir, aux bachas, au Grand-Seigneur, pourrait d'ailleurs être destinée à en masquer l'origine toute française.

13. Helvétius avait développé un thème parallèle dans *De l'esprit*. L'ambitieux considère les honneurs (c'est-à-dire, les signes extérieurs du pouvoir) 'comme un truchement qui annonce aux hommes son indépendance, la puissance qu'il a de rendre, à son gré, plusieurs d'entre eux heureux ou malheureux, et l'intérêt qu'ils ont tous de mériter une faveur toujours proportionnée aux plaisirs qu'ils sauront lui procurer. [...] les grandeurs sont un bien, et peuvent, ainsi que les richesses, être regardées comme l'échange d'une infinité de plaisirs' (p.299-300). Le Roy a l'air d'avoir simplifié la thèse d'Helvétius en laissant tomber 'les honneurs'.

14. Le Roy s'inspire encore d'Helvétius, qui consacre un chapitre à la psychologie de l'ambitieux. Après avoir atteint son but, l'ambitieux continue à 'se livrer tout entier à ses anciennes occupations; parce qu'une âme toujours agitée de craintes et d'espérances vives, et sans cesse remuée par de fortes passions, préférera toujours la tourmente de l'ambition au calme insipide d'une vie tranquille' (*De l'esprit*, p.307).

15. L'inégalité (voir p.157, l.203-205) est évidemment au cœur du second *Discours*, où Rousseau évoque aussi le rôle joué par la violence, 'les usurpations' et 'le hasard' (cf. p.157, l.198) dans la naissance des premières sociétés, qui furent établies au profit des riches (*Œuvres complètes*, iii.176-80). Rousseau s'élève aussi avec énergie contre l'esclavage (cf. p.157, l.206), auquel il consacre un chapitre du *Contrat social* (livre I, ch.4), mais nous ne savons pas si Le Roy connaissait cet ouvrage. Il possédait certes les œuvres de Rousseau (inventaire, no.71). A en juger cependant par le nombre de volumes et le format de ceux qui les précèdent et les suivent dans l'inventaire, il s'agit de l'édition de Genève 1780-1781, alors que le passage que nous examinons parut dans l'édition des *Lettres sur les animaux* de 1768. (Il ne se trouvait pas dans l'article 'Homme (*Morale*)' de l'*Encyclopédie*, viii.276b.)

Certains thèmes de notre passage ne sont pas particuliers à Rousseau d'ailleurs. On les retrouve chez les physiocrates. En 1767, déjà acquis depuis longtemps à leurs idées, Le Roy avait donné à Diderot son opinion sur *L'Ordre naturel et essentiel des sociétés politiques* de Le Mercier de La Rivière (introduction, p.9-10), qui figurait dans sa bibliothèque (inventaire, no.71), et il avait probablement lu un autre ouvrage dont il possédait également un exemplaire (no.139), la *Physiocratie* de son ami Quesnay, parue elle aussi en 1767. Or, les physiocrates déplorent l'inégalité entre citoyens et les conflits sociaux (*La Physiocratie*, 'Discours de l'éditeur' par Dupont de Nemours, p.lxxiii-lxxiv), estiment que 'c'est de la nature même que chaque homme tient la propriété *exclusive* de sa personne' (Le Mercier de La Rivière, *L'Ordre naturel*, i.18;

souligné dans le texte), jugent 'nécessaire d'avoir la liberté, la propriété de sa personne' (*La Physiocratie*, 'Discours', p.xxix).

Le Roy s'accorde, en outre, non avec Rousseau, mais avec les physiocrates, en affirmant que 'l'association' est 'nécessaire' à l'homme (p.156, l.194; cf. p.149, l.212-214). Rousseau avait consacré un long paragraphe du second *Discours* à expliquer combien la nature 'a peu préparé' l'homme à 'la vie civile', qu'il présente comme moins heureuse que 'la vie naturelle' (*Œuvres complètes*, iii.151-52). D'après la *Physiocratie*, au contraire, 'l'homme isolé serait exposé à mille accidents' ('Discours', p.xv), et dès le début de la première partie de son *Ordre naturel* Le Mercier de La Rivière trouve 'évident que l'homme, susceptible de compassion, de pitié, d'amitié, de bienfaisance, de gloire, d'émulation, d'une multitude d'affections qu'il ne peut éprouver qu'en société, est destiné par la nature à vivre en société' (i.3).

Notre passage ne se rapporte pas à une source unique.

16. Le Roy suppose ce qu'affirme Helvétius: 'que le désir de l'estime est commun à tous les hommes [...] tous les hommes sont avides d'estime' (*De l'esprit*, p.68). Il suppose également que ce désir d'estime incite les particuliers à subordonner leur intérêt personnel à l'intérêt général. Il souhaite, autrement dit, ce qu'Helvétius appelle une 'heureuse conformité [...] entre notre intérêt et l'intérêt public, conformité ordinairement produite par le désir d'estime' (p.334). Le mépris punit, au contraire, ceux qui ne servent pas le bien public: 'La vraie vertu est fondée sur le désir de l'estime et de la gloire, et sur l'horreur du mépris, plus effrayant que la mort même' (p.338).

17. Seule la troisième phrase résume un passage des *Réflexions critiques* de l'abbé Dubos, d'après lequel pour 'introduire des agréments' dans les combats de gladiateurs, il fallait que ceux qui les instruisaient 'enseignassent à ces malheureuses victimes dans quelle attitude il fallait se coucher, et quel maintien il fallait tenir lorsqu'on était blessé mortellement' (i.15-16).

Quant aux dames romaines de nos deux premières phrases, leur présence s'explique très probablement par un passage de *De l'esprit* (p.211), dans lequel Helvétius parle, lui aussi, des jeux du cirque 'où les femmes accouraient en foule; où ce sexe [...] qui, fait pour l'ornement et les délices de la terre, semble ne devoir respirer que la volupté, portait la barbarie au point d'exiger des gladiateurs blessés, de tomber, en mourant, dans une attitude agréable'.

18. Depuis un siècle des philosophes, et non des moindres, opposaient le chatouillement à la douleur. Dans son traité de l'*Homme*, publié en 1664, Descartes explique la douleur par la rupture du filet nerveux, le chatouillement par un mouvement moins fort du filet nerveux, lequel ne va pas jusqu'à la rupture (*Œuvres*, éd. Adam et Tannery, Paris 1897-1910, xi.143-44). Le thème est repris par Malebranche, qui consacre un passage de sa *Recherche de la vérité* à expliquer que le mouvement des fibres des nerfs 'qui cause la douleur ne diffère assez souvent que très peu, de celui qui cause le chatouillement. Il n'est pas nécessaire qu'il y ait de différence essentielle entre ces deux mouvements; mais il est nécessaire qu'il y ait une différence essentielle entre le chatouillement et la douleur que ces deux mouvements causent dans l'âme' (*Œuvres*, Paris 1962-1967, i.127). On peut se demander si, sans Malebranche, qu'il paraît avoir étudié dans sa jeunesse (introduction, p.6), Le Roy aurait pensé au chatouillement en l'associant à la douleur.

19. Dans le passage de la fin de la lettre IV où il énumère les 'conditions' qui 'servent la perfectibilité', Le Roy avait déjà parlé de 'ce malaise de curiosité', de 'la curiosité stimulante' que fait éprouver aux hommes 'la nécessité d'être émus' (p.106, l.180; l.186; l.172-173). Il avait lu de près la chapitre 5 de la seconde partie du *Traité des animaux*, puisqu'il en cite un passage dans sa lettre VI et y renverra encore dans sa lettre III à madame *** (p.121, l.136-p.122, l.320; p.168, l.31-33). En considérant dans ce chapitre le moi de réflexion chez l'homme, Condillac affirme que 'la curiosité le meut sans cesse' et parle de 'la curiosité, ce besoin insatiable de connaissances' (*O.p.*, i.363a-b). Mais il ressort du chapitre 8 de la seconde partie, lequel avait également retenu l'attention de le Roy (voir lettre 3, note 27), que pour Condillac ce sont les 'qualités morales des objets' – ignorées des bêtes – qui 'donnent à l'âme une activité dans laquelle tout l'entretient, et dont nous nous faisons bientôt un besoin' (i.372b). Si donc c'est à l'exemple de Condillac que Le Roy attribue à l'homme une 'curiosité stimulante', il la fait naître d'une

cause différente, non de la 'connaissance des qualités morales des objets' du *Traité des animaux*, mais de notre besoin d'être émus.

20. Si Le Roy avait souscrit dès les premiers volumes à l'*Histoire générale des voyages* (inventaire, no.87), il se souvient peut-être dans notre passage du chapitre intitulé 'Religions établies à la Chine', paru au tome vi (1748) et qui affirme, à propos des bonzes, que 'souvent, pour augmenter leur mérite dans l'opinion du vulgaire et toucher de compassion leurs spectateurs, ils s'imposent de rudes pénitences jusqu'au milieu des places publiques. Les uns s'attachent au col et aux pieds de grosses chaînes, de plus de trente pieds de long, qu'ils traînent avec beaucoup de fatigue au travers des rues.' Le père Le Comte rencontra un jour un jeune bonze 'placé debout dans une chaise de fer, dont le dedans était hérissé de clous pointus, qui ne lui permettaient pas de s'appuyer sans se faire une infinité de blessures (vi.330). Si Le Roy puise dans l'*HGV* ces deux exemples de rigueurs, il s'en sert pour illustrer une thèse tout à fait différente de celle de l'*HGV*, d'après laquelle les bonzes s'imposent des pénitences pour rehausser leur prestige auprès du 'vulgaire'; ici c'est par suite de l'attrait qu'ont pour la plus grande partie des hommes 'les choses difficiles et outrées' que les bonzes s'imposent des rigueurs.

21. Il ressort de sa correspondance avec P.-M. Hennin que Le Roy était lui-même un homme gai. 'Je conserveray, soyés en sur, ce rire que vous m'aves quelquefois reproché', assure-t-il son cousin dans la lettre qu'il lui adressa de Versailles, le 28 septembre 1760, 'et que vous me conseillés aujourd'huy' (BI ms.1268, f.240). Dans une autre lettre à Hennin, datée de Versailles, le 18 avril [1761], Le Roy dit qu'il s'amuse, entre autres choses, 'à rire des sots' (f.346*v*). Il est question de la gaîté de Le Roy dans plusieurs lettres de Hennin également (Hennin à Le Roy, Varsovie, le 24 mai 1761, f.256; Hennin à Sainte-Foix, Varsovie, le 13 février 1762, BI ms.1276, f.209*v*; Hennin à Le Roy, Varsovie, le 4 décembre 1763, BI ms.1268, f.288*v*-89; Hennin à Voltaire, Genève, le 6 décembre 1767, Best.D14573). Comme Le Roy ne se considérait vraisemblablement pas comme un de ces 'hommes légers, qui n'ont que la gaîté pour attribut', qui sont 'capables' seulement 'd'intérêts superficiels', les remarques de notre passage concernant la gaîté se fondent non sur l'observation de soi, mais sur celle d'autrui.

22. Une vingtaine d'années après avoir formulé cette comparaison, qui se trouvait déjà dans l'article 'Homme (*Morale*)' de l'*Encyclopédie* (viii.277a), Le Roy parlera dans sa lettre du 13 avril 1778 à Buffon de 'la gaîté folâtre de nos jeunes chiens' (*HN*, *Supplément*, vii.207). Dans un passage de sa lettre IV à madame *** (1781), où il est question de la chienne familière de la comtesse d'Angiviller, Le Roy caractérisera aussi cet animal comme 'gai, vif, étourdi' dans sa jeunesse (p.183, l.374). Bien qu'il s'agisse, dans la lettre II sur l'homme, de 'jeunes animaux' en général, il est donc probable que Le Roy pense avant tout au chien, que par suite de son métier il était à même d'observer plus souvent que les autres animaux domestiques (voir lettre 6, note 4).

23. Le Roy connaissait l'*Esprit des lois* de Montesquieu (voir lettre 8, note 15). Or, non seulement le thème de l'altération graduelle des gouvernements est celui du livre VIII de l'*Esprit des lois*, intitulé 'De la corruption des principes des trois gouvernements', mais la deuxième phrase de notre passage fait écho au chapitre 2 du livre VIII, d'après lequel la démocratie 'a deux excès à éviter: l'esprit d'inégalité, qui la mène à l'aristocratie, ou au gouvernement d'un seul; et l'esprit d'égalité extrême, qui la conduit au despotisme d'un seul' (*Œuvres complètes*, ii.351).

Pour ce qui est de 'la monarchie modérée changée, avec le temps, en pouvoir arbitraire', les chapitres 6 à 8 du livre VIII de l'*Esprit des lois* sont consacrés à 'la corruption du principe de la monarchie', qui mène au despotisme, et Le Roy n'avait qu'à généraliser à partir des analyses de ce même livre VIII pour arriver à la conclusion que '*toutes* les formes de gouvernement' aboutissent au despotisme (p.159, l.278; souligné par nous).

Quant au 'despotisme, qui lui-même occasionne les plus fréquentes et les plus terribles révolutions', l'*Esprit des lois* décrit le despotisme comme 'un gouvernement [...] où tout mène tout à coup, et sans qu'on puisse le prévoir, à des révolutions' (*Œuvres complètes*, ii.310), idée qu'Helvétius fait sienne dans *De l'esprit*, en citant 'l'illustre président de Montesquieu' à l'appui (p.343). Le Roy avait donc deux chances plutôt qu'une de retenir le thème.

24. Le Roy parle des 'nations différentes' en général, mais on peut se demander si, ayant lu

l'*Esprit des lois*, il ne résume pas dans ses grandes lignes l'évolution des mœurs de l'ancienne Rome telle qu'elle ressort de l'ouvrage de Montesquieu (ii.343, 360, 448, 572-73, 667).

25. Le Roy se souvient, ici encore, du chapitre de *De l'esprit* intitulé 'Des forces qui agissent sur notre âme' (cf. lettre 8, note 16). D'après Helvétius notre 'besoin d'être remué' doit 'enfin amener la décadence du goût', car 'les impressions sont d'autant plus agréables qu'elles sont plus vives' et 'la durée d'une même impression en émousse la vivacité'. Les artistes sont donc obligés, pour nous plaire, de chercher le nouveau, le singulier (p.263).

Remarquons cependant que si Le Roy emprunte la 'décadence du goût' à Helvétius, il l'a intégrée dans sa thèse de l'altération qui résulte de notre 'besoin d'être émus' dans d'autres domaines, déjà considérés: les 'affections humaines' en général; le caractère des individus; l'évolution des gouvernements; celle des mœurs (p.158, l.241-255, 256-269; p.158, l.270-p.159, l.279; p.159, l.280-296).

26. Il s'agit de l'influence exercée par 'un génie heureux' sur 'la forme des esprits de son siècle'. Or, le thème du rôle décisif joué par les hommes de génie non seulement dans le domaine de l'intelligence, mais dans les affaires humaines en général, se trouvait dans l'*Essai sur les mœurs* (éd. René Pomeau, Paris 1963, ii.60, 568).

La question se pose évidemment: quels ouvrages de Voltaire Le Roy avait-il lus? En 1789 figuraient dans sa bibliothèque 'soixante-dix volumes in-12 dont Œuvres de Voltaire' et 'cinquante et un volumes in-8 dont œuvres de Voltaire' (inventaire, nos. 97, 253). Comme, dans les deux cas, l'inventaire ne précise pas le nombre de volumes que comportaient les œuvres de Voltaire, et que plusieurs éditions in-8 et in-12 parurent pendant la seconde moitié du dix-huitième siècle, nous n'avons pas moyen de savoir à quelles éditions nous avons affaire.

Si nous ignorons quels titres de Voltaire Le Roy avait sous la main et à quel moment, nous avons la certitude qu'il lut l'*Essai sur les mœurs*, car il y fait allusion dans ses *Réflexions sur la jalousie* (p.5-6), publiées en 1772. Le passage qui nous occupe figurait déjà dans l'article 'Homme (*Morale*)' de l'*Encyclopédie* (viii.277a) à l'impression en 1759 (introduction, p.10), mais la première édition de l'*Essai sur les mœurs* parut en 1754 et l'ouvrage atteignit son plein développement en 1756 (éd. Pomeau, i.xv, xvi). Comme il est probable que Le Roy, qui avait une grande admiration pour Voltaire (*Réflexions*, p.6), lut l'*Essai sur les mœurs* peu de temps après la publication de la première édition complète plutôt que dix ans après, on peut en conclure que ce qu'il dit de l'influence exercée par un 'génie heureux' sur 'la forme des esprits de son siècle' s'inspire de Voltaire.

27. Ce passage paraît se fonder sur les observations personnelles de Le Roy. Nous avons déjà eu l'occasion de relever ses contacts avec 'la classe oisive de la société' à Versailles (ci-dessus, note 12). En ce qui concerne les hommes véritablement heureux et accessibles à la pitié naturelle (p.160, l.340-342), la lettre I à madame *** sur l'homme précisera qu'il s'agit des 'paysans aisés', des 'artisans industrieux' (p.188, l.185-192). Dès l'article 'Fermier (*Economie rustique*)', publié dans le tome vi de l'*Encyclopédie* en 1756, Le Roy avait d'ailleurs affirmé qu''en pénétrant dans les maisons des laboureurs, on retrouve, de nos jours même, les mœurs que le luxe a chassées des grandes villes; on peut y admirer encore la droiture, l'humanité, la foi conjugale, une religieuse simplicité. Les fermiers par leur état n'éprouvent ni le dégoît des besoins pressants de la vie, ni l'inquiétude de ceux de la vanité; [...] une honnête abondance est le fruit de leurs soins, ils n'en jouissent pas sans la partager; leurs maisons sont l'asile de ceux qui n'ont point de demeure' (vi.528b). Le Roy se fonde presque certainement ici sur ce qu'il avait observé chez les fermiers des Grand et Petit Parcs de Versailles (introduction, p.3).

Ses fonctions de lieutenant des chasses le mettaient également en rapports avec des 'artisans industrieux'. Les documents relatifs aux fournitures des chasses conservés aux Archives nationales établissent qu'il avait affaire à des artisans des métiers suivants: menuisier (AN, o^1 807, pièces 260- 63, 348-51; o^1 808, pièces 224-27; o^1 1809, pièces 120, 122, 161); charron (AN, o^1 807, pièces 275-77; o^1 808, pièce 230; o^1 1809, pièces 116, 118, 119); maçon (AN, o^1 807, pièce 352; o^1 808, pièce 221); sellier (AN, o^1 807, pièces 268, 270, 357; o^1 808, pièces 216, 242); arquebusier (AN, o^1 807, pièces 208-11; o^1 808, pièces 28, 102-105; o^1 1809, pièce 124); tonnelier (AN, o^1 808, pièce 213); cordier (AN, o^1 807, pièces 259, 311; o^1 808, pièces 222, 223); serrurier (AN, o^1

807, pièces 150, 318-19, 355, 356; o' 808, pièce 220). Deux 'mémoires d'ouvrages de serrurerie' comprennent des travaux faits 'pour le logement de Monsieur Le Roy' (AN, o' 807, pièce 353, f.2*v*, 8; pièce 354, f.7). Le Roy ne 'pénétrait' peut-être pas 'dans les maisons' de ces artisans comme dans celles des fermiers des Grand et Petit Parcs de Versailles, mais il les voyait sans doute d'assez près pour juger de leurs mœurs.

28. En évoquant dans ce passage le bonheur des esprits cultivés, Le Roy parlait d'expérience. Dès 1753 il écrit à P.-M. Hennin: 'Je vais m'occuper du soin de me former une bibliothèque dans laquelle je trouveray toute ma vie des secours contre l'ennuy' (BI ms.1268, f.134), et d'après sa lettre à Hennin datée de Versailles, le 15 mars [1754], il a toujours 'cet amour libertin pour l'étude qui fait passer les moments si vîte' (f.144*r-v*).

29. Voilà qui rappelle la brève affirmation de la lettre 1 sur l'homme: 'Surtout le travail de penser est insupportable à qui l'habitude ne l'a pas rendu facile' (p.150, l.258-259). Helvétius présente la même thèse dans *De l'esprit*, où il parle de 'la fatigue de l'étude et de la méditation' (p.185) et affirme que 'la méditation, toujours fatigante, est, pour ainsi dire, contraire à notre nature' (p.286). Helvétius estime aussi que seule l'habitude facilite le travail de l'esprit (p.259), que 'c'est à l'habitude de la méditation qu'on doit la capacité de méditer' (p.534). Helvétius et Le Roy partageaient donc le même point de vue sur la difficulté du travail intellectuel.

Il n'est cependant pas question chez Helvétius du 'goût naturel' auquel Le Roy accorde un certain rôle, bien que ce soit 'surtout l'habitude' qui passionne 'pour les arts, pour les sciences et pour les lettres'. On trouve, en revanche, l'équivalent de ce 'goût naturel' chez l'abbé Dubos: après avoir expliqué la différence entre 'sentir' et 'réfléchir et méditer' (voir lettre 8, note 16), Dubos poursuit: 'L'âme trouve pénible et même impraticable quelquefois, cette seconde manière de s'occuper' (*Réflexions critiques*, i.7). A son avis 'un petit nombre' seulement peut apprendre l'art de réfléchir et il faut pour cela avoir 'un certain tempérament d'humeurs' (i.8). Ce n'est qu'après avoir parlé de cette espèce de prédisposition à la réflexion, dont il n'est pas question chez Helvétius, que Dubos en vient à l'habitude: 'Il faut encore s'être appliqué dès sa jeunesse à des études et à des occupations dont les travaux demandent beaucoup de méditation. Il faut que l'esprit ait contracté l'habitude de mettre en ordre ses idées et de penser sur ce qu'il lit' (i.8). On dirait que dans notre passage Le Roy se souvient autant, sinon plus, de Dubos que d'Helvétius.

30. Bien que sa deuxième catégorie d'hommes heureux comprenne tous les amateurs des arts, des sciences, des lettres, Le Roy vise manifestement, en cette fin de paragraphe, les créateurs en particulier. Or, ce qu'il dit ici de l'envie des artistes, des savants, des auteurs – thème aussi classique que celui de l'envie tout court – ne figure pas dans l'article 'Homme (*Morale*)' de l'*Encyclopédie* (viii.277b), mais parut pour la première fois dans l'édition des *Lettres sur les animaux* de 1768. On peut donc se demander si Le Roy, en rédigeant ce passage, ne pensait pas déjà, entre autres, à Voltaire, qu'il accusera, dans ses *Réflexions*, d'être 'depuis quelque temps' (p.6-7) dominé par 'la plus infernale jalousie dont on ait jamais eu d'exemple' (p.21).

31. Le Roy se souvient ici sans doute du *Discours sur l'inégalité*, en particulier d'un passage où Rousseau parle de 'la pitié naturelle', dont découlent, précise-t-il, 'toutes les vertus sociales': 'En effet, qu'est-ce que la générosité, la clémence, l'humanité, sinon la pitié appliquée aux faibles, aux coupables, ou à l'espèce humaine en général?' (*Œuvres complètes*, iii.155).

32. Le Roy met en lumière un peu plus loin le rôle joué dans la formation morale par l'éducation, par les mœurs domestiques et publiques (p.161, l.370-386; p.162, l.401-415). Il va même jusqu'à affirmer 'que les hommes, pris en masse, sont le produit de l'exemple et de l'opinion, et qu'il est à peu près possible de leur donner la forme qu'on veut' (p.162, l.421-423). Mais tout en reconnaissant, avec Helvétius, 'combien il entre d'éléments involontaires dans les déterminations et les jugements de la plupart des individus' (p.163, l.451-453, lettre 9, note 43), Le Roy n'y en voit pas la cause exclusive. Tout comme il admet chez les bêtes, outre l'intelligence, un instinct inné, 'une impulsion aveugle et sans réflexion' qui 'dépend entièrement de l'organisation' (voir lettre 3, note 8), il reconnaît, de même, chez l'homme, outre l'influence très forte des circonstances environnantes, des traits de caractère inhérents à l'individu, puisqu'ils s'expliquent par 'l'organisation' (cf. p.146, l.107-108; p.209, l.176-187). Bien qu'ayant beaucoup emprunté à Helvétius, Le Roy y ajoute du sien.

Si les circonstances extérieures ne suffisent pas seules à rendre compte du comportement des individus humains, il en est de même des individus des espèces animales. Tout à fait conséquent dans ses idées, Le Roy affirme 'que l'éducation ne fait pas tout dans les animaux [...] qu'il est des naturels pervers que rien ne change' (p.183, l.283-284).

33. Ce passage ne figure pas dans l'article 'Homme (*Morale*)' de l'*Encylopédie*, mais fut ajouté par Le Roy lorsqu'il remania son texte pour en faire les lettres I et II sur l'homme, publiées en 1768. Or, dans son *Emile* (publié en 1762), que Le Roy avait lu (lettre 5, note 7), Rousseau avait fait remarquer qu'il y a des gens qui ne compatissent qu'aux souffrances physiques évidentes, mais que les 'peines morales', la détresse des 'âmes sensibles' laissent indifférents (*Œuvres complètes*, iv.511-12). Le Roy n'avait qu'à tirer la conséquence: seul l'homme sensible compatit aux malheurs autres que voyants. Il reprendra ce thème dans la lettre I à madame *** sur l'homme, mais en joignant cette fois l'instruction à la sensibilité (p.190, l.245-255).

34. Si l'article 'Homme (*Morale*)' de l'*Encyclopédie* comporte l'équivalent approximatif de la première phrase de notre passage ('Malheureux qui n'a point éprouvé la sensation complète qu'elles [les idées de bienfaisance] procurent!', viii.277b), la seconde phrase du passage manque complètement. On peut donc se demander si en remaniant son article en vue de l'édition de 1768, Le Roy ne se souvient pas de *La Nouvelle Héloïse*. 'La tête me tourne, mon amy', dit-il à P.-M. Hennin dans la lettre qu'il lui adressa de Versailles, le 3 février [1761]; 'Je viens d'achever la lecture du roman tant attendu de Jean-Jacques. Malheur à celuy qui lira cet ouvrage sans en avoir une forte envie de devenir meilleur' (BI ms.1279, f.262*v*; Rousseau, *Correspondance*, viii.54).

Or, notre passage, quelque bref, quelque général qu'il soit (mais Le Roy résumait volontiers, voir lettre 6, note 3), rappelle certains passages de *La Nouvelle Héloïse*. Claire écrit, par exemple, à Julie qui, jeune fille encore, faisait de son mieux pour secourir les infortunés autour d'elle, 'que les amis, les connaissances, les domestiques, les voisins, et toute une ville entière, t'adorent de concert et prennent à toi le plus tendre intérêt [...] C'est le don d'aimer, mon enfant, qui te fait aimer. On peut résister à tout, hors à la bienveillance' (*Œuvres complètes*, ii.203-204). Voilà pour l'adoration que s'attirent les personnes chez qui la pitié naturelle agit de façon 'constante'.

Quant au plaisir que ces personnes éprouvent à faire le bien indépendamment de la gratitude de ceux à qui ils rendent service, il en est également plusieurs fois question dans *La Nouvelle Héloïse*. M. de Wolmar raconte, par exemple, comment il en vint à 'prendre un nouveau goût pour le bien par le plaisir d'y contribuer' (ii.492), et d'après Julie 'la mémoire des malheureux qu'on a soulagés donne un plaisir qui renaît sans cesse' (ii.539).

Que notre passage s'inspire de *La Nouvelle Héloïse* paraît d'autant plus vraisemblable qu'en écrivant la lettre I à madame *** sur l'homme de quinze à vingt ans après la publication du roman, Le Roy s'en souvient encore et renvoie explicitement à un de ses épisodes pour montrer que 'l'amour heureux s'accorde parfaitement bien avec l'exercice de la bienveillance innée' (p.189, l.200-201; l.205-211; voir aussi lettre 13, note 12). Si *La Nouvelle Héloïse* fit sur Le Roy une impression assez forte pour lui rester en mémoire de longues années après, elle devait être également assez forte pour lui faire incorporer dans la lettre II sur l'Homme les deux thèmes connexes de notre passage.

35. La critique de l'enseignement traditionnel n'était pas chose rare au dix-huitième siècle. Nous nous contentons de signaler que Le Roy la trouvait dans *De l'esprit* (p.554) et dans le *Discours sur les sciences et les arts* de Rousseau (*Œuvres complètes*, iii.24; voir lettre sur une critique, note 10).

36. Le Roy reprend ici une des thèses maîtresses de *De l'esprit*: 'que les hommes sont les disciples des objets qui les environnent' (p.121). 'Tout l'art de l'éducation consiste à placer les jeunes gens dans un concours de circonstances propre à développer en eux le germe de l'esprit et de la vertu' (p.417). Le Roy emprunte à *De l'esprit* jusqu'à l'exemple particulier dont il illustre sa proposition: l'éducation des Spartiates, dont il est question à plusieurs reprises (p.276, 325, 556).

37. Ce passage rappelle le chapitre de l'*Esprit des lois* intitulé 'De l'éducation dans le gouvernement despotique' (livre IV, ch.3), qui débute par affirmer que l'éducation dans les états despotiques ne cherche qu'à 'abaisser' le cœur, qu''il faut qu'elle soit servile [...] Elle se réduit à

mettre la crainte dans le cœur', et elle a pour but de 'faire un bon esclave' (*Œuvres complètes*, ii.265-66).

38. Le Roy se souvient ici du passage du *Traité des animaux* qu'il résume dans sa lettre VI, passage d'après lequel les hommes ne sont moins uniformes que les bêtes que parce qu'ils se copient les uns les autres (p.122, l.320-322; voir aussi lettre 6, note 19). Il y avait là de quoi faire caractériser l'homme comme 'l'animal imitateur' par excellence.

39. Ce passage reprend un thème présenté dans l'*Esprit des lois* à propos de l'importance, dans une république, de l'amour des lois et de la patrie (livre IV, ch.5). Les pères peuvent l'inculquer aux enfants, et s'ils n'y parviennent pas, 'c'est que ce qui a été fait dans la maison paternelle est détruit par les impressions du dehors' (*Œuvres complètes*, ii.267).

40. Le Roy se fonde toujours sur la même thèse qu'Helvétius: que le moral de l'homme est formé par les circonstances où il se trouve (voir ci-dessus, note 36).

41. L'égalité est 'de l'essence' des républiques. Cette idée est empruntée, il ne peut guère y avoir de doute, à l'*Esprit des lois*. L''Avertissement de l'auteur' en tête du livre débute comme suit: 'Pour l'intelligence des quatre premiers livres de cet ouvrage, il faut observer que ce que j'appelle la *vertu* dans la république est l'amour de la patrie, c'est-à-dire l'amour de l'égalité' (*Œuvres complètes*, ii.227; souligné dans le texte; cf. ii.274, 276).

42. Comme la conversation entre Pyrrhus et Cinéas (voir lettre 8, note 18), la vertu de Caton faisait partie, au dix-huitième siècle, du bagage de l'homme cultivé, témoin la lettre adressée par Le Roy le 7 janvier [1759] à P.-M. Hennin, qui se trouvait alors à Rome: 'Dites moy, cette Rome donne-t-elle encor une idée de la demeure des Scipions et de Paul Emile? Je ne parle que de la magnificence. S'il étoit question de vertu, c'est Caton que j'aurois nommé' (BI ms.1268, f.203-203*v*).

43. Helvétius avait déjà dit dans *De l'esprit* que 'l'homme de mérite' est indulgent envers les autres et qu'une des causes de son indulgence 'tient à la vue nette qu'il a de la nécessité des jugements humains' (p.111-12).

Notes à la lettre II à madame *** sur les animaux (lettre 10)

1. Aucun ouvrage de Shaftesbury ne figure dans l'inventaire de la bibliothèque de Le Roy, dressé en 1789, mais il est clair que notre philosophe connaissait les idées de Shaftesbury par l'intermédiaire d'Helvétius, sinon autrement (p.186, l.87, lettre 13, note 3).

2. Voilà qui rappelle l'*Art de penser* que comporte le *Cours d'étude* de Condillac, dont les seize volumes parurent en 1775. Un chapitre (partie I, ch.9) est consacré à développer le thème que 'toute vérité est une proposition identique', qu'une proposition exacte 'se borne à affirmer que le même est le même' (*O.p.*, i.748a). Que le Roy adopte le point de vue de Condillac suggère qu'il n'avait pas omis de lire le *Cours d'étude*, dont il possédait un exemplaire (inventaire, no.133).

3. Il n'est pas question de ces 'qualités occultes des anciens' chez les auteurs qui ont exercé le plus d'influence sur Le Roy (Condillac, Helvétius, Buffon, Rousseau), mais un ouvrage dont il semble avoir retenu quelques idées, le *Cours des sciences* du père Buffier (voir lettre 6, note 12; lettre 8, note 4), reproche aux philosophes modernes de rejeter d'anciennes obscurités pour y en substituer de nouvelles: 'Nos réformateurs ont trouvé à propos de faire les plaisants, sur les qualités occultes, dont ils voudraient faire croire, que les anciens faisaient usage à tout propos, et sans discernement' (col.990).

4. Le Roy fait écho à ce que dit Buffon dans son 'Discours sur la nature des oiseaux' paru en tête du tome i de l'*Histoire des oiseaux* (Paris 1770-1783) dont Le Roy possédait l'édition in-folio (inventaire, no.6): 'dès que les vivres commencent à leur manquer, dès que le froid ou le chaud les incommodent, ils méditent leur retraite' (i.12).

5. D'après le 'Discours sur la nature des oiseaux', lorsque les migrations se préparent, 'd'abord ils semblent se rassembler de concert pour entraîner leurs petits, et leur communiquer ce même désir de changer de climat, que ceux-ci ne peuvent encore avoir acquis par aucune notion, aucune connaissance, aucune expérience précédente' (Buffon, *Histoire des oiseaux*, i.12). Buffon fait

preuve du même anthropomorphisme que Le Roy dans sa description des migrations d'oiseaux (voir note suivante).

6. Lorsque le moment de la migration approche, on voit les oiseaux 'non seulement se rassembler en famille, se réunir en troupes, mais encore s'exercer à faire de longs vols, de grandes tournées, avant que d'entreprendre leur plus grand voyage' (Buffon, *Histoire des oiseaux*, i.13).

Notes à la lettre III à madame *** (lettre 11)

1. Echo très discret de Condillac, qui dans son *Cours d'étude* (voir lettre 10, note 2) suppose deux hommes dont l'un est sans imagination et sans mémoire et l'autre a trop d'imagination et trop de mémoire. Selon que les esprits tendent vers l'un ou l'autre de ces deux cas extrêmes, 'ils ont des qualités plus ou moins incompatibles [...] Ainsi ceux qui se rapprochent de l'extrémité où l'imagination et la mémoire dominent, perdent à proportion des qualités qui rendent un esprit juste, conséquent et méthodique' (*O.p.*, i.727b).

2. Condillac l'avait déjà dit dans son *Traité des sensations* et dans son *Cours d'étude* (*O.p.*, i.237a, 751b). Le Roy présentera la même conception du temps en réfutant Buffon dans la lettre IV à madame *** (p.180, l.260-262).

3. C'est grâce à Buffon que Le Roy put observer les faits avancés ici à l'appui de sa thèse de l'hérédité des qualités acquises, déjà développée dans la lettre VI (p.117, l.138-141, lettre 6, note 8). Il ressort de la 'Suite des chiens métis', publiée dans le tome vii du *Supplément* de l'*HN* (1789), que Buffon avait confié à Le Roy deux chiens-loups nés de l'union d'un chien avec une louve. Buffon reproduit *in extenso* une lettre en date du 13 juillet 1778, où Le Roy lui communiquait les observations qu'il avait faites sur ces animaux et leur progéniture (*Supplément*, vii.206-208; introduction, p.27-28). Il présente dans notre note les détails de cette lettre concernant 'la troisième génération du produit' du chien avec la louve.

Quant au second paragraphe de la note, il suggère que Le Roy avait été témoin, dans les Parcs de Versailles, de tentatives pour dresser des chiens de berger à la chasse.

4. Cette observation ne figure pas dans le seul ouvrage de la bibliothèque de Le Roy exclusivement consacré à l'Amérique du sud, la *Description générale historique, géographique et physique de la colonie de Surinam* de Philippe Fermin (Amsterdam 1769; inventaire, no.159). A en juger par le début de la note, il s'agit d'ailleurs d'une communication orale. Or, Le Roy connaissait quelqu'un qui avait passé plusieurs années en Amérique du sud, non certes en Guyane, seule colonie française du continent sud-américain, mais aux Antilles. Il s'agit d'un ami et correspondant de Le Roy et de P.-M. Hennin, du nom de Täscher.

La correspondance entre Le Roy et Täscher ne nous est pas parvenue, mais celle entre Täscher et Hennin nous apprend que Täscher et Le Roy étaient amis dès avant juillet 1751 (Täscher à Hennin, Paris, le 24 juillet 1751, BI ms.1279, f.39*v*). Les rapports entre eux semblent avoir été assez étroits, car non seulement Täscher soupait chez Le Roy (Täscher à Hennin, le 8 janvier 1753, f.46*v*), mais il écrivit sa lettre du 2 octobre 1758 à Hennin 'sur la table Tronchine de M^r^ Le Roy que j'attends' (f.61*v*), et dans sa lettre datée de Rome, le 30 décembre 1758, Hennin dit à Täscher: 'M. Le Roy pourra te montrer ce que je luy ai ecrit de ce pays dans un de mes moments les moins noirs' (f.67).

Nommé 'à l'Intendance de la Guadeloupe', Täscher partit rejoindre son poste au printemps de 1772 (Hennin à Täscher, Genève, le 26 août 1772, f.78). Le post-scriptum de la lettre qu'il adressa à Hennin de Basseterre, Guadeloupe, le 1er septembre 1774 est ainsi conçu: 'Quand vous verrés M. Le Roy, ou quand vous luy écrirés, faites luy je vous prie memoire de moy; je luy ay ecrit peu souvent depuis ma transplantation, mais il a vu combien ses recommendations m'ont été cheres et ce que j'ay fait pour y répondre' (f.83*v*).

Rentré en France en 1777 (Täscher à Hennin, Paris, le 5 avril [1778], f.87), Täscher recommença de fréquenter Le Roy et sa société à Versailles, témoin la lettre de Hennin datée de Versailles, le 9 novembre 1781, dans laquelle il écrit à Täscher, parti dans le midi de la France, que 'toute la société de lhotel du Gouvernement [où logeait Le Roy, introduction, p.31 et note

184] vous regrette' (f.89*v*). Dans le post-scriptum d'une lettre datée de Lyon, le 1er juillet 1784, Täscher prie Hennin de 'faire memoire de moy a l'hotel du Gouvernement, particulièrement a M votre frere, et *al padrone della casa*' (f.91*v*), le maître de maison étant évidemmant Le Roy.

Ami de Le Roy de longue date, Täscher avait été à même, pendant les cinq années qu'il passa à la Guadeloupe entre 1772 et 1777, de faire l'observation relative aux abeilles, et de la communiquer à Le Roy de vive voix après son retour en France, à peu près à l'époque où notre philosophe devait rédiger la lettre III à madame ***, publiée dans l'édition des *Lettres* de 1781. En effet, c'est dans une lettre de juillet 1778 que Le Roy faisait part à Buffon, on vient de le voir, d'observations incorporées dans une note précédente rattachée à la lettre III à madame ***.

5. L'intelligence humaine a des bornes: le thème n'avait rien de nouveau au dix-huitième siècle. Remarquons cependant que les *Questions sur l'Encyclopédie* (s.l. 1770-1772), que Le Roy avait lues – puisque ses *Réflexions sur la jalousie* de 1772 reprochent à Voltaire d'y porter atteinte à la réputation d'Helvétius (p.20-23; introduction, p.17 et note 110) – comportent un article 'Bornes de l'esprit humain', où Voltaire accumule des exemples de notre ignorance (iii.151-55).

6. Ayant fait intervenir, à l'appui de sa thèse de l'intelligence des animaux, ce que lui-même avait appelé 'un des arguments les plus employés pour démontrer l'existence de Dieu' (p.172, l.165-168; p.120, l.261-262), Le Roy en profite ici pour souligner une fois de plus son orthodoxie religieuse. Rejeter l'atomisme athée était évidemment un lieu commun du siècle: Malebranche, par exemple, que Le Roy paraît avoir lu de bonne heure (introduction, p.6), réfute la thèse d'Epicure et de Lucrèce dans un passage de sa *Recherche de la vérité* (livre II, ch.4) d'autant plus susceptible de rester dans la mémoire qu'il cite onze vers du *De rerum natura* (*Œuvres*, i.209). Voir aussi l'article 'Atomisme' de l'*Encyclopédie* (i.823a) et Voltaire, article 'Atomes' des *Questions sur l'Encyclopédie* (ii.327-32).

7. Le thème de l'"équilibre' dans l'univers, dont c'est ici l'unique mention dans les *Lettres sur les animaux*, avait été développé par Buffon dans l'*HN*. D'après le chapitre consacré au lièvre, le 'mouvement, toujours réglé' de la nature 'roule sur deux pivots inébranlables, l'un la fécondité sans bornes donnée à toutes les espèces, l'autre les obstacles sans nombre qui réduisent le produit de cette fécondité à une mesure déterminée et ne laissent en tout temps qu'à peu près la même quantité d'individus dans chaque espèce' (vi.248).

A supposer que Le Roy n'ait pas relevé le thème chez Buffon, il est présenté par l'abbé Pluche (voir lettre I, note 12) dans le *Spectacle de la nature* (i.9, 42), et dans la préface d'un livre qui figurait dans sa bibliothèque, le *Dictionnaire raisonné et universel des animaux* d'Aubert de La Chesnay Des Bois (Paris 1759; inventaire, no.42). Non seulement La Chesnaye Des Bois développe le même thème que Le Roy, mais il utilise les mêmes termes. La voracité de certaines espèces animales sert, dit-il, 'à entretenir une juste proportion parmi toutes les espèces' (i.XIX).

Notes à la lettre IV à madame *** (lettre 12)

1. Dans son *Traité des animaux* Condillac s'en était déjà pris à l'affirmation de Buffon selon laquelle les animaux seraient 'des êtres purement matériels' (*O.p.*, i.342a). C'est là toutefois le seul point commun aux critiques que formulent contre la thèse de Buffon le *Traité des animaux* d'une part, la lettre IV à madame *** de l'autre. Encore l'argumentation de Le Roy, à base d'exemples concrets (les oiseaux et l'épouvantail, le chien couchant), est-elle tout à fait différente de l'analyse de Condillac.

2. Si Le Roy a déjà avancé la proposition générale que l'intelligence humaine a 'des bornes qu'elle ne passera jamais' (p.172, l.143-144), ce n'est qu'ici qu'il en vient au thème particulier de notre ignorance de la manière dont se produit en nous la sensation. Or, ce thème est présenté de manière frappante dans les *Questions sur l'Encyclopédie*, article 'Idée' (vii.127), article 'Vie' (ix.57). Comme Le Roy fait allusion aux *Questions* dans ses *Réflexions sur la jalousie* (voir lettre II, note 5), c'est peut-être par sa lecture relativement récente de l'ouvrage de Voltaire que s'explique la tardive apparition du thème de notre passage.

3. Dans son *Traité des animaux* (*O.p.*, i.344a-b) Condillac s'était élevé non contre la proposition

rejetée ici par Le Roy, que 'l'odorat est le sens le plus relatif à l'instinct, à l'appétit', mais contre l'idée sur laquelle elle se fonde, c'est-à-dire la distinction faite par Buffon entre les sens relatifs à la connaissance (le toucher, la vue) et les sens relatifs à l'appétit (le goût, l'odorat).

4. Le Roy avait la musique dans le sang, pour ainsi dire, puisque son grand-père paternel, Fursy Le Roy (1651-1726), avait été 'ordinaire de la Musique du Roi' (Hôtel de ville de Versailles, Sépultures, paroisse Notre-Dame de Versailles, 1726; acte de naissance de Charles Le Roy, père de Charles-Georges, Baptêmes, sépultures et mariages, paroisse de Versailles, 1684-1685).

Bien que l'inventaire de sa bibliothèque ne comprenne qu'un seul ouvrage consacré à la musique (no.32), la correspondance de Le Roy avec P.-M. Hennin nous apprend que notre philosophe s'y intéressa de bonne heure. Dès 1747 il connaissait le musicien compositeur Mondonville, maître de musique de la Chapelle du roi, et en était très estimé (Hennin à Le Roy, le 27 mars [1747], BI ms.1268, f.60).

Mais son amitié pour Mondonville, grand partisan de la musique française, ne l'empêcha pas de pencher plutôt du côté de la musique italienne dans la querelle des bouffons, dont il rapporta à son cousin les péripéties (Le Roy à Hennin, Versailles, le 24 février 1753, BI ms.1268, f.119-20; Le Roy à Hennin, Versailles, le 15 mars [1754], f.143*v*-44). Dans une lettre écrite à Dresde en mars 1753 Hennin va jusqu'à caractériser Le Roy comme 'un serviteur fidèle du Dieu qui a inspiré le petit Prophete de Boehmischbrode' (pseudonyme adopté par Grimm dans un pamphlet en faveur de la musique italienne; f.122*v*).

Si Le Roy nomme dans notre passage Piccini, Grétry et Gluck, c'est donc parce qu'il connaissait et appréciait leur musique. Mme d'Angiviller était dans le même cas sans doute.

5. Le Roy, qui en 1755 dînait une fois par semaine 'avec les Buffon, les Diderot, les Helvétius' (introduction, p.8), avait été à même de constater que Buffon était myope. Il avait d'autant plus de chances de le savoir qu'à en croire Mme Necker, qu'une tendre amitié lia à Buffon pendant les dernières années du grand naturaliste, il arrivait à ce dernier d'attirer l'attention sur sa vue basse et les conséquences qu'elle entraînait. 'J'ai la vue courte, disait M. de Buffon; j'ai appris trois fois la botanique, et je l'ai oubliée de même: si j'avais eu de bons yeux, tous les pas que j'aurais faits, m'auraient retracé mes connaissances en ce genre' (*Mélanges extraits des manuscrits de Mme Necker*, Paris 1798, i.62-63). A supposer que ses contacts avec Buffon ne lui eussent pas appris que le grand naturaliste avait la vue basse, Le Roy pouvait le lire dans l'*HN*; Buffon dit, dans son 'Histoire naturelle de l'homme': 'J'ai la vue courte, et l'œil gauche plus fort que l'œil droit' (iii.329).

Si la myopie de Buffon était de notoriété publique, nous n'avons pu établir s'il en était de même de celle de Bernard de Jussieu ou si Le Roy le connaissait personnellement.

6. C'est peut-être spontanément que Le Roy s'autorise de 'la liberté du commerce épistolaire', pour reprendre sans transition sa critique de Buffon, mais il se peut que Le Roy s'inspire de l'exemple d'autres auteurs qui avaient utilisé la forme épistolaire avant lui, par exemple, Diderot dans sa *Lettre sur les sourds et muets* (*Œuvres complètes*, i.347-48), qu'il avait lue (voir lettre sur une critique, note 6).

7. Horace, dont Le Roy possédait les œuvres (inventaire, no.28), parle d'une souris, ou plutôt d'un mulot, qui s'introduit dans un récipient plein de froment: 'Forte per angustam tenuis nitedula rimam / Repserat in cumeram frumenti' (*Epistolae*, I.vii.29-30). Mais la souris d'Horace n'est pas tout à fait dans le même cas que celle de Le Roy, qui élargit préalablement le trou par où elle passe.

8. Ce paragraphe se fonde manifestement sur les observations faites par Le Roy dans les Parcs de Versailles, où l'on élevait des faisans dans un état de demi-liberté, en y entretenant des remises (AN, o[1] 807, pièces 131, 150, 157, 247, 400; o[1] 808, pièces 4, 148; o[1] 1075, pièce 234).

9. Le Roy avait sans doute pratiqué les 'homeri opera' qui figuraient dans sa bibliothèque (inventaire, no.233), mais il est également possible que son attention ait été attirée sur 'la mesure naturelle du temps' chez Homère par un passage d'un autre ouvrage qu'il possédait (inventaire, no.170): *La Pucelle* (chant X, v.196-204; Moland ix.164).

10. Les gardes-chasses du domaine royal de Versailles et les officiers, y compris le lieutenant, circulaient à cheval (AN, o[1] 290, pièce 335), et d'après une lettre de 1775 (introduction, p.22),

Le Roy passait encore, à l'âge de cinquante-deux ans, plusieurs heures par jour en selle. Il était donc à même de constater que certains chevaux tiennent à s'arrêter aux endroits où ils ont l'habitude de se reposer.

Quant aux hennissments impatients aux heures de l'avoine, Le Roy était également bien placé pour les entendre, puisque six chevaux étaient entretenus à l'hôtel du Gouvernement (AN, o[1] 290, pièce 93), où il occupa un logement à partir de 1753 (introduction, p.31 et note 184).

11. Le Roy appréciait depuis longtemps Buffon écrivain. 'On vous aura dit sans doute que La Condamine et Watelet ont été élus académiciens françois. [...] C'est Buffon qui doit les recevoir,' mande-t-il à P.-M. Hennin le 12 décembre [1760]; 'Ainsi nous aurons du moins un bon discours' (BI ms.1268, f.244*v*-45).

12. L'amour que Mme d'Angiviller portait à ses animaux familiers frisait l'idolâtrie, à en juger par le fait suivant: 'Elle avait fait empailler un petit épagneul aimé quand il vivait, pleuré après sa mort, et que pendant plusieurs années elle conserva dans son appartement, sur un lit de verdure, entre des arbustes et des fleurs' (Michaud, *Biographie universelle ancienne et moderne*, Paris 1834, lvi.322b). Le Roy prêchait une convertie, dont l'idée que sa 'charmante Zémire' fût un automate devait exciter la plus vive indignation. C'est, semblerait-il, son amour des bêtes qui lui aurait fait demander à Le Roy de prendre leur défense (p.168, l.1-3), de réfuter tout point de vue susceptible de rabaisser ses chers animaux.

13. Le Roy traduit ici pour mme d'Angiviller le 'O altitudo' de la Vulgate. 'O altitudo divitiarum, sapientiae, scientiae Dei', dit saint Paul (*Epître aux Romains*, xi.33). Les philosophes du dix-huitième siècle se servaient de ces paroles à des fins d'auto-défense. D'Alembert y a recours dans l'article 'Optimisme' de l'*Encyclopédie* (xi.517a), et Helvétius dans le discours I, ch.4 de *De l'esprit*, où il dit à propos de la liberté: 'Il faut la considérer comme un mystère; s'écrier avec St Paul, *O altitudo*!' (p.48). Ce passage avait d'autant plus de chances d'être resté dans la mémoire de Le Roy qu'il fut relevé comme 'impie' dans la *Censure de la Faculté de théologie de Paris contre le livre qui a pour titre 'De l'esprit'* (Helvétius, *Correspondance*, ii.406), qui figurait, avec *De l'esprit*, dans la bibliothèque de notre philosophe (inventaire, no.67).

Notes à la lettre I à madame *** sur l'homme (lettre 13)

1. Le Roy se souvient ici du texte intitulé 'Les animaux carnassiers' où Buffon avait dit à propos de 'la pitié naturelle': '*Compassion*; ce mot exprime assez que c'est une souffrance, une passion qu'on partage' (*HN*, vii.7; cf. p.151, l.284-290, et lettre 8, note 21).

2. La bibliothèque de Le Roy comportait 'cinq volumes œuvres d'helvetius' (inventaire, no.104). Il s'agit sans doute des *Œuvres complètes* (Londres 1776), édition dont les deux derniers volumes contiennent *De l'homme*. Le Roy put donc très bien mettre cet ouvrage posthume de son ami à contribution en écrivant les lettres qui parurent pour la première fois dans l'édition de 1781 et les lettres posthumes publiées en 1802.

Or, dans *De l'homme* Helvétius rejette catégoriquement 'la faculté de compatir' dont est partisan Le Roy (p.185, l.56): 'Né sans idée, sans vice et sans vertu, tout jusqu'à l'humanité est dans l'homme une acquisition; c'est à son éducation qu'il doit ce sentiment' (*De l'homme*, Paris 1989, p.172). Helvétius compte donc parmi les 'quelques moralistes' de notre passage.

3. Shaftesbury ne figurait pas dans l'inventaire de sa bibliothèque dressé en 1789, mais nous venons de voir que Le Roy possédait un exemplaire de *De l'homme* d'Helvétius. Or, Helvétius consacre le chapitre intitulé 'De la bonté de l'homme au berceau' (sect.v, ch.3) à établir que 'ce qu'on appelle dans l'homme la bonté ou le sens moral est sa bienveillance pour les autres, et cette bienveillance est toujours en lui proportionnée à l'utilité dont ils lui sont [...] Notre amour pour les autres, quoi qu'en disent les Shaftesburistes,' naît de notre amour de nous-mêmes. Helvétius se pose ensuite la question: 'Qu'est-ce en effet que cette bonté originelle ou ce sens moral tant vanté par les Anglais?', déclare qu'il n'y a 'rien de plus absurde que cette philosophie théologique de Shaftesbury', et la réfute longuement (*De l'homme*, p.465-66). On dirait que, sans nommer son ami, Le Roy prend sciemment le contrepied de la thèse d'Helvétius.

4. C'est l'impression qui se dégage de l'*Essai sur les mœurs* de Voltaire, qu'avant de rédiger la lettre I à madame ***, Le Roy avait sans nul doute lu, puisqu'il en parle dans ses *Réflexions sur la jalousie* (lettre 9, note 26). C'est aussi l'avis d'un ami de notre philosophe, d'Holbach, auquel finit par se rallier un autre de ses amis, Diderot (lettres à Sophie Volland, au Grandval, le 20 octobre 1760; au Grandval, le 1er novembre 1760; septembre 1761: *Correspondance*, iii.195-96, 212, 319-20). L'opinion de Diderot et de d'Holbach avait peut-être déteint sur Le Roy, qui les fréquentait tous deux.

5. 'Vous avés encor bien des choses à voir avant de revenir comme Scarmentado pour être marié etc dans votre patrie', dit Le Roy à P.-M. Hennin dans une lettre datée de Versailles, le 8 octobre [1758] (BI ms.1268, f.222). La même comparaison revient sous sa plume dans une autre lettre à Hennin datée de Versailles, le 28 juin [1760], d'après laquelle 'vous voyagés comme Scarmentado' (f.309). Le Roy se souvient ici que, vers la fin du conte de Voltaire, le narrateur, après avoir caractérisé Aureng-Zeb comme un tyran sanguinaire, ajoute: 'On ne lui comparait que la Sacrée Majesté du sérénissime Empereur de Maroc, Muley-Ismaël, qui coupait des têtes tous les vendredis après la prière' (Moland, xxi.131).

6. Quels étaient les 'moralistes' à qui pense Le Roy? Nous nous hasardons à faire remarquer qu'il est question de 'la communication des sentiments' au théâtre dans un ouvrage que possédait Le Roy: 'vingt volumes dont œuvres de Diderot' (inventaire, no.214). Impossible de savoir s'il s'agit d'une des deux éditions en six volumes publiées en 1772 ou de celle en cinq volumes publiée à Londres en 1773, mais toutes trois contiennent les *Entretiens sur le fils naturel*. Le Roy pouvait donc garder quelque souvenir du second entretien, où Dorval parle de 'la force d'un grand concours de spectateurs', de l'émotion avivée par 'le grand nombre de ceux qui la partagent' (*Œuvres complètes*, vii.122).

7. Echo lointain d'un chapitre de *De l'esprit* intitulé 'Des forces qui agissent sur notre âme' (Discours II, ch.5; voir lettre 8, notes 16 et 17). Par crainte de l'ennui, dit Helvétius, 'les hommes recherchent avec le plus grand empressement tout ce qui peut les remuer fortement; c'est ce désir qui fait courir le peuple à la Grève' (p.264). Les exécutions publiques comme moyen d'assouvir le 'besoin d'être ému' avaient d'autant plus de chances de se fixer dans la mémoire de Le Roy qu'elles figurent également, comme exemple de 'spectacles propres à exciter chez nous une grande émotion' dans les *Réflexions critiques* de l'abbé Dubos (i.12-13; voir lettre 8, notes 16 et 21; lettre 9, note 17).

8. Il s'agit vraisemblablement d'une communication orale; Le Roy ne tenait probablement pas l'observation de son parent, Jean-Michel Hennin, puisque le récit du supplice de Damiens que celui-ci envoya à son fils Pierre-Michel le 31 mars 1757 comprend le passage suivant: 'On a remarqué avec surprise que le nombre de spectateurs etoit beaucoup plus considérable en femmes qu'en hommes et que les premieres n'etoient en aucune façon emües du supplice quoiqu'il ait duré deux heures et executé à la lettre' (BI ms.1262, f.24).

9. Que Le Roy ait 'observé' beaucoup d'enfants, nous voulons bien le croire. N'empêche que Buffon avait déjà indiqué les conditions qui doivent être remplies pour que l'homme soit sensible à la souffrance des animaux. Dans le texte intitulé 'Les animaux carnassiers' (voir lettre 8, note 21, et ci-dessus, note 1), il affirme qu'il y a 'une espèce d'insensibilité cruelle à sacrifier, sans nécessité, ceux [les animaux] surtout qui nous approchent, qui vivent avec nous, et dont le sentiment se réfléchit vers nous en se marquant par les signes de la douleur; car ceux dont la nature est différente de la nôtre ne peuvent guère nous affecter' (*HN*, vii.7). Non seulement Le Roy trouve, comme Buffon, qu'il faut savoir qu'on fait souffrir pour que la 'pitié naturelle' entre en jeu, mais l'exemple qu'il donne d'un animal dont la souffrance nous est sensible, le chien, figure aussi dans le texte de Buffon, d'après lequel la pitié 'doit diminuer à mesure que les natures s'éloignent. Un chien qu'on frappe, un agneau qu'on égorge nous font quelque pitié; un arbre que l'on coupe, une huître qu'on mord, ne nous en font aucune' (vii.7).

10. Dans son *Discours sur l'inégalité* Rousseau (voir lettre 8, note 21) parle de la 'répugnance innée' de l'homme 'à voir souffrir son semblable'. Bien qu'ayant adopté ce thème dès les lettres I et II sur l'homme, Le Roy ne prononce enfin le mot 'inné' que dans notre passage. Helvétius

nie explicitement que la sociabilité soit 'une qualité innée' (*De l'homme*, p.181-82); Le Roy et Helvétius n'étaient décidément pas d'accord sur la question (voir ci-dessus, notes 2 et 3).

11. Citation empruntée à *De l'esprit*: 'L'homme d'un caractère heureux est gai et bon homme; c'est lui seul qui dit: *Que tout le monde ici soit heureux de ma joie*' (p.303).

12. A en croire sa lettre à P.-M. Hennin du 3 février 1761 (voir lettre 9, note 34), Le Roy lut *La Nouvelle Héloïse* tout de suite après sa publication et en fut vivement frappé. Son enthousiasme ne diminua guère avec le temps, puisque, dans notre passage, qui ne parut qu'en 1781, il rappelle avec une émotion évidente un des épisodes du roman (*Œuvres complètes*, ii.117-22).

13. Dans sa correspondance avec P.-M. Hennin Le Roy s'attribue non seulement la paresse (voir lettre 8, note 17), mais l'indulgence: 'Indulgent pour moy, je le suis encor plus pour les autres' (lettre du 15 juillet [1755], BI ms.1268, f.175). Il doit sans doute son analyse de l'indulgence en partie au moins à l'observation de soi.

14. Se souvenant du 'satyre des Loges', séducteur aussi inconstant que lascif des 'paysannes innocentes et jeunes' des environs, se souvenant aussi de certaine aventure nocturne avec Mme d'Aine, laquelle déclencha chez les hôtes du Grandval 'des ris semblables à ceux des dieux d'Homère', les lecteurs de la correspondance de Diderot auraient le droit de hausser les épaules (lettres à Sophie Volland, 14-15 et 20 octobre 1760, *Correspondance*, iii.146-47 et 174-75). La correspondance de Le Roy avec P.-M. Hennin confirme que notre philosophe avait le sang chaud et prenait son plaisir où il le trouvait. Si une lettre de novembre 1753 est daté 'Die Domini post coïtum' sans autres précisions (BI ms.1268, f.133), Le Roy termine de la façon suivante une autre lettre à Hennin datée de Versailles, le 15 mars [1754]: 'Adieu, mon cher, je vous quitte pour aller voir la plus jolie petite fille du monde que le hazard a jettée dans mes bras. [...] Elle a dix sept ans, douce comme un mouton, et cependant de la dernière pétulance dans le plaisir. Je crois bien que je ne la garderay pas longtemps; mais enfin j'en auray ce que je pourray, et si la perfide m'abbandone j'en suis consolé d'avance' (f.144*v*). Le Roy trouvait cependant autre chose auprès des femmes que le plaisir physique. Dès décembre 1747, faisant compliment à Hennin du goût qu'il commence à prendre non seulement pour la philosophie, mais pour les femmes, il écrit: 'On trouve dans celles qui ont de l'esprit un gout exquis qui n'est point ailleurs, une maniere de penser plus douce, plus humaine que celle des hommes, des sentiments toujours plus tendres, souvent plus vrais et plus généreux' (f.32*r-v*). Que Le Roy ait attaché du prix aux qualités morales des femmes est confirmé par sa lettre à Hennin du 15 novembre [1752], où il apprend à son cousin que 'j'ay passé presque tout le temps depuis que vous êtes parti dans une espèce d'anéantissement. J'ay perdu cette M^{de} de Lanty dont vous me parlés dans votre premiere lettre. Je vous avoüeray que de voir mourir presque dans mes bras un très honnête homme sous la figure d'une très jolie femme, de voir s'évanoüir mille projets de plaisir faits pour la suite, d'être témoin des regrets et de l'horreur de toute une société aimable, d'avoir à craindre pour la vie d'une femme qui en étoit et qui vaut presque celle qui n'est plus, tout cela m'a occupé vivement et tristement, et ne m'a pas laissé beaucoup de liberté d'esprit. Enfin, mon cher, la philosophie et la dissipation m'ont rendu à moy même. Je reviens à vous, et je tâche d'écarter toutes les idées affligeantes qui sont le poison de la vie' (f.105*r-v*). Voilà qui préfigure le marasme où le jeta une vingtaine d'années plus tard la mort de Mme Tourolle (introduction, p.20-21).

Si Le Roy aima Mme Tourolle au point d'être accablé par sa mort, c'est très probablement qu'elle alliait, comme Mme de Lanty, aux attraits d'une jolie femme des qualités de 'très honnête homme'. Dans ses lettres à son frère, Hennin de Beaupré, P.-M. Hennin envoie ses 'respects' à Mme Tourolle à deux reprises (Genève, le 31 décembre 1766, BI ms.1263, f.217*v*; Genève, le 13 novembre 1767, f.268*v*). 'Ne m'oublie pas auprès de M^{de} Tourolle', écrit-il encore à Beaupré dans sa lettre datée de Genève, le 16 août 1769 (f.302). Quand Beaupré annonce à son frère la mort de Mme Tourolle après onze mois et demi de maladie, il précise que 'je n'ai pas été un seul jour sans la voir [...] Je eu tant d'obligations à cette femme, et elle m'a donné tant de preuves d'amitié, que sa perte est le chagrin le plus vif que j'aye jamais essuyé [...] Nulle femme n'a été plus regrettée ici, et nulle ne l'a mieux mérité' (le 6 septembre 1771, f.406). Voilà qui en dit long sur le caractère de Mme Tourolle, qui avait presque certainement contribué à lui attacher Le Roy.

Le 'satyre des Loges' n'était pas entièrement dominé, on le voit, par les sens. Déjà capable de sentiment dans sa bouillante jeunesse, il vécut vers la cinquantaine un amour véritable, de nature à le convaincre que 'le bonheur des personnes que nous aimons, surtout depuis longtemps, nous devient plus nécessaire que nos propres plaisirs'.

15. Dans ses jeunes années Le Roy s'était déclaré résolu à ne pas se marier (Le Roy à P.-M. Hennin [novembre 1753], BI ms.1268, f.133-34; Versailles, le 11 janvier 1754, f.137*v*-38). Dans sa lettre à Hennin datée de Marly, le 5 novembre [1758], il était même allé jusqu'à dire: 'Il me semble jusqu'à present qu'une union stable et légitime est étrangère à ma nature, et que je ne suis pas de l'espèce de ceux qui se marient. Peutetre cela changera-t-il' (f.230). 'Cela' semble avoir bel et bien changé par la suite, quoiqu'il soit resté célibataire jusqu'à la fin de ses jours. S'il n'épousa pas – peut-être pour des raisons d'ordre pratique – sa bien-aimée Mme Tourolle devenue veuve (voir introduction, n.124), il paraît avoir connu avec elle le genre de bonheur que donne 'l'union conjugale bien assortie'.

Quant à 'celle des familles', Le Roy, célibataire endurci, n'avait évidemment pas été à même d'en faire l'expérience, mais il y croyait, autrement il n'aurait pas cherché à suppléer à la vie de famille qu'il n'avait pas eue. Sa lettre à P.-M. Hennin du 31 décembre [1777] nous apprend qu'il avait quasiment adopté le fils de Mme Tourolle: 'J'ay obtenu un *Bon* par lequel le jeune Tourolle est nommé mon élève et mon survivancier. Il va venir demeurer avec moy [...] ce petit événement peut influer sur le bonheur du reste de ma vie' (f.394*r*-*v*).

En voilà assez pour faire conclure que notre passage de la lettre 1 à madame *** sur l'Homme est autre chose qu'une façade édifiante. Comme dans le passage quelques lignes plus haut relatif au bonheur des personnes que nous aimons, Le Roy paraît exprimer une conviction sincère.

16. Inutile de chercher des sources livresques du sentiment exprimé dans ce passage, puisque l'éloge de l'amitié était un lieu commun depuis Cicéron et Montaigne (qui figuraient dans la bibliothèque de Le Roy, inventaire, nos. 25, 26, 68).

Dans une lettre à P.-M. Hennin datée de Versailles, le 23 février 1766, une des personnes qui approchaient Le Roy de plus près, son cousin Hennin de Beaupré, le décrit comme 'cet homme qui dans ce monde ne voit que luy, et qui ne merite pas d'avoir un ami. Si nos affaires ne nous mettoient necessairement en liaison ensemble, il y auroit longtems que nonobstant la parenté, je ne luy serois plus rien' (BI ms.1263, f.176). Même son de cloche dans deux autres lettres de la même époque (Beaupré à Hennin, Versailles, le 1er avril 1766; Versailles, le 17 septembre 1766; f.178, 203*v*).

Avant d'accepter ce portrait de Le Roy, il convient cependant d'examiner les circonstances qui avaient amené Beaupré à le faire. Dans une lettre datée de Genève, le 13 février 1766, P.-M. Hennin avait parlé à Le Roy de 'mon Parent qui est sous vos ordres [...] je vous prie instament de voir s'il ne seroit pas possible de luy donner au moins l'expectative de la place de garde general qu'a son beau pere' (BI ms.1268, f.318*r*-*v*). Le Roy ne donna pas suite à cette requête (BI ms.1263, f.176) pour une raison qui ressort d'un document de 1772, d'après lequel le garde-chasse Hennin était 'trop vieux pour être bon garde actif, trop peu intelligent pour être officier dans le Parc' (AN, o[1] 285, pièce 257). Autrement dit, il ne faisait pas l'affaire de Le Roy, qui tenait à la bonne marche de son service (voir introduction, p.19). Nous en concluons que les remarques de Beaupré relatives à l'égoïsme de Le Roy s'inspiraient d'un sentiment de solidarité familiale.

Cette conclusion est confirmée par ce que nous savons de Le Roy par ailleurs. Il fit preuve envers Helvétius et P.-M. Hennin d'une amitié qui se manifesta non seulement en paroles, mais en actes. Il prit la défense d'Helvétius contre les autorités établies pendant l'affaire de l'*Esprit*, contre Voltaire dans ses *Réflexions sur la jalousie*. Il ne se contenta pas, de même, de prodiguer à Hennin des assurances d'affection. Il ressort de la plupart des lettres qu'ils échangèrent entre 1750 et la nomination de Hennin comme résident de France à Genève en 1765 (il faudrait en citer plus de vingt) qu'à la prière de Hennin Le Roy sollicitait en sa faveur des personnes susceptibles de l'aider à obtenir les places et les avantages qu'il demandait.

Quoi qu'en dise Beaupré, Le Roy ne nous semble pas avoir ignoré 'la tendre amitié' de notre passage et le bonheur qu'elle procure ne lui était pas inconnu.

17. Le Roy avait peut-être vu autour de lui des exemples de deux amis entièrement dévoués

l'un à l'autre. N'oublions pas cependant qu'en 1770, ce thème avait connu une véritable vogue littéraire, ayant été présenté dans un conte, un roman et une pièce de théâtre, *Les Deux amis* de Beaumarchais (Grimm, *Correspondance littéraire*, Paris 1877-1882, ix.185). La présence du mot 'représentation' dans notre passage suggère que Le Roy pourrait se souvenir du drame de Beaumarchais, sinon des deux autres textes consacrés au même thème.

Notes à la lettre II à madame *** sur l'homme (lettre 14)

1. Ce passage relève directement de l'observation personnelle de Le Roy, que son emploi dans les chasses avait mis en contact, dès ses jeunes années, avec les cultivateurs des fermes enclavées dans les Parcs de Versailles (introduction, p.3; lettre 9, note 27). 'L'assiduité et l'activité sont les qualités essentielles d'un fermier', avait-il dit dans son article 'Fermier (*Econom. rustiq.*)' de l'*Encyclopédie* (vi.527b). 'L'agriculture demande une attention suivie, et des détails d'intelligence qui suffisent pour occuper un homme tout entier. [...] Que peuvent-ils [les fermiers] attendre de la part des rustres qui manient la charrue? Ces hommes sont pour la plupart comme des automates qui ont besoin à tous les moments d'être animés et conduits; le privilège de ne guère penser est pour eux le dédommagement d'un travail assidu.' Il s'agit donc dans le passage qui nous occupe d'une conviction vieille de trente ans.

2. Cette remarque pourrait se fonder, comme la précédente, sur ce que Le Roy avait observé dans l'exercice de ses fonctions de lieutenant des chasses à Versailles, qui l'avaient mis en contact avec des artisans de divers métiers (voir lettre 9, note 27).

Le Roy se souvient peut-être aussi du prospectus de l'*Encyclopédie*, où Diderot affirme que 'la plupart de ceux qui exercent les arts mécaniques, ne les ont embrassés que par nécessité, et n'opèrent que par instinct. A peine entre mille trouve-t-on une douzaine en état de s'exprimer avec quelque clarté sur les instruments qu'ils emploient et sur les ouvrages qu'ils fabriquent. Nous avons vu des ouvriers qui travaillaient depuis quarante années, sans rien connaître à leurs machines' (en tête du volume i des *Œuvres*, Londres 1773; voir lettre 13, note 6; *Œuvres complètes*, Paris 1875-1879, xiii.140-41).

3. Dans son *Examen des critiques* publié en 1760, après avoir qualifié les idées innées de Descartes d'incompréhensibles, Le Roy poursuit: 'L'opinion qui fait dériver des sens toutes nos connaissances, est aujourd'hui celle de tous les philosophes qui pensent que la philosophie ne consiste pas dans des mots qu'on n'entend point' (p.170). Une trentaine d'années plus tard, il était toujours du même avis, mais il s'exprime de façon plus discrète: la philosophie n'a été 'qu'un assemblage de mots inintelligibles' non jusqu'aux sensualistes du dix-huitième siècle, mais 'longtemps'.

4. La thèse de l'uniformité des idées des peuples primitifs se trouvait déjà, toute formulée, dans le *Cours d'étude* de son ami Condillac (voir lettre 10, note 2), qui trouve 'facile' de comprendre pourquoi des peuples sans contact entre eux ont les mêmes idées. C'est parce qu''ils se trouvent dans les memes circonstances, avec la meme maniere de voir' (*Histoire ancienne*, *O.p.*, ii.24a-b).

5. En 1789 Le Roy possédait nombre d'ouvrages dus à des 'voyageurs', mais les allusions de notre passage ne sont pas assez précises et les sources possibles sont trop nombreuses pour qu'on puisse les identifier.

6. Le gouvernement royal est le plus ancien et les républiques naissent de la tyrannie des rois. Cette thèse avait été développée par Condillac dans son *Cours d'étude* (voir lettre 10, note 2). Nous ayant montré des familles se réunissant, dans les premiers temps, sous les ordres d'un chef, l'*Histoire ancienne* conclut que 'le gouvernement d'un seul est celui que l'usage aura introduit le premier'. Mais Condillac ajoute tout de suite que 'les peuples ne pouvaient pas encore penser à former des républiques pour se gouverner eux-mêmes. Il fallait que l'abus du pouvoir monarchique amenât cette révolution' (*O.p.*, ii.17b). L'*Histoire ancienne* donne plus loin plusieurs exemples particuliers de républiques nées de la haine de rois auteurs de malheurs publics (*Cours d'étude*, Parme 1775, v.98, 99, 103), dont celles qui eurent leur origine dans les 'longues guerres civiles

qui suivirent la guerre de Troie', guerre dont il est question ici (p.198, l.141). Il y a assez de ressemblances entre le texte de Condillac et celui de Le Roy pour que ce dernier s'inspire de l'*Histoire ancienne* de son ami.

7. La bibliothèque de Le Roy comportait (inventaire, no.144) cent vingt volumes de l'*Histoire universelle depuis le commencement du monde jusqu'à présent*, traduite de l'anglais (Paris 1775-1789). Comme 'Leroy (M.) *Lieutenant des chasses*' figure dans la liste des souscripteurs en tête du volume vi (1779) et du volume xxiii (1781), notre philosophe ne se contenta probablement pas de feuilleter l'ouvrage rapidement.

Or, la section III du volume iv (1779) débute ainsi: 'Moïse représente Dieu comme le fondateur de la religion et de la république des Juifs; ce qui a engagé Josèphe à distinguer le gouvernement de ce peuple de tous les autres gouvernements du monde, par le mot de théocratie [...] Quand [...] leur envie d'avoir un roi fut devenu si forte que tous les reproches de Samuel, qui leur dit que par là ils rejetaient le gouvernement de l'Eternel, ne purent la modérer, Dieu trouva bon de nommer à la royauté Saül, et après lui David' (p.211-12). Voilà qui fournissait tous les éléments de notre passage.

8. Non seulement Le Roy possédait l'*Histoire générale des voyages* de l'abbé Prévost (voir lettre 9, note 20), mais nous avons la certitude qu'il l'avait lue, puisqu'il y renverra nommément à deux reprises (p.200, note 1; p.206, note 1). On n'est donc guère étonné de constater que tous les faits précis présentés dans notre passage, jusqu'au rapprochement entre les Hottentots et les Tartares, se trouvent dans l'*HGV* (v.153, 154, 176; vi.584, 585).

9. Le Roy transcrit ici mot à mot un passage d'un des chapitres de l'*HGV* (v.178) consacrés aux Hottentots, en en laissant tomber une phrase.

10. Le Roy reproduit ici, à quelques légères variantes près, un passage du 'Supplément pour la description de l'île d'Amboine' (*HGV*, xvii.99).

11. Vers la fin de sa vie Le Roy avait lu l'*Esprit des lois*, dont il prend la défense contre Voltaire dans ses *Réflexions sur la jalousie* de 1772. Dans notre passage il paraît se souvenir des deux derniers chapitres de l'ouvrage, où Montesquieu précise l'origine du droit d'aînesse ou de primogéniture dans le système féodal et en explique les particularités.

12. Les affirmations du paragraphe précédent (p.199, l.185-194) ne sont pas assez précises pour qu'il soit question d'en identifier les sources, mais c'est de nouveau dans l'*HGV* que Le Roy semble avoir puisé les éléments de notre phrase. D'après le chapitre intitulé 'Caractère, religion et mœurs des Indiens de l'Amérique septentrionale', 'A l'égard des degrés de parenté, les Hurons et les Iroquois portent si loin le scrupule, qu'il faut n'être pas liés du tout par le sang, pour s'épouser, et que l'adoption même est comprise dans cette loi' (xv.34).

13. On peut se demander si les dernières lignes de ce passage ne s'inspirent pas de l'*HGV*. On verra que Le Roy puise dans les faits rassemblés par l'*HGV* concernant le royaume d'Issini (note 42) et la Côte d'or (lettre 15, note 4). Dans ces deux cas l'*HGV* présente les 'filles' sauvages comme libres de disposer d'elles-mêmes et libertines, les femmes mariées comme vivant dans la contrainte et sages (iii.429; iv.122, 292, 293). Ces Africaines fournissaient de quoi suggérer à Le Roy sa généralisation.

14. Ce 'dit-on' semble indiquer qu'il s'agit d'une communication orale. Or, Diderot qui, comme Le Roy, fréquentait d'Holbach (introduction, p.14), avait fait en 1773 et 1774 un voyage en Hollande, dont il coucha par écrit une relation où se trouvent les observations suivantes: 'Presque toutes les femmes y étant sages, il y a peu d'hommes dérangés et de mauvais ménages [...] La vertu des filles du peuple est suspecte. Elles remplissent pêle-mêle de longs chariots avec de jeunes garçons de leur âge, et tout cela s'en va sans aucun surveillant au bal, à la kermesse, à une réjouissance publique. Ces filles galantes deviennent des femmes sages; au sortir du temple elles ne reconnaissent plus celui à qui elles se sont livrées' (*Œuvres complètes*, xvii.416).

15. 'Tous les hommes tendent à la paresse', disait déjà Buffon dans 'De la nature de l'homme' – il partageait l'opinion d'Helvétius et de Le Roy sur ce point (voir lettre 8, note 17) – 'mais les sauvages des pays chauds sont les plus paresseux de tous les hommes, et les plus tyranniques à l'égard de leurs femmes par les services qu'ils en exigent avec une dureté vraiment sauvage [...] Ce n'est que parmi les nations civilisées jusqu'à la politesse que les femmes ont obtenu cette

égalité de condition, qui cependant est si naturelle et si nécessaire à la douceur de la société' (*HN*, ii.554).

Ce thème est repris dans un ouvrage plus récent dont Le Roy possédait un exemplaire (inventaire, no.137): *L'Esprit des usages et des coutumes des différents peuples* de Jean-Nicolas Démeunier (Londres, Paris 1776). Démeunier consacre aux femmes le livre II de son ouvrage, lequel est une longue énumération des mauvais traitements que les femmes ont presque partout essuyés de la part des hommes. D'après le chapitre 2 de ce livre II, 'Pour juger de la condition des femmes dans chaque pays, il faut examiner à quel point se trouve la civilisation de cette contrée [...] Les peuples les respectent plus ou moins, suivant qu'ils s'éloignent plus ou moins de la vie sauvage.' Il n'y a parmi les sauvages 'd'autre distinction que celle du courage et des exploits guerriers, et dès lors elles doivent être comptées pour rien: elles sont en effet dégradées au-dessous du dernier des hommes et soumises à tous les caprices qu'exerce la force sur la faiblesse' (i.80-81). Voilà qui correspond à 'l'instinct donne tout à la force' de Le Roy (p.200, l.207).

16. 'Tout le monde connaît' ces moyens, dit Le Roy. Sans doute, mais dans l'*Esprit des lois* Montesquieu décrit les épreuves par le feu et par l'eau bouillante, qu'on regardait 'comme les jugements de Dieu' (*Œuvres complètes*, ii.817).

17. Malgré l'absence de guillemets le passage qui va des mots 'on met au feu une hache' jusqu'à 'la réalité du crime' est une citation exacte de l'*Histoire générale des voyages*, à un seul détail près: là où l'*HGV* porte 'le ganga ou le prêtre de l'Idole' (v.9), Le Roy dit simplement 'le prêtre'.

18. Le Roy a puisé ces deux faits dans le texte de l'*Histoire générale des voyages* déja cité. Quelques lignes après la description de la *Motemba* il est question de plusieurs autres épreuves, dont celle qui 'consiste à tirer d'un pot d'eau bouillante une pierre' (v.10). Le Roy semble avoir amalgamé des éléments de deux autres épreuves pour en arriver à celle de 'boire d'une eau préparée que le prêtre peut empoisonner ou non à son gré' (v.9-10).

19. Si dans un passage de son *Cours d'étude* Condillac rend compte de l'uniformité des idées en général des peuples primitifs (voir ci-dessus, note 4), l'uniformité de leurs croyances religieuses en particulier est explicitement affirmée dans *Du culte des dieux fétiches* du président de Brosses; Le Roy reconnaît que de Brosses lui 'a fourni une partie des faits qu['il a] cités' (p.204, l.381).

20. Point de vue communément adopté par les apologistes chrétiens du dix-huitième siècle. Le Roy l'avait fait sien à la fin de la lettre II sur l'homme de 1768 (p.163, l.459-461). S'il le reprend ici un peu plus longuement, c'est probablement parce que de Brosses y consacre plusieurs pages de son *Culte des dieux fétiches* (p.201-208).

21. Au dix-huitième siècle faire remonter les premières religions au sentiment qu'avaient les hommes de leur faiblesse était chose courante. Ce thème se trouve, par exemple, dans l'article 'Idole, Idolâtre, Idolâtrie' des *Questions sur l'Encyclopédie* (vii.152-53), que Le Roy avait lues (voir lettre 11, note 5).

Mais dans le *Traité des animaux* Condillac décrit ce qui arriva lorsque les hommes 'commencèrent à considérer les impressions agréables et désagréables qu'ils reçoivent de la part des objets. Ils virent leur bonheur ou leur malheur au pouvoir de tout ce qui agissait sur eux. Cette connaissance les humilia devant tout ce qui est; et les objets dont les impressions étaient plus sensibles, furent leurs premières divinités' (*O.p.*, i.366b).

Non seulement Le Roy, comme Condillac, considère l'homme dans ses rapports avec les objets qui l'entourent, et le 'bonheur' ou le 'malheur' qui en résultent, mais jusqu'au mot 'dépendance', dont il se sert, se trouvait déjà chez Condillac, qui résume ainsi son idée: 'Le polythéisme prouve donc combien nous sommes tous convaincus de notre dépendance' (i.366b). Condillac reprend le même thème et le même mot dans son *Histoire ancienne* (*O.p.*, ii.19b-20a).

22. Il y a des chances pour que Le Roy pense ici, sans nommer ni l'ouvrage ni son auteur, au *Cours d'étude* de Condillac, car d'après le livre I, chapitre 8 de l'*Histoire ancienne* le soleil et les astres furent les premières divinités (*O.p.*, ii.20a). Si Le Roy rejette cette thèse, il adopte, à un détail près, celle de *Du culte des dieux fétiches* du président de Brosses. Il distingue, comme de Brosses, trois formes de croyances religieuses païennes: fétichisme, sabéisme, 'idolâtrie des hommes déifiés' (*Culte*, p.20) ou évhémérisme (voir ci-dessous, note 44). Or, de Brosses considère

le sabéisme et le fétichisme comme antérieurs tous deux à l'idolâtrie (p.160, 252), mais il ne dit nulle part, dans les passages où il est question du fétichisme et du sabéisme à la fois (p.11-12, 20, 104, 121, 129, 131), que l'un des deux est antérieur à l'autre. C'est Le Roy qui précise que le culte des astres n'a été établi que 'postérieurement chez des peuples déjà policés' (p.201, l.249).

23. Dans l'introduction de l'*Essai sur les mœurs* – que Le Roy vieillissant avait lu – il est question du sabéisme des anciens Perses et du premier Zoroastre (i.16-17). Dans le corps de l'ouvrage il est de nouveau question du premier Zoroastre, dont on ignore presque tout (i.252) et du second (i.247).

Les éléments de notre passage se trouvaient aussi dans les *Mémoires de l'Académie des inscriptions*, dont Le Roy possédait un exemplaire en 1789 (inventaire, no.220). Ces gros volumes ne contiennent pas moins de dix mémoires de l'abbé Foucher sous le titre général 'Traité historique de la religion des Perses' et trois d'Anquetil-Duperron sur le même sujet. Ces mémoires rassemblent tout ce qu'on savait à l'époque du sabéisme de l'ancienne Perse.

24. L'*Histoire générale des voyages* contient largement de quoi faire décrire les Mexicains de l'époque de la conquête espagnole comme un peuple 'fort avancé dans la science des lois, du gouvernement et de certains arts' (xii.556-87). Elle ne dit mot, en revanche, ni du culte des astres, ni des 'superstitions' que Le Roy attribue également aux Mexicains.

Il possédait cependant un autre ouvrage (inventaire, no.78), qui présente le détail de ces 'superstitions': l'*Introduction à l'histoire moderne générale et politique de l'univers* de Pufendorf (Paris 1753-1759), selon laquelle 'outre la quantité d'idoles qu'on voyait au Mexique, ses habitants, suivant le rapport d'un historien espagnol [Gomara], adoraient le soleil, le feu, l'eau et la terre, en reconnaissance des biens qu'ils en avaient reçus et comme pour les engager à les leur continuer. Ils rendaient de pareils hommages, mais par un différent motif, au tonnerre, aux éclairs et à tous les météores. Ils offraient des prières à divers animaux; aux uns à cause de leur douceur; aux autres par rapport à leur férocité; aux sauterelles et aux grillons pour les empêcher de manger leurs moissons' (viii.569-70). Notre passage répond point par point à ce texte.

25. Rien d'étonnant à ce que Le Roy rapproche le culte des animaux en Amérique de celui qui leur était rendu en Egypte. Celui-ci était tellement connu au dix-huitième siècle que la section II du *Culte* du président de Brosses débute: 'On ne s'attend pas que je m'arrête à prouver ici que l'Egypte adressait un culte d'adoration à des animaux' (p.66).

26. Le Roy emprunte les éléments précis de ce passage à l'*HGV*, d'après laquelle 'la principale idole des Mexicains, qu'ils traitaient, suivant Acosta, de tout puissant seigneur du monde, était adoré sous le nom de *Vitziliputzli* [...] *Vitziliputzli* était le dieu de la guerre. *Tescatilputza*, qui paraît avoir tenu le second rang, était le dieu de la pénitence' (xii.540). Quant aux 'sacrifices humains', l'*HGV* affirme qu'"on voyait des fêtes, où le nombre des victimes était de cinq mille, rassemblées soigneusement pour un si grand jour' et qu'à Mexico même avaient lieu des sacrifices qui coûtaient la vie à plus de vingt mille captifs (xii.546).

27. D'après les pages consacrées par l'*Histoire générale des voyages* aux 'Mœurs, usages etc. des anciens Péruviens', ceux-ci 'n'adoraient pas d'autre divinité que le soleil'. Ils 'avaient en horreur les victimes humaines [...] On consacrait au soleil, dès l'âge de huit ans, des vierges, qui étaient renfermées dans des cloîtres, où les hommes ne pouvaient entrer sans crime' (xiii.568).

Il est probable cependant que notre passage de Le Roy se ressent également de sa lecture des *Incas* de Marmontel (Paris 1777). Ce livre figurait dans sa bibliothèque (inventaire, no.113), et nous savons qu'il l'avait lu, car dans une lettre visée par le bureau des Bâtiments du roi le 5 janvier 1777 il écrit à son ami d'Angiviller: 'J'ay lû les Yncas, et j'en suis bien mécontent, en gros et en détail' (AN, o[1] 1803, pièce 495). Que Le Roy se dise mécontent des *Incas* ne l'empêchait nullement toutefois d'adopter l'idée que donne le roman de la religion de l'ancien Pérou. Marmontel la présente comme très douce (i.10), l'oppose, comme Le Roy de façon implicite dans notre passage, aux 'dieux avides de carnage' des Mexicains (i.61; cf. i.48, 59, 70) et attire particulièrement l'attention sur les 'vœux de chasteté' des vierges du soleil, lesquels jouent un rôle indispensable dans l'intrigue du roman pour être supprimés dans le dénouement (ii.172).

Le Roy n'avait même pas à prendre l'initiative du rapprochement qu'il fait d'emblée entre la religion des Péruviens et celle de l'ancienne Perse (p.201, l.266-267), car Voltaire l'avait déjà fait dans son *Essai sur les mœurs* (ii.343).

28. Dès le premier paragraphe de la section 1 de son *Culte* de Brosses affirme que les fétiches des noirs en Afrique 'ne sont autre chose que le premier objet matériel qu'il plaît à chaque nation ou à chaque particulier de choisir et de faire consacrer en cérémonie par les prêtres' (p.18). Suit une longue liste d'exemples particuliers (p.19). Plus loin de Brosses passe en revue les fétiches des Indiens d'Amérique (p.48-51). Selon un procédé caractéristique (cf. lettre 6, note 3), Le Roy résume les longues énumérations de de Brosses en quelques mots: 'quelquefois des animaux, quelquefois les êtres inanimés les plus bizarres'.

29. Cf. de Brosses, *Culte*, p.20, 27.

30. Tous les éléments de cette affirmation se trouvaient déjà dans *Du culte des dieux fétiches*, dans la section 1 duquel de Brosses consacre une vingtaine de pages (p.25-44) au récit du 'fétichisme en usage à Juida', celui du serpent rayé.

Quant à 'la vénération qu'on avait pour lui en Ethiopie', Le Roy l'emprunte également à de Brosses (p.45-46).

31. Cf. de Brosses sur les fétiches des Indiens d'Amérique: 'D'autres ont des lacs pour fétiches, comme les avaient les Celtes Tectosages; ou des crocodiles, ainsi que les Egyptiens; ou d'autres poissons de mer, comme les Philistins' (*Culte*, p.51).

32. Cf. de Brosses, *Culte*, p.46-47.

33. De Brosses parle du culte que les Lapons et les Samoyèdes rendent aux pierres graissées ou boëtiles, de l''espèce de fétichisme' que les Samoyèdes semblent attacher aux animaux féroces (p.61); des pierres coniques adorées en Amérique 'comme les boëtiles de Syrie' (p.48); et de celles des Natchez de la Louisiane (p.48).

34. Cf. 'L'ancienne divinité des Arabes n'était qu'une pierre carrée [...] le dieu Casius, dont la représentation se voit sur quelques médaillons, était une pierre ronde coupée par la moitié: aussi est-elle nommée par Cicéron *Jupiter lapis*' (de Brosses, *Culte*, p.110-11).

35. Cf. 'Jacob ayant eu un songe mystérieux consacra la pierre qui lui avait servi de chevet pendant la nuit, en arrosa d'huile le sommet, et l'appela *Beth-el*, c'est-à-dire *demeure de Dieu*' (de Brosses, *Culte*, p.135).

36. Dans ce passage Le Roy suit de près *Du culte des dieux fétiches*. Tout, jusqu'aux deux citations de la Bible, se trouvait déjà chez de Brosses (p.137-38).

37. Si la première phrase de ce passage n'a pas d'équivalent chez de Brosses, ou ailleurs dans les livres qui figuraient dans la bibliothèque de Le Roy, les faits présentés dans les phrases suivantes, y compris les références à Lucain et à Grégoire de Tours, sont encore empruntés au *Culte des dieux fétiches* (p.168-70).

38. Cf. de Brosses, *Culte*, p.172.

39. Tout ce passage pille sans vergogne le *Culte des dieux fétiches*. Non seulement de Brosses dit qu''avant le temps de Cadmus on ne savait en Grèce ce que c'était que des dieux', et que selon Hérodote les dieux des anciens Grecs n'avaient pas de noms, mais il donne bon nombre d'exemples de divinités grecques primitives, chacune accompagnée de quelques mots de description (p.151-53). Le Roy en reproduit mot à mot la plupart et résume par l'expression générale 'troncs informes, cippes grossiers' les exemples qu'il a laissé tomber.

40. Le Roy a déjà traité d''absurdes' les cultes des peuples primitifs (p.202, l.300) et il parlera plus loin de 'l'absurdité naturelle' de leurs idées (p.203, l.352). Là encore il fait écho à de Brosses qui, en présentant le fétichisme, utilise souvent les mots 'absurde' et 'ridicule' (*Culte*, p.12, 14, 17, 46, 183, 230, 237).

41. Cf. de Brosses: 'Rachel femme de Jacob eut un tel attachement pour les marmousets fétiches de Laban le Syrien son père, qu'elle les lui vola en le quittant' (*Culte*, p.139).

42. Si au dix-huitième siècle 'les dieux pénates chez les Romains' des lignes précédentes étaient familiers à tous ceux qui avaient fait leurs classes, tout notre passage suit de près l'*Histoire générale des voyages* (iii.436), en omettant quelques exemples des fétiches des noirs et des aliments dont ils se privaient.

43. Le début et la fin de notre paragraphe font écho au passage de l'*Histoire générale des voyages*

(iii.436) qui précède immédiatement celui dont s'inspirent les remarques de Le Roy concernant les fétiches des Issinois (voir ci-dessus, note 42). Quant aux considérations intermédiaires (le culte rendu aux seuls fétiches, non à un dieu créateur de tout, dont les 'sauvages' ne sont guère à même de se former une idée juste) , Le Roy a l'air de reproduire des affirmations du volume iv (p.155-56) de l'*Histoire générale des voyages* relatives aux habitants de la Côte d'or et de Juida. Remarquons aussi que selon de Brosses également, dont Le Roy a tant mis à contribution le *Culte des dieux fétiches*, les noirs d'Afrique et les Indiens d'Amérique adressent leurs vœux aux seuls fétiches, quoique certains d'entre eux aient quelque faible idée d'un Etre supérieur (*Culte*, p.19-20, 53-54). Les faits avaient d'autant plus de chances de frapper Le Roy que ses sources se confirmaient l'une l'autre.

44. Ayant résumé (p.203, l.351-p.204, l.359) les thèses qu'illustre ce qui précède, Le Roy entame ici un thème nouveau, qu'on trouve, encore une fois, dans le *Culte des dieux fétiches*. Dès l'introduction de son ouvrage de Brosses définit la mythologie comme '*l'histoire* ou *le récit des actions des morts*' (p.8), qui reflète les 'événements réels de la vie des personnages célèbres de l'antiquité profane' (p.9) et affirme que les 'deux sortes de religions' qu'étaient le fétichisme et le sabéisme sont 'plus anciennes que l'idolâtrie proprement dite', c'est-à-dire l'adoration des 'hommes déifiés' (p.12). Il reprend cette affirmation au début de la section I: 'La plupart des sauvages ne connaissent point l'idolâtrie des hommes déifiés' (p.20). Le Roy dit de même, dans notre passage, que ce sont les hommes 'sortis de la barbarie originelle' qui 'se sont accordés à diviniser leurs bienfaiteurs' (p.204, l.360-361).

Quant aux bienfaits dont, d'après Le Roy, les hommes leur étaient redevables, de Brosses en avait déjà parlé dans le *Culte des dieux fétiches*, où il cite (p.67-73) un long passage de Diodore relatif aux dieux des anciens Egyptiens. Diodore présente dans le détail Isis, Osiris, Mercure, Hercule et les divers bienfaits que les hommes en auraient reçus. Le Roy ajoute trois noms (Saturne, Bacchus, Cérès) à la liste des personnes 'divinisées' et, selon son habitude (voir notes 28 et 32), résume tous les détails précis fournis par Diodore en trois propositions générales: les personnes 'divinisées' ont contribué à la naissance de la société, établi des lois, enseigné des arts utiles (p.204, l.361-363).

45. De Brosses, ayant évoqué les 'animaux adorés' dans l'ancienne Grèce, poursuit: 'Mais lorsque quelques siècles après, la *théosynodie*, c'est-à-dire la théologie d'un conseil des dieux, eut prévalu dans la Grèce, où ce dogme paraît plus marqué que nulle part ailleurs, la vieille prédilection pour les fontaines et pour les arbres fétiches remplit encore le pays de nymphes et de driades, vrais manitous des eaux et des bois, divinités locales et subalternes aux dieux supérieurs' (*Culte*, p.157). Autrement dit, chez Le Roy comme chez de Brosses, de la rencontre de l'idolâtrie des 'hommes déifiés' et des divinités locales fétichistes, seraient nés des dieux secondaires (nymphes, etc.) préposés à la protection de certains endroits, etc.

46. Plus haut Le Roy décrit les 'mouvements' exécutés par les paysans et les artisans comme 'mécaniques' et compare les 'disputes' entre philosophes à 'un mécanisme un peu compliqué' (p.195, l.24-29; p.196, l.52-53). De Brosses apporte donc de l'eau à son moulin en affirmant que 'partout c'est la même mécanique d'idées' en ce qui concerne les croyances religieuses. Le Roy trouva toute faite chez de Brosses la thèse de l'humanité 'mécaniquement superstitieuse', comme il dira vers la fin de la lettre III à madame *** sur l'Homme (voir p.209, l.171).

Notes à la lettre III à madame *** sur l'homme (lettre 15)

1. La thèse de Le Roy concernant l'origine des sentiments religieux est plus nuancée que ne le donnerait à entendre ce premier paragraphe. Dans la lettre précédente Le Roy, comme Condillac (voir lettre 14, note 21), attribue les premières croyances religieuses de l'homme au 'sentiment de la dépendance où il est de tout ce qui l'environne', puisqu'il se rend vite compte 'que son bonheur ou malheur sont assujettis à une foule de causes étrangères à lui' (p.201, l.239-242). Au deuxième paragraphe de la lettre III à madame *** sur l'homme il sera question, de même, non seulement des 'maux', mais aussi des 'biens' qui nous arrivent (p.205, l.23-24).

2. Si ni l'une ni l'autre des deux phrases précédentes n'est assez précise pour qu'il soit utile de chercher à en identifier les sources, les Tartares viennent tout droit du volume xviii de l'*Histoire générale des voyages* (cf. p.206, note 1). Il comporte une 'Description d'un village des Tatares Theleut', qui nous apprend que ceux-ci 'ne savent guère eux-mêmes ce qu'ils croient. Ils rendent pourtant un culte à Dieu, mais bien simple. Ils se tournent tous les matins vers le soleil levant et prononcent cette courte prière: *Ne me tue pas*!' (p.151). Les 'Tatares Theleut' sont devenus les 'Tartares' tout court chez Le Roy.

3. Les noirs de la Côte d'or qui adressent des requêtes à leurs fétiches sont souvent trompés dans leur attente, 'mais loin d'attribuer le mauvais succès de ces entreprises à l'impuissance du fétiche, ils se reprochent d'en être eux-mêmes la cause par leurs indévotions, ou par quelque faute dont ils se reconnaissent coupables' (*HGV*, iv.163-64).

4. Exception faite de l'affirmation générale des lignes 15-16, tous les éléments de ce passage de Le Roy se trouvent dans l'*HGV* (iv.160), trois pages seulement avant le passage relatif aux noirs de la Côte d'or mis à contribution par Le Roy dans les lignes précédentes.

5. Dans *De l'homme*, Helvétius consacre deux chapitres (sect.II, chs. 21 et 22) aux impostures des prêtres des fausses religions. Il fait remarquer que 'la pratique des vertus est plus pénible que l'observance des superstitions', puis pour nous montrer comment les prêtres exploitent ce fait à leur avantage, il présente bon nombre d'exemples précis: offrandes et expiations substituées à la pratique des vertus, cérémonies superstitieuses qui blanchissent des plus grands crimes, etc. (p.265). Bien qu'Helvétius mette l'accent sur le comportement intéressé des prêtres, il est clair qu'ils ont affaire à des hommes 'sans instruction'.

6. Le Roy se trouva dès 1760, alors qu'il était avec plusieurs autres personnes l'hôte du baron d'Holbach au Grandval, plongé dans une discussion sur ces questions dont Diderot rapporta à Sophie Volland la substance: il nous montre la compagnie 'discourant de la vie, de la mort, du monde et de son auteur prétendu' (lettre du 20 octobre 1760, *Correspondance*, iii.171). Ayant souligné 'l'incompatibilité du mal physique et moral avec la nature de l'être éternel', Diderot poursuit: 'C'est là ce qui a fait imaginer la faute du premier père, le péché originel, les peines et les récompenses à venir, l'incarnation, l'immortalité, les deux principes des manichéens.'

A supposer que Le Roy n'eût pas gardé le souvenir de cette discussion, Voltaire met en lumière l'origine de la doctrine des deux principes dans deux ouvrages qu'il avait lus, l'*Essai sur les mœurs* (i.21-22) et les *Questions sur l'Encyclopédie* (article 'Tout est bien', iii.104-105).

7. Si les sources possibles des deux phrases précédentes (p.205, l.27-31) sont trop nombreuses pour qu'il soit utile de les explorer, Le Roy emprunte les Jokistes à l'*HGV* encore, en condensant un peu un passage relatif aux Jakutes (xviii.28), qu'il transforme en Jokistes.

8. Les Samoyèdes 'admettent l'existence d'un Etre suprême, créateur de tout, souverainement bon et bienfaisant [...] Ils joignent à cette idée, celle d'un Etre éternel et invisible, très puissant, quoique subordonné au premier, et enclin à faire le mal; c'est à cet Etre-là qu'ils attribuent tous les maux qui leur arrivent dans cette vie [...] on trouve aussi chez eux quelques idées de l'immortalité de l'âme, et d'un état de rétribution dans une autre vie; mais tout cela ne se réduit qu'à une espèce de métempsychose. Ce sentiment, quelque obscur qu'il soit, semble indiquer que ces peuples descendent de quelque nation asiatique, qui habitait autrefois dans le voisinage des Indes' (*HGV*, xviii.508-509). Si Le Roy emprunte la métempsychose des Samoyèdes à ce passage de l'*HGV*, il n'adopte pas l'hypothèse d'un ancien contact avec les Indes, laquelle ne cadre pas avec sa thèse de l'uniformité universelle des croyances religieuses, sans qu'il y ait eu de rapports entre les différents peuples. Bien au contraire, il affirme hardiment que la métempsychose 'se retrouve chez les Samoyèdes, qui sûrement ne l'ont pas reçue des Brahmes' (p.206, l.46-47).

9. En 1789 la bibliothèque de Le Roy comportait un exemplaire de la *Bible enfin expliquée* (inventaire, no.136), où Voltaire souligne à plusieurs reprises qu'il n'est pas question de l'immortalité de l'âme dans les premiers temps de l'Ancien Testament (articles 'Genèse', 'Deuteronome', 'Les Machabées': Moland, xxx.13, note 3; xxx.55, note 2; xxx.119, note 3; xxx.274). La généralisation de Le Roy se fonde peut-être sur le cas du peuple hébreu.

10. Voltaire fait remarquer, à propos de 'cette ancienne opinion de la transmigration des âmes'

dans l'Inde, que 'c'était un grand frein pour les pervers que la crainte d'être condamnés par Visnou et par Brama à devenir les plus vils et les plus malheureux des animaux'. Ayant affirmé que les Chinois n'établirent pas la doctrine de l'immortalité de l'âme, mais se contentèrent de promulguer des lois morales, il ajoute: 'Les Indiens eurent un frein de plus, en embrassant la doctrine de la métempsychose' (*Essai*, i.60).

11. L'*HGV* consacre quatre-vingt-dix pages aux 'Caractère, religion et mœurs des Indiens de l'Amérique Septentrionale'. Ces pages préceisent que la plupart des Indiens croient l'âme immortelle et que quelques-uns croient à l'existence de deux âmes, dont l'une sort d'un corps pour passer dans un autre, tandis que la seconde va au pays des bienheureux (xv.29-30). Le Roy a laissé tomber la seconde âme et pris l'initiative d'un rapprochement entre la métempsychose des Indiens de l'Amérique du nord et celle des habitants de l'Inde.

12. Le Roy a effectivement fait remarquer que chez les sauvages le culte s'adresse quasi exclusivement aux divinités locales ou fétiches, non à un dieu 'créateur de tout et même des fétiches' (p.203, l.337-350). Il n'a pas dit, en revanche, que ce culte consiste 'à les orner, à leur faire des présents, à leur consacrer ce qu'on a de plus précieux' (p.206, l.60-61). Il n'a mentionné, au contraire, que les vœux et les abstinences observés en leur honneur (p.203, l.332-336). La généralisation de ce passage, relative au culte rendu aux dieux locaux, paraît anticiper sur ce que Le Roy va dire, au paragraphe suivant, des pratiques religieuses des Chinois et des Ostiaks en particulier.

13. L'*Essai sur les mœurs* (i.71, 221, 223) et l'*HGV* (vi.320, 327) opposent la religion des lettrés et du gouvernement chinois, qui adoraient un être suprême, à la secte des bonzes qu'ils toléraient pour l'usage du vulgaire, mais ni l'un ni l'autre ne mentionne les idoles 'fustigées' et 'dégradées' de notre passage. L'*Histoire universelle*, au contraire (Paris 1775-1789; lettre 14, note 7; inventaire, no.144), non seulement met en contraste la religion des lettrés chinois et celle des bonzes, mais affirme que les Chinois du peuple ont chez eux toutes sortes d'idoles, qu'ils appellent dieux domestiques, et précise que 'souvent ils traitent ces dieux avec autant de mépris et d'indignation qu'on dit que les Portugais font quelquefois de leurs saints favoris.

'Après que le peuple les a priés longtemps et avec instance, s'il n'obtient pas d'eux ce qu'il demande, il leur reproche d'abord leur négligence et leur ingratitude, et ensuite il en vient aux coups; il les traîne par les rues, chargés de boue et de toutes sortes d'immondices, et ensuite les jette dans quelque coin de la maison, comme inutiles. Que si durant ce temps-là ils obtiennent par hasard ce qu'ils souhaitent, ils reportent l'idole en cérémonie dans sa niche, et lui promettent de la redorer' (liii.260). Le même fait est présenté dans deux autres ouvrages que possédait Le Roy, l'*Introduction à l'histoire moderne* de Pufendorf (no.78; voir lettre 14, note 24) et le *Dictionnaire historique des cultes religieux* de Jean-François de La Croix (Paris 1770; inventaire, no.148). Les mauvais traitements infligés aux idoles chinoises par leurs adorateurs déçus figurent dans le chapitre consacré par Pufendorff à l''Empire de la Chine' (vii.681) et dans l'article 'Idole' de La Croix (ii.419). Aucun des trois ouvrages ne dit explicitement que les idoles sont d'abord 'décorées' et 'fêtées' (p.206, l.68), mais ces détails seraient venus s'ajouter aux autres par contamination avec les idoles des Ostiacks, dont Le Roy va parler.

14. Le Roy résume ici un passage de la 'Notice particulière des Ostiacks, autre peuple de la Sibérie' (*HGV*, xviii.521-22). Il n'y a pas d'équivalent dans l'*HGV* des 'différentes abstinences' auxquelles les Ostiacks se soumettent, d'après Le Roy, en l'honneur de leurs idoles. Il semble avoir introduit ce fait par association d'idées: le respect des Ostiacks pour leurs idoles lui aurait rappelé celui des noirs d'Issini et de la Côte d'or pour leurs fétiches, donc les abstinences qu'ils s'imposaient en leur honneur (voir p.203, l.334-335, lettre 14, note 42; p.205, l.13-19, et ci-dessus, note 4).

15. Dans *De l'homme* Helvétius fait remarquer que 'les païens s'agenouillaient devant des statues de bois et de pierre. Les catholiques en font autant; et si l'on en juge par les signes extérieurs, ils ont souvent pour leurs saints plus de vénération que pour l'Eternel' (p.111). La note 32 (p.131) reproche aux moines d'avoir 'voulu que les grâces célestes ne s'obtinssent que par l'intercession' des saints, d'avoir fait en sorte que les saints sont 'honorés par les chrétiens comme les pénates et les fétiches par les païens et les sauvages'. Si c'est Helvétius qui fit penser

Le Roy au point de vue du 'peuple ignorant', notre philosophe, prudent comme toujours, a soin de se placer dans une perspective chrétienne.

16. De Brosses fait remarquer que pour 'de certains peuples' les fétiches 'sont moins des dieux proprement dits, que des choses douées d'une vertu divine, des oracles, des amulettes, et des talismans préservatifs' (*Culte*, p.10-11; voir aussi p.104, 220). Quoique de Brosses ne traite pas systématiquement des talismans, des amulettes, des oracles (pour les oracles voir p.208, l.120-129), il a peut-être suggéré à Le Roy d'en faire des thèmes connexes au fétichisme, quoique distincts.

17. Différents éléments de ce passage se trouvent épars dans nombre d'ouvrages de la bibliothèque de Le Roy, mais tous, à une seule exception près (le bouclier sacré des Romains), sont rassemblés dans la 'Dissertation sur un endroit du second livre de Denys d'Halicarnasse' par l'abbé Couture (*Mémoires de l'Académie des inscriptions* iv.573-88; inventaire, no.220).

18. Cf. *HGV*, iii.213-14.

19. Nous inclinons à penser qu'il s'agit ici d'une communication orale, à plus forte raison que l'Espagnol est le seul Européen à figurer dans l'abondante documentation de Le Roy, à part les femmes et les filles hollandaises, sur la conduite desquelles Le Roy paraît avoir été renseigné par Diderot (p.200, l.201-202, lettre14, note 14).

20. Dans ces deux passages Le Roy ne fait qu'étendre aux songes et aux oracles en particulier la thèse – empruntée à de Brosses – de l'uniformité des croyances et des pratiques religieuses en général (voir aussi l'*Essai sur les mœurs*, i.20).

21. Nous avons peut-être affaire à une réminiscence approximative de l''Essai sur le sommeil' de Formey, lequel figure dans la partie étrangère de la *Collection académique* (Dijon etc. 1755-1779; inventaire, no.46). Il n'est question ni de la digestion, ni des 'fumées du vin' dans l''Essai sur les songes' de Formey, lequel suit l''Essai sur le sommeil', mais ce dernier oppose au sommeil 'ordinaire' déclenché par la digestion, celui causé par 'le vin, et surtout les spiritueuses distillées', qui 'jettent dans un sommeil tout différent du précédent, et aussi dangereux que le premier est bénin [...] On a divers exemples de gens tués par la vapeur externe du vin en fermentation, à plus forte raison quand les fumées de cette vapeur s'élèvent en quantité au-dedans de nous, peuvent-elles devenir funestes' (viii.83). Si Le Roy se souvient des deux 'Essais' de Formey, la digestion devient chez lui 'laborieuse' et il y attribue, ainsi qu'aux 'fumées du vin' non le sommeil, comme Formey, mais les songes. Ces essais figurent non seulement dans la *Collection académique*, mais dans les *Mélanges philosophiques* de Formey (Leyde 1754; inventaire, no.212). Les passages auxquels nous renvoyons se trouvent au vol.i, p.153-54.

22. En rapportant ce que le père Laffitau dit des Iroquois, de Brosses affirme, entre autres choses, que les devins 'sont appelés en leur langue d'un mot qui signifie *les voyants*. C'est aussi le nom que les orientaux donnaient aux prophètes' (*Culte*, p.60; souligné dans le texte). Il n'est pas question chez Le Roy de 'prophètes', mais il n'en est pas moins clair qu'il se fonde sur ce passage.

23. Le Roy possédait les œuvres de Fontenelle (inventaire, no.199), et les avait lues à fond, à en juger par le passage suivant des *Réflexions sur la jalousie*: 'M. de Fontenelle lui [à Voltaire] sera sans doute inférieur en poésie, [...] Mais ce philosophe ingénieux et profond l'emportera de beaucoup dans l'art d'exciter les progrès de la raison, d'ajouter des vues neuves et fines sur tous les objets de science dont il a rendu compte, et de rendre familière la science elle-même' (p.25-26). Nous rappelons pour mémoire que non seulement l'*Histoire des oracles* met en lumière 'l'ambiguïté des réponses, et l'art qu'on avait de les accommoder à tous les événements qu'on pouvait prévoir', mais qu'elle dit à propos d'un oracle dont se moque Cicéron dans son *De divinatione*: 'Cet oracle est équivoque' (Fontenelle, *Œuvres*, Paris 1766, ii.317, 338). C'est l'adjectif même utilisé par Le Roy. Il est également question de l'ambiguïté des oracles dans l'*Introduction à l'histoire moderne* de Pufendorf (vi.402-404; lettre 14, note 24; ci-dessus, note 13).

24. Cf. de Brosses, *Culte*, p.54.

25. Le Roy résume ici un passage du 'Supplément pour la description de l'île d'Amboine' (*HGV*, xvii.97).

26. Au dix-huitième siècle ces faits étaient familiers à ceux qui, comme Le Roy lui-même (introduction, p.5), étaient passés sur les bancs des collèges.

27. Il ressort de l'*Histoire des oracles* de Fontenelle (ci-dessus, note 23), que les charlatans exploitaient à leur avantage la crédulité des peuples; d'après le chapitre 12 de la dissertation I le profane ne voyait pratiquement jamais ce qui se passait au fond des temples où se donnaient les oracles, et d'après le chapitre 13 'ceux qu'on initiait aux mystères donnaient des assurances de leur discrétion' (*Œuvres*, ii.299). C'est ce que Le Roy paraît résumer en attribuant à ses charlatans le soin 'de favoriser et de recommander l'ignorance' (p.208, l.142).

28. A propos de l'ancienne Egypte de Brosses fait remarquer qu'"on tenait pour saints et bienheureux ceux qui étaient dévorés par un crocodile, comme aujourd'hui dans l'Inde les fanatiques qui se font écraser sous le char de l'idole' (*Culte*, p.88-89).

29. Le fait se trouve dans la 'Description du Tibet' (*HGV*, vii.124). Si la chose avait assez frappé Le Roy cependant pour qu'il l'ajoute comme troisième exemple de la charlatanerie des prêtres aux deux autres déjà rapprochés par de Brosses, c'est peut-être parce qu'il en avait pris connaissance dans des circonstances susceptibles de l'imprimer fortement sur son esprit. Elle avait été racontée avec beaucoup de verve par le baron d'Holbach à sa belle-mère, Mme d'Aine, au cours d'un des séjours que fit Le Roy au Grandval (Diderot, lettre à Sophie Volland du 20 octobre 1760, *Correspondance*, iii.176-77).

30. Cf. p.195, l.15-19; *Essai sur les mœurs*, i.96; *Questions sur l'Encyclopédie*, articles 'Homme' (vii.110) et 'Lettres, gens de lettres' (vii.321); *Culte*, p.206, 209, 216. Non seulement de Brosses parle à plusieurs reprises du 'vulgaire ignorant', mais il affirme que les peuples primitifs 'passent constamment leur vie dans une continuelle enfance' et que 'les esprits de cette trempe sont les plus communs, même dans les siècles éclairés, et parmi les nations civilisées' (p.186).

31. La *Digression sur les anciens et les modernes* de Fontenelle distingue, d'une part, l'éloquence et la poésie, qui 'dépendent principalement de la vivacité de l'imagination', d'autre part, la physique, la médecine, les mathématiques, qui dépendent de la justesse du raisonnement, qui 'se perfectionne toujours' (*Œuvres*, iv.179). Le Roy nous paraît cependant s'inspirer plutôt des *Réflexions critiques sur la poésie et sur la peinture* de l'abbé Dubos (voir lettre 8, note 16; lettre 9, note 29). Dubos distingue d'une part, les sciences, dont les practiciens ont à leur disposition les découvertes de leurs prédécesseurs, et d'autre part, les arts, qui ressortissent 'principalement du génie' (ii.585-86); on trouve aussi chez lui de quoi inciter à se demander, comme Le Roy, si les arts du ressort du génie se sont peut-être 'un peu dégradés en venant des anciens jusqu'à nous'. Dubos estime que les poètes de l'antiquité avaient 'plus de génie que nous, et cela d'autant plus qu'il est certainement vrai que les langues dans lesquelles ils ont composé, étaient plus propres à la poésie que les langues dans lesquelles nous composons. Nous ferons peut-être moins de fautes qu'eux, mais nous n'atteindrons pas au degré d'excellence où ils sont arrivés' (ii.592).

32. Le Roy possédait l'*Histoire de l'astronomie ancienne* de Jean-Sylvain Bailly (Paris 1775; inventaire, no.47). Dans son introduction, intitulée 'De l'objet de l'astronomie, de la nature de ses progrès et de son utilité', Bailly nous invite à admirer les connaissances accumulées dans cette science au cours des siècles (p.ii-iii); il consacre à l'"Utilité de l'astronomie pour la géographie et la navigation' plusieurs pages, dont deux (p.xix-xx) établissent que 'la navigation dépend de l'astronomie'. Notre philosophe pourrait faire écho à Bailly, dont il résume les idées en peu de mots, comme assez souvent (voir lettre 14, note 44).

33. Cf. *HGV*, xv.90-91.

34. Cette conception cyclique de l'histoire se trouve dans *De l'esprit*: 'Les arts et les sciences ne font dans une infinité de pays, que luire, disparaître, et les abandonnent aux ténèbres de l'ignorance. Les siècles les plus féconds en grands hommes sont presque toujours suivis d'un siècle où les sciences et les arts sont moins heureusement cultivés. [...] Après un tel siècle, il faut souvent le fumier de plusieurs siècles d'ignorance pour rendre de nouveau un pays fertile en grands hommes' (p.413-14). Remarquons que si le thème n'avait rien d'original, Le Roy l'a intégré dans sa conception de l'homme, en présentant les retours périodiques à la barbarie comme résultant de 'la pente invincible' des hommes 'vers la paresse' (p.209, l.189).

35. Dans *De l'interprétation de la nature* (sect.LVII, 'De quelques préjugés'), Diderot fait remarquer que 'sur tout un arbre' il n'y a pas 'deux feuilles *sensiblement* du même vert' (*Œuvres complètes*, ii.55; souligné dans le texte). Or, Le Roy possédait les *Œuvres* de Diderot. Nous

ignorons de quelle édition il s'agissait (voir lettre 13, note 6), mais *De l'interprétation* se trouve et dans celles de 1772 (vol.ii) et dans celle de 1773 (vol.ii). Si c'est l'édition de 1773 que possédait Le Roy, il pouvait également se souvenir du passage suivant de l'*Eloge de Richardson* (texte qui ne figure pas dans les éditions de 1772): 'Dans ce livre immortel, comme dans la nature au printemps, on ne trouve point deux feuilles qui soient du même vert. Quelle immense variété de nuances!' (v.221). Il s'agit chez Le Roy non du vert des feuilles, mais des feuilles elles-mêmes, et vers la fin de *Zadig* Voltaire fait dire à l'ange Jesrad: 'Il n'y a pas deux feuilles d'arbre sur la terre, ni deux globes dans les champs infinis du ciel, qui soient semblables' (Moland, xxi.90). Rien ne nous assure explicitement que Le Roy connaissait *Zadig*, mais étant donné qu'il lisait Voltaire avec plaisir (voir introduction, p.17) et qu'il avait lu *Scarmentado* (lettre 13, note 5) et *Candide* (Le Roy à P.-M. Hennin, Versailles, le 1er décembre [1761], BI ms.1268, f.267*v*), le contraire serait étonnant.

Appendice

Les Archives départementales d'Yvelines conservent, parmi les actes notariés provenant de l'étude Menard à Versailles, l'"Inventaire après le décès de M^{r} Le Roy Lieutenant des Chasses de Sa Majesté'. Nous reproduisons tels quels les passages de ce document contenant 'les description et inventorié des livres composant la Bibliothèque' de Le Roy. Les numéros en marge ont été ajoutés par nous pour nous permettre de nous référer plus commodément aux différents titres. Une partie de la bibliothèque fut inventoriée le 17 novembre 1789 (nos.1-85), le reste (nos.86-262) le lendemain. Les livres furent 'prisés et estimés à juste valeur et sans crue' avec la collaboration de 'Pierre Blaizot Libraire demeurant en cette Ville Rue Satory paroisse St Louis Expert Requis par les Parties Lequel a promis donner son avis en son âme et conscience ainsi qu'il suit'.

(f.11*v*)

1. Item trente cinq volumes de l'Encyclopedie avec Suplement et Planches prisés quatre cens livres ci 400#
2. Item quatre volumes Gesneri Thesaurus Linguae Latinae prisés vingt quatre livres ci 24#
3. Item Dictionnaire de l'Academie Françoise en deux volumes prisés huit livres ci 8#
4. Item L'histoire naturelle de Gesner, trois volumes in folio prisés dix-huit livres ci 18#
5. Item histoire des oiseaux de Belon, un volume prisé trois livres ci 3#

(f.12)

6. Item histoire des oiseaux de Buffon dix volumes in folio prisés quatre cens livres ci 400#
7. Item Aristote en deux volumes in folio prisés neuf livres ci 9#
8. Item Platon en deux volumes prisés trois livres ci 3#
9. Item Cours de sciences de Buffier un volume prisé trois livres ci 3#
10. Item Dictionnaire de Morery, dix volumes in folio prisés cent livres ci 100#
11. Item Dictionnaire de Bène, cinq volumes prisés quarante livres ci 40#
12. Item Dictionnaire de Prospère Marchand cinq volumes in-folio prisés six livres ci 6#
13. Item L'art de verifier les dates, un volume prisé huit livres ci 8#
14. Item l'histoire des Juifs de Joseph un volume in folio prisé douze livres ci 12#
15. Item Bibliothèque orientale un volume in folio prisé six livres ci 6#
16. Item Oeuvres de la Motte Le Vayer, deux volumes in folio prisés quatre livres ci 4#

17. Item Oeuvres de Balzac deux volumes in folio prisés trois livres ci 3#
18. Item Opera Veterum Poetarum deux volumes in-folio prisés six livres ci 6#
19. Item Traité des Pierres gravées un volume in folio prisé cinq livres ci 5#
20. Item Dictionnaire de Novitius, in-4, deux volumes prisés quatre livres ci 4#
21. Item Abrégé du Dictionnaire de Trevous in-4, trois volumes prisés dix livres ci 10#
22. Item Dictionnaire Anglois en deux volumes in-4° prisés quatre livres ci 4#
23. Item Harangues de Demosthene en deux volumes in-4° prisés quatre livres ci 4#
24. Item Oeuvres de St Evremond en trois volumes prisés douze livres ci 12#
25. Item Ciceronis opera six volumes in 4° prisés quarante huit livres ci 48#
26. Item Oeuvres de Ciceron, traduction nouvelle, un volume prisé quatre livres ci 4#

(f.12*v*)

27. Item Vergilii Opera un volume prisé cinq livres ci 5#
28. Item Quintus Horatius deux volumes prisés huit livres ci 8#
29. Item Catullus Tibullus en un volume in-4° prisé trois livres ci 3#
30. Item Satyre de Regnier un volume in-4° prisé cinq livres ci 5#
31. Item Les Mois, Poeme, deux volumes in-4 prisés huit livres 8#
32. Item Essai sur la musique quatre volumes prisés douze livres ci 12#
33. Item La peinture, Poeme, un volume in-4° prisé trente sols ci 1# 10s
34. Item L'art de peindre en un volume in-4° prisé deux livres 2#
35. Item histoire de l'Art, trois volumes prisés neuf livres ci 9#
36. Item Description des Pierres gravées de Stosch un volume in-4 prisé six livres ci 6#
37. Item Collection de Sculptures un volume in-4° prisé quatre livres ci 4#
38. Item Phisique du monde par Marivet quatre volumes in-4 prisés dix-huit livres ci 18#
39. Item Dictionnaire de Phisique trois volumes in-4 prisés douze livres ci 12#
40. Item Experiences de Phisique d'Esaguliers deux volumes prisés six livres ci 6#
41. Item Dictionnaire d'histoire naturelle six volumes prisés vingt livres ci 20#
42. Item Dictionnaire des animaux en trois volumes in-4 prisés neuf livres ci 9#
43. Item Le Regne animal un volume in-4° prisé quarante sols ci 2#
44. Item Histoire naturelle de Pline douze volumes in-4° prisés soixante livres ci 60#
45. Item Histoire naturelle de Buffon et suplement, ornithologie de Brisson et Statique des Végétaux, trente volumes in-4 prisés cent vingt livres ci 120#

(f.13)

46. Item trente-six volumes Collection académique et Tables prisés soixante-douze livres ci 72#

47. Item quatre volumes astronomie moderne et ancienne prisés huit livres ci 8tt
48. Item un volume de solis ac lunae defectibus prisé vingt sols ci 1tt
49. Item Regne animal un volume in-4° prisé dix livres dix sols ci 10tt 10s
50. Item Oeuvres de Palyci un volume in-4 prisé douze livres ci 12tt
51. Item Essai sur l'hygrometrie un volume prisé trois livres ci 3tt
52, Item Voyages dans les Alpes, deux volumes in-4 prisés cinq livres ci 5tt
53. Item l'Oricythologie un volume prisé six livres ci 6tt
54. Item Dictionnaire des Drogues et Simples un volume prisé quarante sols ci 2tt
55. Item Dictionnaire de Chymie deux volumes prisés six livres ci 6tt
56. Item Oeuvres de Hencke[l] un volume prisé quarante sols ci 2tt
57. Item Cours d'agriculture huit volumes prisés quarante livres ci 40tt
58. Item Théâtre d'agriculture un volume prisé quarante sols ci 2tt
59. Item deux volumes Scriptores rei rusticae prisés six livres ci 6tt
60. Item Volume Rei venatiae Scriptores prisé trois livres ci 3tt
61. Item un volume Venerie de Jacques Dufouilloux prisé vingt sols ci 1tt
62. Item Deux volumes Vennerie de sallenove et dissertation sur la maladie des grains quarante sols y compris un volume sur l'experience des blés et un autre du crible inventé par Gambier deux livres ci 2tt
63. Item Le Monde Primitif neuf volumes in-4 prisés trente-six livres ci 36tt
64. Item Lettres de Descartes trois volumes prisés trois livres ci 3tt
65. Item Essai analytique sur les facultés de l'homme un volume in-4° prisé quarante sols ci 2tt
66. Item Essai philosophique sur l'entendement humain un volume prisé deux livres 2tt
67. Item trois volumes De l'esprit et Censure de l'Esprit prisés six livres ci 6tt

(f.13*v*)

68. Item Essai de Montagne trois volumes prisés quinze livres y compris un Voyage du Meme ci 15tt
69. Item Lucien Grec et Latin quatre volumes prisés quinze livres ci 15tt
70. Item Caractères de La Bruyère un volume prisé quatre livres ci 4tt
71. Item Oeuvres de Jean Jacques Rousseau quinze volumes prisés quinze livres y compris un volume de l'ordre naturel et essentiel des sociétés ci 15tt
72. Item Oeuvres de Montesquieu trois volumes prisés dix livres ci 10tt
73. Item L'ami des hommes et la Théorie de l'Impôt trois volumes prisés quatre livres ci 4tt
74. Item Recherche sur les finances de france deux volumes prisés trois livres ci 3tt
75. Item Mémoires de Granville un volume prisé quarante sols ci 2tt
76. Item Loi forestière deux volumes in-4 prisés quatre livres ci 4tt
77. Item quatre volumes dont de Jure Venandi prisés quarante sols ci 2tt
78. Item Introduction à l'histoire générale huit volumes in-4° prisés vingt-quatre livres ci 24tt
79. Item Pausanias deux volumes in-4° prisés six livres ci 6tt
80. Item Voyage du Levant de Tournefort deux volumes in-4° prisés vingt-

quatre livres ci 24#

81. Item Vie des hommes illustres de Plutarque huit volumes in-4° prisés trente-six livres ci 36#

82. Item Antiquités de Denis d'halicarnasse deux volumes in-4° prisés quatre livres ci 4#

83. Item Commentaires de Cesar trois volumes in-4° prisés vingt-quatre livres ci 24#

84. Item un volume Traité des mesures anciennes prisé deux livres ci 2#

85. Item Abrégé cronologique de l'histoire de france un volume prisé trois livres ci 3#

(f.17)

86. Item Introduction à l'histoire du Danemarck un volume in-4 prisé vingt sols ci 1#

87. Item L'atlas des voyages autour du monde et histoire générale des Voyages dix-neuf volumes in-4 prisés quarante-huit livres ci 48#

88. Item Voyages aux Indes et à la Chine deux volumes in-4° prisés dix-huit livres ci 18#

89. Item les Voyages de Chabert un Volume prisé quarante sols ci 2#

90. Item la guerre d'Allemagne un volume prisé quarante sols ci 2#

91. Item Vie des Peintres trois volumes in-4° prisés douze livres ci 12#

92. Item un volume concordantia Bibliorum et sept autres volumes dont Le Concile de trente prisés douze livres ci 12#

93. Item huit volumes in-8° dont grammaire grec et Vocabulaire françois prisés dix livres ci 10#

94. Item seize volumes in-8° dont Dictionnaire des synonimes françois prisés quarante-huit livres ci 48#

95. Item Dix-huit volumes in-8° dont melanges tirés d'une grande Bibliotheque prisés soixante livres ci 60#

96. Item cinq volumes dont Elien latin et françois prisés cinq livres ci 5#

97. Item soixante-dix volumes in-12 dont Oeuvres de Voltaire prisés cent quarante-quatre livres y compris deux autres volumes in-8° ci 144#

98. Item douze volumes in-8 œuvres de Marivaux prisés vingt livres ci 20#

99. Item coup d'œil sur la littérature en deux volumes prisés trois livres ci 3#

100. Item Oeuvres de l'abbé de Voisenon en cinq volumes in-8 prisés deux livres ci 2#

(f.17*v*)

101. Item Oeuvres de M. Thomas quatre volumes in-8 prisés quatre livres ci 4#

102. Item Examen du discours de M. Thomas un volume in-8° prisé vingt sols ci 1#

103. Item un volume in-8 contenant les Eloges de M. de la harpe prisé vingt sols ci 1#

104. Item cinq volumes œuvres d'helvetius prisés huit livres ci 8#

105. Item lettre sur les chats un volume prisé vingt sols ci 1#

106. Item cinq volumes dont Lettres d'un Voyageur anglois prisés trois livres ci 3#

107. Item lettres d'une Chanoinesse un volume prisé vingt sols ci 1 lt

108. Item deux volumes in-8° Mithographorum Latin prisés deux livres ci 2 lt

109. Item deux volumes Dictionnaire Mithohermétique prisés quarante sols ci 2 lt

110. Item un volume Longi pastoralia prisé trois lives ci 3 lt

111. Item sept volumes dont les amans malheureux prisés neuf livres ci 9 lt

112. Item un volume Zélie ou la dificulté d'être heureux prisé vingt sols ci 1 lt

113. Item deux volumes in-8 Les Incas prisés six livres ci 6 lt

114. Item deux volumes Lettres familières prisés trois livres ci 3 lt

115. Item quatre volumes in-8 dont Recueil de lettres prisés quatre livres ci 4 lt

116. Item vingt volumes in-8° dont Cosmographie élémentaire prisés vingt-quatre livres ci 24 lt

117. Item sept volumes dont tableau méthodique des minéraux prisés trois livres ci 3 lt

118. Item un volume essais des differens airs prisé neuf livres ci 9 lt

119. Item Elemens de Pharmacie un volume prisé deux livres ci 2 lt

120. Item Elemens de botanique deux volumes prisés trois livres ci 3 lt

(f.18)

121. Item cinq volumes dont Manuel des Végétaux prisés douze livres ci 12 lt

122. Item quatre volumes dont Dictionnaire de santé prisés quatre livres ci 4 lt

123. Item cinq volumes du Médecin Domestique prisés douze livres ci 12 lt

124. Item un volume de Médecine pratique de Lieutaud prisé trente sols ci 1 lt 10 s

125. Item deux volumes precis de Médecine du meme prisés trente sols ci 1 lt 10 s

126. Item deux volumes precis historique de la matière médicale du même prisés quarante sols ci 2 lt

127. Item trois volumes in-8 dont Régime de Pithagore prisés quarante sols ci 2 lt

128. Item Economie rurale en six volumes prisés quatre livres ci 4 lt

129. Item Dictionnaire Domestique en trois volumes prisés trois livres ci 3 lt

130. Item quatre volumes dont le Socrate rustique prisés trois livres ci 3 lt

131. Item sept volumes dont traité de la maladie des grains prisés cinq livres ci 5 lt

132. Item deux volumes dont fraies et fausses idées prisés deux livres ci 2 lt

133. Item seize volumes dont cours d'Etude prisés vingt livres ci 20 lt

134. Item Oeuvres de Lucanus un volume prisé trente sols ci 1 lt 10 s

135. Item onze volumes dont Clement d'Alexandrie prisés douze livres ci 12 lt

136. Item sept volumes dont la bible enfin expliquée prisés six livres ci 6 lt

137. Item six volumes dont l'esprit des differens peuples prisés cinq livres ci 5 lt

138. Item cinq volumes dont les Mœurs anglaises prisés quatre livres ci 4 lt

139. Item seize volumes in-8° dont Physiocratie prisés dix livres ci 10 lt

(f.18*v*)

140. Item douze volumes in-8 dont Testament Politique du Cardinal de

Richelieu prisés quinze livres ci 15₶

141. Item huit volumes in-8° dont discours de M. d'Albon prisés six livres ci 6₶

142. Item sept volumes in-8° dont legislation du Divorce prisés cinq livres ci 5₶

143. Item Dictionnaire géographique portatif et autre Dictionnaire des antiquités greques et Romaines prisés quarante sols ci 2₶

144. Item l'histoire universelle en cent vingt volumes prisés cent quatre-vingts livres ci 180₶

145. Item Nouveau dictionnaire historique huit volumes prisés quinze livres ci 15₶

146. Item Dictionnaire des antiquités Romaines deux volumes in-8 prisés quarante sols ci 2₶

147. Item Dictionnaire des Portraits des hommes Illustres trois volumes prisés quatre livres ci 4₶

148. Item Dictionnaire des cultes Religieux trois volumes prisés trois livres ci 3₶

149. Item Dictionnaire historique des mœurs des françois prisés quatre livres led. Dictionnaire en trois volumes ci 4₶

150. Item trois volumes Titi Livii historiarum prisés six livres ci 6₶

151. Item Sallustius un volume prisé vingt sols ci 1₶

152. Item un volume Commentaria Julii Cesaris prisé quatre livres ci 4₶

153. Item deux volumes Taciti operum prisés six livres ci 6₶

154. Item deux volumes Latin et françois prisés quarante sols ci 2₶

155. Item Valerii maximus opera un volume prisé quarante sols ci 2₶

156. Item quatre volumes dont Vie de Marie de Médicis prisés six livres ci 6₶

157. Item sept volumes histoire Philosophique des Indes prisés huit livres ci 8₶

158. Item onze volumes dont Troisième Voyage de Cook prisés dix livres ci 10₶

(f.19)

159. Item sept volumes in-8° dont description de Surinam prisés huit livres ci 8₶

160. Item cinq volumes dont Voyages de Cook prisés six livres ci 6₶

161. Item quatre volumes dont Lettres sur l'Egypte prisés quatre livres ci 4₶

162. Item cinq volumes dont Dictionnaire d'anecdotes prisés quatre livres ci 4₶

163. Item anecdotes drammatiques en trois volumes prisés quatre livres ci 4₶

164. Item quatre volumes dont Eloges de l'hopital et d'henry prisés cinq livres ci 5₶

165. Item Oeuvres de Mme de Ricoboni huit volumes prisés neuf livres ci 9₶

166. Item les quatre poétiques deux volumes prisés deux livres ci 2₶

167. Item deux volumes poetique francoise de Marmontel prisés quarante sols ci 2₶

168. Item trois volumes dont Tableaux tirés d'Homère et Virgile prisés trois livres ci 3₶

169. Item deux volumes Zerusalem délivrée prisés six livres ci 6₶
170. Item la Pucelle d'Orléans en un volume prisé quarante sols ci 2₶
171. Item un volume Themora poeme épique prisé vingt sols ci 1₶
172. Item huit volumes dont Théâtre des grecs prisés douze livres ci 12₶
173. Item Senecae Tragediae un volume prisé vingt sols ci 1₶
174. Item avi Plauti Comœdiae un volume prisé quarante sols ci 2₶
175. Item Sakespeare en dix-huit volumes prisés trente livres ci 30₶
176. Item Théâtre de Pierre Corneille douze volumes prisés vingt livres ci 20₶
177. Item Oeuvres de Racine sept volumes prisés vingt-quatre livres ci 24₶
178. Item Oeuvres de Molière en six volumes prisés vingt-quatre livres ci 24₶

(f.19*v*)

179. Item Oeuvres de Piron en sept volumes prisés douze livres ci 12₶
180. Item trois volumes dont Pièces de Theatre prisés quarante sols ci 2₶
181. Item sept volumes dont recueil de pièces prisés quinze livres ci 15₶
182. Item Odes d'Anacréon un volume prisé quatre livres ci 4₶
183. Item six volumes Lucrèce francois et latin et anti-lucrece prisés dix-huit livres ci 18₶
184. Item six volumes dont Georgiques de Virgile prisés huit livres ci 8₶
185. Item trois volumes Ovidii Nazonis operum prisés neuf livres ci 9₶
186. Item quatre volumes dont Juvenal et Perse Latin prisés trois livres ci 3₶
187. Item cinq volumes œuvres de Boileau prisés dix-huit livres ci 18₶
188. Item un volume Le Bonheur Poeme prisé vingt sols ci 1₶
189. Item Oeuvres de Chaulieu deux volumes prisés quarante sols ci 2₶
190. Item un volume in-8° L'art d'aimer prisé vingt sols ci 1₶
191. Item huit volumes des Oeuvres de Pope prisés dix-huit livres ci 18₶
192. Item six volumes dont les fastes prisés cinq livres ci 5₶
193. Item Histoire de Clarisse Harlove huit volumes prisés vingt livres ci 20₶
194. Item trois volumes dont Tragedies d'Eschile prisés quarante sols ci 2₶
195. Item dix-sept volumes in-12 dont Dictionnaire de Physique prisés dix livres ci 10₶
196. Item vingt et un volumes in-12 dont Grammaire Italienne prisés douze livres ci 12₶
197. Item treize volumes dont pieces Philosophiques et littéraires prisés dix livres ci 10₶
198. Item Oeuvres de Real en huit volumes prisés six livres ci 6₶
199. Item onze volumes œuvres et Memoires de fontenelle prisés huit livres ci 8₶
200. Item Oeuvres de la Mothe onze volumes prisés neuf livres ci 9₶
201. Item vingt-cinq volumes in-12 dont Mémoires de Montcrif prisés seize livres ci 16₶
202. Item trois volumes in-12 dont Elemens de Mathematique prisés quarante sols ci 2₶

(f.20)

203. Item trente-trois volumes dont principes de Phisique prisés trente-six livres ci 36₶
204. Item vingt-deux volumes in-12 dont Dictionnaire de Chymie prisés

douze livres ci $12^{\#}$

205. Item vingt et un volumes dont Chymie médicinale prisés dix livres ci $10^{\#}$

206. Item quinze volumes dont traité de la santé des gens de lettres prisés neuf livres ci $9^{\#}$

207. Item seize volumes in-12 dont liste des Remedes de M. de la sone prisés dix livres ci $10^{\#}$

208. Item seize volumes dont Memoires sur les défrichemens prisés huit livres ci $8^{\#}$

209. Item vingt-quatre volumes de pareils Livres dont Lucrece Latin et françois prisés dix-huit livres ci $18^{\#}$

210. Item vingt et un volumes in-12 dont Observations philosophiques sur l'instinct des animaux prisés quinze livres ci $15^{\#}$

211. Item trente volumes dont traité des sentimens prisés dix-huit livres ci $18^{\#}$

212. Item dix-neuf volumes dont mélanges philosophiques prisés neuf livres ci $9^{\#}$

213. Item vingt-sept volumes dont Plan d'éducation publique prisés vingt et une livres ci $21^{\#}$

214. Item vingt volumes dont œuvres de Diderot prisés dix-sept livres ci $17^{\#}$

215. Item vingt et un volumes dont Code de la nature prisés dix livres ci $10^{\#}$

216. Item dix-neuf volumes dont Coutume de Paris prisés douze livres ci $12^{\#}$

217. Item trente et un volumes dont Discours sur Salluste prisés dix-huit livres ci $18^{\#}$

218. Item huit volumes dont lettres sur les Contributions du Clergé prisés neuf livres ci $9^{\#}$

219. Item vingt-six volumes dont tablettes Cronologiques prisés seize livres ci $16^{\#}$

220. Item Memoires de l'academie des Inscriptions cent volumes prisés quarante-huit livres ci $48^{\#}$

221. Item trente-six volumes dont Vie de Ciceron prisés vingt livres ci $20^{\#}$

222. Item vingt-huit volumes dont Mémoires sur l'ancienne Chevalerie prisés dix-neuf livres ci $19^{\#}$

223. Item Journal de heuristique quatre volumes prisés trente livres ci $30^{\#}$

224. Item quarante-huit volumes dont Recueil a b c d prisés vingt-quatre livres ci $24^{\#}$

225. Item Voyage pittoresque de la grece in f° prisé soixante livres ci $60^{\#}$

(f.20*v*)

226. Item cinquante-trois volumes in-12 dont histoire des Princes d'Orange prisés trente-six livres ci $36^{\#}$

227. Item quarante volumes dont description de Paris et des environs prisés vingt-quatre livres ci $24^{\#}$

228. Item vingt-neuf volumes dont Entretien sur les Romans prisés vingt et une livres ci $21^{\#}$

229. Item Bibliothèque des Romans en quarante-huit volumes prisés trente livres ci $30^{\#}$

230. Item Bibliothèque de Campagne vingt-quatre volumes prisés quinze livres ci $15^{\#}$

231. Item soixante-six volumes dont Le temple de Gnide prisés trente-neuf livres ci 39₶

232. Item vingt-six volumes in-12 dont recueil de pièces de Mme de Ricoboni prisés vingt-sept livres ci 27₶

233. Item soixante-trois volumes in-12 dont homeri opera prisés quarante-quatre livres ci 44₶

234. Item quatre-vingts volumes in-12 dont les Muses grecques prisés quarante-cinq livres ci 45₶

235. Item cinq volumes dont les Nuits de Youe prisés trois livres ci 3₶

236. Item trente-neuf volumes in-12 dont les Philosophes manqués prisés trente-huit livres ci 38₶

237. Item cinquante-trois volumes dont biblia Sacra prisés trente livres ci 30₶

238. Item trente-cinq volumes dont la seule Religion veritable prisés vingt-deux livres ci 22₶

239. Item quarante-six volumes dont lettres Philosophiques prisés trente-trois livres ci 33₶

240. Item trente-cinq autres volumes dont Entretien d'un Européen prisés trente et une livres ci 31₶

241. Item douze autres volumes dont Essaie sur l'Etude de la littérature prisés dix livres ci 10₶

242. Item cinquante-six volumes dont œuvres de Crebillon prisés quarante-quatre livres ci 44₶

243. Item trente-sept volumes in-12 dont œuvres de Regnard prisés quinze livres ci 15₶

244. Item Voyage du jeune anacharsis cinq volumes in-4 prisés quarante livres ci 40₶

245. Item quatre volumes dont L'impot territorial prisés neuf livres ci 9₶

246. Item trois volumes Lettres d'une Princesse d'Allemagne quatre volumes in-8 prisés quatre livres ci 4₶

247. Item Lucien six volumes in-8° prisés douze livres ci 12₶

(f.21)

248. Item Memoires de Goldoni prisés quatre livres ci 4₶

249. Item Voyage en Auvergne et l'orpheline du Chateau prisés trois livres ci 3₶

250. Item Oeuvres du Compte de Cailus prisés quinze livres ci 15₶

251. Item Memoires de St Simon, Opinions Religieuses prisé le tout vingt livres ci 20₶

252. Item vingt-six volumes in-12 dont observations sur l'histoire de france par l'abbé Mably prisés dix-huit livres ci 18₶

253. Item cinquante et un volumes in-8° dont œuvres de Voltaire prisés trente livres ci 30₶

254. Item Erneste en cinq volumes prisés six livres ci 6₶

255. Item histoire de l'art deux volumes prisés trois livres ci 3₶

256. Item trente volumes dont mélanges d'histoire naturelle prisés trente livres ci 30₶

257. Item quinze volumes dont Dictionnaire historique prisés neuf livres ci 9₶

258. Item quarante-neuf volumes Journal historique prisés quinze livres ci 15#

259. Item vingt-six volumes dont le Dictionnaire de Richelet prisés dix-huit livres ci 18#

260. Item trente-huit volumes dont Suplement au Dictionnaire historique prisés vingt-quatre livres ci 24#

261. Item un Receuil d'Estampes du Cabinet de M. de Choiseul prisé vingt-quatre livres ci 24#

262. Item vingt Cahiers Religion du Monde prisés dix-huit livres ci 18#

Bibliographie

Œuvres de Le Roy

Examen des critiques du livre intitulé 'De l'esprit'. Londres 1760, 250p.; Londres 1760, 276p.

Lettres sur les animaux. Nuremberg 1768

Lettres sur les animaux, in François Arnaud et Jean-Baptiste-Antoine Suard, *Variétés littéraires*. Paris 1768, vol.iii

Lettres sur les animaux, nouvelle édition augmentée. Nuremberg, Paris 1781

Lettres philosophiques sur l'intelligence et la perfectibilité des animaux, par Charles-Georges Le Roy, sous le nom du Physicien de Nuremberg, nouvelle édition, à laquelle on a joint des Lettres posthumes sur l'Homme, du même auteur. Paris, Valade, An X/1802; Paris, Bossange, Masson et Besson, An X/1802

Lettres sur les animaux, édition précédée d'une introduction par le Docteur Robinet. Paris 1862

Lettres sur les animaux, 5e édition. Paris 1896

Portraits historiques de Louis XV et de madame de Pompadour. Paris An X/1802

Louis XV et madame de Pompadour peints et jugés par le Lieutenant des chasses du parc de Versailles. Paris 1876

Réflexions sur la jalousie, pour servir de commentaire aux derniers ouvrages de M. de Voltaire. Amsterdam 1772

Sources manuscrites

Archives départementales de la Dordogne: 2E 1825 fonds Roux de Fazillac

Archives départementales des Hauts de Seine: DQ^{14} 695 Direction générale de l'enregistrement et des domaines, Table alphabétique des successions et des absences

Archives départementales d'Yvelines: Actes notariés provenant de l'étude Menard à Versailles:

Testament olographe de Le Roy, daté du 23 septembre 1788

'16 novembre et jours suivans 1789. Inventaire après le décès de M^{r} Le Roy Lieutenant des Chasses de Sa Majesté'

Archives du ministère de la guerre: Etat-major de l'armée, service historique, dossier de Roux-Fazillac

Archives nationales:

AF* II 34 et 35 Registres des délibérations du Comité des ponts et chaussées de la Convention, puis du Comité des travaux publics de la Convention

F^{17} 1179^{B} Liasse Seine et Oise, 'Catalogues des livres de diverses petites bibliothèques d'émigrés'

F^{17A} 1193, 1194 Inventaires de bibliothèques d'émigrés transportées au dépôt littéraire des Cordeliers, Paris

F^{17A} 1196 Inventaires de bibliothèques d'émigrés transportées au dépôt littéraire de la rue de Lille, Paris

F^{17A} 1198-99 Inventaires de bibliothèques d'émigrés transportées au dépôt littéraire de la rue St-Marc, Paris

KK 1396 ms. de Claude-Carloman de Rulhière, *Histoire de l'anarchie de Pologne*

Archives de la maison du roi: o^{1} 67, 202, 284, 285, 287, 288, 290, 807, 808,

1071, 1075, 1077, 1790, 1803, 1804, 1809, 1849, 1861, 1863, 3882, 3912
P2438 Memorial de l'année 1739, t.i
P2479 Memorial six premiers mois 1760

Bibliothèque de l'Institut: Papiers et correspondance de Pierre-Michel Hennin: ms.1223, 1243, 1252, 1254, 1262, 1263, 1266, 1268, 1275, 1276, 1279

Bibliothèque nationale:
ms. latin 9159 Acta rectoria Universitatis Parisiensis, Codex continens eorum nomina quibus Litterae Magisterii Artium expeditae sunt a die vigesima sextâ Novembris, anni millesimi Septingentesimi quadragesimi primi
ms. français 21983 Registre des permissions tacites commencé le 1er novembre 1772-30 avril 1782

Hôtel de ville de Versailles, archives de l'état civil:
Baptêmes, sépultures et mariages, paroisse de Versailles, 1684-1685
Baptêmes, paroisse Notre-Dame de Versailles, 1723
Sépultures, paroisse Notre-Dame de Versailles, 1726
Sépultures, paroisse Saint-Louis de Versailles, 1746
Sépultures, paroisse Notre-Dame de Versailles, 1753
Sépultures, paroisse Notre-Dame de Versailles, 1759
Mariages, paroisse Notre-Dame de Versailles, 1761
Baptêmes, paroisse Notre-Dame de Versailles, 1762
Sépultures, paroisse Notre-Dame de Versailles, 1762
Sépultures, paroisse Notre-Dame de Versailles, 1781
Sépultures, paroisse Notre-Dame de Versailles, 1789
Décès, Versailles, 1793
Décès, Versailles, 1809

Muséum d'histoire naturelle, Paris: ms.219 Lettres adressées à Daubenton entre 1784 et 1788

Sources imprimées

Académie des inscriptions et belles-lettres, *Histoire et mémoires*. Paris 1717-1818

Anderson, E. R., 'Apropos of the *affaire de l'Esprit*', *Trivium* 1 (1966), p.5-23

– 'Voltaire under fire: an episode in *la guerre civile philosophique*', *Trivium* 2 (1967), p.71-94

– 'Voltaire under fire: a reconsideration', *Trivium* 7 (1972), p.5-27

Angiviller, Charles-Claude Flahaut de La Billarderie, comte d', *Episodes de ma vie*, éd. Louis Bobé. Copenhague 1906

– *Notes sur les Mémoires de Marmontel*, éd. Louis Bobé. Copenhague 1933

Bailly, Jean-Sylvain, *Histoire de l'astronomie ancienne, depuis son origine jusqu'à l'établissement de l'école d'Alexandrie*. Paris 1775

Bayle, Pierre, *Dictionnaire historique et critique*, 5e édition. Amsterdam 1734

Beaumont, Christophe de, *Mandement de monseigneur l'archevêque de Paris, portant condamnation d'un livre qui a pour titre DE L'ESPRIT*. Paris 1758

Bougeant, Guillaume-Hyacinthe, *Amusement philosophique sur le langage des bêtes*, éd. Hester Hastings. Genève 1954

Brosses, Charles de, *Du culte des dieux fétiches, ou parallèle de l'ancienne religion de l'Egypte avec la religion actuelle de Nigritie*. s.l. 1760

Buffier, Claude, *Cours des sciences sur des principes nouveaux et simples*. Paris 1732

Buffon, Georges-Louis Leclerc de, *His-*

toire naturelle, générale et particulière. Paris 1749-1767
– *Histoire naturelle des oiseaux.* Paris 1770-1785
– *Histoire naturelle, Supplément.* Paris 1774-1789
– *Correspondance inédite*, éd. Henri Nadault de Buffon. Paris 1860
Castries, René de La Croix, duc de, *La Pompadour.* Paris 1983
Censure de la Faculté de théologie de Paris, contre le livre qui a pour titre 'De l'esprit'. Paris 1759
Chevalier, Alice, *Claude-Carloman de Rulhière premier historien de la Pologne, sa vie et son œuvre historique.* Paris 1939
Collection académique, composée des mémoires, notes, ou journaux des plus célèbres académies et sociétés littéraires étrangères. Dijon etc. 1755-1779
Comte, Auguste, 'Bibliothèque positiviste au XIXe siècle', in *Système de politique positiviste.* Paris 1851-1854
– *Calendrier positiviste pour une année quelconque*, 9e édition. Paris 1863
Condillac, Etienne Bonnot de, *Œuvres philosophiques.* Paris 1947-1951
– *Cours d'étude pour l'instruction du prince de Parme.* Parme 1775
Cuvier, Frédéric, et Geoffroy de Saint-Hilaire, *Histoire naturelle des mammifères.* Paris 1824-1842
Cuvier, Frédéric (éd.), *Dictionnaire des sciences naturelles.* Paris, Strasbourg 1804-1830
Cuvier, Georges, *Histoire des sciences naturelles, depuis leur origine jusqu'à nos jours*, éd. M. Magdeleine de Saint-Agy. Paris 1841-1845.
Davies, Catherine Glyn, *'Conscience' as consciousness: the idea of self-awareness in French philosophical writing from Descartes to Diderot*, Studies on Voltaire 272 (1990)
Démeunier, Jean-Nicolas, *L'Esprit des usages et des coutumes des différents peuples.* Londres, Paris 1776
Descartes, René, *Œuvres*, éd. Charles Adam et Paul Tannery. Paris 1897-1910
Diderot, Denis, *Œuvres philosophiques de Mr ***.* Amsterdam 1772
– *Collection complète des œuvres philosophiques, littéraires et dramatiques de M. Diderot.* Londres 1773
– *Œuvres complètes*, éd. J. Assézat et M. Tourneux. Paris 1875-1879
Dubos, Jean-Baptiste, *Réflexions critiques sur la poésie et sur la peinture*, 6e édition. Paris 1755
Ducis, Jean-François, *Lettres*, éd. Paul Albert. Paris 1879
Du Fouilloux, Jacques, *La Vénerie*, éd. M. Pressac. Paris 1928
– *La Vénerie et l'adolescence*, éd. Gunnar Tilander. Karlshamm 1967
– *La Vénerie.* Limoges 1973
Dupont de Nemours, Pierre-Samuel, 'Notice abrégée des différents écrits qui ont concouru en France à former la science de l'économie politique', *Ephémérides du citoyen* (1765-1772), 1769: I.xi-li
– *Quelques mémoires sur différents sujets.* Paris 1807
Durieux, Joseph, *Le Périgord militaire: Gardes du corps du roi au XVIIIe siècle.* Périgueux 1922
Encyclopédie, ou Dictionnaire raisonné des sciences, des arts et des métiers, éd. Diderot et d'Alembert. Paris, Neuchâtel 1751-1765
– *Supplément.* Amsterdam 1776-1777
Encyclopédie méthodique, Philosophie ancienne et moderne, éd. Jacques-André Naigeon. Paris 1791-1794
Fabre, Pierre, *Essai sur les facultés de l'âme considérées dans leurs rapports avec l'irritabilité et la sensibilité de nos organes.* 2e édition, Amsterdam, Paris 1787
Fennebresque, Juste, *Versailles royal.* Paris 1910
Flourens, Pierre-Marie-Jean, *De l'instinct et de l'intelligence des animaux. Résumé des observations de Frédéric Cuvier sur ce*

sujet. 2e édition, Paris 1845; 4e édition, Paris 1861
– *Psychologie comparée*. 2e édition, Paris 1864
Fontenelle, Bernard Le Bovier de, *Œuvres*. Paris 1766
Formey, Jean-Louis-Samuel, *Mélanges philosophiques*. Leyde 1754
Fournier, Ortaire, *Les Animaux historiques, suivis des Lettres sur les animaux de C.-G. Leroy*. Paris 1861; nouvelle édition, Paris 1884
Franck, Adolphe (éd.), *Dictionnaire des sciences philosophiques*, 2e édition. Paris 1875
Galland, Antoine (tr.), *Les Mille et une nuits, contes arabes*. Paris 1921
Gallet, Danielle, *Madame de Pompadour ou le pouvoir féminin*. Paris 1985
Garat, Dominique Joseph, *Mémoires historiques sur la vie de M. Suard, sur ses écrits et sur le XVIIIe siècle*. Paris 1820
Gaxotte, Pierre, *Le Siècle de Louis XV*. Paris 1933
Gazette littéraire de l'Europe, éd. F. Arnaud et J.-B. Suard. Paris 1764-1766
Goncourt, Edmond et Jules de, *Madame de Pompadour*. Paris 1982
Gourcy, François-Antoine-Etienne de, *Essai sur le bonheur*. Vienne, Paris 1777
Grimm, Frédéric-Melchior, Diderot, Raynal, *et al.*, *Correspondance littéraire, philosophique et critique*, éd. Maurice Tourneux. Paris 1877-1882
Hastings, Hester, *Man and beast in French thought of the eighteenth century*. Baltimore, London, Paris 1936
Helvétius, Claude-Adrien, *Œuvres complètes*. Londres 1776; Londres 1781
– *De l'esprit*. Paris 1988
– *De l'homme*. Paris 1989
– *Correspondance générale*, éd. Alan Dainard, Jean Orsoni et Peter Allan sous la direction de David Smith. Toronto, Oxford 1981-1991
Histoire universelle depuis le commencement du monde jusqu'à présent. Paris 1775-1789
Joly, Henri, *L'Instinct, ses rapports avec la vie et avec l'intelligence: essai de psychologie comparée*. Paris 1873
Journal de l'Empire (1805-1814)
Journal des savants (année 1765)
Journal étranger (1754-1762)
Kors, Alan Charles, *D'Holbach's coterie, an Enlightenment in Paris*. Princeton 1976
Krauss, Werner, 'Zur Tierseelentheorie im 18. Jahrhundert', in *Zur Anthropologie des 18. Jahrhunderts. Die Frühgeschichte der Menschheit im Blickpunkt der Aufklärung*, éd. Hans Kortum et Christa Gohrisch. Berlin 1978; nouvelle édition, Frankfurt am Main, Berlin 1987
Kuszinski, Auguste, *Dictionnaire des Conventionnels*. Paris 1916-1919
Lacape, Henri, *Le Conventionnel Roux-Fazillac*. Bordeaux 1957
La Chesnaye Des Bois, François-Alexandre Aubert de, *Dictionnaire raisonné et universel des animaux*. Paris 1759
La Croix, Jean-François de, *Dictionnaire historique des cultes religieux, établis dans le monde depuis son origine jusqu'à présent*. Paris 1770
La Harpe, Jean-François de, *Correspondance littéraire, adressée à Son Altesse impériale Mgr le grand duc depuis 1774 jusqu'à 1789*. Paris 1801-1807
La Mettrie, Julien Offray de, *Œuvres philosophiques*. Londres 1751
Lavisse, Ernest, *Histoire de France*, t viii, 2e partie, 'Louis XV (1715-1774)', par H. Carré. Paris 1911
Legée, Georgette, *Pierre Flourens physiologiste et historien des sciences*. Abbeville 1992
– 'Schopenhauer (1788-1860) et les sciences de la nature', *Histoire et nature* 14 (1979), p.39-62
Le Mercier de La Rivière, Pierre-Paul-François-Joachim-Henri, *L'Ordre naturel et essentiel des sociétés politiques*. Londres, Paris 1767

Levron, Jacques, *Secrète madame de Pompadour*. Paris 1961

Malebranche, Nicolas de, *Œuvres complètes*. Paris 1962-1967

Marcialis, Maria Teresa, *Filosofia e psicologia animale. De Rorario a Leroy*. Cagliari 1982

Marmontel, Jean-François, *Les Incas ou la destruction de l'empire du Pérou*. Paris 1777

– *Mémoires*, éd. John Renwick. Clermont-Ferrand 1972

Marx, Moses, *Ch.-G. Leroy und seine 'Lettres philosophiques'. Ein Beitrag zur Geschichte der vergleichenden Psychologie des 18. Jahrhunderts*. Strasbourg 1898

Mauriette, Marcelle, *La Vie privée de madame de Pompadour*. Paris 1951

Mauzi, Robert, *L'Idée du bonheur au XVIIIe siècle*. Paris 1960

May, Louis-Philippe (éd.), 'Documents nouveaux sur l'*Encyclopédie*', *Revue de synthèse* 15 (1938), p.132-33

Mémoires pour servir à l'histoire des sciences et des beaux-arts, dits Mémoires de Trévoux (1758, 1759)

Mitford, Nancy, *Madame de Pompadour*. New York 1984

Montesquieu, Charles de Secondat de, *Œuvres complètes*, éd. Roger Callois. Paris 1964

Necker, Suzanne Curchod, Mme, *Mélanges extraits des manuscrits de madame Necker*. Paris 1798

Nouveau dictionnaire d'histoire naturelle appliquée aux arts, principalement à l'agriculture et à l'économie domestique. Paris 1803-1804

Novi commentarii Academiae scientiarum imperialis Petropolitanae. St Pétersbourg 1747-1770

Ozanam, Didier, 'Disgrâce d'un premier commis: Tercier et l'affaire de l'*Esprit*', *Bibliothèque de l'Ecole des chartes* 113 (1955), p.140-70

Pluche, Antoine, *Le Spectacle de la nature*. Paris 1732-1750

Pomeau, René, *La Religion de Voltaire*. Paris 1956; nouvelle édition, Paris 1969

Poulet, Georges, 'Le sentiment de l'existence et le repos', in *Reappraisals of Rousseau: studies in honour of R. A. Leigh*, éd. S. Harvey, M. Hobson, D. Kelley, S. S. B. Taylor. Manchester 1980

Prévost, Antoine-François, *et al.* (éd.), *Histoire générale des voyages*. Paris 1746-1789

Procédure criminelle, instruite au Châtelet de Paris, sur la dénonciation des faits arrivés à Versailles, dans la journée du 6 octobre 1789. Paris 1790

Procès-verbaux du Comité d'instruction publique de l'Assemblée législative, éd. James Guillaume. Paris 1889

Procès-verbaux du Comité d'instruction publique de la Convention nationale, éd. James Guillaume. Paris 1891

Proust, Jacques, *Diderot et l'Encyclopédie*. Paris 1967

Pufendorf, Samuel, *Introduction à l'histoire moderne générale et politique de l'univers*. Paris 1753-1759

Quesnay, François, *Physiocratie ou constitution naturelle du gouvernement le plus avantageux au genre humain*. A Pékin et se trouve à Paris 1767

Recueil contenant les délibérations de la Société royale d'agriculture de la généralité de Paris, au bureau de Paris, depuis le 12 mars jusqu'au 10 septembre 1761 et les Mémoires publiés par son ordre pendant le même temps. Paris 1761

Recueil des actes du Comité de salut public, éd. F.-A. Aulard. Paris 1889-1951

Reimar (ou Reimarus), Hermann-Samuel, *Observations physiques et morales sur l'instinct des animaux*. Amsterdam 1770

Ribot, Théodule-Armand, *L'Evolution des idées générales*, 2e édition. Paris 1904

Richard, Gaston, *Les Comportements instinctifs*. Paris 1975

Romanciers du XVIIIe siècle, éd. Etiemble. Paris 1965

Rosenfield, Leonora Cohen, *From beast-*

machine to man-machine. Animal soul in French letters from Descartes to La Mettrie. New York 1941
Rousseau, Jean-Jacques, *Œuvres complètes*, Bibliothèque de la Pléiade. Paris 1959-
– *Correspondance complète*, éd. R. A. Leigh. Genève, Banbury, Oxford 1965-
Roux-Fazillac, Pierre, *Recherches historiques et critiques sur l'homme au masque de fer*. Paris An IX/1801
– (trad.), *Histoire de la guerre d'Allemagne en 1756* du major général Henry Lloyd. Lausanne 1784; 2e édition, Paris 1803
Rulhière, Claude-Carloman de, *Histoire de l'anarchie de Pologne*, in *Œuvres posthumes*. Paris 1819
Sacy, Jacques Silvestre de, *Le Comte d'Angiviller*. Paris 1953
Sainte-Beuve, Charles-Augustin, *Portraits littéraires*. Paris 1854-1864
Salnove, Robert de, *La Vénerie royale, précédée d'une notice bio-bibliographique sur l'auteur par le commandant de Marolles*. Paris 1929
Smith, D. W., *Helvétius: a study in persecution*. Oxford 1965
Suard, Amélie Panckoucke, Mme, *Essais de mémoires sur M. Suard*. Paris 1820
Thierry, Adrien, *La Marquise de Pompadour*. Paris, Genève 1959
Verbreek, Yves, *Instinct et intelligence chez les animaux*. Neuilly-sur-Seine 1975
Verlaine, Louis, *L'Ame des bêtes. Quelques pages d'histoire*. Paris 1931
Viaud, Gaston, *Les Instincts*. Paris 1959
Vidron, Françoise, *La Vénerie royale au XVIIIe siècle*. Paris 1953
Voltaire, François-Marie Arouet, dit de, *Œuvres complètes*, éd. L. Moland. Paris 1879-1885
– *Essai sur les mœurs*, éd. René Pomeau. Paris 1963
– *La Philosophie de l'histoire*, éd. J. H. Brumfitt, *Œuvres complètes de Voltaire* 59. Genève 1969
– *Questions sur l'Encyclopédie*. s.l. 1770-1772
– *Correspondence and related documents*, éd. Theodore Besterman, *Œuvres complètes de Voltaire* 85-135. Genève, Banbury, Oxford 1968-1977
Weulersse, Georges, *Le Mouvement physiocratique en France de 1756 à 1770*. Paris 1910

Index

Printed and bound by CPI Group (UK) Ltd, Croydon, CR0 4YY
16/09/2026
14963467-0001